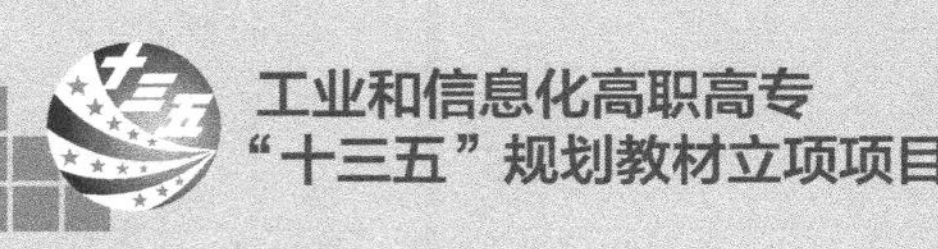

高等职业教育『十三五』土建类技能型人才培养规划教材

建筑制图与识图

罗献燕 杨业宇／主编
田育丰 郭相武 李朝阳／副主编

人 民 邮 电 出 版 社
北 京

图书在版编目（CIP）数据

建筑制图与识图 / 罗献燕，杨业宇主编. -- 北京 : 人民邮电出版社，2015.9（2020.10重印）
高等职业教育“十三五”土建类技能型人才培养规划教材
ISBN 978-7-115-39590-0

Ⅰ. ①建… Ⅱ. ①罗… ②杨… Ⅲ. ①建筑制图－识别－高等职业教育－教材 Ⅳ. ①TU204

中国版本图书馆CIP数据核字(2015)第177317号

内容提要

本书按照国家现行新规范的规定进行编写。全书共 9 章，主要内容包括建筑制图的基本知识、投影的基本知识、基本体的投影、组合体的投影、剖面图与断面图、建筑工程图的基本知识、建筑施工图的识读、结构施工图的识读、设备施工图的识读等。

本书紧密结合建筑工程中各专业工种的实际情况、紧跟最新的国家标准和规范、涵盖面广、专业性强，这有利于拓宽学生的知识面，也有利于教师在上课时根据不同专业、不同学时的需要进行内容上的取舍。

本书既可作为高等职业教育土建类相关专业的教材，也可供建筑工程技术人员学习、参考使用。

◆ 主　　编　罗献燕　杨业宇
副 主 编　田育丰　郭相武　李朝阳
责任编辑　刘盛平
责任印制　张佳莹　杨林杰
◆ 人民邮电出版社出版发行　　北京市丰台区成寿寺路 11 号
邮编　100164　　电子邮件　315@ptpress.com.cn
网址　http://www.ptpress.com.cn
涿州市京南印刷厂印刷
◆ 开本：787×1092　1/16
印张：14.75　　2015 年 9 月第 1 版
字数：373 千字　　2020 年 10 月河北第 11 次印刷

定价：35.00 元

读者服务热线：(010)81055256　印装质量热线：(010)81055316
反盗版热线：(010)81055315

前　言

制图和识图是建筑工程技术人员在工作中必须具备的基本素质，“建筑制图与识图”这门课程也是建筑工程技术等专业进行岗位能力培养的一门基础课程。它集理论和实践为一体，既满足学生将来在建筑工程施工、装饰、设备、监理、设计、造价等岗位中识图和绘图的需要，同时也为后续“建筑构造”“钢筋混凝土结构”“平法识图”“建筑施工技术”等课程的学习打下基础。

本书的主要内容包括：

（1）建筑制图相关规范的规定和几何作图的基本技能知识。通过对本书的学习，熟悉建筑制图标准的相关内容，了解常用的制图工具，掌握绘图的方法和步骤。

（2）投影的基本知识。在识图的过程中，必须要有扎实的理论基础作为支撑，投影的基础知识是全书的理论基石，通过本书的学习，读者能掌握正投影的基本理论，具备绘制空间形体投影图的能力。

（3）体的投影。体包含基本体和组合体，这部分的内容主要是在投影理论的基础上，对正投影的相关理论进行实践操作。本书选用的实例均为建筑工程方面的相关例子，浅显易懂，切合专业。

（4）剖面图和断面图。在能够绘制立体的三面投影以后，对于一些复杂的形体，还需要掌握其内部剖面图与断面图的绘制和识读。本书相关章节的内容主要是介绍剖面图与断面图的形成和分类。通过本书的学习，读者能掌握剖面图和断面图的画法，进一步熟悉投影图的绘制和识读。

（5）建筑工程图。建筑工程图相关内容是全书的理论升华部分，这部分内容主要介绍建筑工程识图的相关基础知识，并紧密联系工程实例。通过本书的学习，读者能掌握建筑施工图、结构施工图、设备施工图的绘制和识读。

本书编写具有以下特点。

（1）在内容组织上，本书紧扣最新规范，立足于理论基础，配套习题集，将理论与实践结合。

（2）在表现形式上，本书使用了大量的与建筑相关的例子，浅显易懂、循序渐进、趣味十足。

（3）本书还提供了相应的 PPT 课件，可以用于任课老师课堂讲解。

本书的参考学时为 48 ~ 72 学时，建议采用理论实践一体化教学模式教学，各章的参考学时见下面的学时分配表。

学时分配表

章 序 号	课 程 内 容	学　　时
第 1 章	建筑制图的基本知识	4~6
第 2 章	投影的基本知识	6~10
第 3 章	基本体的投影	8~10

续表

章 序 号	课 程 内 容	学 时
第 4 章	组合体的投影	6~10
第 5 章	剖面图与断面图	4~6
第 6 章	建筑工程图的基本知识	2~4
第 7 章	建筑施工图的识读	8~12
第 8 章	结构施工图的识读	4~6
第 9 章	设备施工图的识读	6~8
课时总计		48~72

本书由罗献燕、杨业宇任主编，田育丰、郭相武、李朝阳任副主编。罗献燕编写了第 1 章、第 5 章、第 8 章以及附录，田育丰编写了第 3 章、第 4 章，郭相武编写了第 6 章、第 7 章，李朝阳编写了第 2 章，杨业宇编写了第 9 章。

由于编者水平有限，书中难免存在不足之处，恳请读者批评指正。

编 者

2015 年 5 月

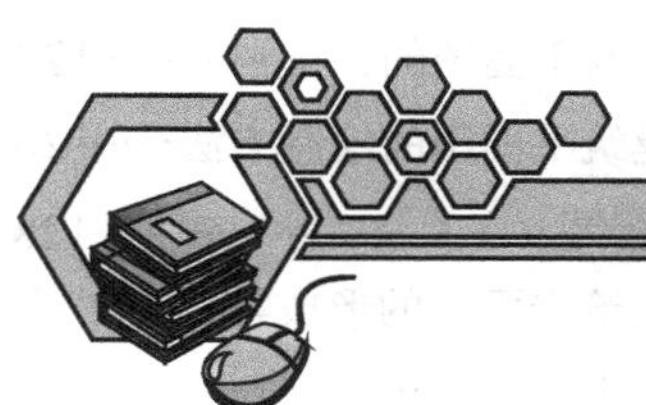

目录

第1章 建筑制图的基本知识

本章重点介绍了建筑制图相关国家标准中的部分内容，并对常用绘图工具的使用、绘图的一般方法和步骤、几何作图等作了简要介绍。通过本章的学习，学生应掌握绘图的方法和技能。

1.1 建筑制图规范的基本规定

为了使制图规格统一，图面清晰简明，保证图面质量，提高制图效率，并符合设计、施工、存档的要求，国家有关部委颁布了一系列相关的建筑制图国家标准，包括《房屋建筑制图统一标准》(GB/T 5001—2010)、《总图制图标准》(GB/T 50103—2010)、《建筑制图标准》(GB/T 50104—2010)、《建筑结构制图标准》(GB/T 5001—2010)、《建筑给排水制图标准》(GB/T 50106—2010)和《暖通空调制图标准》(GB/T 50114—2010)。

1.1.1 图纸幅面及格式

1. 图纸幅面

图纸幅面即图幅，指图纸的大小规格。为了便于图纸的装订、查阅和保存，满足图纸现代化管理的要求，图纸的大小规格应力求统一。根据《房屋建筑制图统一标准》(GB/T 5001—2010)要求，建筑工程图纸的幅面及图框尺寸应符合表 1-1 所示的规定。表中数字是裁边以后的尺寸，尺寸代号的意义如图 1-1 所示。

表 1-1　　幅面及图框尺寸　　单位：mm

尺寸代号 \ 幅面代号	A0	A1	A2	A3	A4
$b \times l$	841 × 1189	594 × 841	420 × 594	297 × 420	210 × 297
c	10			5	
a	25				

从表 1-1 中可以看出，A1 号图幅是 A0 号图幅的对折，A2 号图幅是 A1 号图幅的对折，其余类推，上一号图幅的短边，即是下一号图幅的长边。图纸以短边作为垂直边为横式幅面，以短边作为水平边为立式幅面。A0～A3 图纸宜横式使用，如图 1-1（a）、（b）所示；必要时，也可立式使用，如图 1-1（c）、（d）所示。

一个工程设计中，每个专业所使用的图纸，不宜多于两种幅面（不含目录及表格所采用的 A4 幅面）。

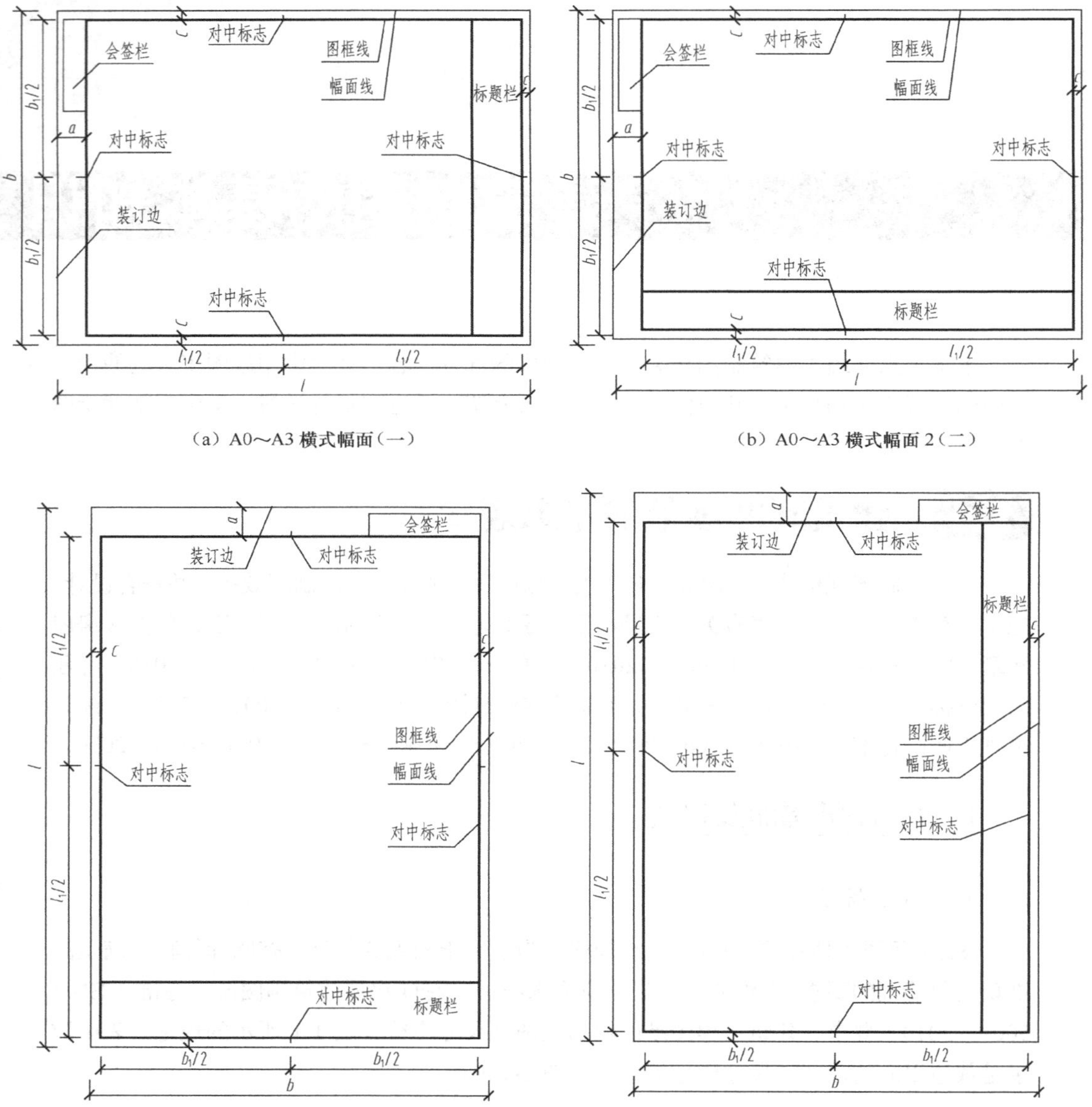

（a）A0～A3 横式幅面（一）

（b）A0～A3 横式幅面 2（二）

（c）A0～A4 立式幅面（一）

（d）A0～A4 立式幅面（二）

图 1-1　图纸幅面格式

在特殊情况下，可加长 A0～A3 幅面长边尺寸，图纸的短边尺寸不应加长，且应符合表 1-2 所示的规定。

表 1-2　　图纸长边加长尺寸

幅面代号	长边尺寸	长边加长后的尺寸
A0	1189	1486（A0+1/4 *l*）　1635（A0+3/8 *l*）　1783（A0+1/2 *l*）　1932（A0+5/8 *l*）　2080（A0+3/4 *l*）　2230（A0+7/8 *l*）　2378（A0+1 *l*）
A1	841	1051（A1+1/4 *l*）　1261（A1+1/2 *l*）　1471（A1+3/4 *l*）　1682（A1+1 *l*）　1892（A1+5/4 *l*）　2102（A1+3/2 *l*）
A2	594	743（A2+1/4 *l*）　891（A2+1/2 *l*）　1041（A2+3/4 *l*）　1189（A2+1 *l*）　1338（A2+5/4 *l*）　1486（A2+3/2 *l*）　1635（A2+7/4 *l*）　1783（A2+2 *l*）　1932（A2+9/4 *l*）　2080（A2+5/2 *l*）
A3	420	630（A3+1/2 *l*）　841（A3+1 *l*）　1051（A3+3/2 *l*）　1261（A3+ 2*l*）　1471（A3+5/2 *l*）　1682（A3+3 *l*）　1892（A3+7/2 *l*）

注：有特殊需要的图纸，可采用 $b \times l$ 为 841mm × 891mm 与 1189mm × 1261mm 的幅面。

2. 标题栏和会签栏

图 1-1 所示的图纸中有标题栏、图框线、幅面线、装订边线和对中标志。标题栏应按图 1-2 所示，根据工程的需要选择确定其尺寸、格式及分区。

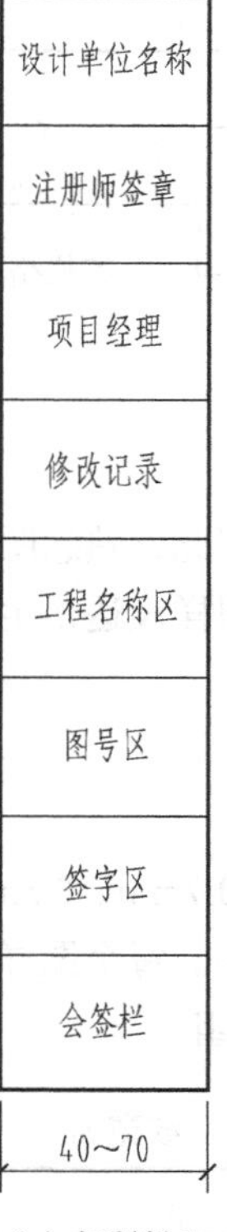

（a）标题栏 1

（b）标题栏 2

图 1-2　标题栏格式

在本课程的学习中，标题栏可采用图 1-3 所示的格式。

25	11	(校　名)				(图号)
	7	制图	(姓名)	日期	(图名)	(比例)
	7	校核	(姓名)	日期		(班级)
		15	20	10	60	25
		130				

图 1-3　制图作业推荐标题栏格式

会签栏应按图 1-4 所示的格式绘制，栏内应填写会签人员所代表的专业、姓名、日期（年、月、日）；一个会签栏不够用时可另加一个，两个会签栏应并列；不需会签的图纸可不设此栏。

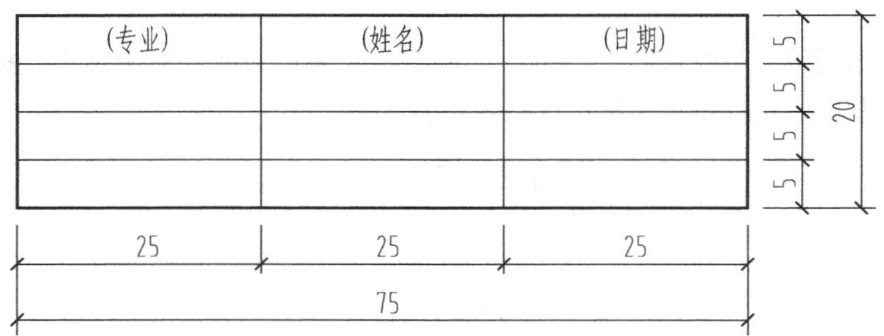

图 1-4　会签栏格式

1.1.2　图线

任何建筑图样都是用图线绘制成的。因此，熟悉图线的类型及用途，掌握各类图线的画法是建筑制图最本的技能。在工程中，为了将图样表达得生动活泼、重点突出，通常采用不同的线宽和线型来表达不同的工程内容。

1. 线宽

图线的宽度 b，宜从 1.4mm、1.0mm、0.7mm、0.5mm、0.35mm、0.25mm、0.18mm、0.13mm 线宽系列中选取。图线宽度不应小于 0.1mm。每个图样，应根据其复杂程度与比例大小，先选定基本线宽 b，再选用表 1-3 所示相应的线宽组。

表 1-3　　线宽组　　单位：mm

线宽比	线宽组			
b	1.4	1.0	0.7	0.5
$0.7b$	1.0	0.7	0.5	0.35
$0.5b$	0.7	0.5	0.35	0.25
$0.25b$	0.35	0.25	0.18	0.13

注：1. 需要缩微的图纸，不宜采用 0.18mm 及更细的线宽。

2. 同一张图纸内，各种不同线宽中的细线，可统一采用较细的线宽组的细线。

图纸的图框和标题栏线条的宽度可采用表 1-4 所示的线宽。

表 1-4　图框线、标题栏线的宽度

幅面代号	图框线	标题栏外框线	标题栏分格线
A0、A1	*b*	0.5*b*	0.25*b*
A2、A3、A4	*b*	0.7*b*	0.35*b*

2. 线型

为了使图样清楚、明确，建筑制图采用的图线分为实线、虚线、单点长画线、双点长画线、折断线和波浪线 6 类。各类线型的规格及用途如表 1-5 所示。

表 1-5　线型规格及用途

名　称		线　型	线　宽	一 般 用 途
实线	粗	————————	*b*	主要可见轮廓线
	中粗	————————	0.7*b*	可见轮廓线
	中	————————	0.5*b*	可见轮廓线、尺寸线、变更云线
	细	————————	0.25*b*	图例填充线、家具线
虚线	粗	- - - - - - - - -	*b*	见各有关专业制图标准
	中粗	- - - - - - - - -	0.7*b*	不可见轮廓线
	中	- - - - - - - - -	0.5*b*	不可见轮廓线、图例线
	细	- - - - - - - - -	0.25*b*	图例填充线、家具线
单点长画线	粗	—·———·—	*b*	见各有关专业制图标准
	中	—·———·—	0.5*b*	见各有关专业制图标准
	细	—·———·—	0.25*b*	中心线、对称线、轴线等
双点长画线	粗	—··———··—	*b*	见各有关专业制图标准
	中	—··———··—	0.5*b*	见各有关专业制图标准
	细	—··———··—	0.25*b*	假想轮廓线、成型前原始轮廓线
折断线	细	——\/\——	0.25*b*	断开界线
波浪线	细	～～～	0.25*b*	断开界线

3. 图线的画法

在图线与线宽确定之后，具体画图时还应注意以下事项。

① 相互平行的图例线，其净间隙或线中间隙不宜小于 0.2mm。

② 虚线、单点长画线或双点长画线的线段长度和间隔，宜各自相等。虚线的线段长度为 3～6mm，单点长画线的线段长度为 15～20mm。

③ 单点长画线或双点长画线在较小图形中绘制有困难时，可用实线代替。单点长画线或双点长画线的两端，不应是点。点画线与点画线交接点或点画线与其他图线交接时，应是线段交接。

④ 虚线与虚线交接或虚线与其他图线交接时，应是线段交接。虚线为实线的延长线时，不得与实线相接。

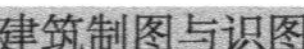

⑤ 图线不得与文字、数字或符号重叠、混淆；不可避免时，应首先保证文字的清晰。各种图线正误画法示例，如表 1-6 所示。

表 1-6　　　　各种图线的正误画法示例

图线	正　确	错　误	说　明
虚线与点画线	≤0.5b　24b　3b　3b　12b　3b	1　2	1. 点画线的线段长，通常画 15～20 mm，空隙与点共 2～3 mm。点通常画成很短的短画，而不是画成小圆黑点 2. 虚线的线段长度通常画 4～6 mm，间隙约 1mm。不要画得太短、太密
圆的中心线	3～5　2～3	3　1　2	1. 两点画线相交，应在线段处相交，点画线与其他图线相交，也在线段处相交 2. 点画线的起始和终止处必须是线段，不是点 3. 点画线应出头 3～5 mm 4. 点画线很短时，可用细实线代替点画线
图线的交接		1　3　2　2　2　2　2	1. 两粗实线相交，应画到交点处，线段两端不出头 2. 两虚线或虚线与实线相交，应线段相交，不要留间隙 3. 虚线是实线的沿长线时，应留有间隙
折线断线与波浪线		1　1	1. 折断线两端分别超出图形轮廓线 2. 波浪线画到轮廓线为止，不要超出图形轮廓线

1.1.3　字体

图纸上所书写的文字、数字、符号等，均应笔划清晰、字体端正、排列整齐；标点符号应清楚正确；若字迹潦草，难以辨认，则容易发生误解，甚至造成严重的工程事故。

1. 汉字

图样及说明中的汉字，宜采用长仿宋体（矢量字体）或黑体，同一图纸字体种类不应超过两种。汉字的简化字书写应符合国家有关汉字简化方案的规定。大标题、图册封面、地形图等的汉字，也可书写成其他字体，但应易于辨认。

图样中字体的大小宜依据图样的大小、比例等具体情况而定，但应在规定（《技术制图字体》（GB/T 14691—1993））的字高系列中选用。字高系列分别有 1.8mm、2.5mm、3.5mm、5mm、7mm、10mm、14mm、20mm 8 种，字高也称字号，如 7 号字的字高即 7mm。其中汉字的高度不应小于 3.5mm，常用为 5、7、10 三个字号。当需要选择更大的字体时，其字高呈（$\sqrt{2}$）倍数增长。长

仿宋体的宽度与高度的关系应符合表 1-7 所示的规定，黑体字的宽度与高度应相同。

表 1-7　　长仿宋体字体高宽尺寸关系

字高	20	14	10	7	5	3.5
字宽	14	10	7	5	3.5	2.5

长仿宋体字样：

10号汉字

字体工整笔画清楚间隔均匀排列整齐

7号字

横平竖直注意起落结构均匀填满方格

5号字

技术制图机械电子汽车航空船舶土木建筑矿山井坑港口纺织服装

2. 数字和字母

图样及说明中的拉丁字母、阿拉伯数字与罗马数字可分为直体字（见图 1-5（a））与斜体字（见图 1-5（b））两种。数量的数值注写，应采用直体阿拉伯数字。各种计量单位凡前面有量值的，均应采用国家颁布的单位符号注写。单位符号应采用直体字母。如果需写成斜体字，其斜度应是从字的底线逆时针向上倾斜 75°，斜体字的高度和宽度应与相应的直体字相等。

ABCDEFGHIJKLMN
OPQRSTUVWXYZ

大写直体字母

ABCDEFGHIJKLMN
OPQRSTUVWXYZ

大写斜体字母

abcdefghijklmn
opqrstuvwxyz

小写直体字母

abcdefghijklmn
opqrstuvwxyz

小写斜体字母

0123456789

直体数字

0123456789

斜体数字

I II III IV V VI VII VIII IX X

直体罗马数字

I II III IV V VI VII VIII IX X

斜体罗马数字

（a）直字体　　（b）斜字体

图 1-5　直体字与斜体字

拉丁字母、阿拉伯数字与罗马数字的字高，不应小于 2.5mm。其书写应符合表 1-8 所示的规定。

表 1-8　拉丁字母、阿拉伯数字和罗马数字的书写规则

书写格式	字　体	窄字体
大写字母高度	*h*	*h*
小写字母高度（上下均无延伸）	7/10*h*	10/14*h*
小写字母伸出的头部或尾部	3/10*h*	4/14*h*
笔画宽度	1/10*h*	1/14*h*
字母间距	2/10*h*	2/14*h*
上下行基准线的最小间距	15/10*h*	21/14*h*
词间距	6/10*h*	6/14*h*

1.1.4　比例

图样的比例为图形与实物相对应的线性尺寸之比，即为线段之比，而非面积之比。比例的大小就是比值的大小。

$$比例=\frac{图样中线段的线性长度}{物体的实际长度}$$

绘图所用的比例应根据图样的用途与被绘对象的复杂程度，从表 1-9 中选用，并应优先采用表中的常用比例。不管选用何种比例，都必须标注物体的实际尺寸，如图 1-6 所示。

表 1-9　绘图所用的比例

常用比例	1 : 1、1 : 2、1 : 5、1 : 10、1 : 20、1 : 50、1 : 100、1 : 150、1 : 200、1 : 500、1 : 1000、1 : 2000、1 : 5000、1 : 10000、1 : 20000、1 : 50000、1 : 100000、1 : 200000
可用比例	1 : 3、1 : 4、1 : 6、1 : 15、1 : 25、1 : 30、1 : 40、1 : 60、1 : 80、1 : 250、1 : 300、1 : 400、1 : 600

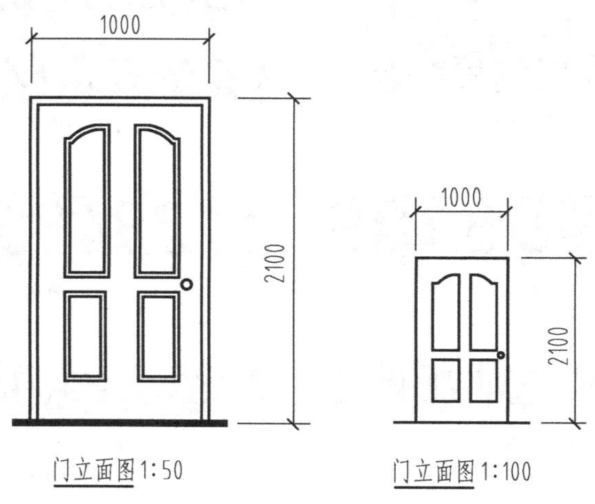

图 1-6　用不同比例绘制门立面

比例应注写在图名的右侧，字的基准线应取平；比例的字高宜比图名的字高小一号或二号，如图 1-7 所示。

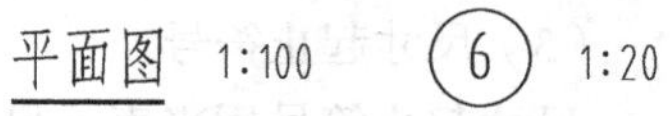

平面图 1:100　⑥ 1:20

图 1-7　比例的注写

1.1.5　尺寸标注

建筑工程图样不仅须按一定的比例绘制，还应注有准确、详尽的尺寸，才能全面表达设计者的意图，以便准确无误地按图施工。所以尺寸标注在图样上占有极其重要的地位。

1. 尺寸标注的要素

如图 1-8 所示，图样上的尺寸包括尺寸界线、尺寸线、尺寸起止符号和尺寸数字四大要素。

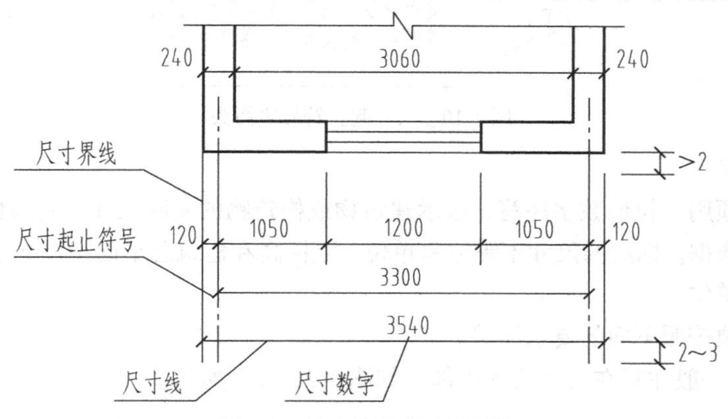

图 1-8　尺寸的组成四大要素

（1）尺寸界线

尺寸界线用来界定所标注尺寸的范围；应用细实线绘制，一般应与被注长度垂直，其一端应离开图样轮廓线不小于 2mm，另一端宜超出尺寸线 2～3mm。必要时，图样轮廓线、中心线及轴线都允许用作尺寸界线，如图 1-8 所示。

（2）尺寸线

尺寸线用来表示尺寸的方向；应用细实线绘制，并应与被标注的长度平行，且不宜超出尺寸界线，尺寸线必须单独绘制，不能与其他图线重合，如图 1-9 所示。平行排列的尺寸线的间距，宜为 7～10mm。

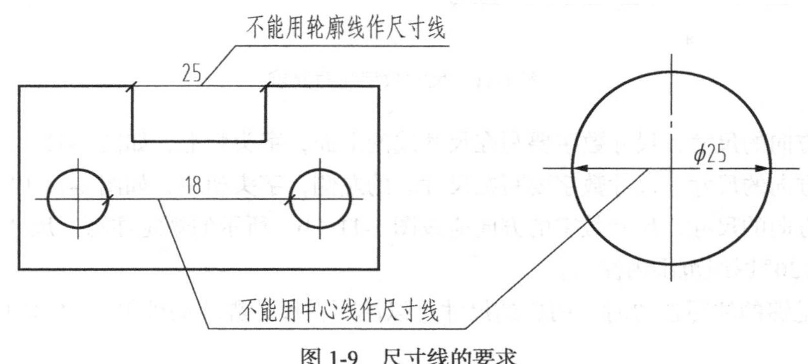

图 1-9　尺寸线的要求

（3）尺寸起止符号

尺寸起止符号用来表示尺寸的起止；尺寸线与尺寸界线的相交点是尺寸的起止点。中粗斜短线的倾斜方向应与尺寸界线呈顺时针 45°，长度宜为 2～3mm。半径、直径、角度与弧长的尺寸起止符号，宜用箭头表示。箭头的画法如图 1-10 所示。

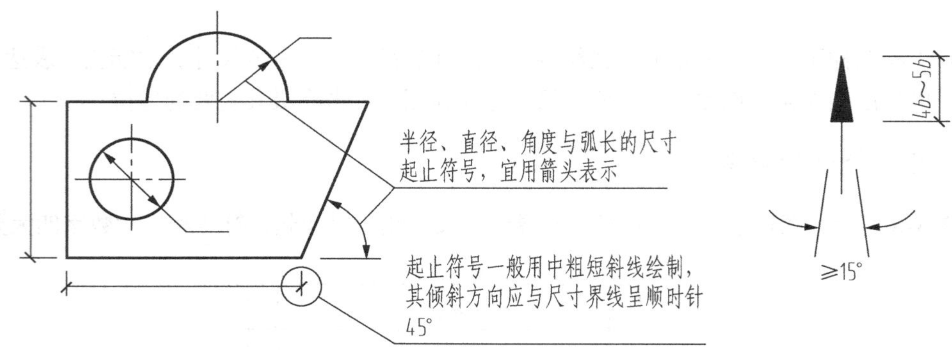

图 1-10 尺寸起止符号之箭头

（4）尺寸数字

尺寸数字必须用阿拉伯数字注写，表示建筑物或构筑物的实际尺寸。它与比例无关，是建筑工程施工的主要依据。标注的尺寸不需注写单位。除标高和建筑总平面图以 m 为单位外，其余尺寸一般以 mm 为单位。

尺寸数字必须按照下面的要求注写。

① 尺寸数字一般注写在尺寸线的中部，如图 1-11（a）所示。

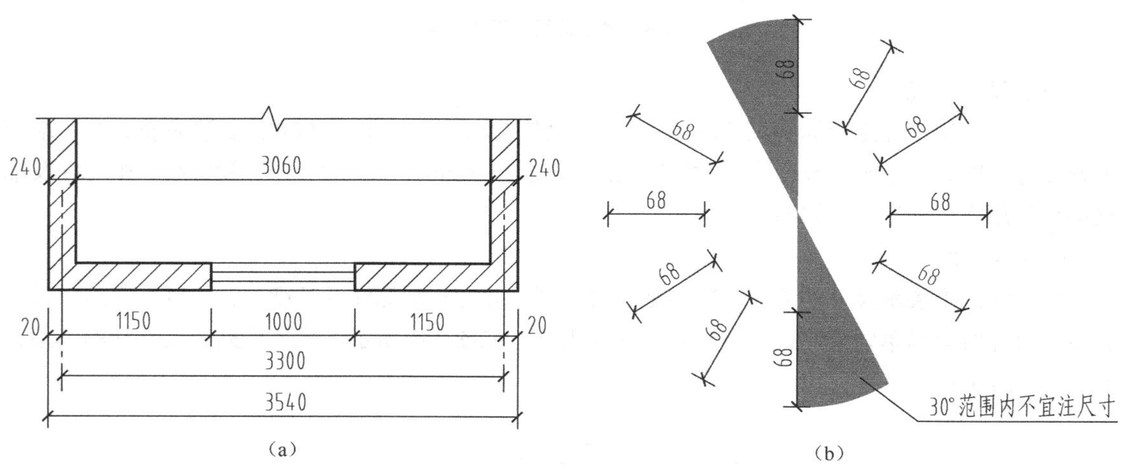

图 1-11 尺寸数字注写要求

② 水平方向的尺寸，尺寸数字要写在尺寸线的上面，字头朝上，如图 1-11（a）所示。

③ 竖直方向的尺寸，尺寸数字要写在尺寸线的左侧，字头朝左，如图 1-11（b）所示。

④ 倾斜方向的尺寸，尺寸数字的方向应按图 1-11（b）所示的规定注写，尺寸数字尽量避免在图中所示的 30° 影线范围内注写。

⑤ 没有足够的注写位置时，两边的尺寸可以注写在尺寸界线的外侧，中间相邻的尺寸可以错开注写。

⑥ 尺寸宜标注在图样轮廓之外，不宜与图线、文字及符号等相交。

2. 其他尺寸标注

其他尺寸标注，如表 1-10 所示。

表 1-10　　其他尺寸标注示例

标注内容	图例	说明
坡	2%　1:2　2%	标注坡度时，在坡度数字下，应加注坡度符号，坡度符号的箭头，一般应指向下坡方向，坡度可也用直角三角形的形式标注
小圆和小圆弧	ϕ24　ϕ24　ϕ12　ϕ16　ϕ4　900　R16　R16　R10　R5	小圆的直径和小圆弧的半径可按图例形式标注
弧长和弦长	120　113	尺寸界线应垂直于该圆弧的弦。标注弧长时，尺寸线应以与该圆弧同心的圆弧线表示，起止符号应用箭头表示，尺寸数字上方应加注圆弧符号。标注弦长时，尺寸应以平行于该弦的直线表示，起止符号用中粗斜线表示
构件外形为非圆曲线时	306　240　556　750　880　972　50　1000　400　500　500　500　500　500　500　6800	用坐标形式标注尺寸
复杂的圆形	8×100=800　12×100=1200	用网格形式标注尺寸

续表

标注内容	图例	说明
角度		尺寸线应画成圆弧，圆心是角的顶点，角的两边为尺寸界线。角度的起止符号应以箭头表示，如果没有足够的位置画箭头，可以用圆点代替。角度数字应水平方向书写
圆和圆弧		标注圆或圆弧的直径、半径时，尺寸数字前应分别加符号“ϕ”、“R”尺寸线及尺寸界线应按图例绘制
大圆弧		较大圆弧的半径可按图例形式标注
球面		标注球的直径、半径时，应分别在尺寸数字前加注符号“$S\phi$”、“SR”注写方法与圆和圆弧的直径、半径的尺寸标注方法相同
薄板厚度		在薄板板面标注板厚尺寸时，应在厚度数字前加厚度符号“δ”
正方形		在正方形的侧面标注该正方形的尺寸，除可用“边长×边长”外，也可在边长数字前加正方形符号“□”

3. 尺寸标注注意事项

① 轮廓线、中心线可用作尺寸界线，但不能用作尺寸线，如图 1-12 所示。

② 不能用尺寸界线作尺寸线，如图 1-13 所示。

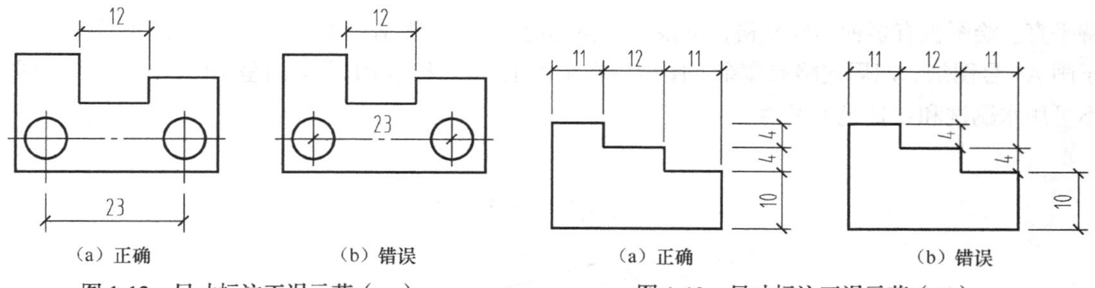

（a）正确　（b）错误　（a）正确　（b）错误

图 1-12　尺寸标注正误示范（一）　图 1-13　尺寸标注正误示范（二）

③ 应将大尺寸标在外侧，小尺寸标在内侧，如图 1-14 所示。

④ 水平方向和竖直方向的尺寸注写如图 1-15 所示。

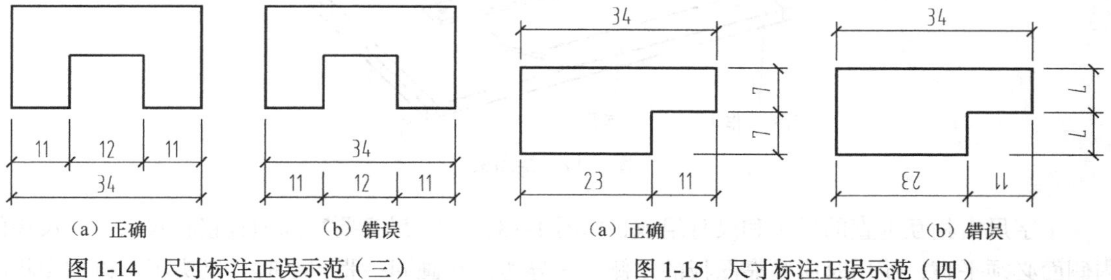

（a）正确　（b）错误　（a）正确　（b）错误

图 1-14　尺寸标注正误示范（三）　图 1-15　尺寸标注正误示范（四）

⑤ 尽量避免在图 1-16 所示的 30° 角阴影范围中标注尺寸。

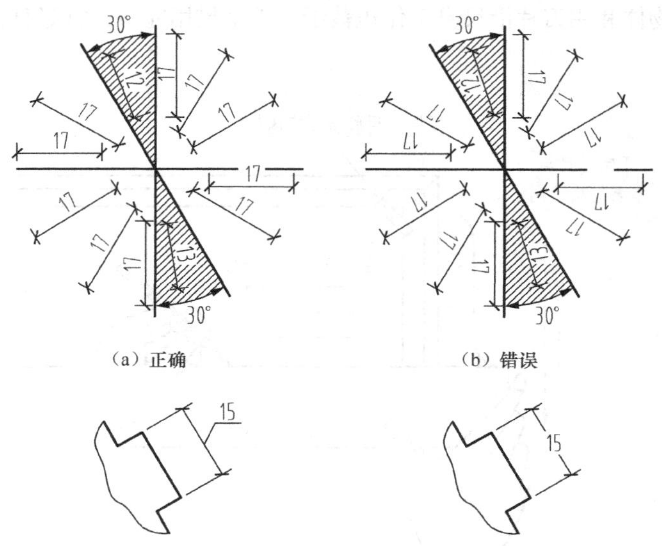

（a）正确　（b）错误

（c）正确的斜向标注

图 1-16　尺寸标注正误示范（五）

1.2 绘图工具和仪器的用法

1. 绘图板和丁字尺

绘图板是手工绘图时的垫板，如图 1-17 所示，它要求板面平坦、光洁，左边是导边，必须保持平直。绘图板有多种不同规格，可根据需要选定。0 号图板适用于画 A0 号图纸，1 号图板适用于画 A1 号图纸，四周还略有宽余。图板放在桌面上，板身宜与水平桌面呈 10°～15° 倾斜。图板不可用水刷洗和在日光下暴晒。

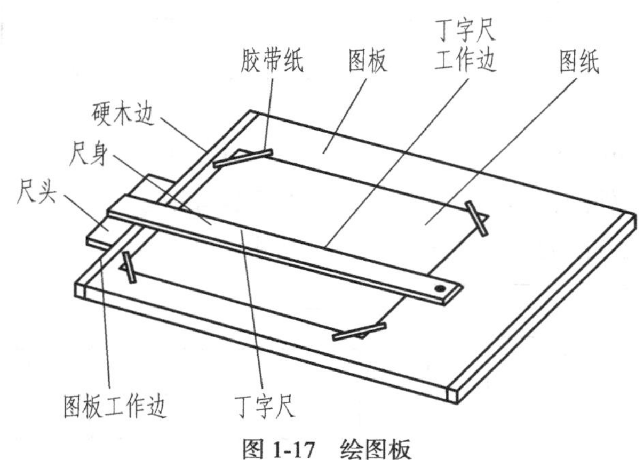

图 1-17　绘图板

丁字尺由相互垂直的尺头和尺身组成，如图 1-18 所示。尺身要牢固地连接在尺头上，尺头的内侧面必须平直，使用时应紧靠图板的左侧——导边。在画同一张图纸时，尺头不可以在图板的其他边滑动，以避免图板各边不成直角时，画出的线不准确。丁字尺的尺身工作边必须平直光滑，不可用丁字尺敲击物体和用刀片沿尺身工作边裁纸。丁字尺用完后，宜竖直挂起来，以避免尺身弯曲变形或折断。

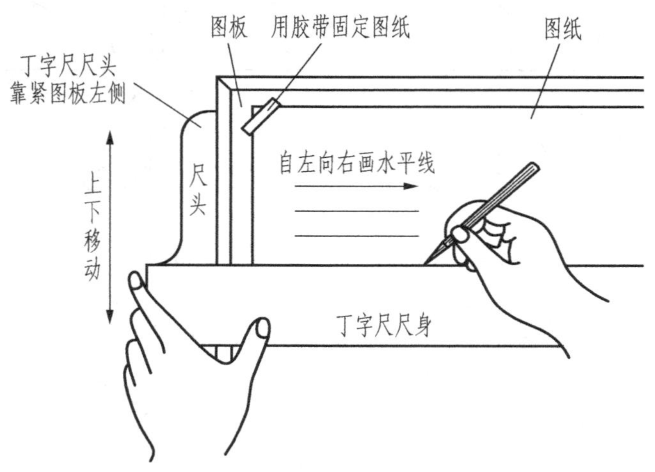

图 1-18　丁字尺、图纸、图板关系图

丁字尺主要用画水平线，并且只能沿尺身上侧画线。作图时，左手把住尺头，使它始终紧靠图板左侧，然后上下移动丁字尺，直至工作边对准要画线的地方，再从左向右画水平线。画较长的水平线时，可把左手滑过来按住尺身，以防止尺尾翘起和尺身摆动，如图 1-19 所示。

2. 绘图铅笔

绘图铅笔的用途：画图或写字，用较硬的铅笔打底稿，如 3H、2H 等；用 HB 铅笔写字，用

B 或 2B 铅笔加深图线。

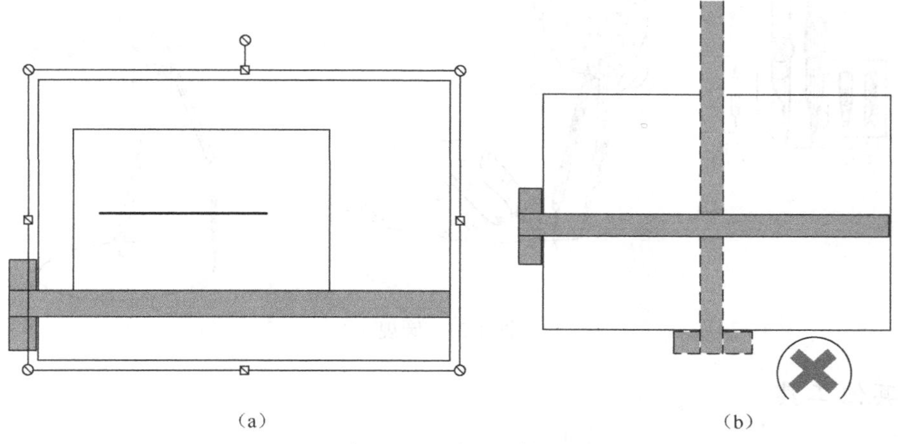

（a）　　（b）

图 1-19　丁字尺的使用

绘图铅笔的规格："H"表示硬铅笔，"B"表示软铅笔，"HB"表示软硬适中，"B""H"前的数字越大表示铅笔越软和越硬。笔芯露出 6～8mm 。

注意事项：

① 用力均匀。

② 画长线时，边画边转动铅笔，使线条粗细一致。

③ 画线时，笔身应倾斜约 75°，从侧面看笔身应垂直，如图 1-20 所示。

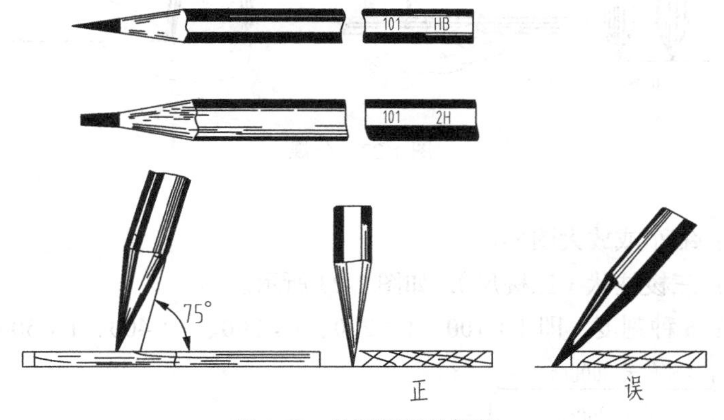

图 1-20　绘图铅笔的使用

④ 笔尖与尺边距离要保持一致，线条才能画得平直准确。

3. 圆规

圆规的用途：画圆和圆弧。

注意事项：

① 调整圆规带针插脚，使针尖略长于铅芯，铅芯应磨削成 75° 的斜面。

② 铅芯型号要比同类型的线所用铅芯软一号。

③ 画大圆时，要接延长杆。左手按铅芯，右手转动带铅芯的插脚画圆，如图 1-21 所示。

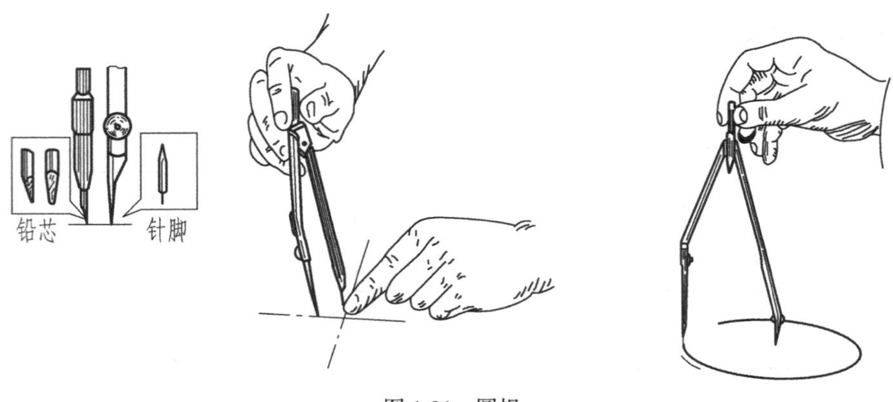

图 1-21　圆规

4. 其他工具

（1）分规

分规是截量长度和等分线段的工具，如图 1-22 所示。

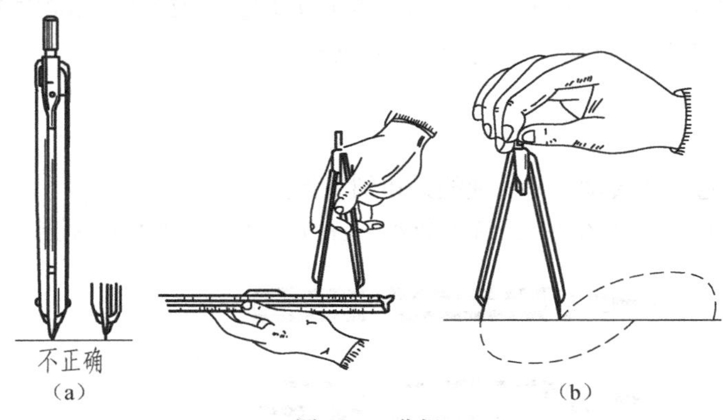

图 1-22　分规

（2）比例尺

比例尺的用途：缩小或放大图形。

比例尺的形状：三棱柱状（三棱尺），如图 1-23 所示。

比例尺的规格：6 种刻度，即 1∶100、1∶200、1∶300、1∶400、1∶500、1∶600。

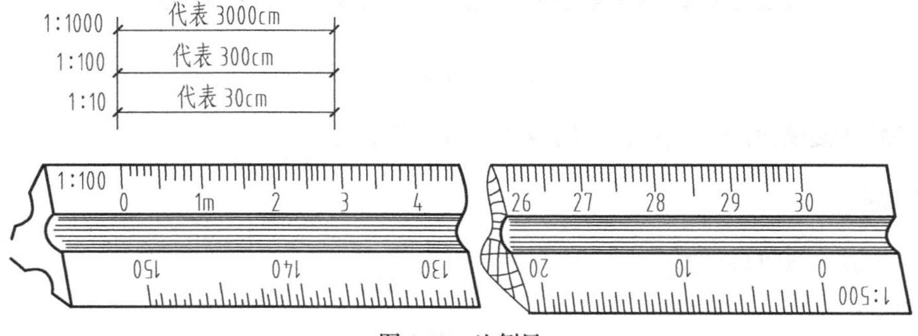

图 1-23　比例尺

（3）建筑模板

建筑模板用来绘制各种建筑标准图例和常用的符号，如图 1-24 所示。

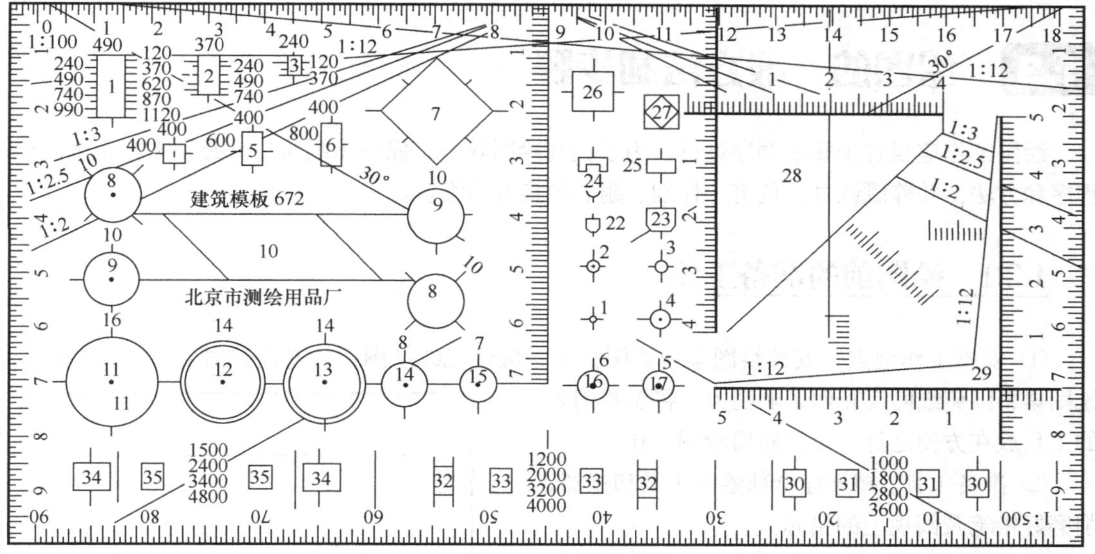

图 1-24　建筑模板

（4）擦线板

擦线板用于修改错误图线使用，如图 1-25 所示。

（5）曲线板

曲线板用于绘制非圆曲线，如图 1-26 所示。

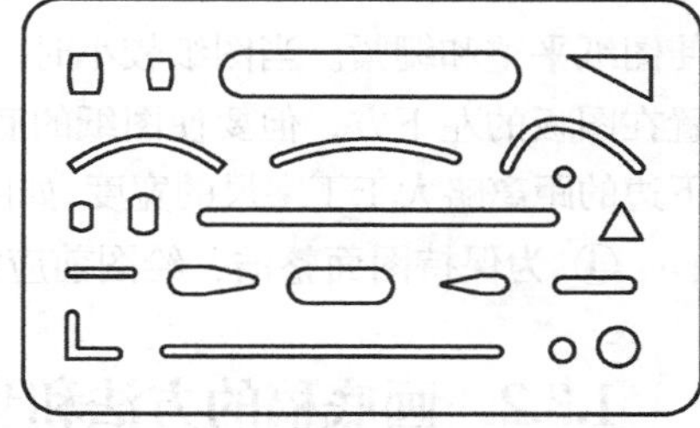

图 1-25　擦线板

（a）复式曲线板

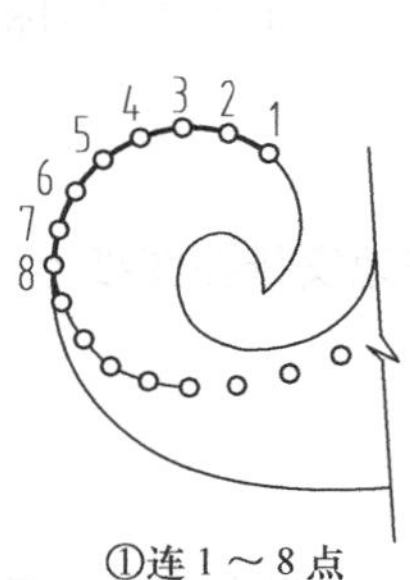

①连 1 ～ 8 点

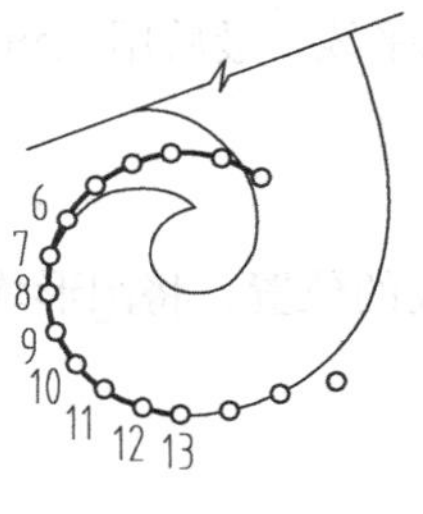

②连 6 ～ 13 点

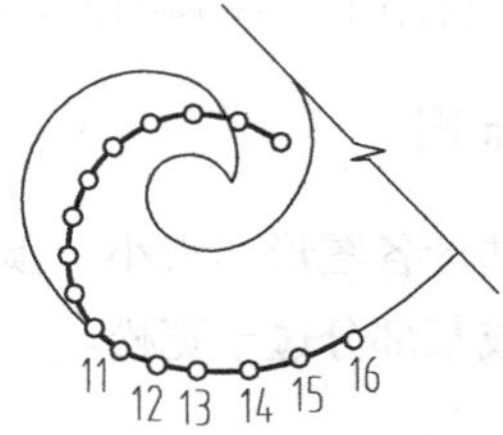

③连 11 ～ 16 点

（b）用曲线板连线

图 1-26　曲线板

1.3 绘图的一般方法和步骤

绘图工作应当有步骤地循序进行。为了提高绘图效率，保证图纸质量，必须掌握正确的绘图程序和方法，并养成认真、负责、仔细、耐心的良好习惯。

1.3.1 绘图前的准备工作

① 安排工作地点。安放绘图桌或绘图板时，应使光线从图板的左前方射入；不宜对窗安放绘图桌，以免纸面反光而影响视力。将需要用到的工具放在方便之处，以免防碍绘图工作。

② 准备工具。擦干净全部绘图工具和仪器，削磨好铅笔及圆规上的铅芯。

③ 固定图纸。将图纸的正面（有网状纹路的是反面）向上贴于图板上，并用丁字尺略对齐，使图纸平整和绷紧。当图纸较小时，应将图纸布置在图板的左下方，但要使图纸的底边与图板的下边的距离略大于丁字尺的宽度，如图 1-27 所示。

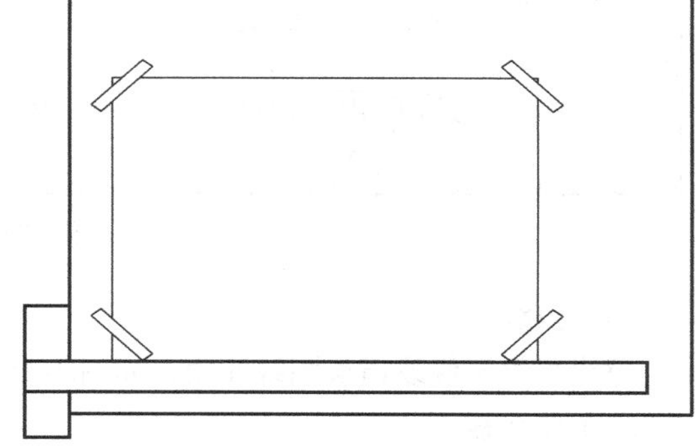
图 1-27 贴图纸

④ 为保持图面整洁，绘图前应洗手。

1.3.2 画底稿的方法和步骤

铅笔细线底稿是一张图的基础，要认真、细心、准确地绘制。画底稿的一般步骤为：

1. 削尖铅芯

铅笔底稿图宜用削尖的 H 或 HB 铅笔绘制，底稿线要细而淡，绘图者自己能看得出即可。

2. 画图框、图标

首先画出水平基准线和垂直基准线，在水平基准线和垂直基准线上分别量取图框和图标的宽度和长度，再用丁字尺画图框、图标的水平线，最后用三角板配合丁字尺画图框、图标的垂直线。

3. 布图

预先估计各图形的大小及预留尺寸线的位置，将图形均匀、整齐地安排在图纸上，避免某部分太紧凑或某部分过于宽松。

4. 画图形

一般先画轴线或中心线，其次画图形的主要轮廓线，最后画细部；图形完成后，再画尺寸线、尺寸界线等。材料符号在底稿中只需画出一部分或不画，待加深或上墨线时再全部画出。对于需上墨的底稿，在线条的交接处可画出头一点，以便清楚地辨别上墨的起止位置。

1.3.3　铅笔加深的方法和步骤

在加深前，要认真校对底稿，修正错误和填补遗漏；底稿经查对无误后，擦去多余的线条和污垢。一般用 2B 铅笔加深粗线，用 B 铅笔加深中粗线，用 HB 铅笔加深细线、写字和画箭头。加深圆时，圆规的铅芯应比画直线的铅芯软一级。用铅笔加深图线用力要均匀，边画边转动铅笔，使粗线均匀地分布在底稿线的两侧，如图 1-28 所示。加深时还应做到线型正确、粗细分明，图线与图线的连接要光滑、准确，图面要整洁。

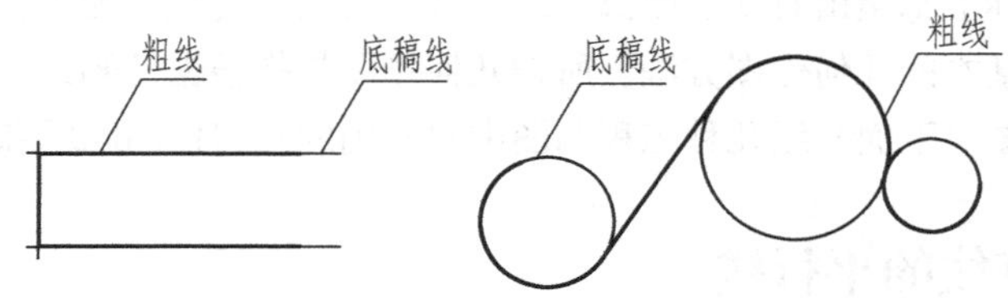

图 1-28　底稿与加粗之间的关系

加深图线的一般步骤如下：

① 加深所有的点画线。

② 加深所有粗实线的曲线、圆及圆弧。

③ 用丁字尺从图的上方开始，依次向下加深所有水平方向的粗实直线。

④ 用三角板配合丁字尺从图的左方开始，依次向右加深所有的铅垂方向的粗实直线。

⑤ 从图的左上方开始，依次加深所有倾斜的粗实线。

⑥ 按照加深粗实线同样的步骤加深所有的虚线曲线、圆和圆弧，然后加深水平的、铅垂的和倾斜的虚线。

⑦ 按照加深粗线的同样步骤加深所有的中实线。

⑧ 加深所有的细实线、折断线、波浪线等。

⑨ 画尺寸起止符号或箭头。

⑩ 加深图框、图标。

⑪ 注写尺寸数字、文字说明，并填写标题栏。

1.3.4　上墨线的方法和步骤

画墨线时，首先应根据线型的宽度调节直线笔的螺母（或选择好针管笔的号数），并在与图纸相同的纸片上试画，待满意后再在图纸上描线。如果改变线型宽度重新调整螺母，都必须经过试画，才能在图纸上描线。

上墨时相同型式的图线宜一次画完。这样，可以避免由于经常调整螺母而使相同型式的图线粗细不一致。

如果需要修改墨线时，可待墨线干透后，在图纸下垫一三角板，用锋利的薄型刀片轻轻修刮，再用橡皮擦净余下的污垢，待错误线或墨污全部去净后，以指甲或者钢笔头磨实，然后再画正确的图线。但需注意，在用橡皮时，要配合擦线板，并且宜向一个方向擦，以免撕破图纸。

上墨线的步骤与铅笔加深基本相同，但还须注意以下几点。

① 一条墨线画完后，应将笔立即提起，同时用左手将尺子移开。

② 画不同方向的线条必须等到干了再画。

③ 加墨水要在图板外进行。

最后需要指出，每次绘图时间，最好连续进行三四小时，这样效率最高。

1.4 几何作图

建筑工程图样实际上都是由直线、圆弧、曲线等几何图形构成。为了正确绘制和识读这些图形，必须掌握几种最基本的几何作图方法。所谓几何作图是指根据已知条件按几何定理，用普通的绘图工具进行的作图。下面介绍几种工程制图中常遇到的几何作图问题和作图方法。

1.4.1 作一直线的平行线

图 1-29 所示为作一直线的平行线的画法。

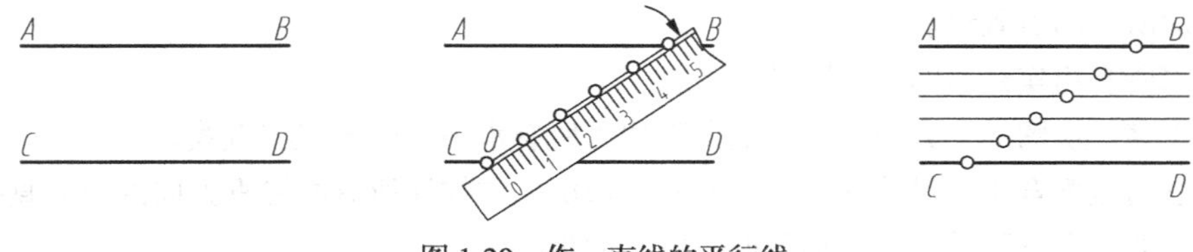

图 1-29 作一直线的平行线

作图步骤：

① 已知平行线 *AB* 和 *CD*。

② 放直尺 0 点于 *CD* 上，使刻度 5 落在 *AB* 上，截得 1、2、3 、4 各等分点。

③ 过各等分点作 *AB*（或 *CD*）的平行线，即为所求。

1.4.2 等分线段

图 1-30 所示为将已知线段任意等分的画法。

作图步骤：

① 已知直线段 *AB*，过点 *A* 作任意直线 *AC*，用直尺在 *AC* 上从点 *A* 起截取任意长度的 5 等分，得 1′、2′、3′、4′、5′点。

② 连接 *B*5′，然后过其他点分别作直线平行于 *B*5′，交 *AB* 于 4 个等分点，即为所求。

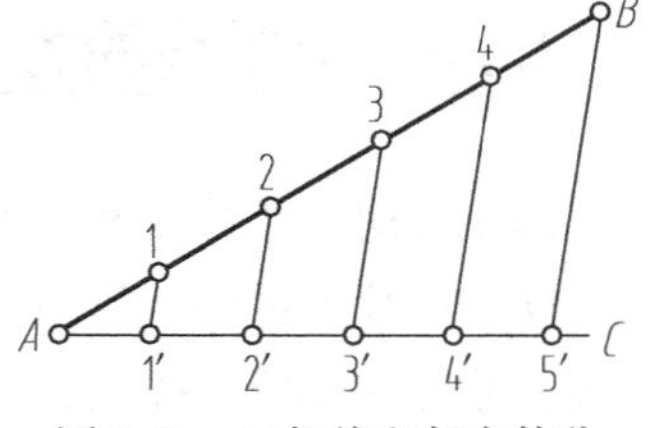

图 1-30 已知线段任意等分

1.4.3 作椭圆

椭圆画法有多种，这里仅介绍常用的同心圆法和四心法。

1. 同心圆法画椭圆

图 1-31 所示为用同心圆法画椭圆。

作图步骤：

① 以长轴和短轴为直径画两同心圆，然后过圆心作一系列直线与两圆相交。

② 自大圆交点作垂线，小圆交点作水平线，得到的交点就是椭圆上的点。

③ 用曲线板光滑连接各点，即得所求椭圆。

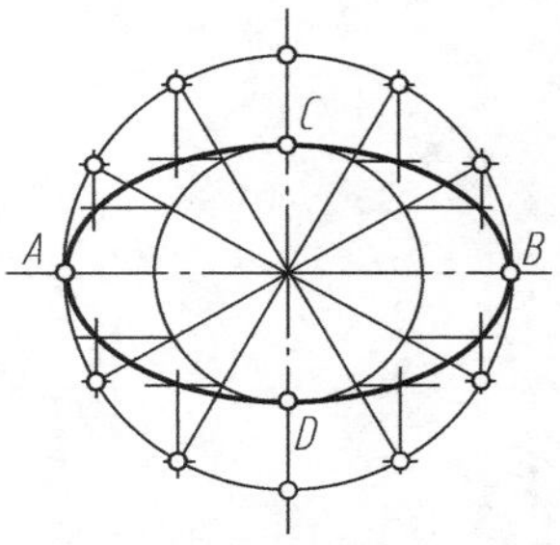

图 1-31　同心圆法作椭圆

2. 四心法画椭圆

图 1-32 所示为用四心法画椭圆。

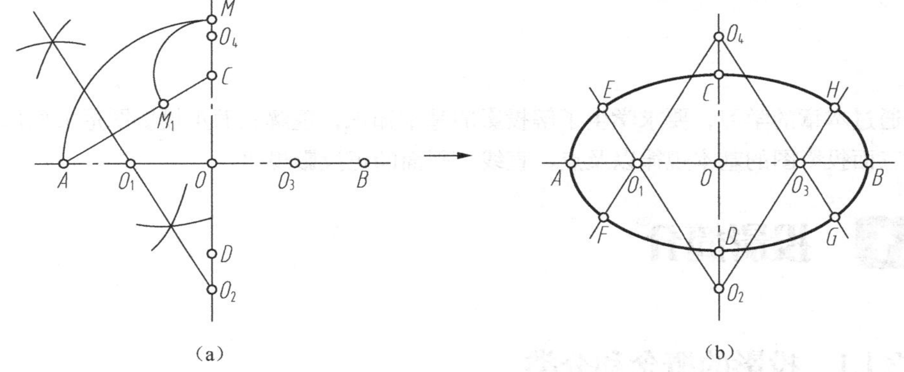

图 1-32　四心法作椭圆

作图步骤：

① 画出相互垂直且平分的长轴 AB 与短轴 CD。

② 连接 AC，并在 AC 上取 $CM_1=OA-OC$。

③ 作 AM_1 的中垂线，与长、短轴分别交于 O_1、O_2，再作对称点 O_3、O_4。

④ 以 O_1、O_2、O_3、O_4 各点为圆心，O_1A、O_2C、O_3B、O_4D 为半径，分别画弧，即得近似椭圆。

第2章 投影的基本知识

通过本章的学习，要求学生了解投影的基本知识，理解三面正投影图形成的原理，掌握三面投影图的基本规律以及点、直线、平面的正投影规律。

2.1 投影简介

2.1.1 投影的概念和分类

在现实世界中，人眼能观察到的一般是三维的物体，即能感知到物体的长、宽、高三个维度。在建筑设计师的脑海中，对于将要实现的建筑物的感知也是三维的，但为了方便和准确地表达设计构想，设计师需要将脑海中的三维建筑物表达为工程蓝图，即需要将三维空间的物体表达为二维空间的。这个过程如何转化呢？人们在自然界的投影现象中获得了灵感。在自然界中，光是沿着直线传播的。当光遇到不透明的物体，会在物体的背后留下影子，影子反映了物体的某些特征（如形状，大小等），如图 2-1 所示。值得注意的是，影子是在一个平面上表现出来的，即三维的不透明的物体“降维”成为一个二维的平面图形。当然，影子的位置，形状与光线照射的角度，光线与物体间的距离有关。因此，只要正确利用光线、物体、影子之间的关系，就可以将三维的物体表达用二维空间表达出来。

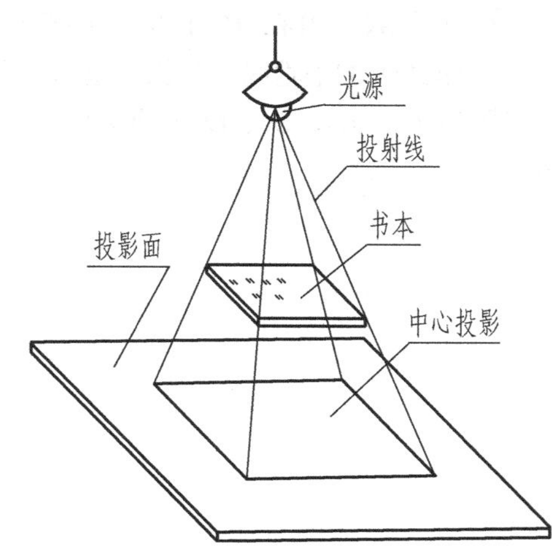

图 2-1　投影的形成

在工程制图中，我们把光源称为投影中心，光线的投射方向称为投影线，落影的平面称为投影面，影子的轮廓称为投影。用投影表示物体的形状和大小的方法称为投影法，用投影的方法画出的物体图形称为投影图。

为了能够用投影表达物体的形状，我们需要将自然界中的投影现象进一步抽象化，假定物体除了轮廓以外都是透明的，因此光线能透射过物体而只留下轮廓线的影子，并将物体上被光线照射到的轮廓线用实线画出，将几何形体上被自身所遮挡而不能被光线照射到的轮廓线用虚线画出。

根据投射线的情况，可以把投影法分为中心投影法和平行投影法两大类。

1. 中心投影法

投影线汇交于一点的投影法称为中心投影法，得到的投影称为中心投影，如图 2-2（a）所示。中心投影法应用较为广泛，其投影大小随投射中心距离物体的远近或者物体距离投影面的远近而变化。同时，投影不反映物体原来的真实大小，因此不适用于绘制建筑施工图样。但图形立体感较强，适用于绘制建筑物的外观图及美术画等，如图 2-2（b）所示。

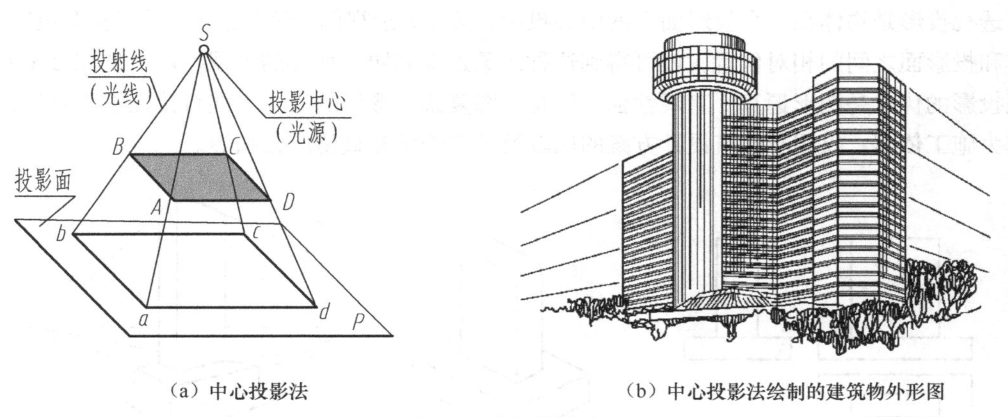

（a）中心投影法　　（b）中心投影法绘制的建筑物外形图

图 2-2　中心投影法

2. 平行投影法

投影线相互平行的投影方法称为平行投影法，得到的投影称为平行投影。平行投影法根据投影线是否垂直于投影面，分为正投影法和斜投影法，如图 2-3 所示。

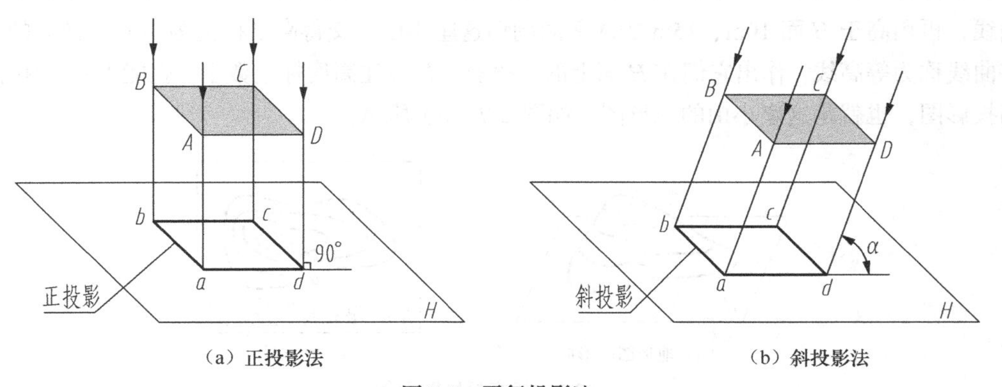

（a）正投影法　　（b）斜投影法

图 2-3　平行投影法

（1）正投影法

投影线垂直于投影面的投影法称为正投影法，所得投影为正投影，如图 2-3（a）所示。正投影法得到的投影图能够表达物体的真实形状和大小，因此建筑施工图样通常采用正投影法绘制。

（2）斜投影法

投影线倾斜于投影面的投影法称为斜投影法，所得投影为斜投影，如图 2-3（b）所示。斜投影法主要用于绘制有立体感的图形。

2.1.2 建筑工程中常用的投影图

多面正投影图是建筑工程中最主要的图样，本书也主要介绍多面正投影图。多面正投影图是由物体在互相垂直的两个或两个以上的投影面上的正投影所组成的，如图 2-4 所示。

轴测投影是物体在一个投影面上的平行投影，又称为轴测图。将物体对投影面安置于较合适的位置，选定适当的投射方向，就可得到这种富有立体感的轴测投影，可在图形上度量物体的尺寸，虽然度量性较差，绘图也较困难，但仍然是工程中一种较好的辅助表达物体的手段，如图 2-5 所示。

透视投影是物体在一个投影面上的中心投影，又称为透视图，形象逼真。适当安置投射中心、物体和投影面之间的相对位置，就可得到这种形象逼真如照片那样的透视投影，如图 2-6 所示。透视投影的优点是图形逼真，直观性强，但是作图复杂，形体的尺寸不能直接在图中度量，故不能作为施工依据，仅用于建筑设计方案的比较及工艺美术和宣传广告画等。

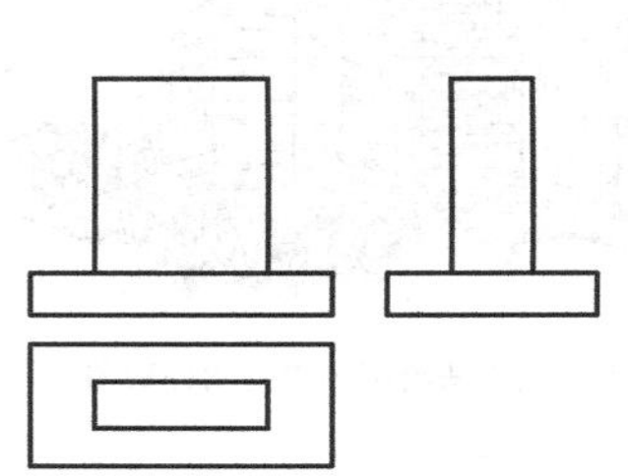

图 2-4 多面正投影图示例

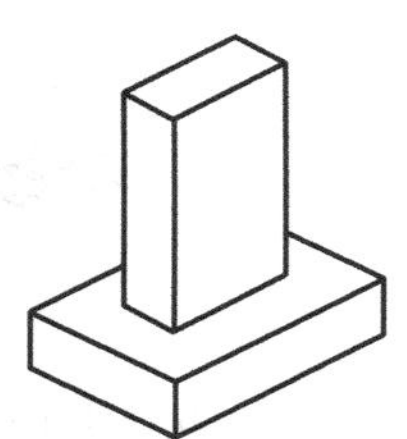

图 2-5 轴测投影示例

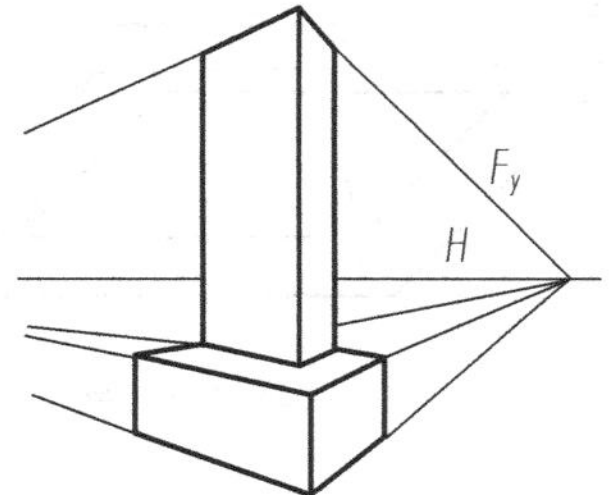

图 2-6 透视投影示例

标高投影图在建筑工程中常用来绘制地形图、建筑总平面图和道路、水利工程等方面的平面布置图样。它是地面或土工构筑物在一个水平基面上的正投影图，其上标注出与水平基面之间的高度数字标记。如图 2-7（a）所示，在水平基面 *H* 上有一座小山，与 *H* 面相交于高度标记为 0 的曲线，再用高于 *H* 面 10m、15m 的水平面剖切这座小山，交得高度标记为 10m、15m 的曲线，这些曲线称为等高线，作出它们在 *H* 面上的正投影，并标注高度标记数字，就能得到这座小山的标高投影图，也就是这座小山的地形图，如图 2-7（b）所示。

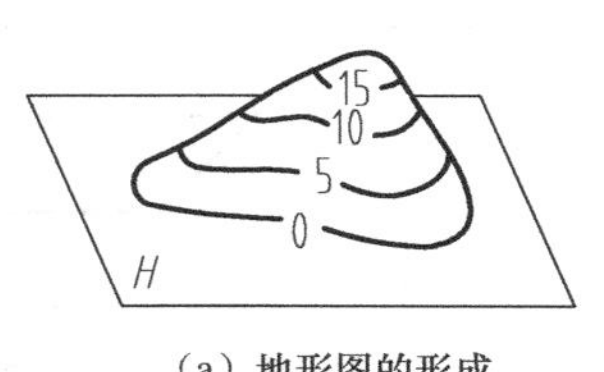

（a）地形图的形成

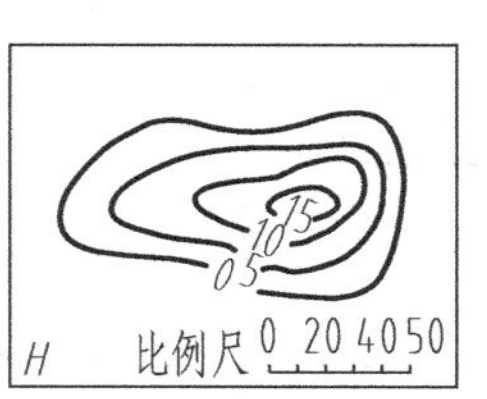

（b）地形图

图 2-7 标高投影图示例

2.1.3　三面正投影图

1. 视图的基本概念

用正投影法绘制物体的图形时，把物体在多面投影体系中的正投影，称为视图。

从图 2-8 中可以看出，这个视图只能反映物体的长度和高度，没有反映出物体的宽度。因此，在一般情况下，一个视图不能完全确定物体的形状和大小。如图 2-9 所示，三个物体不相同，但其视图相同。

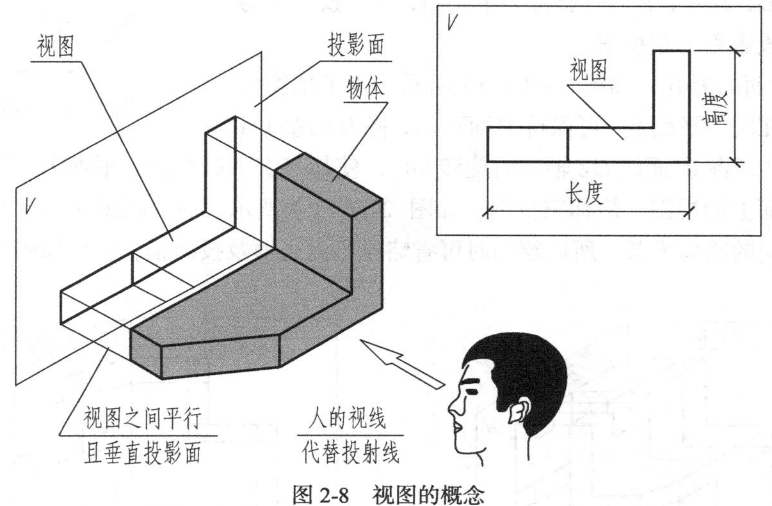

图 2-8　视图的概念

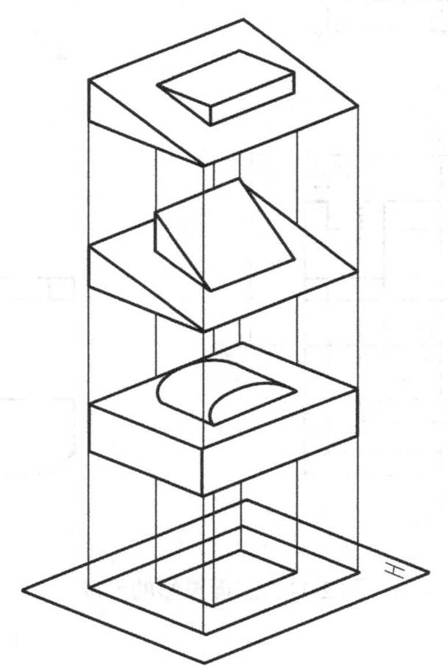

图 2-9　一个视图不能确定物体的形状

2. 三视图的形成及其对应关系

（1）三视图的形成原理

① 三投影面体系。三投影面体系由 3 个互相垂直相交的投影面构成，如图 2-10 所示。这 3 个投影面分别为正立投影面，用 V 表示，水平投影面，用 H 表示，侧立投影面，用 W 表示。3 个投影面之间的交线称为投影轴，分别用 OX、OY、OZ 表示。

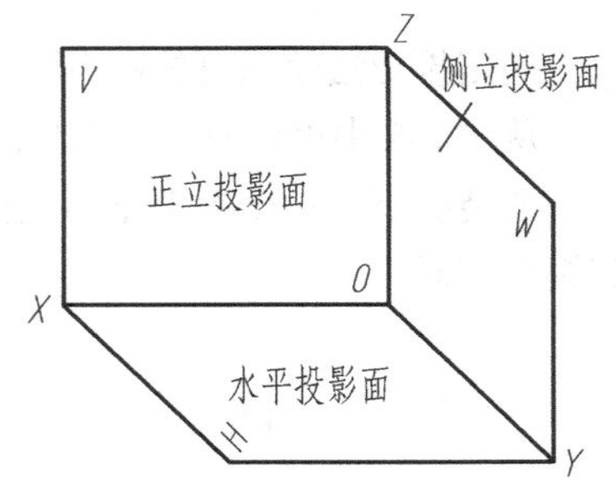

图 2-10　三投影面体系

② 三视图的形成。如图 2-11（a）所示，将物体置于三投影面体系中，用正投影法分别向 3 个投影面投影后，即可获得物体的三面投影，其中，V 面投影称为主视图，H 面投影称为俯视图，W 面投影称为左视图。

③ 三投影面的展开。如图 2-11（b）所示，为了把物体的三面投影画在同一平面上，可保持 V 面不动，将 H 面绕 OX 轴向下旋转 90°，将 W 面绕 OZ 轴向后旋转 90°，使其与 V 面处在同一平面上。使用上述方法展平在同一个平面上的视图，简称三视图，如图 2-11（c）所示。由于视图所表示的物体形状与物体和投影面之间的距离无关，所以绘图时可省略投影面边框及投影轴，结果如图 2-11（d）所示。

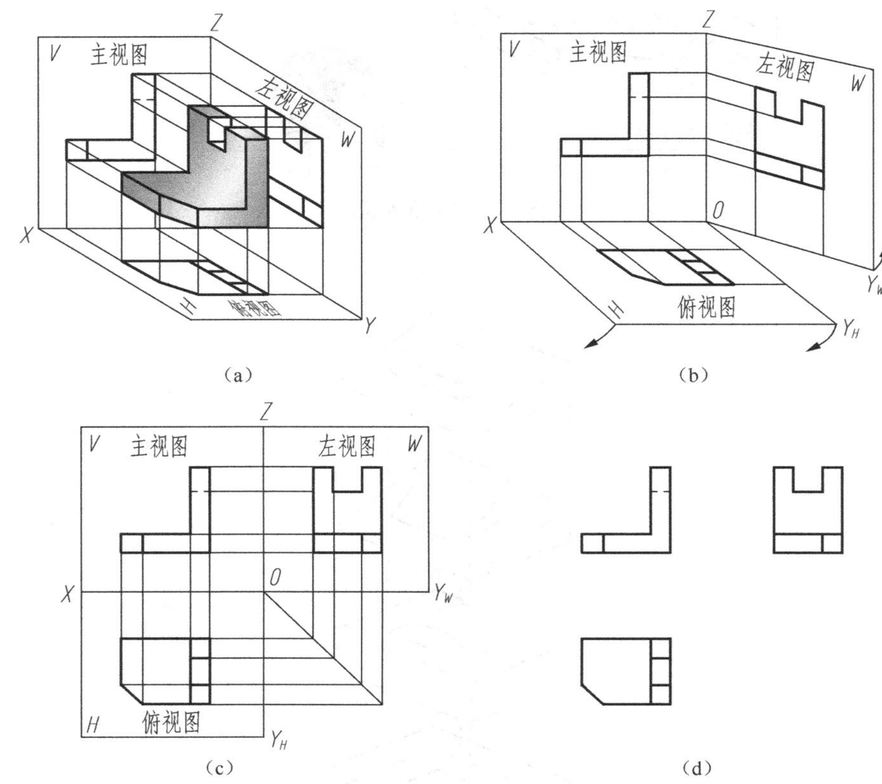

图 2-11　三面投影的形成

（2）三视图之间的关系

三视图之间存在着位置、投影和方位 3 种对应关系。

① 位置关系。以主视图为基准，一般情况下，俯视图位于主视图的正下方，左视图位于主视图正右方，如图 2-12（a）所示。

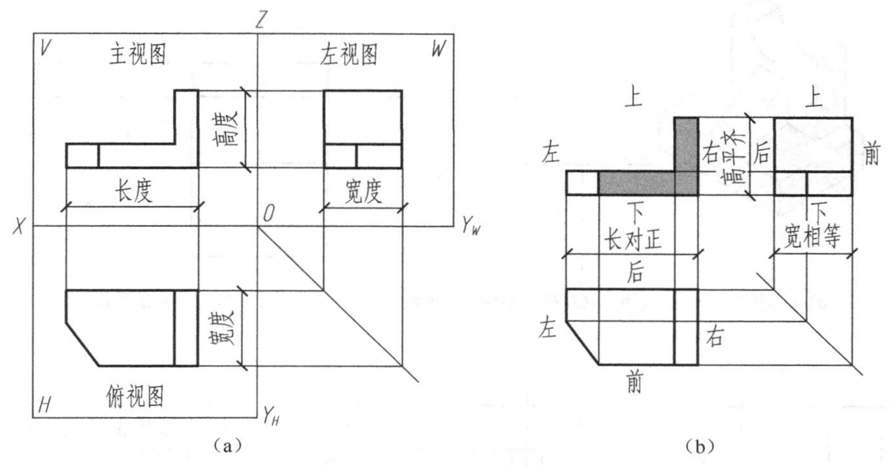

（a）　（b）

图 2-12　投影面展开后的三视图

② 投影关系。主、俯、左 3 个视图之间的投影关系，通常简称为“长对正、高平齐、宽相等”，如图 2-12（b）所示。其含义是主、俯视图中相应投影的长度相等，且要对正，主、左视图中相应投影的高度相等，且要平齐，俯、主视图中相应投影的宽度相等。三视图之间的三等规律，不仅反映在物体的整体上，也反映在物体的局部结构上。这一规律是画图和看图的依据，必须熟练掌握和运用。

③ 方位关系。物体有上下、左右、前后 6 个方向，每个视图只能反映出其中 4 个，如图 2-13 所示。其中，主视图反映物体的上下和左右，俯视图反映物体的左右和前后，左视图反映物体的上下和前后，俯、左视图靠近主视图的一侧（里侧），均表示物体的后面。远离主视图的一侧（外侧），均表示物体的前面。

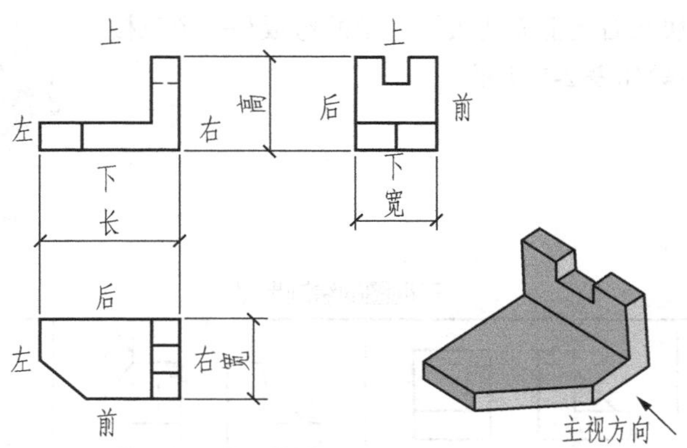

图 2-13　方位关系

（3）画物体三视图的方法和步骤

根据物体（或轴测图）画三视图时，应先选好主视图的投射方向，然后摆正物体（使物体的主要表面尽量平行于投影面），再根据图纸幅面和视图的大小，画出三视图的定位线。

应当指出，画图时，无论是整个物体或物体的每一局部，在三视图中，其投影都必须符合“长对正、高平齐、宽相等”的关系。三视图的具体作图步骤如图 2-14 所示。

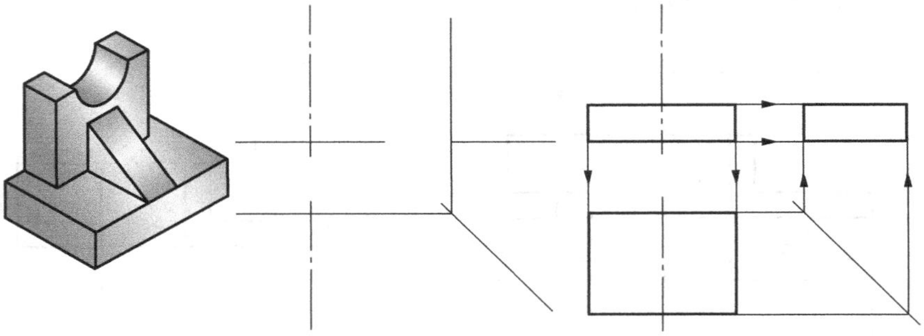

（a）轴测图　（b）画对称中心线、基准线　（c）先画出底板

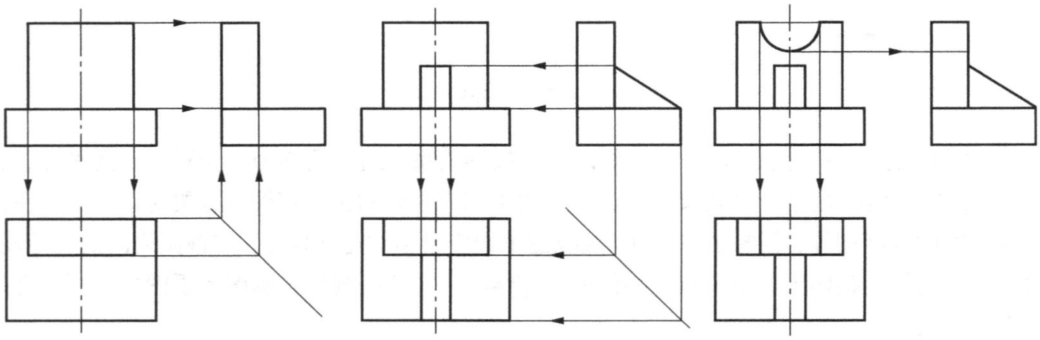

（d）再画出立板　（e）后画肋板　（f）最后画半圆形缺口

图 2-14　三视图的画图步骤

【例 2-1】　如图 2-15 所示，根据零件的立体图和主视图投射方向，绘制其三视图。

分析：物体是由一块在右端上面切去了一角的弯板和一个三棱柱叠加而成，其绘制步骤如表 2-1 所示。

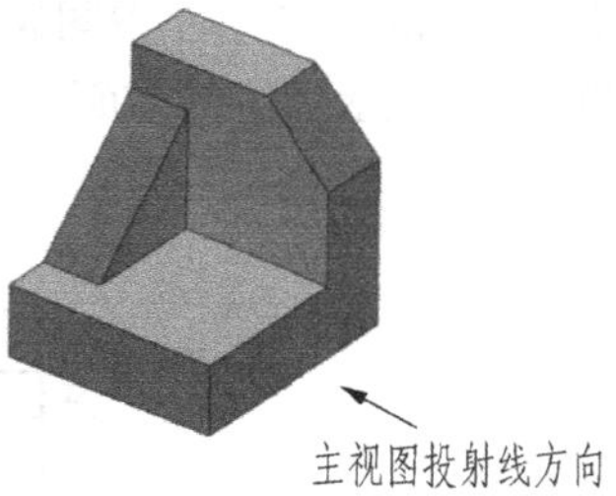

主视图投射线方向

图 2-15　零件的立体图

表 2-1　三视图的绘制步骤

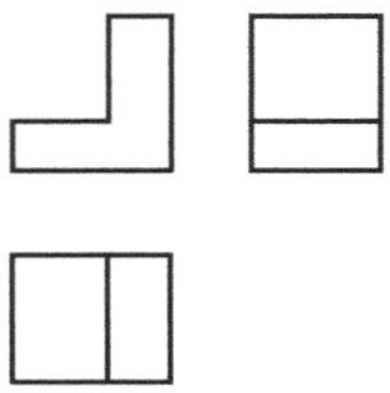 ① 根据三等关系，绘出三视图的基本轮廓	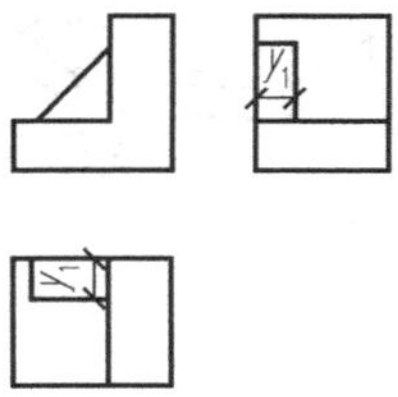 ② 绘制三棱柱的三面投影	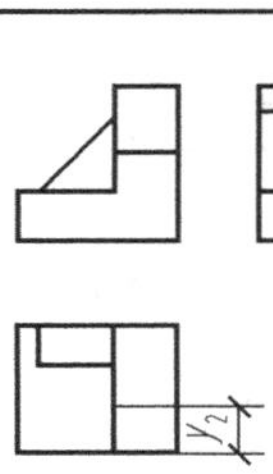 ③ 先从左视图入手，画切角的三面投影	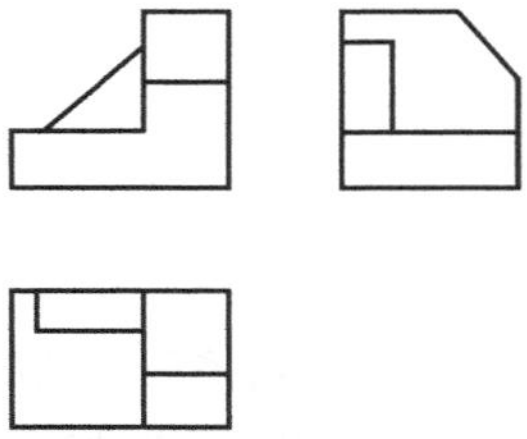 ④ 检查、整理图线、加深粗实线，完成全图

2.2 点的投影

点是构成线、面、体最基本的几何元素，点的投影是掌握线、面、体投影的基础。

2.2.1 点的投影的形成

空间点的投影仍为一个点。

1. 点的三面投影形成

如图 2-16（a）所示，由空间点 A 分别向 3 个投影面作垂线，垂足 a、a'、a''即为点 A 的三面投影。展开三投影面体系得到点的三面投影图，如图 2-16（c）所示。

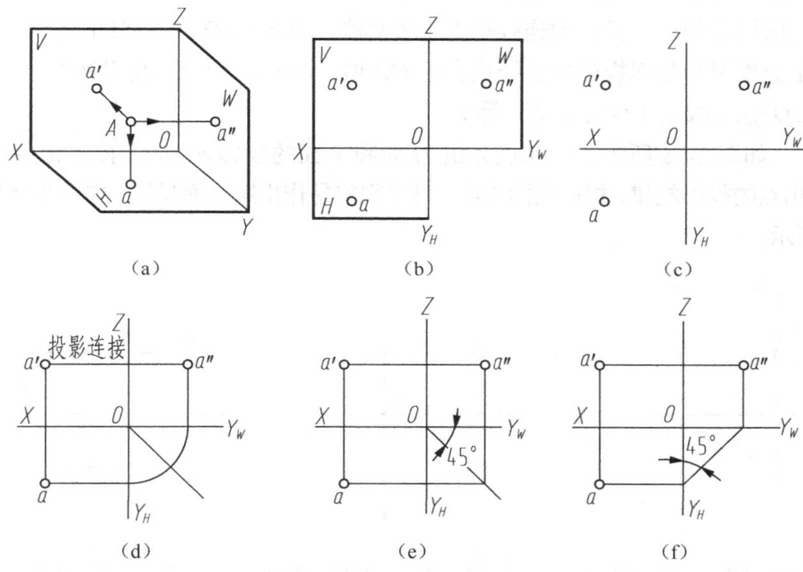

图 2-16　点的三面投影

2. 点的投影标记

按照以下约定来标记点以及点的投影。

① 空间点用大写字母表示，如 A、B、C 等。

② 水平投影用相应的小写字母表示，如 a、b、c 等。

③ 正面投影用相应的小写字母加撇表示，如 a'、b'、c'等。

④ 侧面投影用相应的小写字母加两撇表示，如 a''、b''、c''等。

2.2.2 点的投影规律

各投影线相互垂直，8 个顶点 a、a、a_Y、a'、a''、a_X、O、a_Z 构成正六面体，如图 2-17（a）

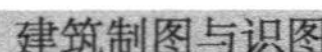

所示，根据正六面体的性质，可以得出点的三面投影图的投影特性。

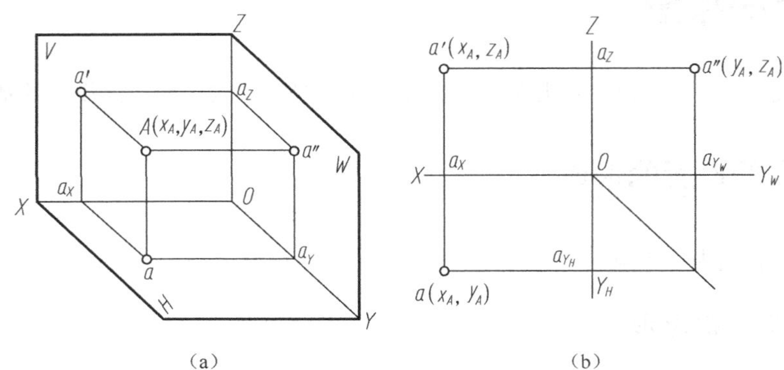

（a）　　　　（b）

图 2-17　点的投影与坐标关系

投影连线与投影轴之间的位置关系如图 2-17（b）所示，有如下规律：

① 点的正面投影和水平投影的连线垂直于 *OX* 轴，即 $aa' \perp OX$（长对正）。

② 点的正面投影和侧面投影的连线垂直于 *OZ* 轴，即 $a'a'' \perp OZ$（高平齐）。

③ $aa_{Y_H} \perp OY_H$，$a''a_{Y_W} \perp OY_W$（宽相等）。

【例 2-2】　如图 2-18 所示，已知点 *A* 的 *H* 面和 *V* 面的投影 *a*、*a′*，求 *W* 面的投影 *a″*。

分析：利用点的投影规律，根据两面投影，可以很容易作出第三面投影，作图步骤如图 2-18（b）、图 2-18（c）所示。

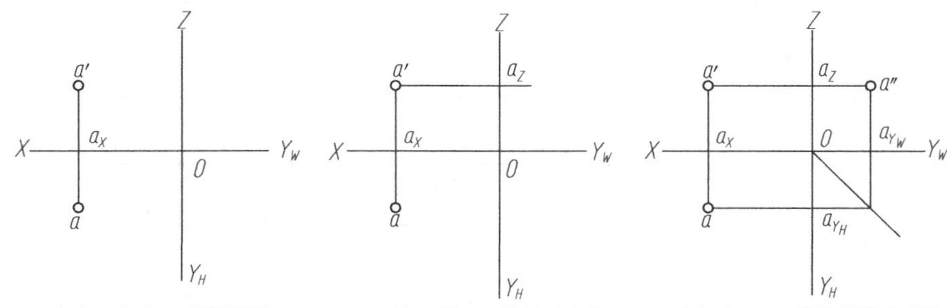

（a）已知点 *A* 的两投影 *a*、*a′*　（b）过 *a′* 作 *OZ* 轴的垂直线 $a'a_Z$　（c）在 $a'a_Z$ 的延长线上截取 $a''a_Z=aa_X$，*a″* 即为所求

图 2-18　已知点的两面投影作第三面投影

2.2.3　点的坐标

在图 2-17 中，若把 *V*、*H*、*W* 看成是直角坐标系的坐标面，则 *OX*、*OY*、*OZ* 就是三个互相垂直的坐标轴。因此点的空间位置可由点的三维坐标确定，如点 *A*（*x*，*y*，*z*），因此点的投影也可由坐标确定，或者说点的投影反映点的坐标。

1. 点的投影与点的坐标之间的关系

① $a'a_Z=aa_{Y_H}$=点 *A* 的 *x* 坐标=Aa''（点 *A* 到 *W* 面的距离）。

② $aa_X=a''a_Z$=点 *A* 的 *y* 坐标=Aa'（点 *A* 到 *V* 面的距离）。

③ $a'a_X = a''a_{Y_W}$=点 A 的 z 坐标=Aa（点 A 到 H 面的距离）。

为了表示点的水平投影到 OX 轴的距离等于点的侧面投影到 OZ 轴的距离，即 $aa_X = a''a_Z$，可以用 45° 线反映该关系，如图 2-17（b）所示。

【例 2-3】 如图 2-19 所示，已知点 A 的坐标 x=18，y=10，z=15，求作点 A 的三面投影。

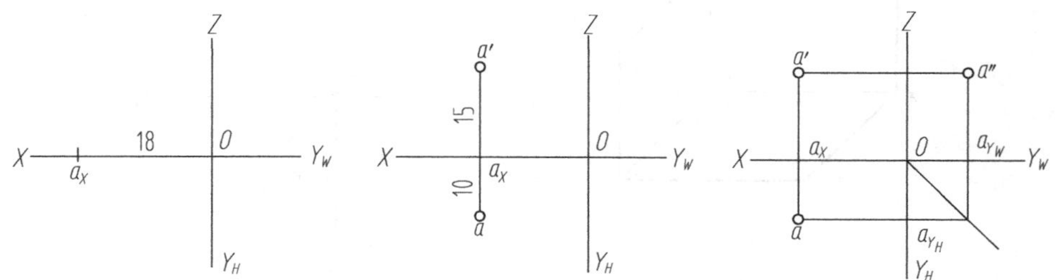

（a）在 OX 轴上取 Oa_X=18mm （b）过 a_X 作 OX 轴的垂直线，使 aa_X=10mm、aa_X=15mm，得 a 和 a' （c）根据 a 和 a' 求出 a''

图 2-19　已知点的两面投影作第三面投影

2. 特殊位置的点

① 投影面上的点。如图 2-20 所示，投影面上的点必有一个坐标是零，在这个投影面上的投影在原位置，另外两个投影分别在这个投影面的两条投影轴上。

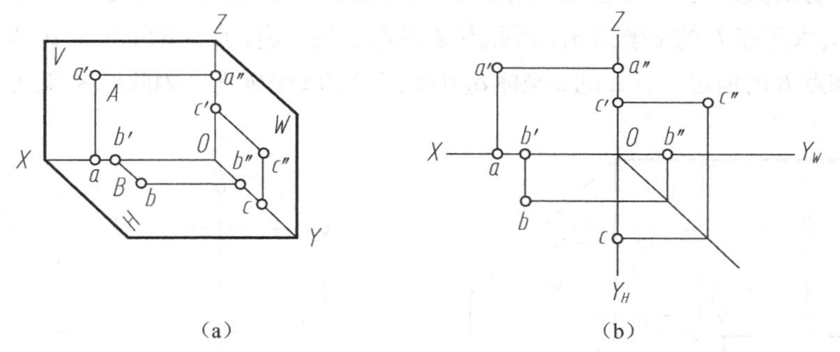

（a）　　（b）

图 2-20　投影面上的点

② 投影轴上的点。如图 2-21 所示，投影轴上的点有两个坐标是零。在相交于这条投影轴的两个投影面上的投影，重合于原位置，另一投影重合于原点 O。

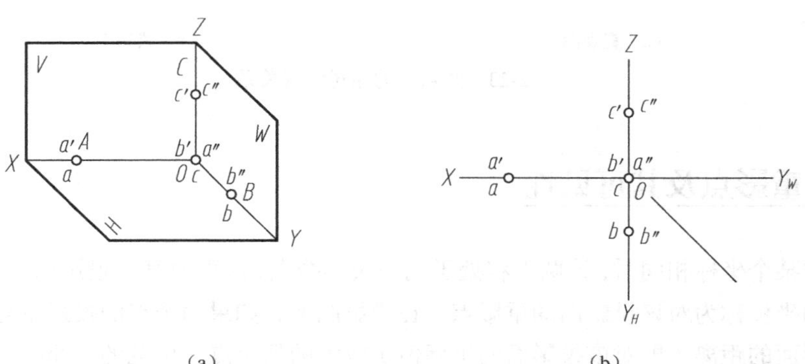

（a）　　（b）

图 2-21　投影轴上的点

③ 与原点 O 重合的点。如图 2-22 所示与原点。重合的点的三个坐标都是零，三个投影都重合于原点。

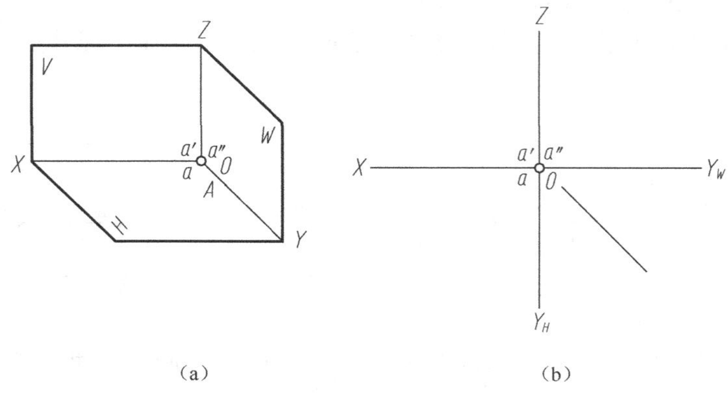

（a）　　（b）

图 2-22　与原点 O 重合的点

2.2.4　两点间的相对位置

两点间的相对位置是指空间中两点之间的左右、前后、上下之间的关系，在投影图中两点的相对位置可由两点坐标的关系判断，*x* 坐标大者在左，*y* 坐标大者在前，*z* 坐标大者在上。如图 2-23 所示，点 *A* 的 *x* 坐标 a_X 大于点 *B* 的 *x* 坐标 b_X，因此点 *A* 在点 *B* 的左边，点 *A* 的 *y* 坐标 a_Y 大于点 *B* 的 *y* 坐标 b_Y，因此点 *A* 在点 *B* 的前边，点 *A* 的 *z* 坐标 a_Z 小于点 *B* 的 *z* 坐标 b_Z，因此点 *A* 在点 *B* 的下边。

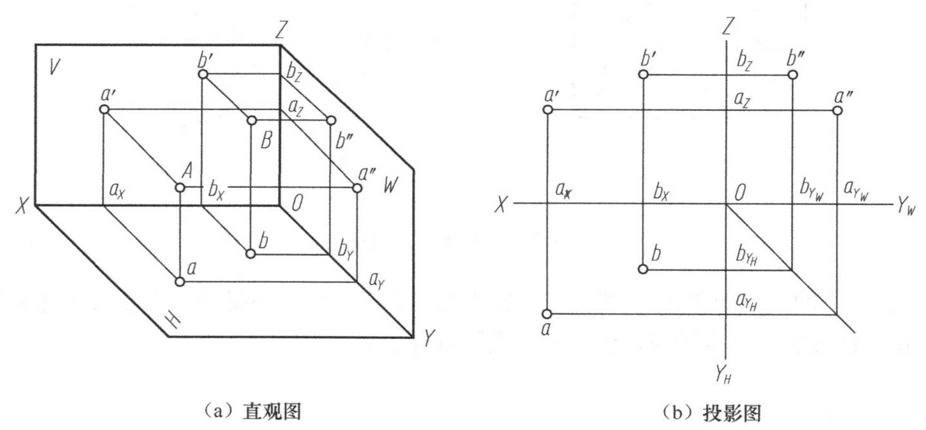

（a）直观图　　（b）投影图

图 2-23　两点间的相对位置关系

2.2.5　重影点及其可见性

当两点的某个坐标相同时，该两点将处于同一投影线上，因而对某一投影面具有重合的投影，则这两个点的坐标称为对该投影面的重影点。在投影图上，如果两个点的投影重合，则对重合投影所在的投影面的距离（即对该投影面的坐标值）较大的那个点是可见的，而另一个点是不可见的，应将不可见的点用括弧括起来，如图 2-24（b）所示点的投影。如图 2-24 所示，因为点 *A*、

点 B 两点到 V 面、W 面的距离相等，所以点 A、点 B 两点在 H 面投影重合，故称点 A、点 B 两点为对 H 面的一对重影点，点 B 在 H 面的投影不可见。

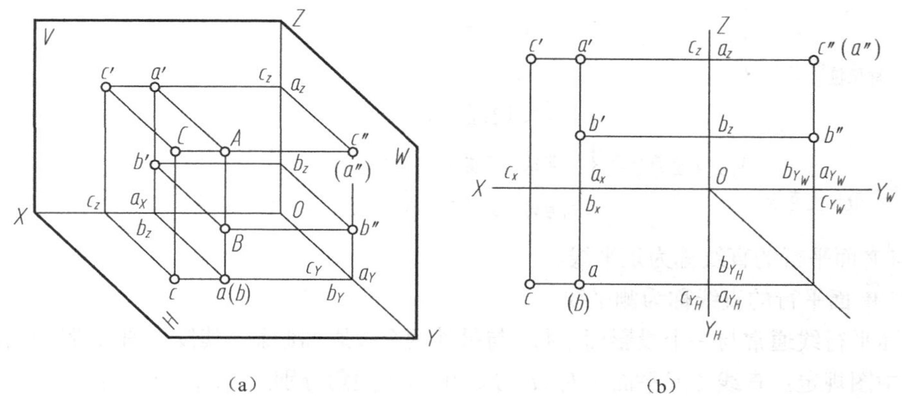

图 2-24　重影点的投影

2.3 直线投影

2.3.1 直线投影规律

① 收缩性：直线倾斜于投影面的投影比空间线段短（$ab=AB\cos\alpha$），如图 2-25（a）所示。

② 积聚性：直线垂直于投影面的投影重合为一点，如图 2-25（b）所示。

③ 实形性：直线平行于投影面的投影反映线段实长（$ab=AB$），如图 2-25（c）所示。

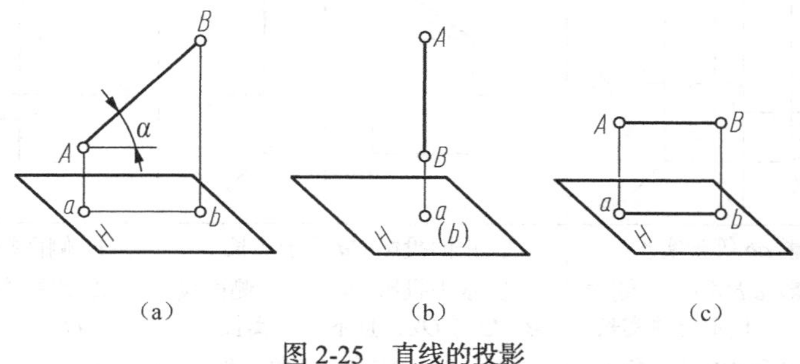

图 2-25　直线的投影

2.3.2 各种位置直线及投影规律

直线对投影面的相对位置可以分为 3 种：投影面平行线、投影面垂直线及投影面倾斜线。前两种为投影面特殊位置直线，后一种为投影面一般位置直线。

（1）投影面平行线

与投影面平行的直线称为投影面平行线，又分为以下 3 种。

① 与 H 面平行的直线称为水平线。

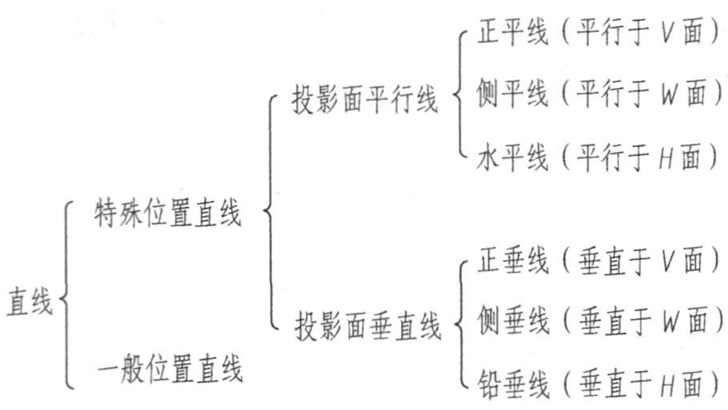

② 与 *V* 面平行的直线称为正平线。

③ 与 *W* 面平行的直线称为侧平线。

投影面平行线通常与一个投影面平行，与另外两个投影面倾斜，其投影图及投影特性如表 2-2 所示。表中图规定：直线（或平面）对 *H*、*V*、*W* 面的倾角分别用 α、β、γ 表示。

表 2-2　　投影面平行线的投影特性

名称	水平线（//*H*，与 *V*、*W* 倾斜）	正平线（//*V*，与 *H*、*W* 倾斜）	侧平线（//*W*，与 *H*、*V* 倾斜）
轴测图			
投影			
投影特性	① 水平投影 *ab* 等于实长 ② 正面投影 *a'b'*//*OX*，侧面投影 *a''b''*//*OY*，且不反映实长 ③ *ab* 与 *OX* 和 *OY* 的夹角 β、γ 等于 *AB* 对 *V*、*W* 面的倾角	① 正面投影 *c'd'* 等于实长 ② 水平投影 *cd*//*OX*，侧面投影 *c''d''*//*OZ*，且不反映实长 ③ *c'd'* 与 *OX* 和 *OZ* 的夹角 α、γ 等于 *CD* 对 *H*、*W* 的倾角	① 侧面投影 *e''f''* 等于实长 ② 水平投影 *ef*//*OY*，正面投影 *e'f'*//*OZ*，且不反映实长 ③ *e''f''* 与 *OY* 和 *OZ* 的夹角 α、β 等于 *EF* 对 *H*、*V* 面的倾角
	小结：①直线在所平行的投影面上的投影，均反映实长；②其他两面投影平行于相应的投影轴 ③反映实长的投影与投影轴所夹的角度，等于空间直线对相应投影面的倾角 判定方法：一斜两直线，定是平行线，斜线在哪个面，平行于哪个面		

（2）投影面垂直线

与投影面垂直的直线称为投影面垂直线，又分为以下 3 种。

① 与 *H* 面垂直的直线称为铅垂线。

② 与 *V* 面垂直的直线称为正垂线。

③ 与 W 面垂直的直线称为侧垂线。

投影面垂直线与一个投影面垂直，必定与另外两个投影面平行，其投影图及投影特性如表 2-3 所示。

表 2-3　　投影面垂直线的投影特性

<table>
<tr><th>名称</th><th>铅垂线（⊥H）</th><th>正垂线（⊥V）</th><th>侧垂线（⊥W）</th></tr>
<tr><td>轴测图</td><td></td><td></td><td></td></tr>
<tr><td>投影</td><td></td><td></td><td></td></tr>
<tr><td rowspan="3">投影特性</td><td>① 水平投影 a（b）积聚成点
② $a'b'=a''b''$等于实长，且 $a'b'\perp OX$，$a''b''\perp OY$</td><td>① 正面投影 c'（d'）积聚成点
② $cd=c''d''$等于实长，且 $cd\perp OX$，$c''d''\perp OZ$</td><td>① 侧面投影 e''（f''）积聚成点
② $ef=e'f'$等于实长，且 $ef\perp OY$，$e'f'\perp OZ$</td></tr>
<tr><td colspan="3">小结：①直线在所垂直的投影面上的投影，积聚成一点；②其他两面投影反映该直线的实长，且分别垂直于相应的投影轴</td></tr>
<tr><td colspan="3">判定方法：一点两直线，定是垂直线，点在哪个面，垂直于哪个面</td></tr>
</table>

（3）一般位置直线

一般位置直线与 3 个投影面都倾斜，且在 3 个投影面上的投影都不反映实长，投影与投影轴之间的夹角也不反映直线与投影面之间的倾角。图 2-26 所示的线段 AB 即为一般位置直线。

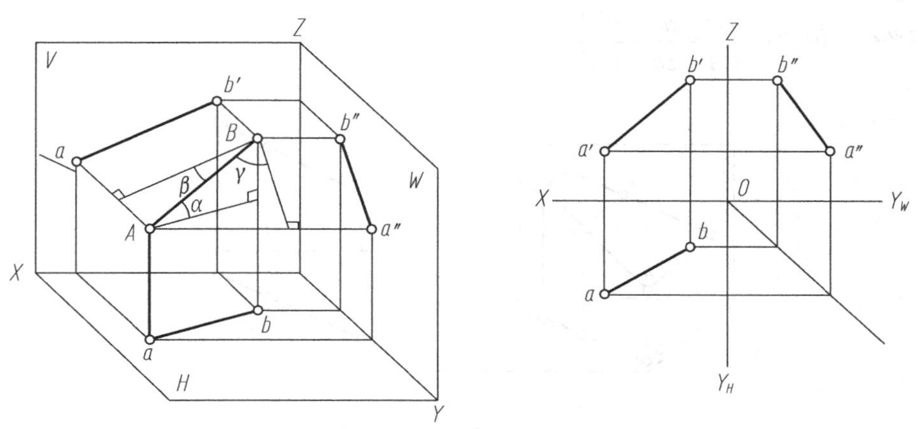

图 2-26　一般位置直线的投影

一般位置直线的投影特性如下。

① 在3个投影面上的投影均为倾斜直线。

② 投影长度均小于实长。

判定方法：三个投影三个斜，一定是一般直线。

【例 2-4】 参照图 2-27（a）所示的立体图分析三棱锥各条棱线的空间位置关系。

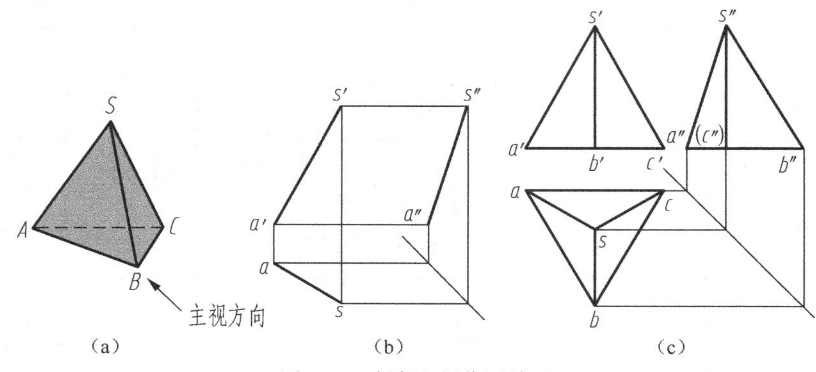

（a）　（b）　（c）

图 2-27　判断空间位置关系

作图步骤如下。

① 按照三棱锥上每条棱线所标的字母，将它们的投影从视图中分离出来。例如，棱线 *SA* 分离以后的投影如图 2-27（b）所示。

② 如图 2-27（c）所示，根据不同位置直线的投影图特征，分别判别各条棱线的空间位置如下。

SA 为一般位置线；*AB* 为水平线；*SB* 为侧平线；*BC* 为水平线；*SC* 为一般位置线；*AC* 为侧垂线。

2.3.3　直线上的点的投影

从图 2-28（a）所示可以看出，点在直线上实长的几何条件及投影特性如下。

① 从属性：直线上点的投影必定在该直线的同面投影上。点 *C* 的投影 *c*、*c*′分别在 *ab*、*a*′*b*′上。

② 定比性：同一直线上两线段长度之比等于其投影长度之比。由于对同一投影面面的投影面线互相平行，因此：$\frac{AC}{CB}=\frac{ac}{cb}=\frac{a'c'}{c'b'}$。

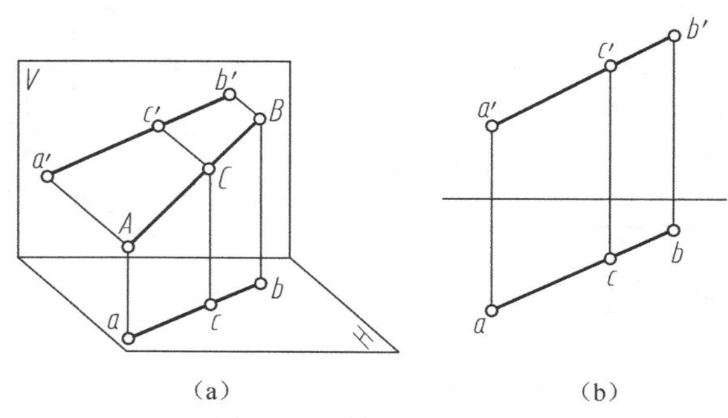

（a）　（b）

图 2-28　直线上点的投影

【例 2-5】　如图 2-29 所示，已知 *AB* 的投影 *ab* 和 *a′b′*，求作直线上一点 *C* 的投影，使 *AC*：*CB*=3：2。

作图步骤：

① 过点 *a* 作辅助线 *as*，量取 5 个单位，得分点 1、2、3、4、5，连接 *b*5。

② 过点 3 作 *b*5 的平行线，交 *ab* 于点 *c*，然后过点 *c* 作投影轴 *OX* 的垂线并延长交 *a′b′*于 *c′*。

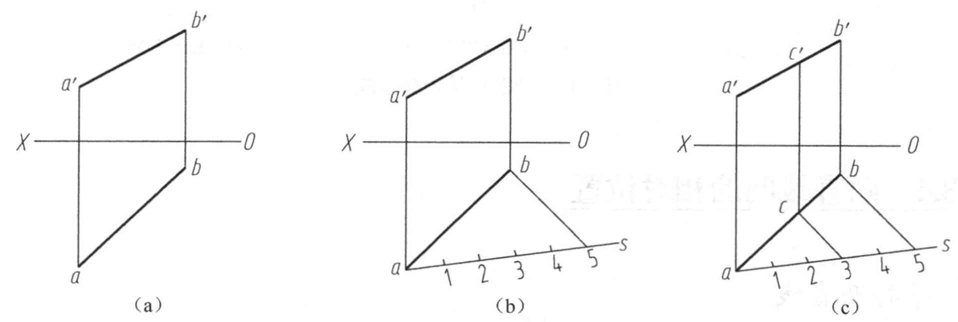

图 2-29　利用定比性作直线上点的投影

【例 2-6】　如图 2-30（a）所示，已知 *AB* 的 *V* 面，*H* 面投影及线上一点 *K* 的 *V* 面投影 *k′*，试求 *k* 的 *H* 面投影。

分析：根据直线上点的投影的从属性和定比性，此题有下面两种解法。

① 侧平线的 *H* 面，*V* 面投影 *ab* 和 *a′b′*在同一铅垂线上，不能利用点的投影规律 *k′*求 *k*，此时，可先求出直线 *AB* 的 *W* 面投影 *a″b″*，然后由 *k′*求出 *k″*，再由 *k″*求出 *k′*，如图 2-30（b）所示。

② 应用等比关系求出 *k*。作图步骤如图 2-30（c）所示，过点 *b* 作一任意直线，在线上截取 *b*1=*b′k′*，12=*k′a′*，然后连 2*a*，并过 1 点作直线平行于 2*a*，交 *ab* 于 *k* 即为所求。

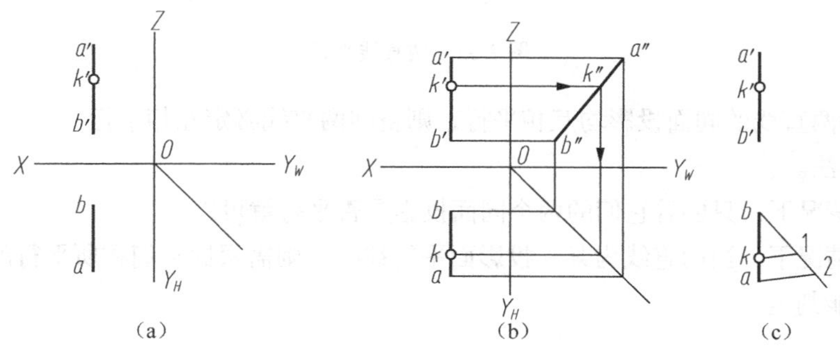

图 2-30　利用定比性作直线上点的投影

【例 2-7】　如图 2-31（a）所示，已知 *AB* 的 *V* 面、*H* 面投影及线上一点 *K* 的两面面投影 *c*，*c′*，试判断点 *C* 是否在直线 *AB* 上。

分析：根据直线上点的投影的从属性和定比性，此题有下面两种解法。

① 可先求出直线 *AB* 的 *W* 面投影 *a″b″*，然后由 *c*，*c′*求出 *c″*，如图 2-31（b）所示，由此可知 *c″*并不在 *a″b″*的投影上，根据从属性，可认为点 *C* 不在直线 *AB* 上。

② 如图 2-31（c）所示，过点 *b* 作一任意直线，在线上截取两段长度 *b′c′*，*c′a′*，然后连 *aa′*，*cc′*，如图 2-31（c）所示，根据定比性，*aa′*，*cc′*应相互平行，但现在并不平行，可认为点 *C* 不在直线 *AB* 上。

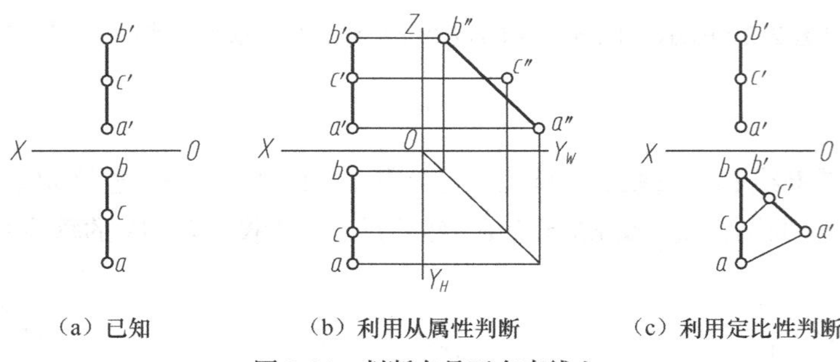

（a）已知　（b）利用从属性判断　（c）利用定比性判断

图 2-31　判断点是否在直线上

2.3.4　两直线间的相对位置

1. 平行两直线

① 平行两直线的所有同面投影面都互相平行，如图 2-32 所示。

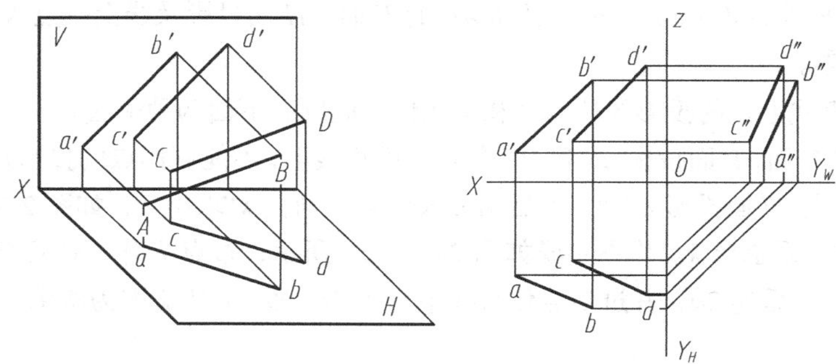

图 2-32　两直线平行

② 反之若两直线的同面投影均互相平行，则空间两直线必定互相平行。

③ 判定方法。

（a）一般情况下，只要看它们的两个同面投影是否平行就可以了。

（b）特殊情况下，当两直线为某一投影面平行线时，则需根据它们在所平行的那个投影面上的是否平行才能判定。

2. 相交两直线

① 若空间两直线相交，则它们的所有同面投影都相交，且各同面投影的交点之间的关系符合点的的规律。这是因为交点是两直线的共有点，如图 2-33 所示。

② 反之，若两直线的各同面投影都相交，且交点的投影符合点的投影规律，则该两直线必相交。

③ 特殊情况：当直线为某一投影面平行线时，它们是否相交需进一步判断。通常有下面两种方法。

（a）用定比方法判定。

（b）用两条直线的第三投影来判定。

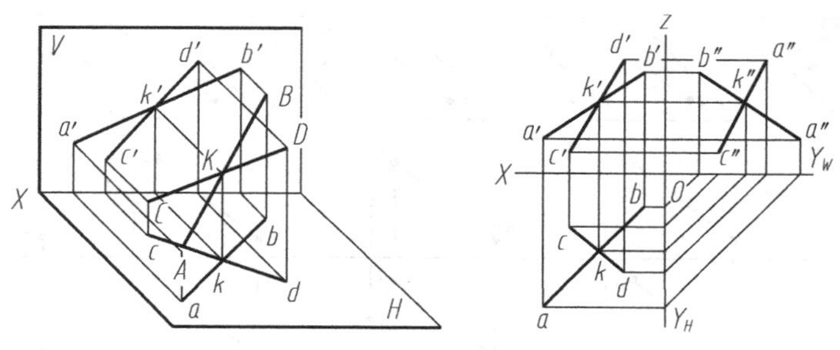

图 2-33　两直线相交

3. 交叉两直线

如图 2-34 所示，交叉两直线的同面投影可能相交，但各投影的交点不重合。

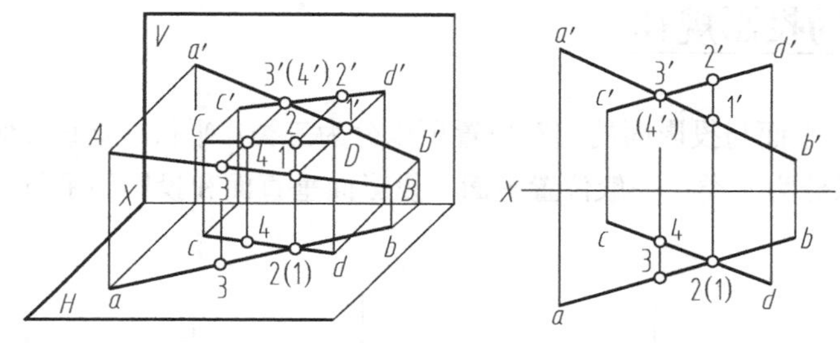

图 2-34　两直线交叉

当两直线处于交叉位置时，有时需要判断可见性，即判断它们重影点的重合投影的可见性。确定和表达两交叉线重影点投影可见性的方法：从两交叉线同面投影的交点，向相邻投影引垂直于投影轴的投影连线，分别与这两交叉线的相邻投影各交得一个点，标注出交点的投影符号。按左遮右、前遮后、上遮下的规定，确定在重影点的投影重合处，是哪一条直线上的点的投影可见。根据可见点的投影符号不加括号，不可见点的投影符号加括号的规定。标注出这两个重影点在投影重合处的符号。

2.4 平面的投影

2.4.1 平面的表示法

如图 2-35 所示，空间平面可以有如下几种形式表示。

① 不在一条直线上的三点。

② 一条直线和线外一点。

③ 两相交直线。

④ 两平行直线。

⑤ 任意一平面图形。

根据立体几何的知识，我们知道不在同一个平面上的三个点可以确定一个平面，因此前面四种方法只能确定平面的位置，但是第 5 种方法可以同时确定平面的位置、大小和形状，因此，我们常用平面图形代表一个平面。

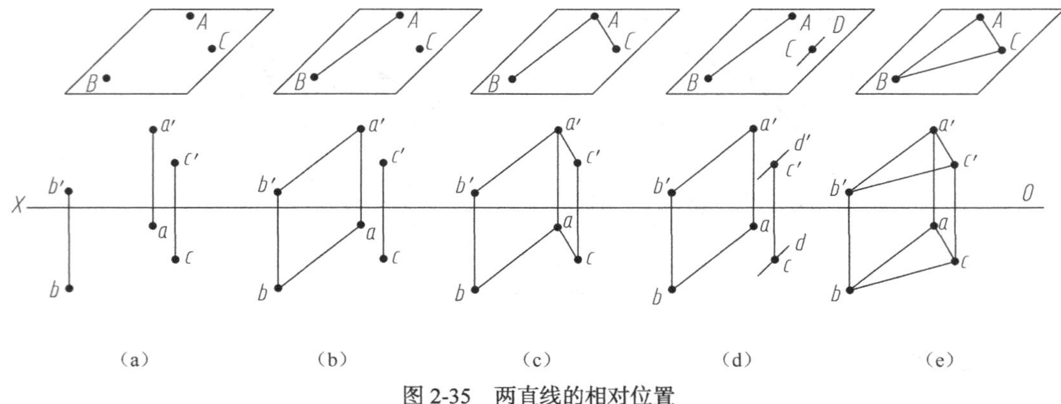

图 2-35　两直线的相对位置

2.4.2　平面的投影规律

如图 2-36 所示，平面与投影面的相对位置可以分为三类：平行、垂直和倾斜。相应地在三面投影体系中平面可以分为三类：一般位置平面、投影面垂直面和投影面平行面。下面分别介绍它们的投影特性。

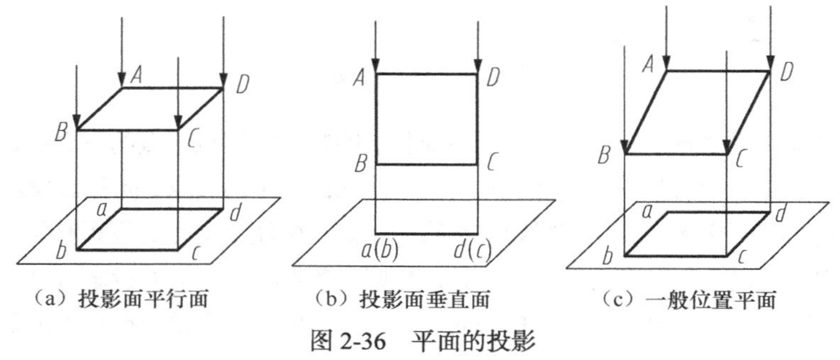

图 2-36　平面的投影

1. 投影面平行面

与两个投影面都垂直，与另一投影面平行的平面称为投影面平行面。在所平行的投影面上的投影反映实形，另两投影积聚成直线。

2. 投影面垂直面

与某投影面垂直，与另两投影面都倾斜的平面称为投影面垂直面。在所垂直的投影面上的投影积聚成直线，该直线与投影轴的夹角反映平面与相应的投影面的倾角。

3. 一般位置平面

与三投影面都倾斜的平面称之为一般位置平面。其三面投影都反映类似性。

2.4.3　各种位置平面及投影规律

平面和投影面的相对位置关系与直线和投影面的相对位置关系相同，如下所示。

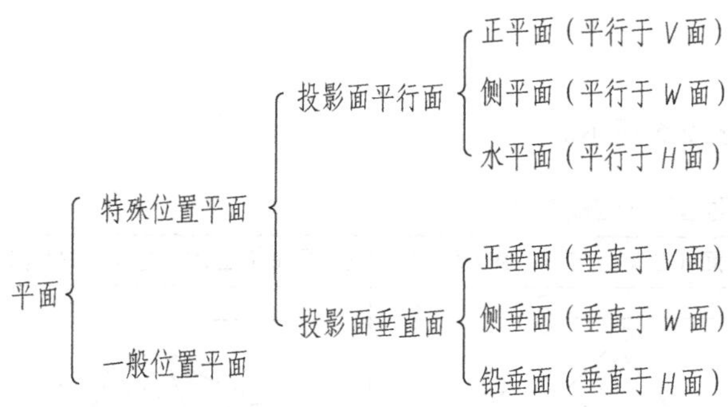

（1）投影面平行面

投影面平行面平行于一个投影面，必与另外两个投影面垂直。

① 与 *H* 面平行的平面称为水平面。

② 与 *V* 面平行的平面称为正平面。

③ 与 *W* 面平行的平面称为侧平面。

投影面平行面的投影图及投影特性如表 2-4 所示。

表 2-4　　投影面平行面的投影特性

名称	水平面（//*H*）	正平面（//*V*）	侧平面（//*W*）
轴测图			
投影			
投影特性	① 水平投影反映实形 ② 正面投影积聚成直线，且平行于 *OX* 轴；侧面投影积聚成直线，且平行于 *OY* 轴	① 正面投影反映实形 ② 水平投影积聚成直线，且平行于 *OX* 轴；侧面投影积聚成直线，且平行于 *OZ* 轴	① 侧面投影反映实形 ② 水平投影积聚成直线，且平行于 *OY* 轴；正面投影积聚成直线，且平行于 *OZ* 轴
	小结：①平面图形在所平行的投影面上的投影反映实形；②其他两面投影积聚成直线，且平行于相应的投影轴 判定方法：一框两直线，定是平行面，框在哪个面，平行于哪个面		

（2）投影面垂直面

投影面垂直面垂直于一个投影面，并与另外两个投影面倾斜。

① 与 *H* 面垂直的平面称为铅垂面。

② 与 V 面垂直的平面称为正垂面。

③ 与 W 面垂直的平面称为侧垂面。

投影面垂直面的投影图及投影特性如表 2-5 所示。

表 2-5　　投影面垂直面的投影特性

名称	铅垂面（$\perp H$，与 V、W 倾斜）	正垂面（$\perp V$，与 H、W 倾斜）	侧垂面（$\perp W$，与 V、H 倾斜）
轴测图	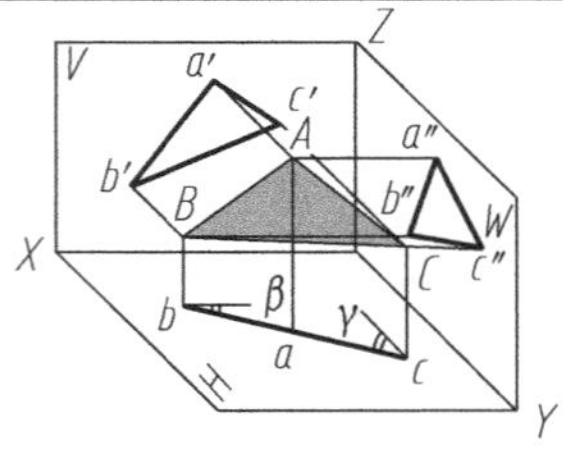	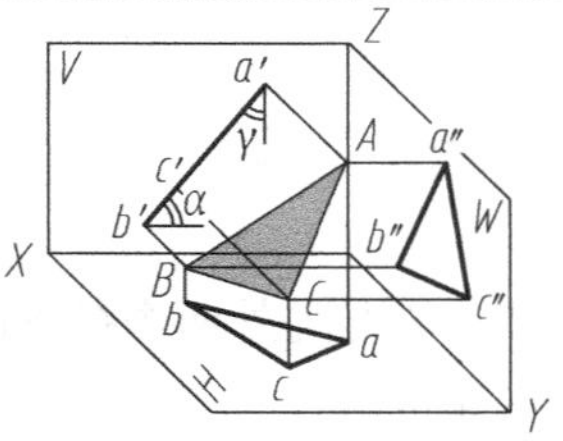	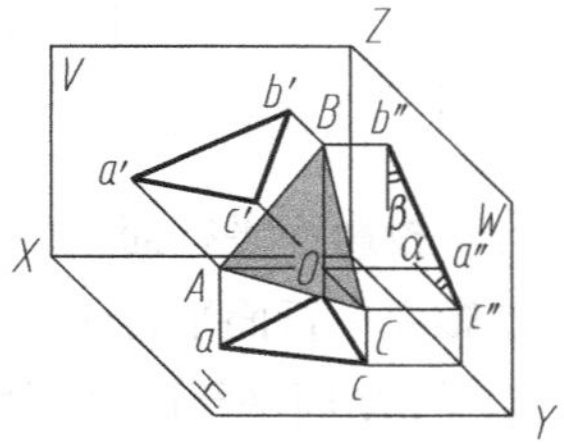
投影	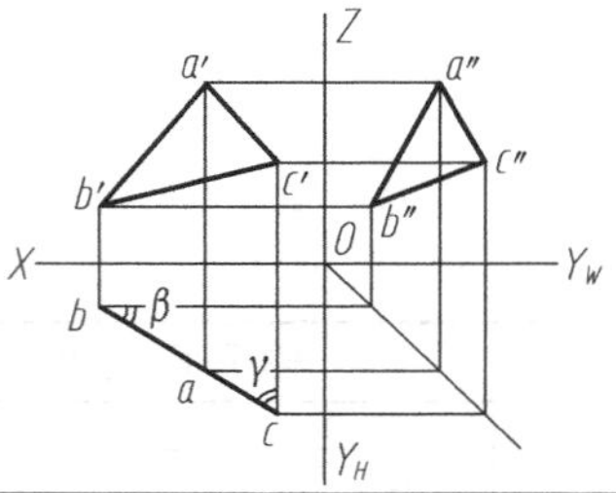	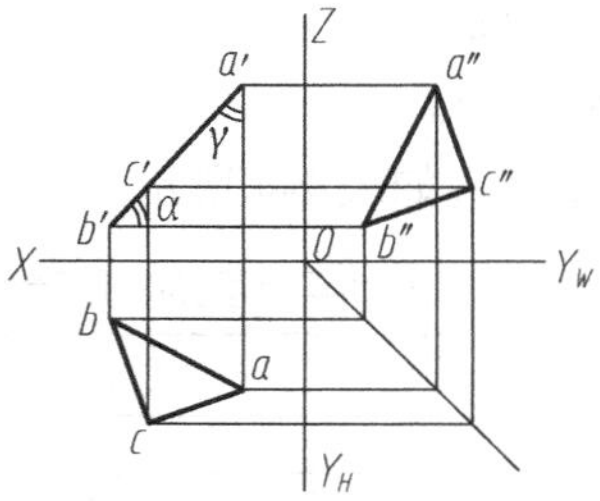	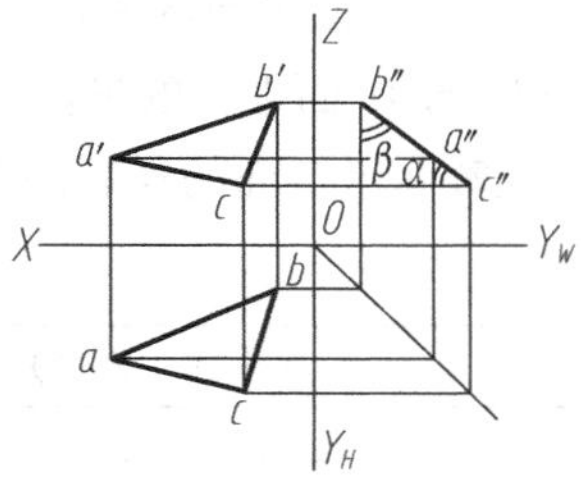
投影特性	① 水平投影积聚成直线，该直线与 X、Y 轴的夹角 β、γ，等于平面对 V、W 面的倾角 ② 正面投影和侧面投影为原形的类似形	① 正面投影积聚成直线，该直线与 X、Z 轴的夹角 α、γ，等于平面对 H、W 面的倾角 ② 水平投影和侧面投影为原形的类似形	① 侧面投影积聚成直线，该直线与 Y、Z 轴的夹角 α、β，等于平面对 H、V 面的倾角 ② 正面投影和水平投影为原形的类似形
	小结：①平面图形在所垂直的投影面上的投影，积聚成与投影轴倾斜的直线，该直线与投影轴的夹角等于平面对相应投影面的倾角；②其他两面投影均为原形的类似形 判定方法：两框一直线，定是垂直面，线在哪个面，垂直于哪个面		

（3）一般位置平面

一般位置平面与 3 个投影面都倾斜，因此在 3 个投影面上的投影都不反映实形，而是缩小了的类似形，如图 2-37 所示。

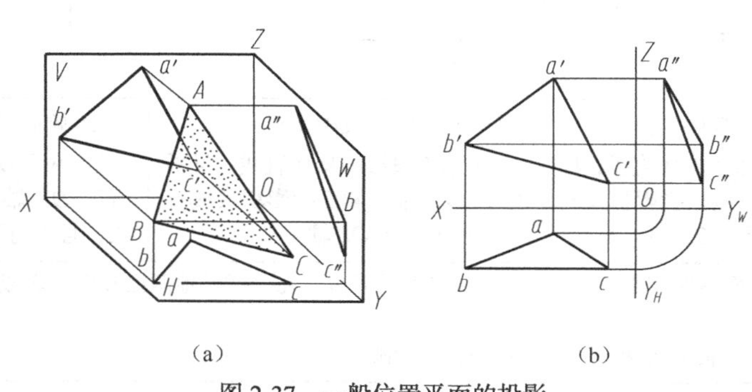

（a）　　（b）

图 2-37　一般位置平面的投影

【例 2-8】　参照图 2-38（a）所示的立体图分析三棱锥各平面的空间位置。

作图步骤：

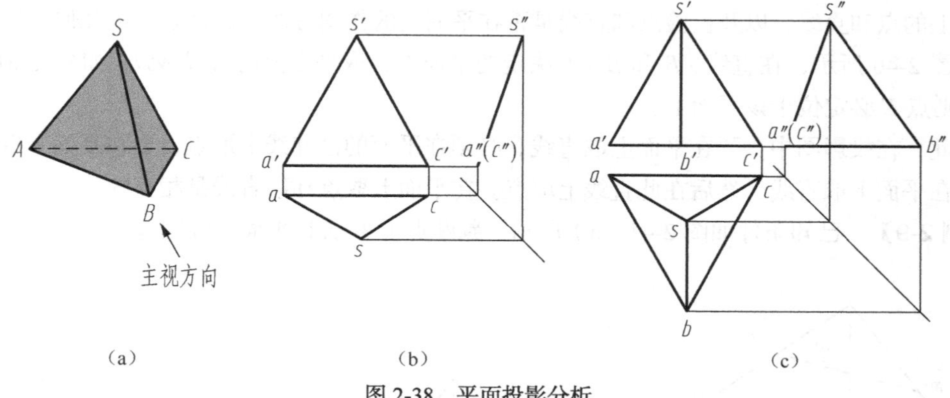

（a）　（b）　（c）

图 2-38　平面投影分析

① 按照三棱锥上每个平面所标的字母，将其投影分离出来。例如，面 *SAC* 分离以后的投影如图 2-38（b）所示。

② 根据不同位置平面投影图的特性，如图 2-38（c）所示，判断三棱锥上各平面的空间位置如下：

面 *SAC* 为侧垂面。

面 *SBC* 为一般位置平面。

面 *SAB* 为一般位置平面。

面 *ABC* 为水平面。

2.4.4　平面上的直线和点的投影

1．平面上的直线的投影

直线在平面上的几何条件：平面上的点，必在该平面的直线上。因此平面上的直线必通过平面上的两点或通过平面上的一点，且平行于平面上的另一直线。如图 2-39 所示，两相交直线 *AB* 和 *BC* 确定一个平面，其中，点 *D* 是 *AB* 上一点，点 *E* 是 *BC* 上一点，则直线 *DE* 是平面上的一条直线。

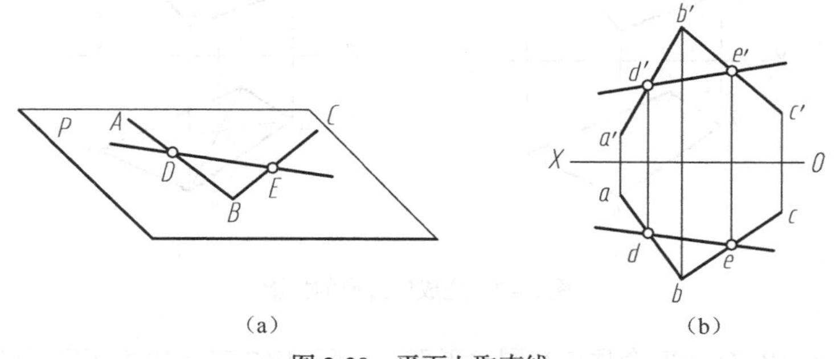

（a）　（b）

图 2-39　平面上取直线

2．平面上的点的投影

点在平面上的几何条件：如果点在平面的一条直线上，那么点必定位于平面上，在投影图中作平面上的点和直线，以及检验点和直线是否在平面上的作图方法，都是以上述几何条件为依据的。如图 2-40 所示，在直线 *AB* 和 *BC* 所决定的平面上，取平面上的直线 *MN*，如果在 *MN* 上取点 *E*，则点 *E* 必定位于该平面上。

因此，在投影图中，要在平面上取直线，必须在平面的已知线上取点，要在平面上取点，则必须先在平面上取直线，然后在此直线上取点。在平面上取点和取直线是相互的。

【例 2-9】 已知条件如图 2-41（a）所示，判断点 *D* 是否在平面 *ABC* 上。

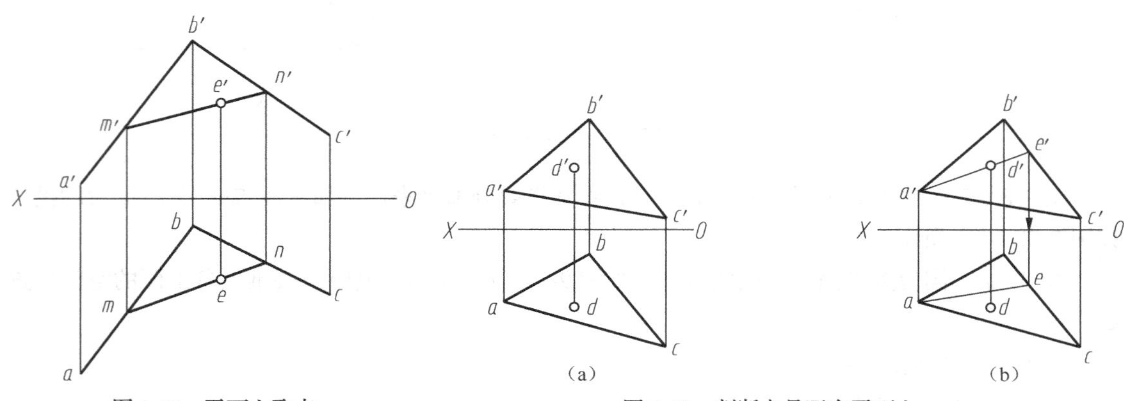

图 2-40　平面上取点　　　图 2-41　判断点是否在平面上

分析：如果点 *D* 在平面 *ABC* 的一条直线上，则点 *D* 在平面 *ABC* 上，否则就不在平面 *ABC* 上。

作图步骤：连接 *a′d′*并延长使之与 *b′c′*交于点 *e′*，因为点 *e′*落在 *BC* 上，由此可以求出点 *e′*在 *H* 面的投影 *e*，然后连接 *ae*，因为点 *d* 不在 *ae* 上，因此点 *D* 不在直线 *AE* 上，即不在平面 *ABC* 上。

【例 2-10】 如图 2-42（a）所示，已知平面四边形 *ABCD* 的水平投影 *abcd* 和正面投影 *a′d′c′*，试完成该四边形的正面投影。

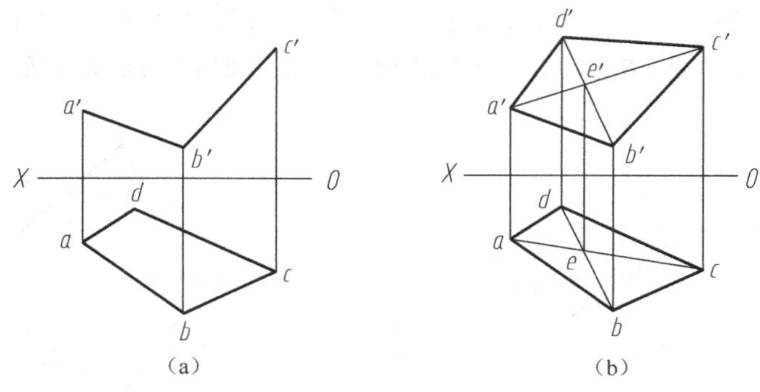

图 2-42　完成四边形的投影

分析：四边形 *ABCD* 的四个顶点在同一平面上，而 *ABC* 三点的两面投影已知，即该平面的位置已经确定，根据平面上取点的方法求出点 *D* 的正面投影，即可完成四边形的正面投影。

作图步骤：①连接 *ac* 和 *bd* 相交于点 *e*；②连接 *a′c′*，则由点 *e* 可作出 *e′*；③连接 *b′e′*并延长，并由点 *d* 作出 *d′*；④连接 *a′d′*和 *c′d′*，完成作图。

3. 平面上的投影面平行线

平面上的投影面平行线，有平面上的水平线，正平线和侧平线三种，它们不仅应满足直线在平面上的几何条件，它的投影又应符合投影面平行线的投影特性，如图 2-43（a）所示的直线 *EF*，是平面 *ABC* 上的一条水平线，又如图 2-43（b）所示的直线 *GH*，也是平面 *ABC* 上的一条正平线。

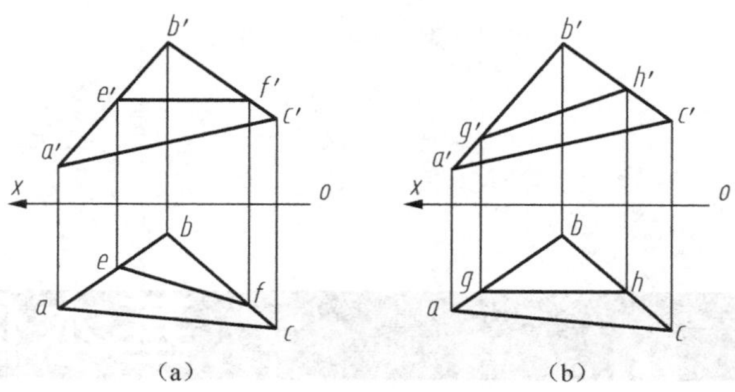

图 2-43　投影面的平行线

第3章 基本体的投影

通过本章的学习，要求学生能够掌握基本体三视图的特点及识读方法，了解截交线、相贯线的概念和性质，掌握绘制与识读截交线（切割体）、相贯线的基本方法。

3.1 基本体的三视图

基本体分为平面立体和曲面立体。表面均为平面的立体，称为平面立体，如图 3-1（a）、（b）所示；表面由曲面与平面、或全部由曲面所组成的立体，称为曲面立体，如图 3-1（c）、（d）、（e）、（f）所示。

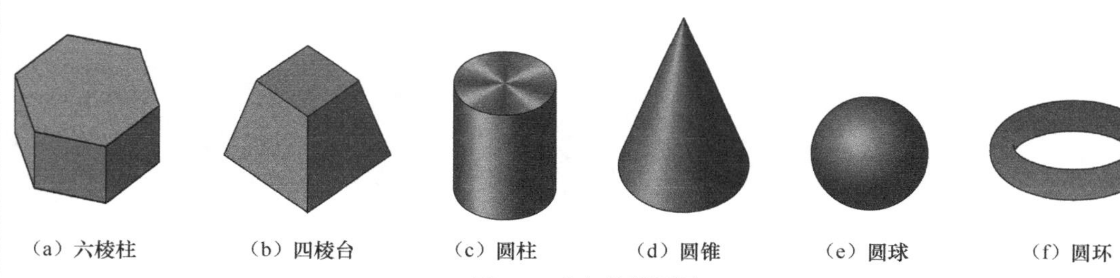

图 3-1 几何体轴测图

3.1.1 平面立体的投影

平面立体的表面是若干个多边形，主要有棱柱和棱锥两种，如图 3-2 所示。平面立体中，面与面的交线称为棱线，棱线与棱线的交点称为顶点。

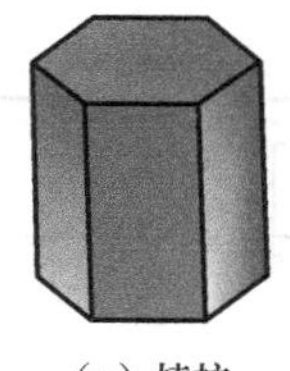

（a）棱柱

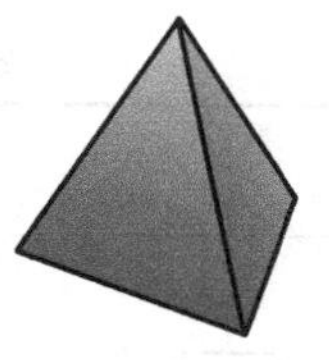

（b）棱锥

图 3-2　常见的平面立体

1. 棱柱

下面以正六棱柱为例，分析棱柱的投影特性及三视图的画法。

（1）形体分析

常见的棱柱为直棱柱，其上底面和下底面是两个全等且互相平行的多边形。若为正多边形的直棱柱，则称为正棱柱。直棱柱各棱面为矩形，侧棱垂直于底面，如图 3-3（a）所示。

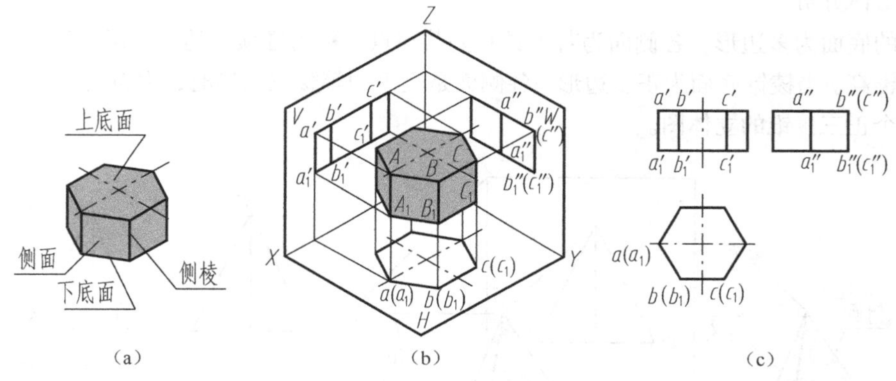

图 3-3　正六棱柱的三视图

（2）投影分析

如图 3-3（b）所示，使正六棱柱底面平行于 H 面，使其一个棱面平行于 V 面，然后向 3 个投影面投影，得到 3 个视图如图 3-3（c）所示。其投影特点如下。

① 俯视图为正六边形，上、下底面的投影重合并反映实形；六边形的 6 条边是棱柱的 6 个侧面的积聚投影；6 条棱线的水平投影则积聚在六边形的 6 个顶点上。

② 正视图是 3 个相连的矩形线框。中间较大的矩形线框 $b'b_1'c_1'c'$ 是棱柱前、后两个侧面的重合投影，并反映实形；左、右两个较小的矩形线框是棱柱其余 4 个侧面的重合投影，为缩小的类似形；棱柱的上、下底面为水平面，其正面投影积聚成两水平方向的线段。

③ 侧视图是两个大小相等且相连的矩形线框，是六棱柱左、右两边 4 个侧面的重合投影，为缩小的类似形；六棱柱前、后两个侧面为正平面，其侧面投影积聚成两段铅垂线；六棱柱上、下底面的侧面投影仍积聚成两段水平直线。

【例 3-1】　绘制正六棱柱三视图。

作图步骤如表 3-1 所示。

表 3-1　　绘制正六棱柱三视图

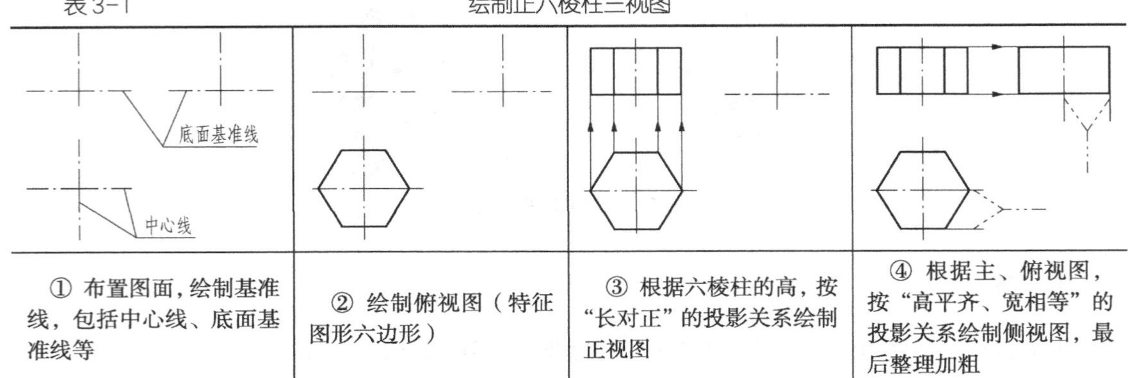

① 布置图面，绘制基准线，包括中心线、底面基准线等	② 绘制俯视图（特征图形六边形）	③ 根据六棱柱的高，按“长对正”的投影关系绘制正视图	④ 根据主、俯视图，按“高平齐、宽相等”的投影关系绘制侧视图，最后整理加粗

2. 棱锥

下面以正三棱锥为例，分析棱锥的投影特性及三视图的画法。

（1）形体分析

棱锥的底面为多边形，各侧面为若干具有公共顶点（称为锥顶）的三角形。从锥顶到底面的距离叫做锥高。当棱锥底面为正多边形，各侧面是全等的等腰三角形时，称为正棱锥。图 3-4（a）所示为一个正三棱锥的立体图。

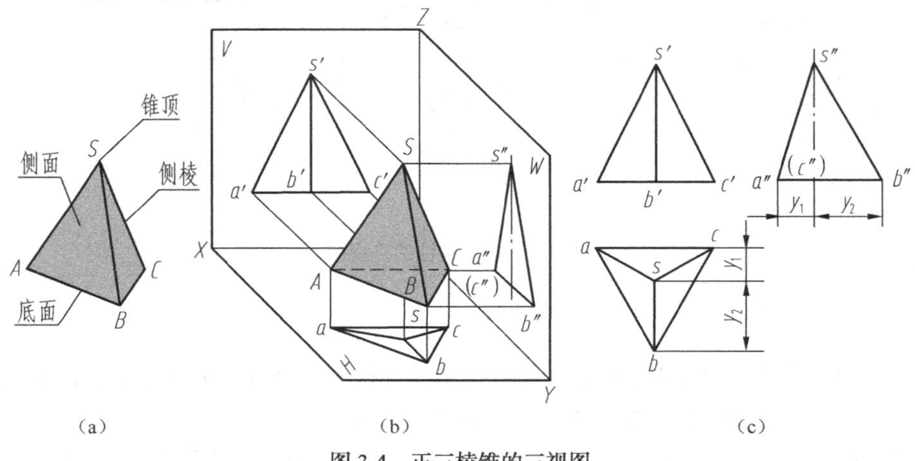

图 3-4　正三棱锥的三视图

（2）投影分析

如图 3-4（b）所示，使正三棱锥的底面平行于 *H* 面，并有一个棱面垂直于 *W* 面，然后向 3 个投影面投影，得到的 3 个视图如图 3-4（c）所示。其投影特点如下。

① 俯视图中，面 *abc* 为棱锥底面 *ABC* 的投影，反映实形；锥顶 *S* 的水平投影位于底面三角形的中心上；3 条侧棱的水平投影 *sa*、*sb*、*sc* 交于点 *s*，且把面 *abc* 分成 3 个全等的等腰三角形，但都不反映实形。

② 正视图中，棱锥底面的正面投影积聚成水平方向的线段 *a'b'c'*；由于棱锥的 3 个侧面都倾斜于 *V* 面，所以其正向投影 *s'a'b'*、*s'b'c'*和 *s'a'c'*都不反映实形。

③ 侧视图中，棱锥底面的侧面投影仍积聚成水平方向的线段 *a''*（*c''*）*b''*；侧面 *SAC* 为侧垂面，其侧面投影积累成线段 *s''a''*（*c''*）；左、右对称的两个侧面 *SAB* 和 *SBC* 倾斜于 *W* 面，其侧面

投影重合且不反映实形；侧棱 SB 为侧平线，其侧面投影 $s''b''$ 反映实长。

【例 3-2】　绘制正三棱锥的三视图。

作图步骤如表 3-2 所示。

表 3-2　绘制正三棱锥的三视图

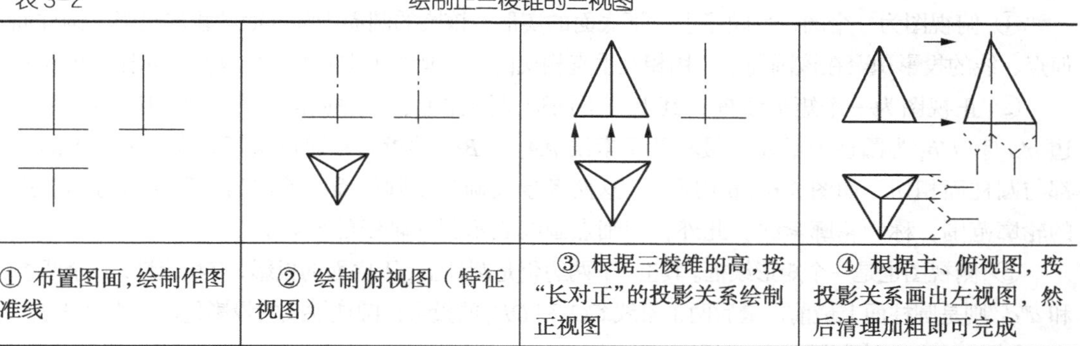

① 布置图面，绘制作图基准线	② 绘制俯视图（特征视图）	③ 根据三棱锥的高，按“长对正”的投影关系绘制正视图	④ 根据主、俯视图，按投影关系画出左视图，然后清理加粗即可完成

3.1.2　曲面立体的投影

一条直线或曲线绕一条轴线回转形成的面，称为回转面，如圆柱面、圆锥面、圆球面等。由回转面和平面围成的立体，称为回转体，如圆柱、圆锥、圆球等，如图 3-5 所示。

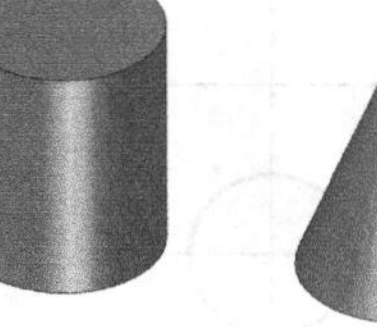

（a）圆柱　（b）圆锥　（c）圆球

图 3-5　常见的回转体

1. 圆柱

（1）圆柱面的形成

如图 3-6（a）所示，圆柱面可看成是由一条直母线 AA_1 围绕与它平行的轴线 OO_1 回转而成。圆柱面上任意一条平行于轴线的直线，称为圆柱面的素线。

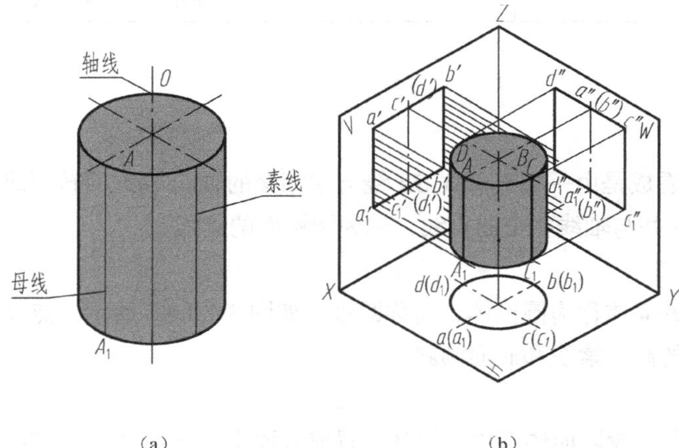

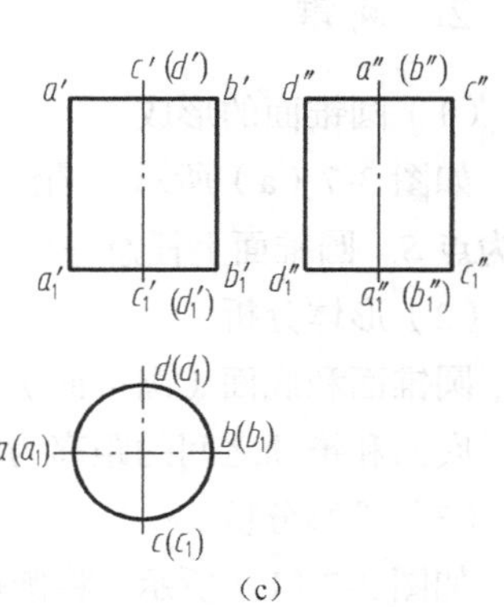

（a）　（b）　（c）

图 3-6　圆柱的形成及其投影

（2）形体分析

圆柱面和上下底面（圆平面）围成的立体，称为圆柱体，简称圆柱，如图 3-6（a）所示。上

下底面之间的距离为圆柱的高，素线和上下底面垂直，长度等于圆柱的高。

（3）投影分析

如图 3-6（b）所示，使圆柱底面平行于 *H* 面，即轴线垂直于 *H* 面，然后向 3 个投影面投影，得到其 3 个视图，如图 3-6（c）所示。其特点如下。

① 俯视图为一个圆，反映了上、下底面的实形，该圆的圆周为圆柱面的积聚投影，圆柱面上任何点、线的投影积聚在该圆周上，用相互垂直相交的细点画线（中心线）的交点表示圆心的位置。

② 正视图为一个矩形线框，其上、下两边是圆柱上、下底面的投影，有积聚性；左、右两边 $a'a_1'$和 $b'b_1'$为圆柱上最左、最右两条素线 AA_1 和 BB_1 的投影；通过这两条素线上各点的投射线都与圆柱面相切，如图 3-6（b）所示。这两条素线确定了圆柱面由前向后（即主视方向）投射时的轮廓范围，称为轮廓素线。此外，用细点画线表示圆柱轴线的投影。

③ 侧视图也是一个矩形线框。其上、下两边仍是圆柱上、下底面的投影，有积聚性；其余两边 $c''c_1''$和 $d''d_1''$则是圆柱面上最前、最后两条素线 CC_1 和 DD_1 的投影；圆柱轴线的投影仍用细点画线表示。

【例 3-3】 绘制圆柱的三视图。

作图步骤如表 3-3 所示。

表 3-3　　绘制圆柱的三视图

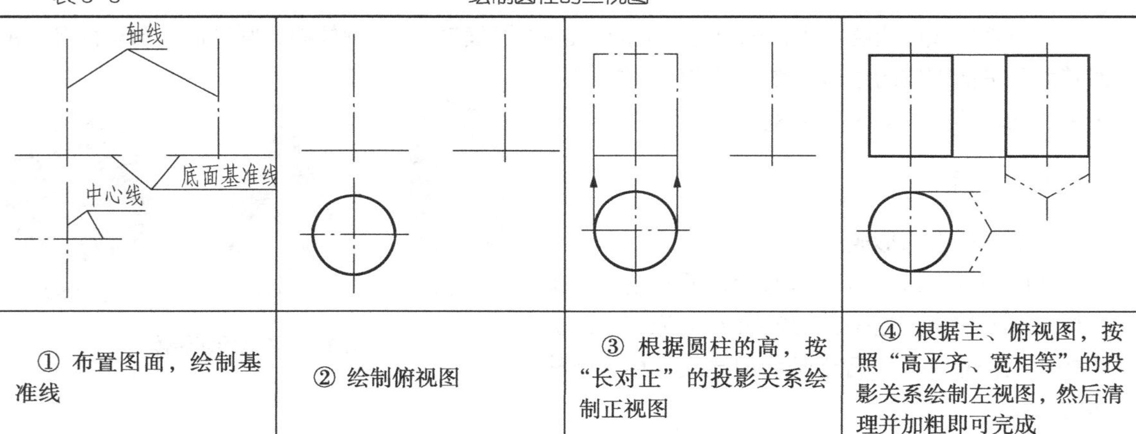

① 布置图面，绘制基准线	② 绘制俯视图	③ 根据圆柱的高，按“长对正”的投影关系绘制正视图	④ 根据主、俯视图，按照“高平齐、宽相等”的投影关系绘制左视图，然后清理并加粗即可完成

2. 圆锥

（1）圆锥面的形成

如图 3-7（a）所示，圆锥面可看成是由一条直母线 *SA* 绕与它相交的轴线 OO_1 回转而成，交点为点 *S*。圆锥面上任意一条过点 *S* 并与轴线相交的直线，称为圆锥面的素线。

（2）形体分析

圆锥面和底面（圆平面）围成的立体称为圆锥体，简称圆锥，如图 3-7（a）所示。点 *S* 为锥顶，底面和锥顶之间的距离为圆锥的高，素线和底面倾斜。

（3）投影分析

如图 3-7（b）所示，将圆锥放在三投影面体系中，使其放置成底面平行于 *H* 面，即轴线垂直于 *H* 面，然后向三个投影面投影，得到的三视图如图 3-7（c）所示。其特点如下。

① 圆锥的俯视图是一个圆，反映底圆的实形。该圆也是圆锥面的水平投影，其中锥顶 *S* 的水平投影位于圆心上。整个锥面的水平投影可见，底面被锥面挡住不可见。

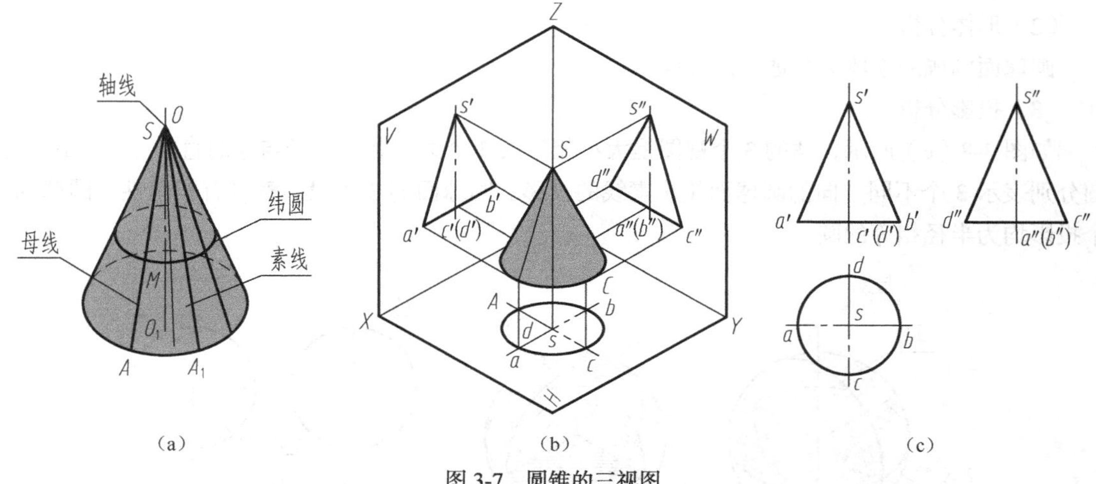

(a)　　　　　　　　(b)　　　　　　　　(c)

图 3-7　圆锥的三视图

② 圆锥的正视图是一个等腰三角形。底边为圆锥底面的积聚投影，两腰为锥面上左、右两条轮廓素线 *SA* 和 *SB* 的投影。*SA* 和 *SB* 的水平投影不需要画出，其投影位置与圆的中心线重合；*SA* 和 *SB* 的侧面投影也不需要画出，其投影位置与圆锥轴线的侧面投影重合。

轮廓素线 *SA* 和 *SB* 将锥面分为前、后对称的两部分，前半部分锥面的正面投影可见，后半部分不可见。

③ 圆锥的侧视图也是等腰三角形。底边仍是圆锥底面有积聚性的投影，两腰则为锥面上前、后两条轮廓素线 *SC* 和 *SD* 的投影。这两条素线将锥面分为左、右对称的两部分，左半部分锥面的侧面投影可见，右半部分不可见。*SC* 和 *SD* 的正面投影及水平投影也不需要画出，其投影位置读者可自行分析。

【例 3-4】　绘制圆锥的三视图。

作图步骤如表 3-4 所示。

表 3-4　　　　　　　　绘制圆锥的三视图

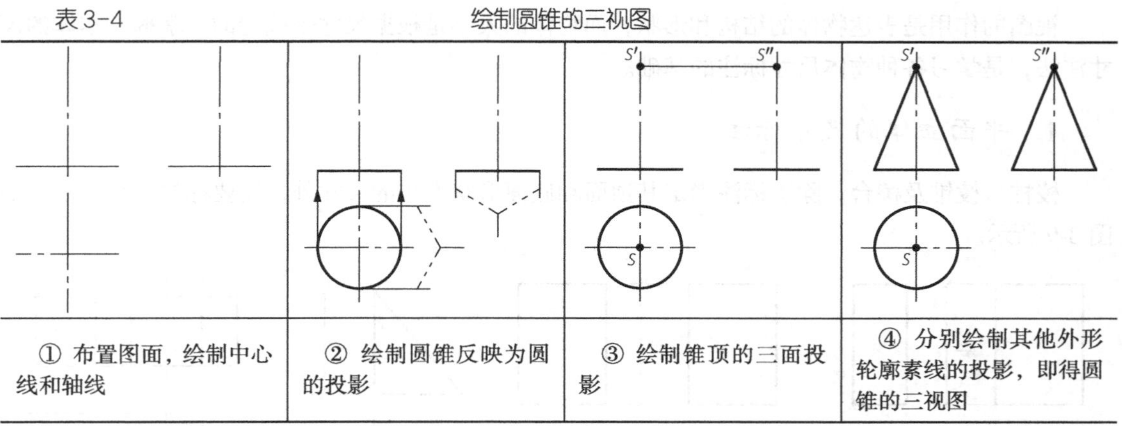

① 布置图面，绘制中心线和轴线	② 绘制圆锥反映为圆的投影	③ 绘制锥顶的三面投影	④ 分别绘制其他外形轮廓素线的投影，即得圆锥的三视图

3. 球体

（1）圆球面的形成

如图 3-8（a）所示，圆球面是由一个半圆作母线，以其直径为轴线旋转一周而成的。在母线上任一点的运动轨迹为大小不等的圆。

（2）形体分析

圆球面围成的立体为圆球，简称球。

（3）投影分析

如图 3-8（c）所示，球的 3 个视图是大小相等的 3 个圆，圆的直径与球的直径相等。这 3 个圆分别表示 3 个不同方向的圆球面轮廓素线的投影。圆球面的 3 个投影都没有积聚性。圆球的 3 个投影均为半径相等的圆。

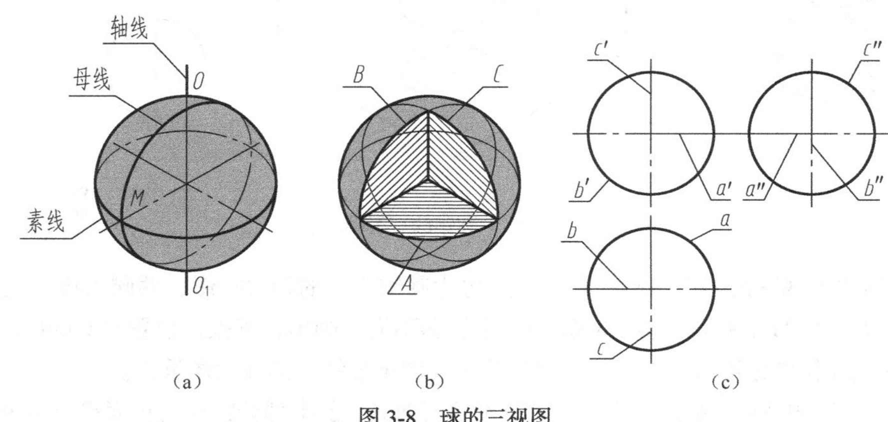

图 3-8　球的三视图

3.1.3　基本体的尺寸标注

视图只用来表达物体的形状，而物体的大小由图样上标注的尺寸数值来确定。任何物体都具有长、宽、高 3 个方向的尺寸。在视图上标注基本几何体的尺寸时，应将 3 个方向的尺寸标注齐全，既不能少也不能重复。

视图的作用是表达物体的结构和形状，而物体的大小是根据尺寸来确定的。掌握基本体的尺寸注法，是学习各种物体尺寸标注的基础。

1. 平面立体的尺寸标注

棱柱、棱锥及棱台，除了标注确定其顶面和底面形状大小的尺寸外，还要标注高度尺寸，如图 3-9 所示。

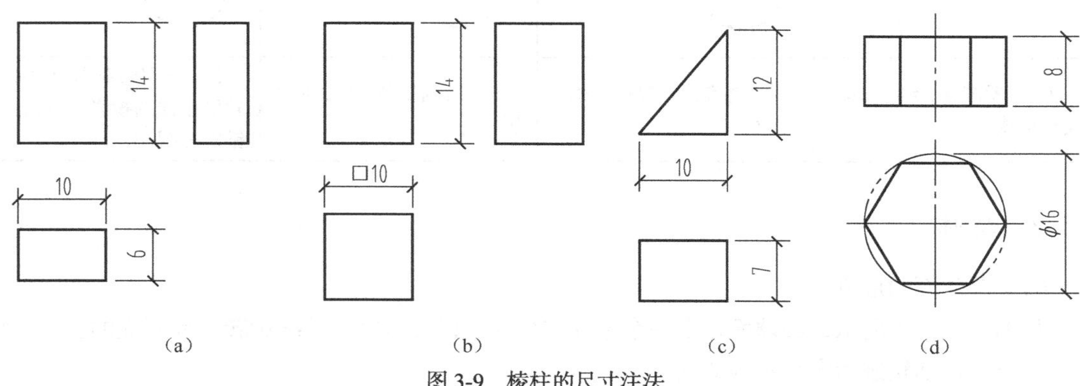

图 3-9　棱柱的尺寸注法

为了便于看图，确定顶面和底面形状大小的尺寸，宜标注在其反映实形的视图上。标注正方形尺寸时，采用在正方形边长尺寸数字前，加注正方形符号“□”，如图 3-9（b）、图 3-10（d）所示。

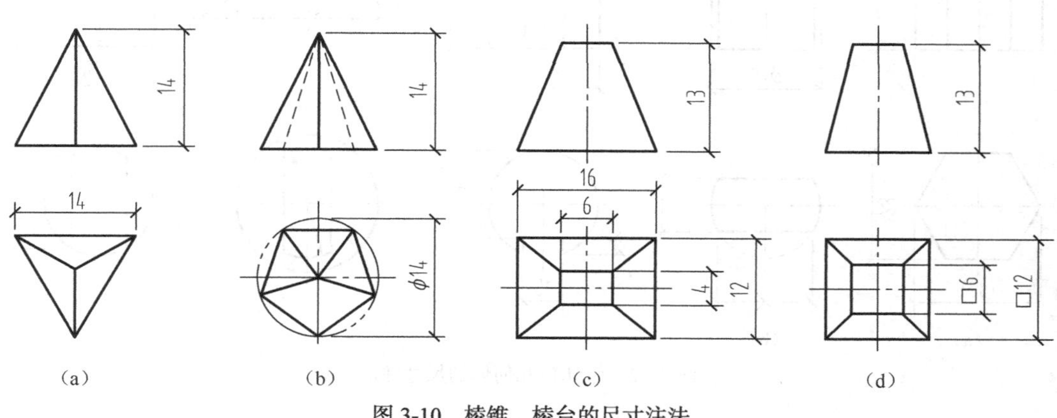

图 3-10　棱锥、棱台的尺寸注法

2. 回转体的尺寸标注

圆柱、圆锥和圆锥台，应标注底圆直径和高度尺寸，并在直径数字前加注直径符号“ϕ”。标注圆球尺寸时，在直径数字前加注球直径符号“$S\phi$”。直径尺寸一般标注在非圆视图上。

当尺寸集中标注在一个非圆视图上时，一个视图即可表达清楚它们的形状和大小。圆柱、圆锥、圆台、圆球均用一个视图即可，如图 3-11 所示。

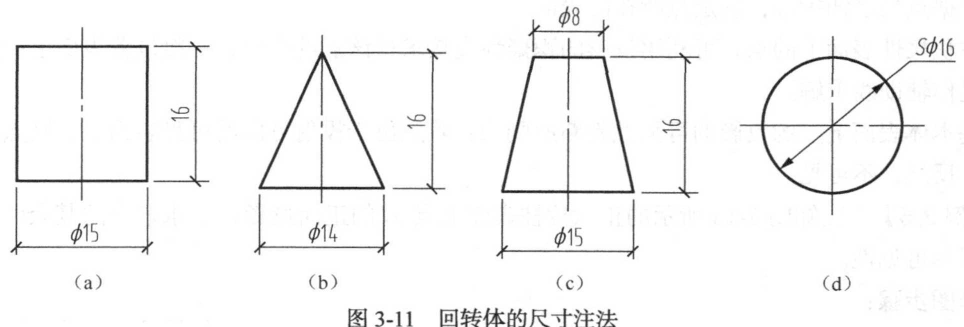

图 3-11　回转体的尺寸注法

3. 带切口几何体的尺寸注法

对带切口的几何体，除标注基本几何体的尺寸外，还要注出确定截平面位置的尺寸。但要注意，由于几何体与截平面的相对位置确定后，切口的截交线即完全确定，因此，不应在截交线上标注尺寸。图 3-12 所示画“×”的尺寸是错误的。

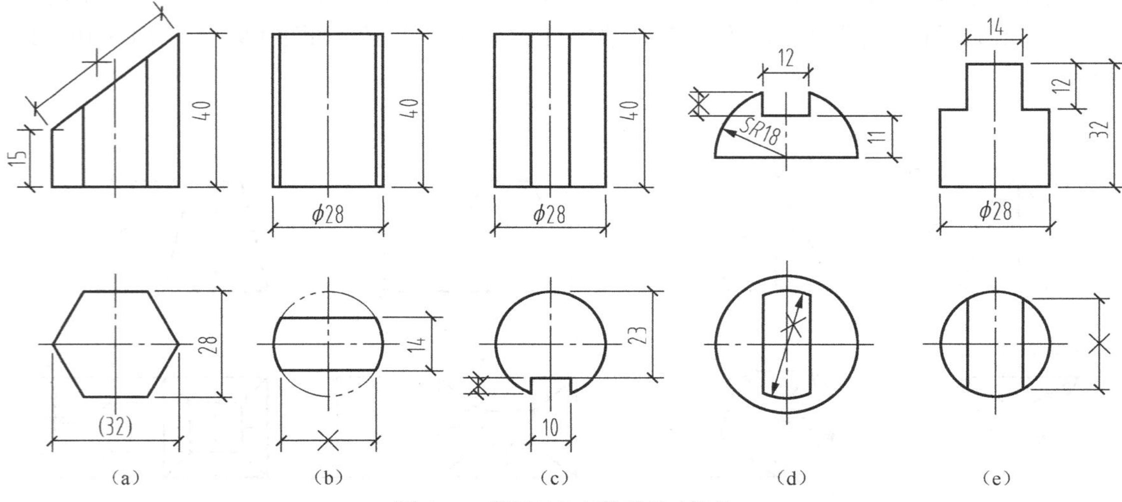

图 3-12 带切口几何体的尺寸注法

3.1.4 基本体表面上取点

在确定复杂形体的投影关系之前，首先需要明确其上各点的投影特性。通过对线和面上特殊点的投影分析，并以此作为突破口，往往能够快速找到解决问题的捷径。

1. 棱柱表面上取点

棱柱的表面均为平面，在棱柱表面上取点通常按以下思路进行。

根据点的已知投影，确定点所在的表面。

在积聚性表面上的点，可利用投影的积聚性直接求得该点的投影，一般位置表面上的点则必须通过作辅助线求解。

基本体表面上点的投影的可见性判断原则为：若点位于投射方向的可见表面上，则点的投影可见；反之，不可见。

【例 3-5】 已知图 3-13 所示的正六棱柱表面上点 *M* 的正面投影 *m*′，求该点的其余两个投影并判断其可见性。

作图步骤：

① 由于点 *M* 的正面投影 *m*′可见，并根据其在主视图中的位置，可知点 *M* 在六棱柱的左前面 *ABCD* 上。

② 侧面 *ABCD* 为铅垂面，其水平投影有积聚性，因此 *m* 必积聚在 *ab*（*c*）（*d*）上。

③ 由 *m* 和 *m*′可求得 *m*″。

④ 判断可见性。由于点 *M* 所在的 *ABCD* 面的侧面投影可见，所以 *m*″亦可见。由于 *ABCD* 面的水平投影有积聚性，所以点 *m* 积聚在该面的水平投影上，可见性不需判断。

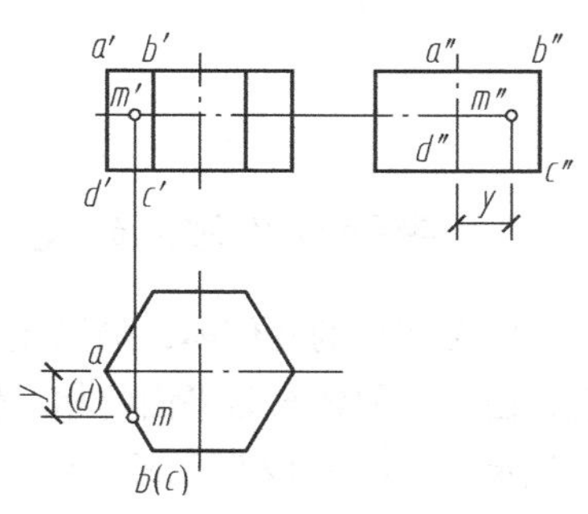

图 3-13 在正六棱柱表面上取点

2. 棱锥表面上取点

在棱锥表面上取点的方法与在棱柱表面上取点相同。由于棱锥的侧表面没有积聚性，因此，在棱锥表面上取点时，必须先作辅助线，然后在辅助线上定点。

【例 3-6】 已知图 3-14 所示的三棱锥表面上点 M 的正面投影 m'，求其余两投影并判断可见性。

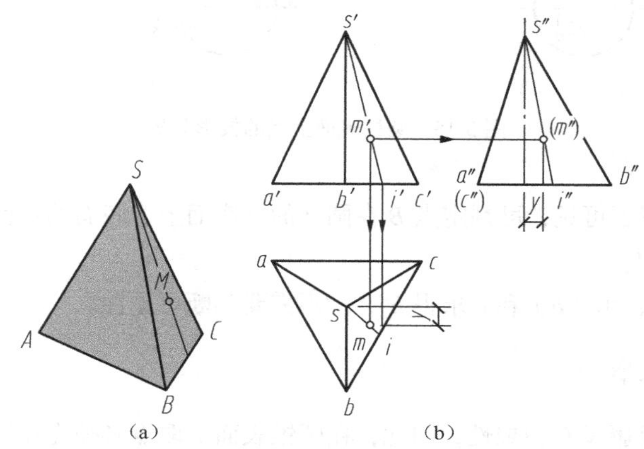

图 3-14　求三棱锥的投影

作图步骤：

① 过锥顶 S 和 M 点作辅助线 SI，如图 3-14（a）所示。

② 过点 M 的已知投影 m'作辅助线的正面投影。连接 $s'm'$并延长，交底边于 i'，$s'i'$即为辅助线 SI 的正面投影，如图 3-14（b）所示。

③ 求辅助线的其余两投影。按投影关系由 $s'i'$求得 si，并由 $s'i'$及 si 求得 $s''i''$。

④ 在辅助线上定点。按投影关系由点 m'作垂线，在线段 si 上求得 m，再由点 m'作水平线在线段 $s''i''$上求得 m''（也可按投影关系由 m'及 m 直接求得 m''）。

⑤ 判断可见性。由于平面 SBC 的水平投影可见，所以 m 可见；由于平面 SBC 的侧面投影不可见，所以 m''不可见，m''应写成（m''）。

通过分析可知，按 m'的位置及可见性，可判定点 M 在棱锥的 SBC 侧面上。由于 SBC 面为一般位置平面，因此，求点 M 的其余投影，必须过点 S 在 SBC 平面上作辅助线。

3. 圆柱表面上取点

在圆柱表面上取点的方法及可见性判断的原则与平面立体的相似。当圆柱轴线垂直于投影面时，可利用投影的积聚性直接求出点的其余投影，不必通过作辅助线求解。

【例 3-7】 已如图 3-15 所示的圆柱面上点 A 的正面投影（a'）及点 B 的水平投影（b），要求作这两点的其余投影，并判断其可见性。

作图步骤：

① 根据（a'）的位置并且为不可见，可判定点 A 在左、后部分圆柱面上。

② 圆柱面的俯视图有积聚性，可由（a'）作垂线，在俯视图的圆周上直接求得 a，再由（a'）

和 a 按投影关系求得 a''。由于点 A 在左半部分圆柱面上，因此 a''可见。

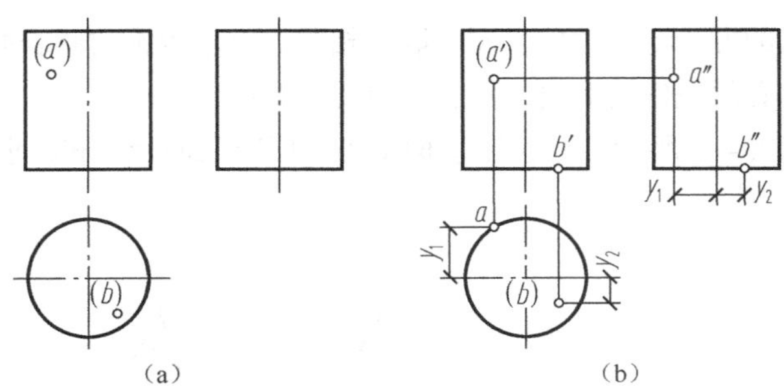

图 3-15　圆柱表面上点的投影分析

③ 由（b）的位置不可见，可判定点 B 在圆柱的下底面上，底面的正面投影有积聚性，可由（b）作垂线直接求出 b'。

④ 再按投影关系，由（b）和 b'求得 b''，b''不需要判断可见性。

4. 圆锥表面上取点

由于圆锥表面的投影没有积聚性，因此，在圆锥表面上取点必须先作辅助线（辅助素线或辅助圆），然后在辅助线上定点。圆锥面上点的可见性判断原则与平面立体及圆柱的相同。

【例 3-8】　已知图 3-16 所示的圆锥面上 M 点的正面投影 m'，求其余两投影并判断其可见性。

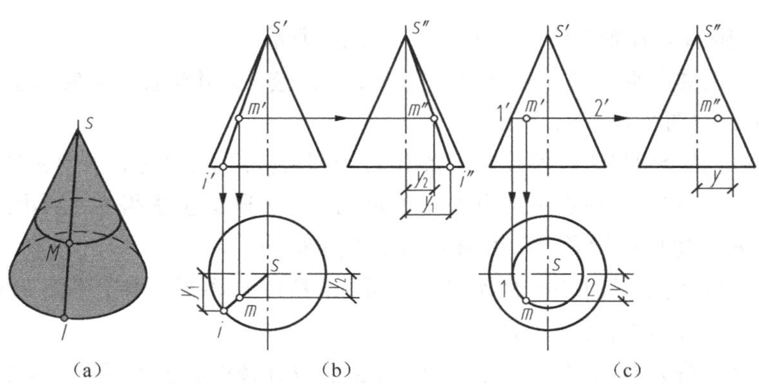

图 3-16　圆锥面分析

该例题有以下两种作图方法。

辅助素线法：

① 过锥顶 S 和点 M 作辅助素线 SI，如图 3-16（a）、（b）所示。

② 过点 M 的已知投影 m'作辅助素线的正面投影。连接 $s'm'$并延长，使其与底边相交于 i'，$s'i'$即为辅助素线 SI 的正面投影。

③ 求辅助素线的其余两投影。按投影关系，由 $s'i'$求得 si，再由 $s'i'$及 si 求出 $s''i''$。

④ 在辅助素线上定点。按投影关系，由 m'作垂线，在 si 上求得 m，再由 m'在 $s''i''$上求得 m''（也可按投影关系由 m'及 m 直接求得 m''）。

⑤ 判断可见性。点 M 在左前部分锥面上，这部分锥面的水平投影和侧面投影均可见，即 m 及 m'' 可见。

辅助圆法：

① 过点 M 在圆锥面上作垂直于轴线的辅助圆，如图 3-16（a）、（c）所示。

② 过点 M 的已知投影 m' 作辅助圆的正面投影。过 m' 作辅助圆的正面投影 $1'2'$（这时辅助圆的投影积聚为一条水平方向的线段，并且垂直于轴线）。

③ 求辅助圆的其余两投影。在俯视图中，以 s 为圆心、$1'2'$ 为直径画圆，得辅助圆的水平投影。按投影关系，延长 $1'2'$ 至侧面投影，得辅助圆的侧面投影。

④ 在辅助圆上定点。按投影关系，由 m' 作垂线与辅助圆的水平投影，相交得 m，再由 m' 和 m 求出 m''。

⑤ 判断可见性的方法与辅助素线法相同。

根据 m' 的位置及可见性，可判定点 M 在左前部分锥面上，应通过在锥面上作辅助线求解。

5. 圆球表面上取点

球面的 3 个投影均没有积聚性，且在球面上不能作出直线，因此在球面上取点时应采用平行于投影面的圆作为辅助圆的方法求解。球面上点的可见性判断原则与前面介绍的相同。

【例 3-9】 已知球面上点 K 的水平投影 k，如图 3-17 所示，求点 K 的其余两个投影。

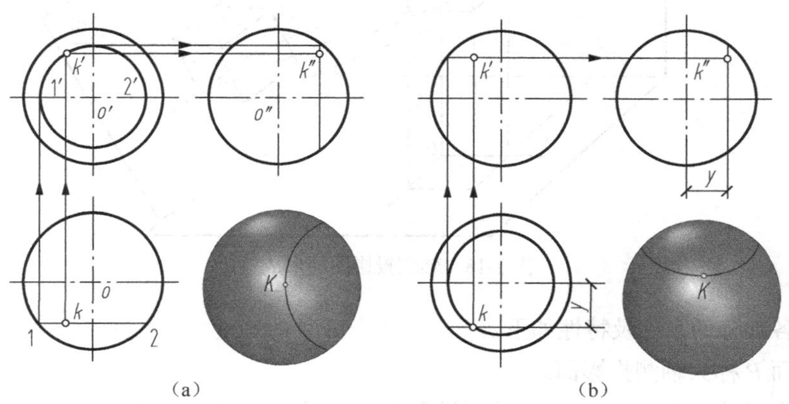

图 3-17 球面的投影

作图步骤：

① 过点 K 的已知投影 k 作辅助圆的水平投影。过 k 作水平线 12，12 即为辅助圆的水平投影（因辅助圆平行于 V 面，所以水平投影积聚为一条水平方向的直线）。

② 求辅助圆的其余两投影。以 o' 为圆心、12 为直径画圆，即得辅助圆的正面投影。由投影关系知，辅助圆的侧面投影为长度等于 12 的铅垂线。

③ 在辅助圆上定点。按投影关系，由 k 作垂线与辅助圆的正面投影相交得 k'，由 k' 作水平线在辅助圆的侧面投影上求得 k''。

④ 判断可见性。由于点 K 在球面的前、左、上部，所以正面投影 k' 及侧面投影 k'' 均可见。

根据 k 的位置及其可见性，可以判定点 K 在球面的前、左、上部，可通过点 K 取平行于 V 面的辅助圆求解。

3.2 基本体的轴测投影

3.2.1 轴测投影的基本知识

1. 轴测图的形成

将物体连同其参考直角坐标系，沿不平行于任一坐标平面的方向，用平行投影法将其投射在单一投影面上，所得的具有立体感的图形称为轴测投影图，简称轴测图，如图 3-18 所示投影面 P 上所得的图形。

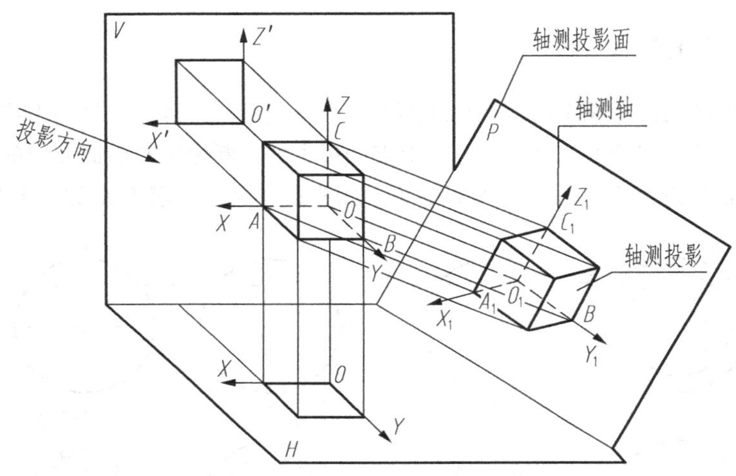

图 3-18 轴测投影图的形成

轴测图中各部分的名称及特性如下。

（1）投影面 P 称为轴测投影面。

（2）直角坐标轴 OX、OY、OZ 在轴测投影面 P 上的投影 O_1X_1、O_1Y_1、O_1Z_1，称为轴测投影轴，简称轴测轴。

（3）两轴测轴之间的夹角（$\angle X_1O_1Y_1$、$\angle X_1O_1Z_1$、$\angle Y_1O_1Z_1$），称为轴间角。

（4）轴测轴上的单位长度与相应坐标轴上的单位长度的比值，称为轴向伸缩系数。

X 轴的轴向伸缩系数：$p=O_1A_1/OA$。

Y 轴的轴向伸缩系数：$q=O_1B_1/OB$。

Z 轴的轴向伸缩系数：$r=O_1C_1/OC$。

2. 轴测图的特性

轴测投影具有平行投影的一切性质：

① 物体上相互平行的线段在轴测图中也相互平行。

② 物体上与坐标轴平行的线段，在轴测图中仍然与相应的轴测轴平行。

3. 轴测图的分类

根据投影方法不同，轴测投影可分为正轴测投影和斜轴测投影。

① 用正投影法（投射方向与投影面垂直）得到的轴测投影，称为正轴测投影。

② 用斜投影法（投射方向与投影面倾斜）得到的轴测投影，称为斜轴测投影。

根据轴向伸缩系数的不同分为以下 3 类。

① 正（斜）等轴测投影：3 个轴向伸缩系数相等的轴测投影，即 $p=q=r$。

② 正（斜）二等轴测投影：3 个轴向伸缩系数有两个相等的轴测投影，即 $p=q\neq r$ 或 $p=r\neq q$ 或 $r=q\neq p$。

③ 正（斜）三轴测投影：3 个轴向伸缩系数都不相等的轴测投影，即 $p\neq q\neq r$。

在绘制轴测图时，一般采用正等轴测投影和斜二轴测投影，通常简称为正等测和斜二测。

3.2.2 正等轴测图

使确定物体的空间直角坐标轴对轴测投影面的倾角相等，用正投影法将物体连同其坐标轴一起投射到轴测投影面上，所得到的轴测图称为正等轴测图，简称正等测。

1. 轴间角和轴向伸缩系数

正等测的轴间角均为 120°，一般将 O_1Z_1 轴画成垂直位置，O_1X_1 和 O_1Y_1 轴画成与水平线夹角为 30°，如图 3-19 所示。

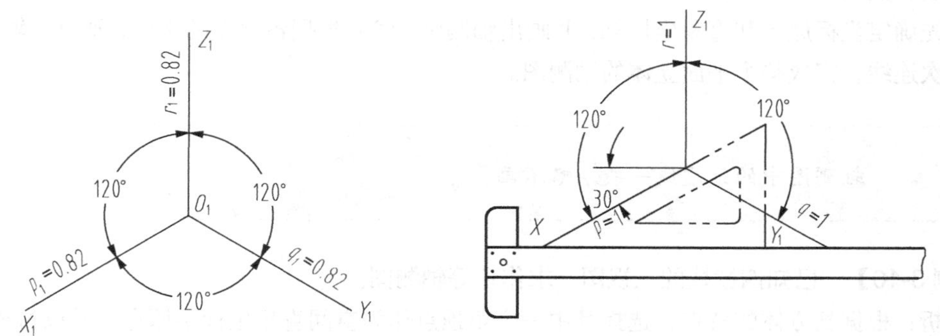

图 3-19　正等测轴间角和轴向伸缩系数及轴测轴的画法

O_1X_1、O_1Y_1 和 O_1Z_1 的轴向伸缩系数相等，即 $p_1=q_1=r_1=0.82$。为了作图方便，一般把轴向伸缩系数简化为 1，即所有与坐标轴平行的线段均按实长量取。这样绘制的图形放大了 1.22 倍（1∶0.82≈1.22），但形状和直观性都不发生变化，如图 3-20 所示。

2. 轴测轴的设置

轴测轴一般设置在形体本身某一特征位置的线上，可以是主要棱线、对称中心线、轴线等，如图 3-21 所示。

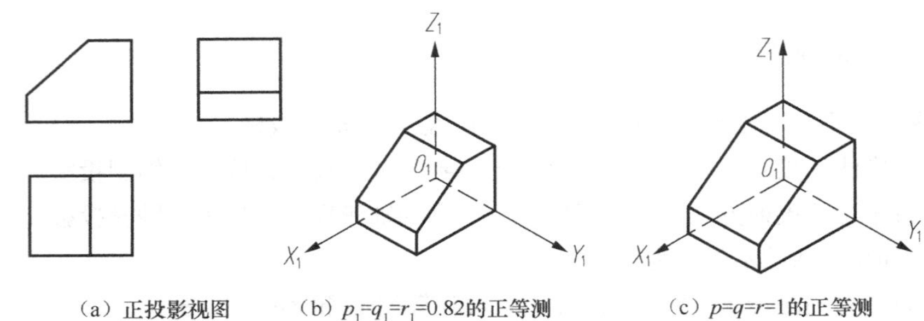

（a）正投影视图　（b）$p_1=q_1=r_1=0.82$的正等测　（c）$p=q=r=1$的正等测

图 3-20　不同轴向伸缩系数的正等测比较

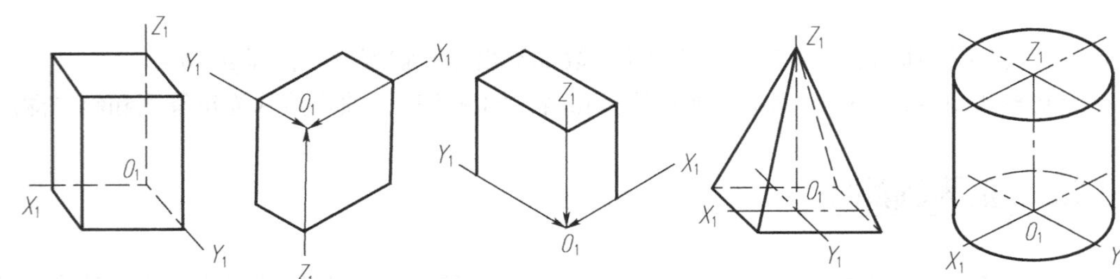

图 3-21　轴测轴的设置

3. 基本体的正等测投影

（1）平面立体的正等测（坐标法绘图）

坐标法绘图是根据图样中各个点的坐标确定各个顶点的位置，然后依次连线最终完成绘图的一种画法，其基本作图步骤如下。

首先确定坐标原点和直角坐标轴，并画出轴测轴；然后根据各顶点的坐标，画出其轴测投影；最后依次连线，完成整个平面立体的轴测图。

轴测图中的细虚线一般省略不画。

【例 3-10】　已知四棱柱的三视图，求作正等轴测图。

分析：根据长方体的特点，选择其中一个角顶点作为空间直角坐标系原点，并以过该角顶点的三条棱线为坐标轴。先画出轴测轴，然后用各顶点的坐标分别定出长方体的八个顶点的轴测投影，依次连接各顶点即可。

作图方法与步骤如图 3-22 所示。

① 先在正投影图上定出原点和坐标轴的位置。我们选定右侧后下方的顶点为原点，经过原点的三条棱线为 OX、OY、OZ 轴，如图 3-22（a）所示。

② 画出轴测轴 O_1X_1、O_1Y_1、O_1Z_1。

③ 在 O_1X_1 轴上量取长方体的长度 a，在 O_1Y_1 轴上量取长方体的宽度 b，画出长方体底面的轴测投影，如图 3-22（b）所示。

④ 过底面各顶点向上作 O_1Z_1 的平行线，在各线上量取长方体的高度 h，得到顶面上各点并依次连接，得长方体顶面的轴测投影，如图 3-22（c）所示。

⑤ 擦去多余的图线并描深，即得到长方体的正等测图，如图 3-22（d）所示。

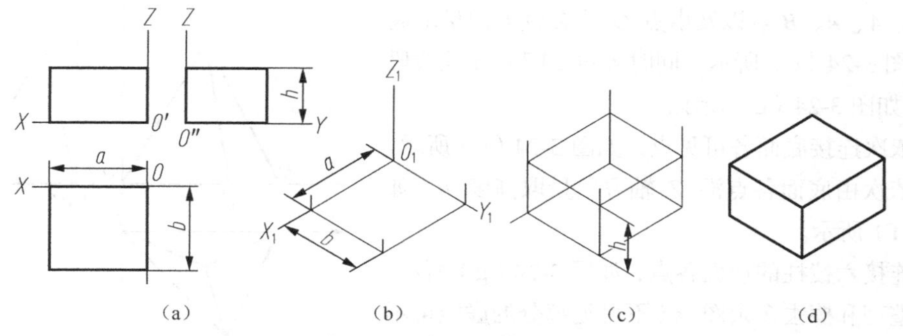

图 3-22　四棱柱的轴测作图

【例 3-11】已知正六棱柱的两视图，作它的正等轴测图，如图 3-23 所示。

分析：图 3-23 所示为正六棱柱，其前后、左右对称，底面为与水平面平行且全等的正六边形，故将坐标原点定在下底面正六边形的中心，以六边形的中心线作为 X 轴和 Y 轴，Z 轴则与六棱柱的轴线重合。这样可直接定出下底面正六边形各顶点的坐标，从下底面开始画图。应注意的是轴测图中的不可见的轮廓线一般不要求画出，所以作图时，只画可见的轮廓线，不可见的轮廓线不画，以便简化作图。

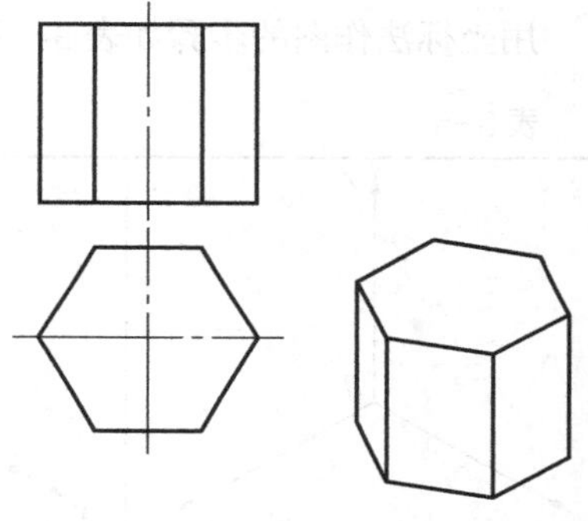

图 3-23　正六棱柱的两视图及正等轴测图

作图步骤：

① 在视图上选定坐标原点及坐标轴，如图 3-24（a）所示。

② 按正等测图的轴间角画出轴测轴，如图 3-24（b）所示。

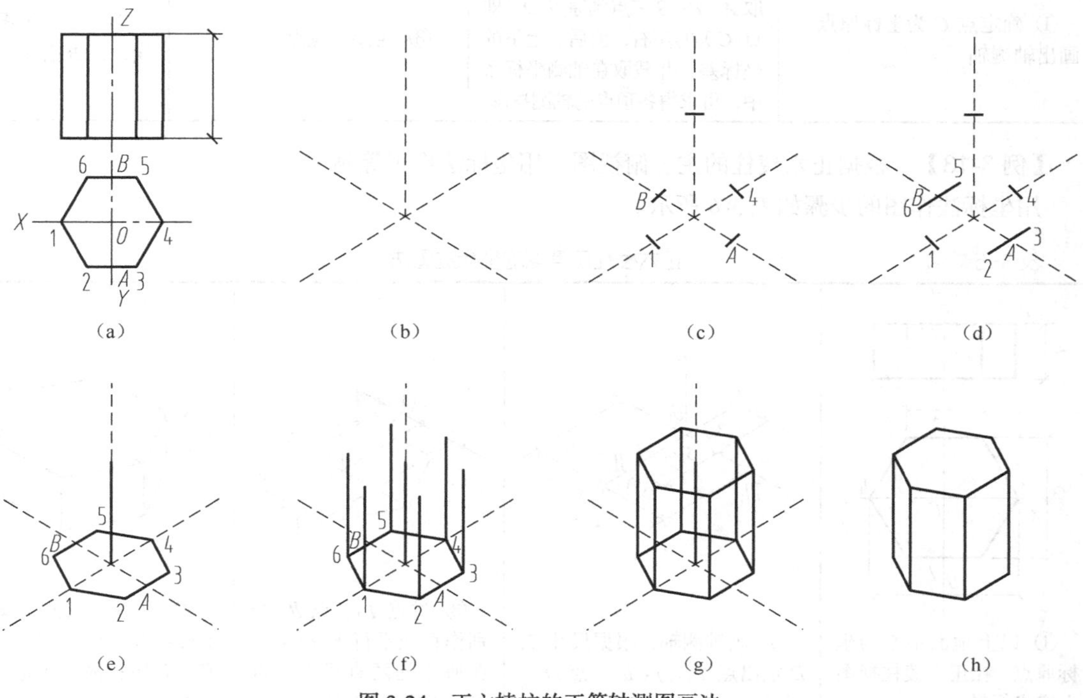

图 3-24　正六棱柱的正等轴测图画法

③ 用坐标定点法定出上底面六边形上各顶点的轴测图 1、4、*A*、*B* 点以及由点 *O* 沿 *Z* 轴方向量取高度 *h*，如图 3-24（c）所示。同时确定 23 和 56 处线段的长度，如图 3-24（d）所示。

④ 依次连接底面各可见点，如图 3-24（e）所示。

⑤ 依次由底面各点沿 *Z* 轴方向量取高度 *h*，如图 3-24（f）所示。

⑥ 连接六棱柱的顶面各点，如图 3-24（g）所示。

⑦ 整理和擦去多余图线（不可见部分的虚线可不画出），描深即完成作图，如图 3-24（h）所示。

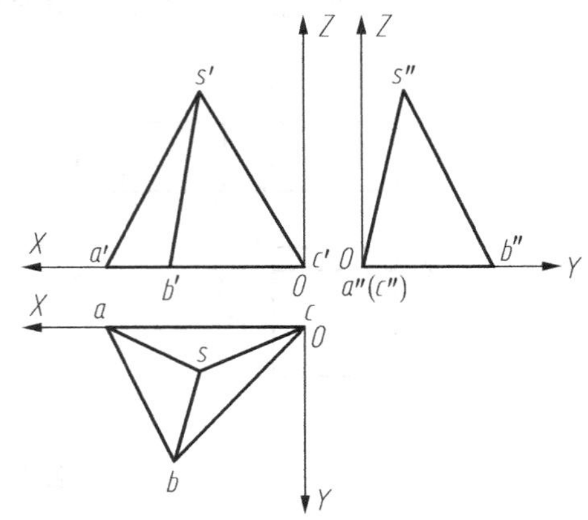

图 3-25　三棱锥的三视图

【例 3-12】 已知三棱锥 *SABC* 的三视图如图 3-25 所示，求作正等轴测图。

用坐标法作图的步骤如表 3-5 所示。

表 3-5　用坐标法作图

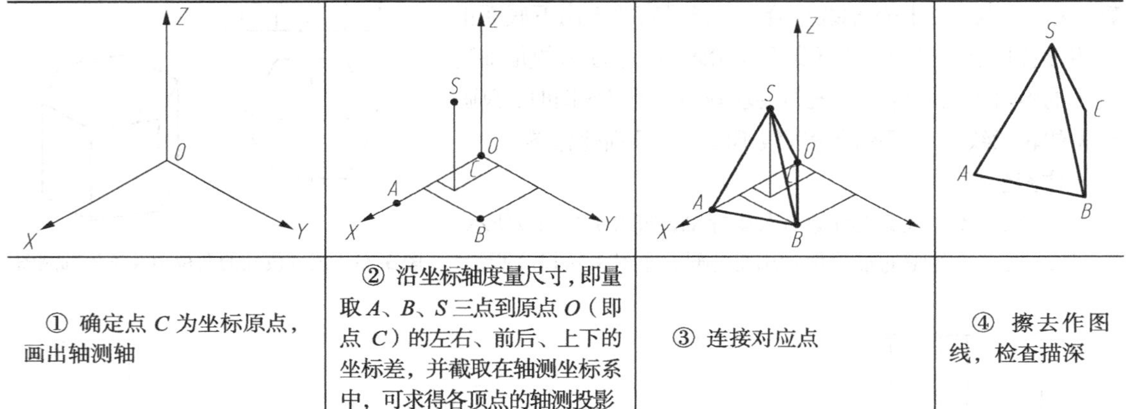

① 确定点 *C* 为坐标原点，画出轴测轴	② 沿坐标轴度量尺寸，即量取 *A*、*B*、*S* 三点到原点 *O*（即点 *C*）的左右、前后、上下的坐标差，并截取在轴测坐标系中，可求得各顶点的轴测投影	③ 连接对应点	④ 擦去作图线，检查描深

【例 3-13】 根据正六棱柱的主、俯视图，用坐标法作正等测。

用坐标法作图的步骤如表 3-6 所示。

表 3-6　正六棱柱正等测的坐标法画法

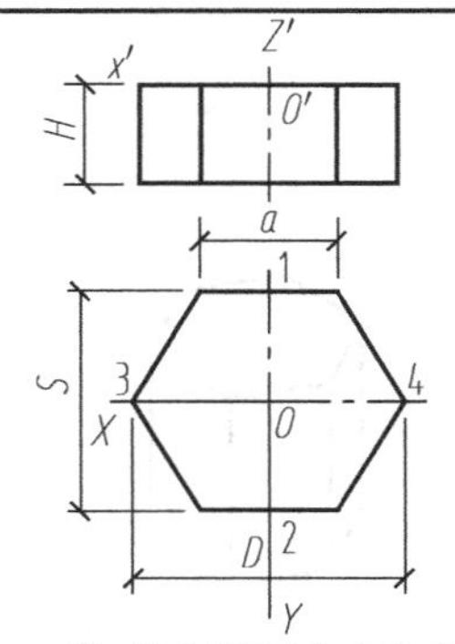	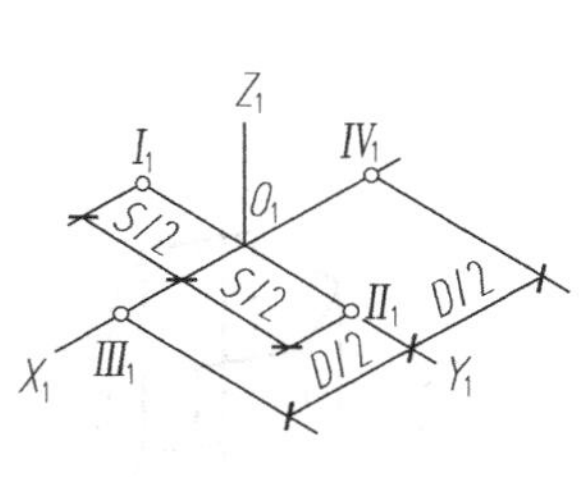	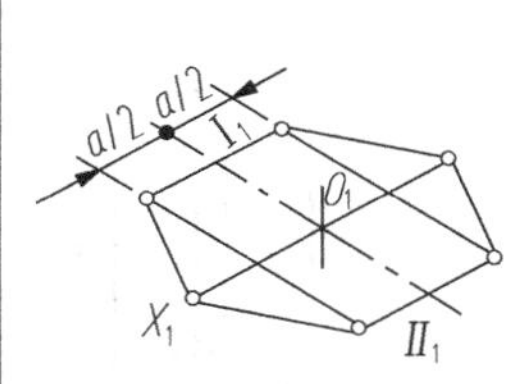	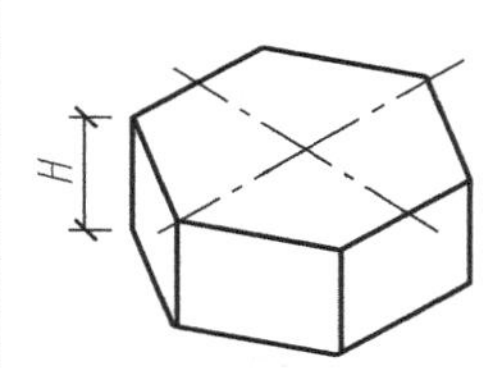
① 以上顶面中心为坐标原点，在正六棱柱视图上定坐标轴	② 画轴测轴，根据尺寸 *S*、*D* 定出点 I_1、点 II_1、点 III_1、点 IV_1	③ 过点 I_1、点 II_1 分别作直线平行于 O_1X_1，在所作的两直线上各取 *a*/2，并连接各点	④ 过各顶点向下画侧棱线并取尺寸 *H*；画底面各边；描深即完成全图

【例 3-14】 根据正三棱锥的主、俯视图，用坐标法作正等测。

用坐标法作图的步骤如表 3-7 所示。

表 3-7 正三棱锥正等测的坐标法画法

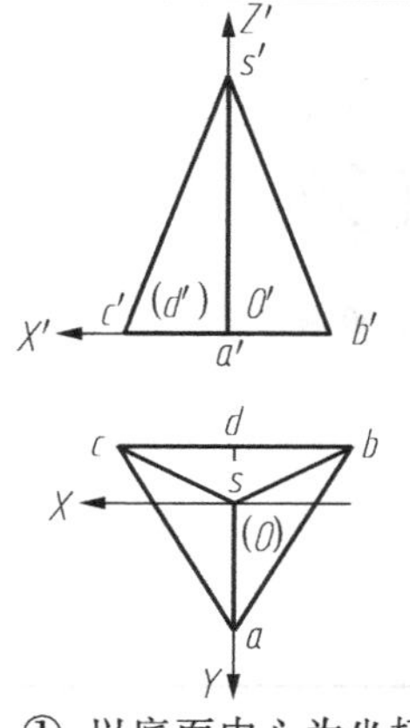	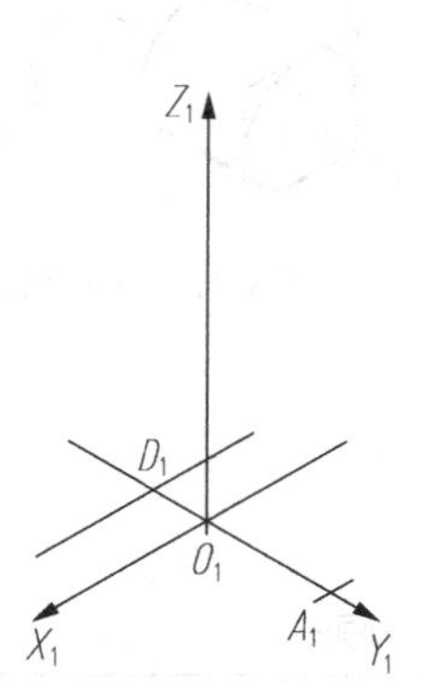	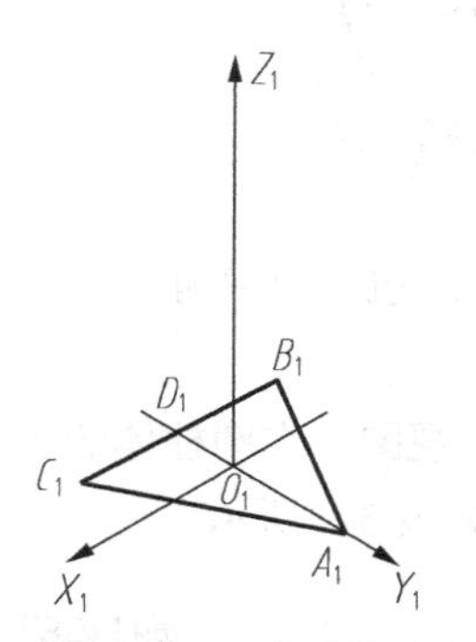	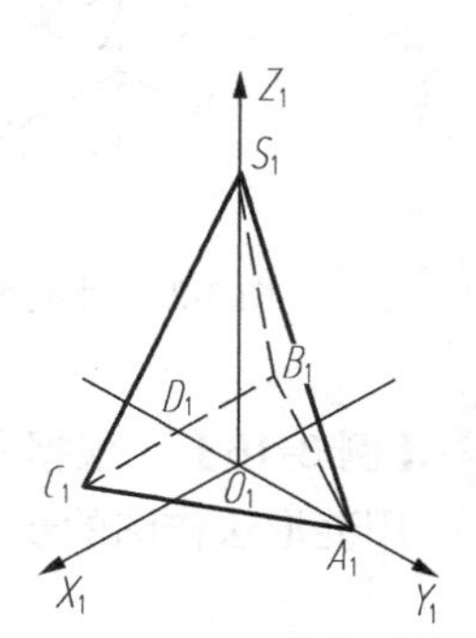
① 以底面中心为坐标原点，在正三棱锥视图上定坐标轴	② 画轴测轴，在 O_1Y_1 轴上定出点 A_1、D_1（$A_1O_1=ao$、$D_1O_1=do$）	③ 过点 D_1 作直线平行于 O_1X_1 轴，在直线上确定点 B_1、C_1（$B_1C_1=bc$），并连接底面各点	④ 在 O_1Z_1 轴上取点 S_1（$O_1S_1=O'S'$），连接各顶点，判断可见性并描深，完成全图

（2）曲面立体的正等测

下面以圆的正等测为例，介绍曲面立体的正等测。

圆的正等测是椭圆。为了作图方便，正等测中常采用菱形法（也称四心圆法）画椭圆。

【例 3-15】 用菱形法作平行于 H 面圆的正等测。

用菱形法作图的步骤如表 3-8 所示。

表 3-8 用菱形法（也称四心圆法）作平行于 H 面圆的正等测

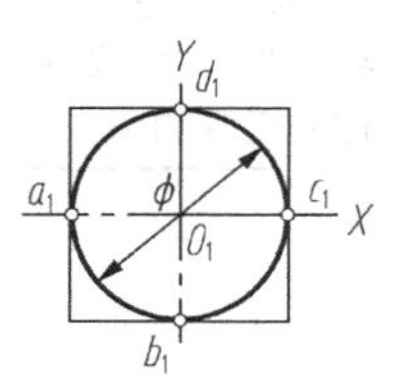	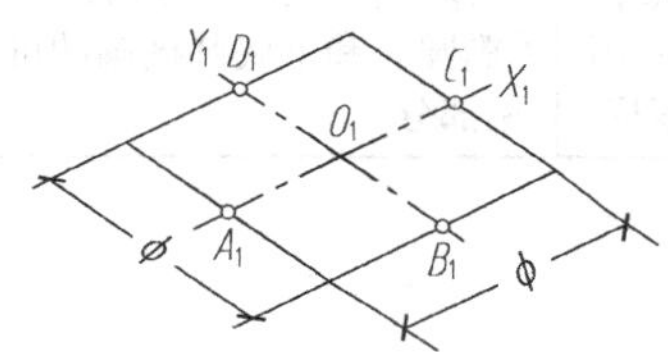	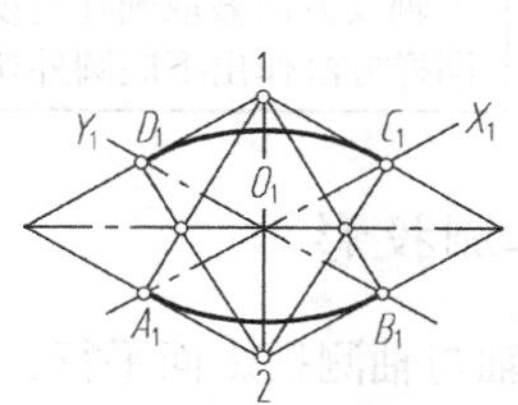	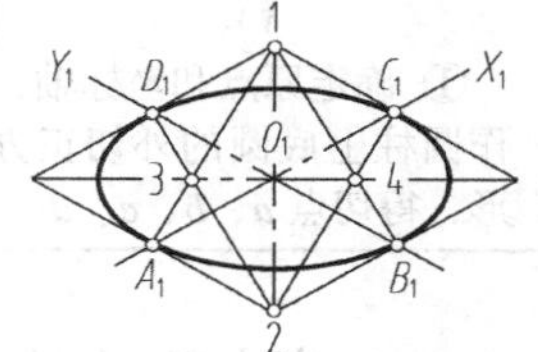 ④ 连接 $1A_1$、$2D_1$、$2C_1$、$1B_1$ 交椭圆长轴于 3、4 两点，分别以 3、4 为圆心，$3A_1$（或 $4B_1$）为半径画两段小圆弧，即得所求的近似椭圆
① 确定坐标轴并作圆的外切正方形，与坐标轴交于 a_1、b_1、c_1、d_1	② 画轴测轴 X_1、Y_1，过点 A_1、点 B_1、点 C_1、点 D_1 分别作 X_1、Y_1 的平行线，得一菱形。菱形的对角线即为椭圆长短轴的位置	③ 以菱形短对角线顶点 1、2 为圆心，以 $1A_1$、$2C_1$ 为半径画两段大圆弧	

平行于 V 面和 W 面的圆的正等测画法与平行于 H 面的椭圆画法类似，如图 3-26 所示。从图中可以看出，平行于各坐标面且直径相等的圆的正等测是大小、形状相等的椭圆，但其长、短轴方向不同，关键是定出相应投影面的轴测轴。平行于 H 面、V 面、W 面的轴测轴分别是 $X_1O_1Y_1$、$Y_1O_1Z_1$ 和 $Y_1O_1Z_1$。如图 3-27 所示，是 3 个方向圆柱的正等测。

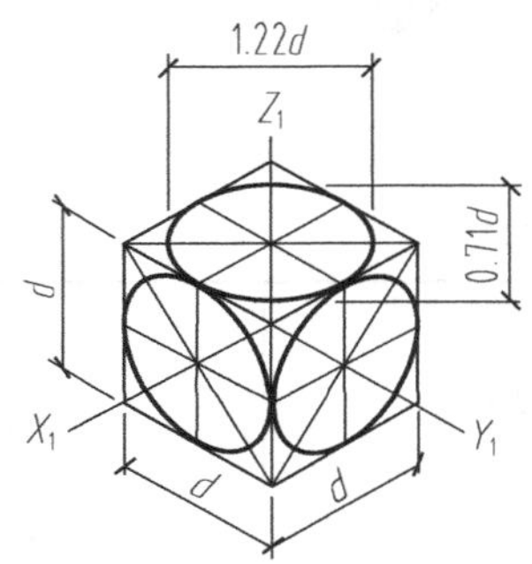

图 3-26　平行坐标面的圆的正等测

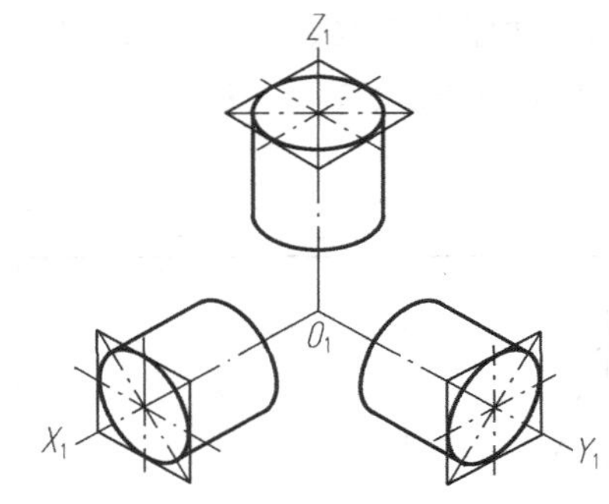

图 3-27　三向圆柱的正等测

【例 3-16】　根据所给视图，作圆柱体的正等测。

用菱形法作图的步骤如表 3-9 所示。

表 3-9　　圆柱体的正等测画法

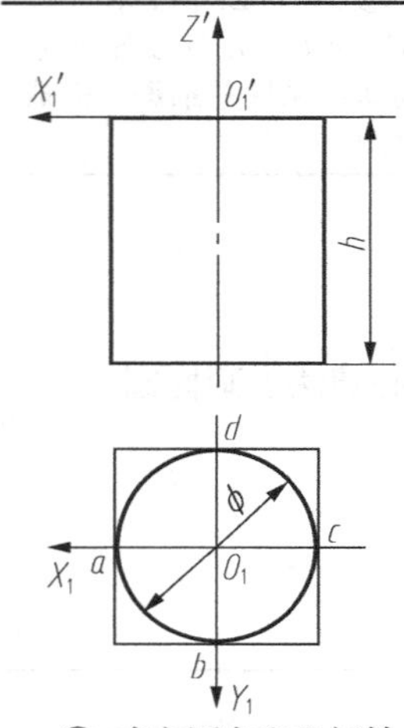 ① 确定原点和坐标轴，作圆柱上底圆的外切正方形，得切点 a、b、c、d	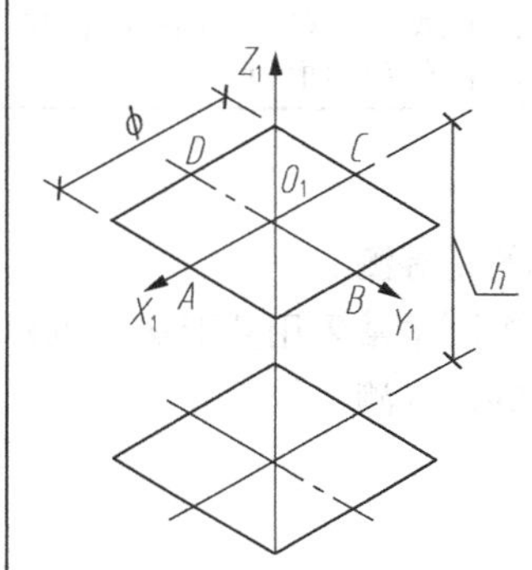 ② 画轴测轴，定四个切点 A、B、C、D，过 4 个点分别作 X_1、Y_1 轴的平行线，作外切菱形，Z_1 轴反方向截取圆柱高度 h，用同样方法作出下底圆外切菱形	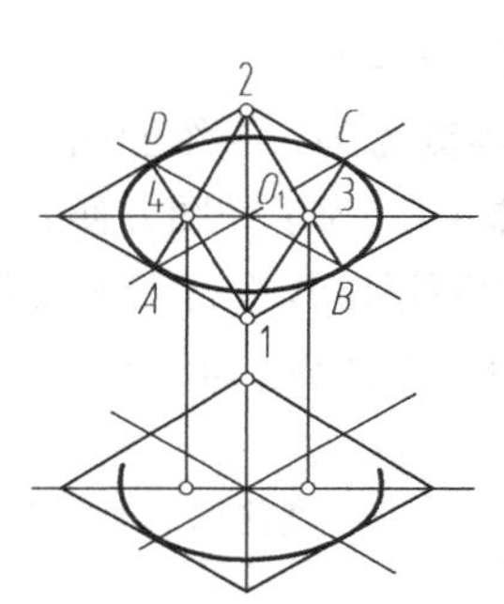 ③ 作上底圆的轴测图（椭圆）和下底圆椭圆的可见部分	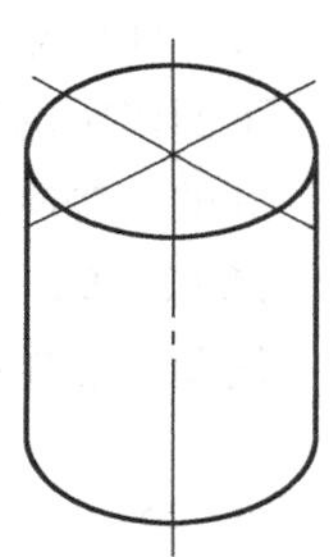 ④ 作两椭圆的公切线，擦去多余线、描深，完成圆柱的正等测图

3. 基本体的斜二测投影

当物体的 OX 和 OZ 轴与轴测投影面平行，OY 轴与轴测投影面垂直时，用斜投影法在轴测投影面上所得的投影称为斜二轴测图，简称斜二测，如图 3-28 所示。

（1）轴间角和轴向伸缩系数

斜二测的轴间角 $\angle X_1O_1Z_1=90°$，$\angle X_1O_1Y_1=\angle Y_1O_1Z_1=135°$。$O_1X_1$ 和 O_1Z_1 的轴向伸缩系数 $p_1=r_1={}_1$，O_1Y_1 的轴向伸缩系数 $q_1=0.5$，如图 3-29 所示。

（2）斜二测的画法

在斜二测中，物体上平行于 $X_1O_1Z_1$ 坐标面的平面反映实形。因此，常选择物体上有较多的圆或形状复杂的平面平行于 $X_1O_1Z_1$ 坐标面，使作图简化。

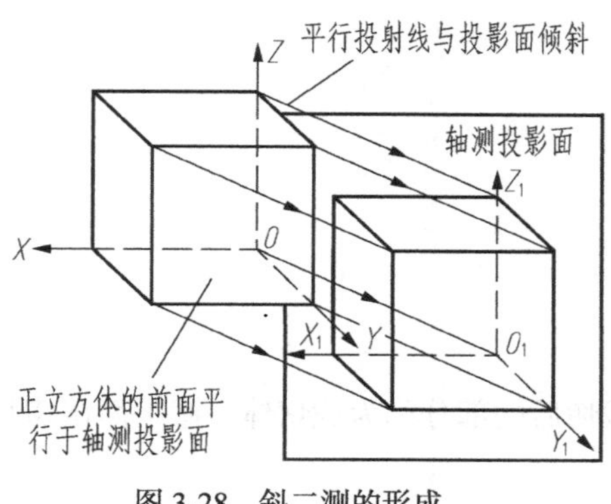

图 3-28　斜二测的形成

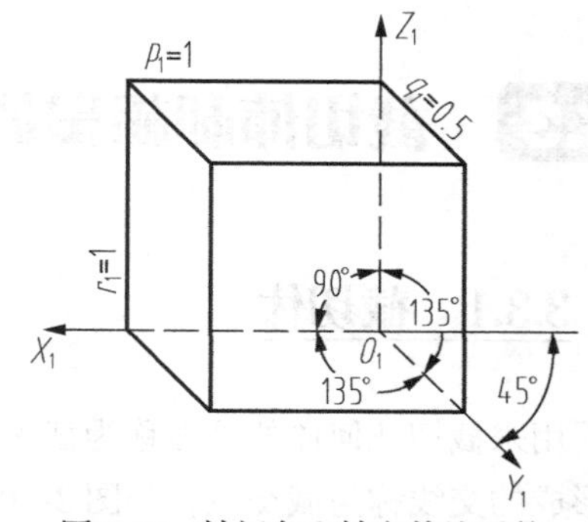

图 3-29　轴间角和轴向伸缩系数

【例 3-17】　根据所给视图，作带槽凹块的斜二测。

作图步骤如表 3-10 所示。

表 3-10　　带槽凹块的斜二测画法

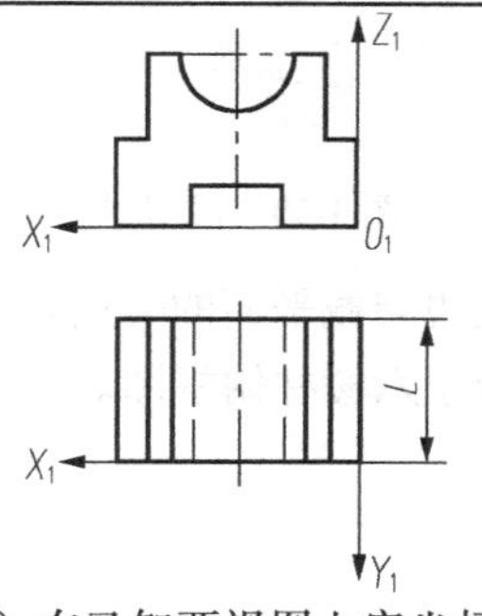	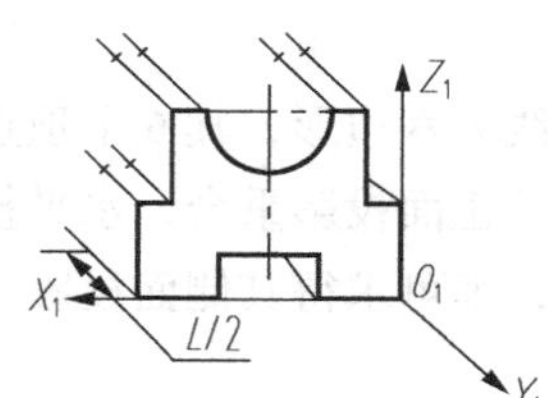	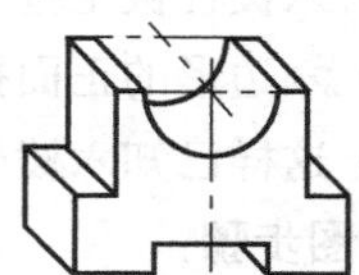
① 在已知两视图上定坐标轴（选择物体的前面与 $X_1O_1Z_1$ 坐标面平行）	② 作轴测轴，画物体前面（主视图）图形，从前面各交点作 O_1Y_1 轴的平行线，并截取 $L/2$	③ 作后面圆弧及其他可见轮廓线，擦去多余图线，描深即完成全图

【例 3-18】　根据所给视图，作空心圆台的斜二测。

作图步骤如表 3-11 所示。

表 3-11　　空心圆台的斜二测画法

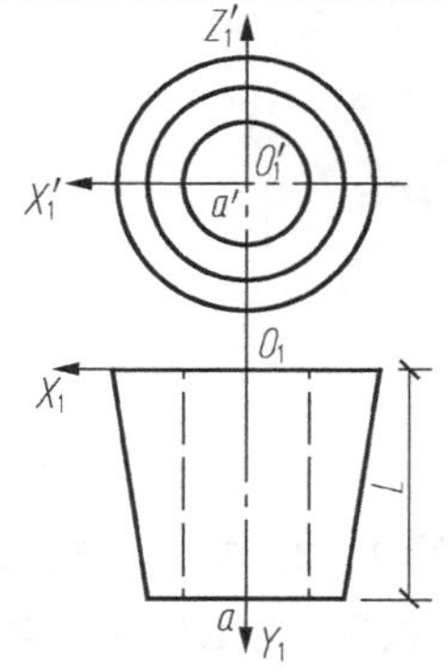	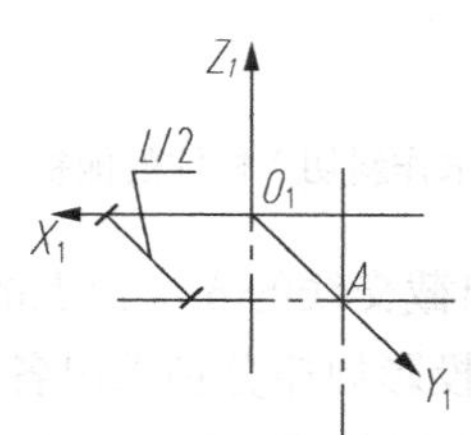	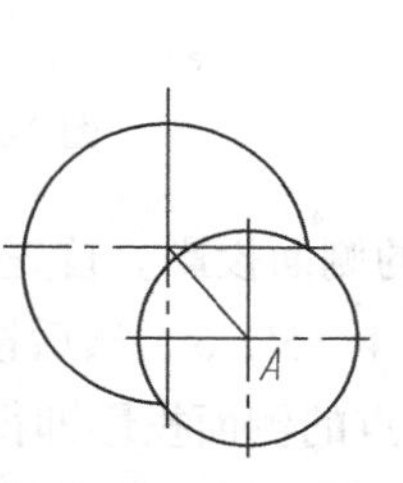	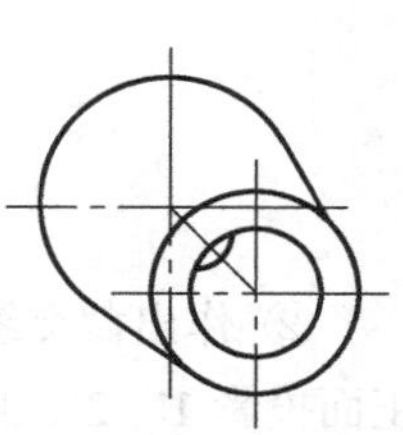
① 在已知两视图上定坐标轴（将圆台的轴线垂直于 $X_1O_1Z_1$ 坐标面，使其前、后面的内外圆平行于 $X_1O_1Z_1$ 坐标面）	② 作轴测轴，在 Y_1 轴上量取 $O_1A=L/2$，确定前面的圆心	③ 作出前、后面外圆的轴测图	④ 作前、后面外圆的公切线，画内孔可见部分，擦去多余图线，描深即完成全图

3.3 截切体和相贯体

3.3.1 截切体

用来截切几何体的平面称为截平面，几何体被截切后的部分称为截切体，截平面截切几何体所形成的交线称为截交线，如图 3-30 所示。

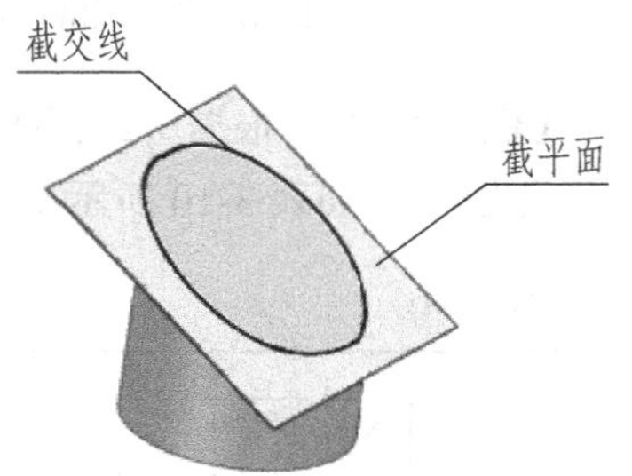

图 3-30 截切体

1. 六棱柱的截交线

六棱柱的截交线是封闭的多边形，多边形的顶点为六棱柱的棱边与截平面的交点，将这些交点依次连接即得六棱柱的截交线。

如图 3-31（a）所示，已知六棱柱被平面斜切后的主、俯视图，求其侧视图。

分析：

① 六棱柱被正垂面斜切，截交线为六边形，其 6 个顶点为 6 条棱边与截平面的交点。

② 六边形的正面投影与截平面的正面投影重合，水平投影则重合于六棱柱俯视图。

③ 这样已知六棱柱的两个投影，即可求得其侧面投影。

作图步骤：

① 作出完整棱柱的侧视图，如图 3-31（b）所示。

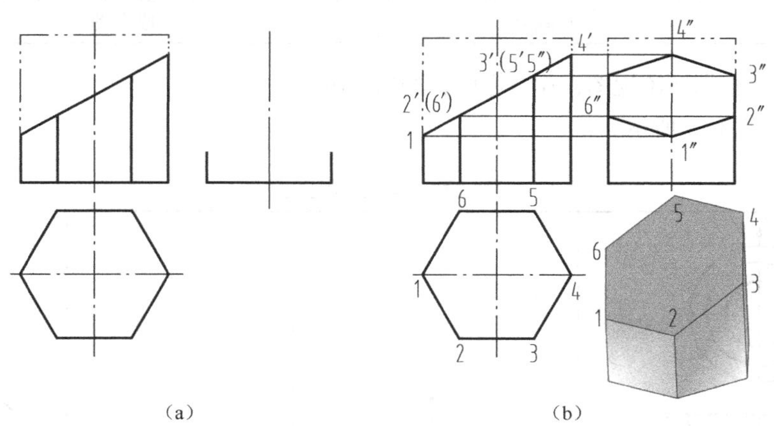

图 3-31 求作斜切六棱柱的侧视图

② 作出截交线的侧面投影。首先找出截交线的 6 个顶点的水平投影 1、2、3、4、5、6 及其正面投影 1′、2′、3′、4′、5′、6′，然后按照投影规律分别求出各点的侧面投影 1″、2″、3″、4″、5″、6″，最后依次连接各点的侧面投影即得截交线的侧面投影，如图 3-31（b）所示。

③ 整理侧视图的轮廓线，并判断其可见性。

2. 圆柱的截交线

用一平面截切圆柱体，所形成的截交线有 3 种情况，如表 3-12 所示。

表 3-12　　圆柱的截交线

截平面的位置	平行于轴线	垂直于轴线	倾斜于轴线
立体图			
投影图			
截交线的形状	矩形	圆	椭圆

【例 3-19】　已知圆柱体被正垂面斜切后的主、俯视图如图 3-32（a）所示，求其侧视图。

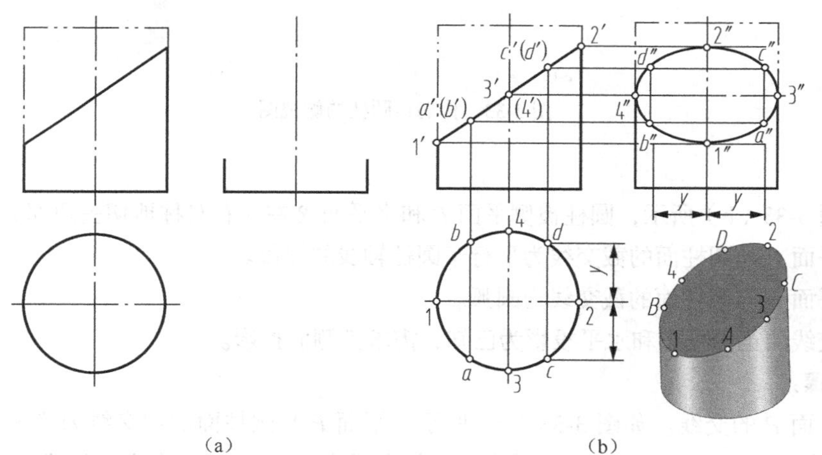

（a）　　（b）

图 3-32　求作斜切圆柱的侧视图

分析：

① 圆柱被正垂面斜切，截交线为椭圆。

② 其正面投影与截平面的正面投影重合，为线段；其水平投影重合于圆柱的俯视图上，为圆。

③ 已知椭圆的两个投影，即可求得其侧面投影。

作图步骤：

① 画出完整圆柱的侧视图。

② 画出截交线的侧面投影。

求特殊点：如图 3-32（b）所示，Ⅰ、Ⅱ、Ⅲ、Ⅳ为圆柱轮廓素线上的点。其中，Ⅰ、Ⅱ既

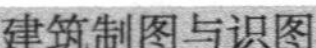

是最低点、最高点也是最左点、最右点，Ⅲ、Ⅳ分别是最前点、最后点。由它们的水平投影 1、2、3、4 和正面投影 1′、2′、3′、4′，按照投影规则即可求出各点的侧面投影 1″、2″、3″、4″。

求一般点：为使作图准确，应在特殊点之间确定若干一般点。在图 3-32（b）中任取 *A*、*B*、*C*、*D* 四点。作图时，先在截交线已知的正面投影上找出水平投影 *a*、*b*、*c*、*d* 四点对应的正面投影 *a*′、*b*′、*c*′、*d*′，然后按照投影关系作出 *a*″、*b*″、*c*″、*d*″。

③ 按截交线水平投影的顺序，依次光滑连接各点的侧面投影，即得截交线的侧面投影——椭圆。

④ 整理侧视图的轮廓线，并判断可见性。

【例 3-20】 如图 3-33（a）所示，已知某形体的正视图、俯视图，作其侧视图。

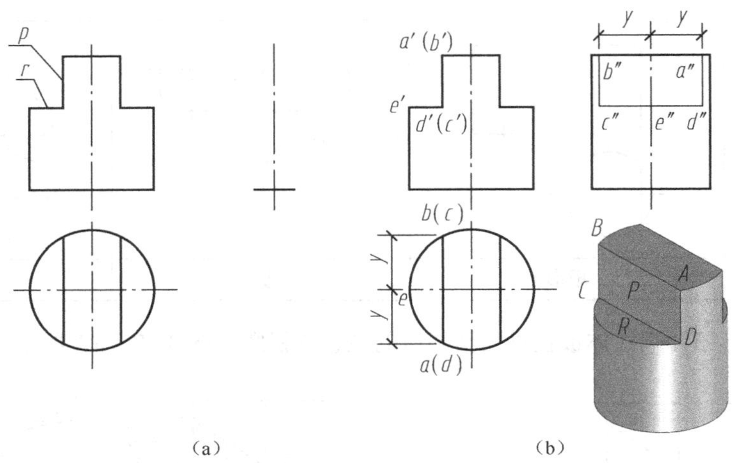

图 3-33 作切口圆柱的侧视图

分析：

① 如图 3-33（b）所示，圆柱被侧平面 *P* 和水平面 *R* 左、右对称地切去两部分。

② 侧平面 *P* 与圆柱面的截交线为平行于圆柱轴线的线段。

③ 水平面 *R* 与圆柱面的截交线为圆弧。

④ 截交线的正面投影和水平投影为已知，需求其侧面投影。

作图步骤：

① 作平面 *P* 的交线。如图 3-33（b）所示，平面 *P* 与圆柱面的截交线为铅垂线 *AD*、*BC*，与平面 *R* 的截交线为正垂线 *CD*，与圆柱顶面的交线为正垂线 *AB*，由它们组成的矩形 *ABCD* 为侧平面。

由矩形 *ABCD* 的正面投影 *a*′（*b*′）（*c*′）*d*′及水平投影 *ab*（*c*）（*d*），求其侧面投影 *a*″*b*″*c*″*d*″。其中，线段 *a*″*b*″和 *c*″*d*″之间的宽度可从俯视图中量取。

② 作平面 *R* 的交线。如图 3-33（b）所示，平面 *R* 与圆柱面的截交线为圆弧，它与正垂线 *CD* 形成一个水平面。其正面投影积聚成线段（*c*′）*e*′*d*′，水平投影反映该面实形，侧面投影积聚成线段 *c*″*e*″*d*″。

③ 整理侧视图的轮廓线，并判断可见性。形成切口时，截平面没有通过圆柱轴线，因此，圆柱左视方向轮廓线的侧面投影仍应完整画出，并且线段 *c*″*e*″*d*″也不应与圆柱轮廓线的投影相交，侧视图中的图线均可见。

3. 球体的截交线

任何位置的截平面截球体时，其截交线都是圆。当截平面平行于某一投影面时，截交线在该投影面上的投影为圆的实形，在其他两投影面上的投影都积聚为线段。当截平面处于其他位置时，则在截交线的 3 个投影中必有椭圆。

【例 3-21】 如图 3-34 所示，已知球体被正垂面斜截后截交线的正面投影，求其余两投影。

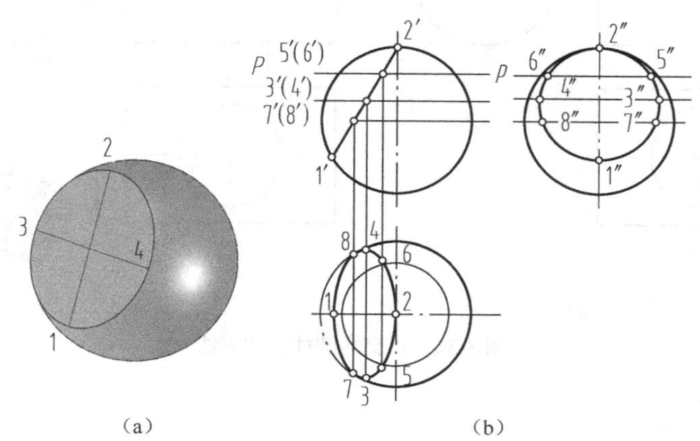

（a）　（b）

图 3-34　球体的截交线

分析：

① 球体被正垂面所截，其截交线为圆。

② 该圆的正面投影积聚为线段，并反映直径的实长。

③ 截交线的水平投影及侧面投影不反映实形，都为椭圆，如图 3-34（b）所示。

作图步骤：

① 求出特殊位置点。

长轴的水平投影为 34，长轴的侧面投影为 3″4″，其长度等于截交线圆的直径。

短轴 1′2′的水平投影 12 和短轴的侧面投影 1″2″可根据正面投影 1′、2′求出。

② 求出球面水平投影轮廓线上的点。由 7′（8′）求出 7、8 和 7″、8″。

③ 利用辅助平面法求出一般位置点。作辅助平面 *P*，由正面投影点 5′、（6′）求出 5、6 和 5″、6″。

④ 将各点的相应投影依次光滑连接，即得截交线的水平投影和侧面投影。

3.3.2　相贯体

两个基本体相交称为相贯，得到的几何结构叫相贯体，其相贯表面的交线称为相贯线，如图 3-35 所示。

（a）模型图　（b）零件表面的相贯线

图 3-35　三通管

1. 画相贯线的方法

相贯线是相交两基本体表面的共有线，是一系列共有点的集合。因此，求相贯线的投影就是求相

贯线上一系列共有点的投影，并用光滑曲线依次连接各点。

作图 3-36 所示正交两圆柱的相贯线。

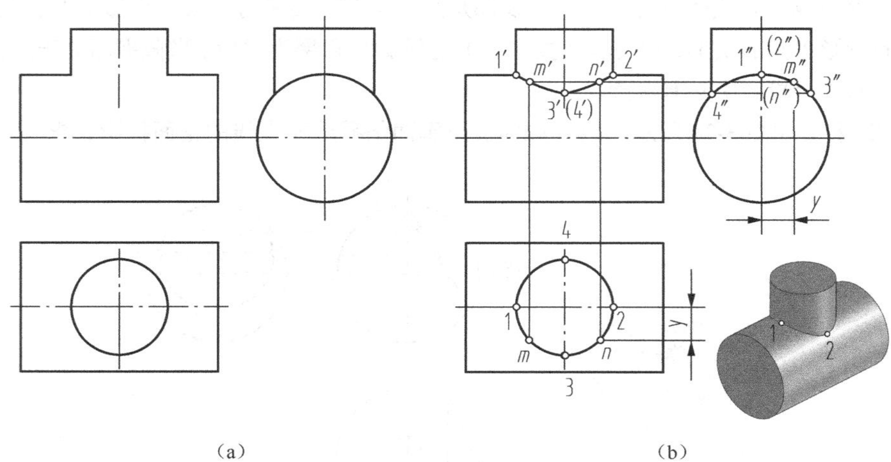

（a）　　（b）

图 3-36　正交两圆柱的相贯线

分析：

① 小圆柱轴线为铅垂线，所以小圆柱的水平面积聚成圆，相贯线的水平投影也重合在这个圆上。

② 大圆柱的轴线为侧垂线，所以大圆柱面的侧面投影积聚成圆，相贯线的侧面投影为重合于该圆上的一段圆弧（在小圆柱投影范围内的一段）。

③ 已知相贯线的水平投影和侧面投影，即可按投影关系求其正面投影。

作图步骤：

① 求特殊点。如图 3-36（b）所示，点 *Ⅰ*、点 *Ⅱ*是相贯线上的最左、最右点，位于两圆柱主视方向轮廓素线的交点上。点 *Ⅲ*、点 *Ⅳ*是相贯线上的最前、最后点，也是最低点，位于小圆柱左视方向的轮廓素线上。根据它们的水平投影 1、2、3、4 和侧面投影 1″、（2″）、3″、4″，可求得其正面投影 1′、2′、3′、（4′）。

② 求一般点。任取 *M*、*N* 两点。在相贯线已知的水平投影上定出两点的水平投影 ***m***、***n***。再求得侧面投影 ***m***″、***n***″，最后按投影关系求得其正面投影 ***m***′、***n***′。

③ 光滑连接各点，并判断可见性。将正视图上求得的点依次光滑连接，即可得所求相贯线的正面投影。由于两圆柱正交时的相贯线前后、左右对称。因此，正视图中前半部分相贯线的投影为可见，后半部分相贯线不可见，且其投影与前半部分重合。

2. 相贯线的简化画法

工程设计中，在不引误解的情况下，相贯线可以采用以下简化画法。

当正交的两个圆柱直径相差较大时，其相贯线投影可以用圆弧近似代替，如图 3-37（a）所示。当两圆柱直径相差很大时，相贯线投影可用直线代替，如图 3-37（b）所示。

三通管上相贯线的投影可用大圆柱半径 $D/2$ 和大圆孔半径 $D_1/2$ 作圆弧代替。图 3-38 所示为小圆孔与圆柱相贯。

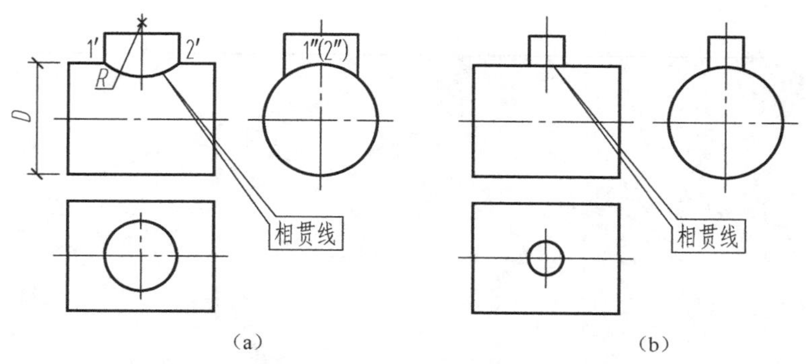

图 3-37　正交圆柱相贯线的简化画法

3. 同轴回转体相贯

同轴回转体由同轴线的两个回转体相贯形成，其相贯线是垂直于回转体轴线的圆。当其轴线平行于投影面时，圆在该投影面上的投影为垂直于轴线的直线，如图 3-39 所示。

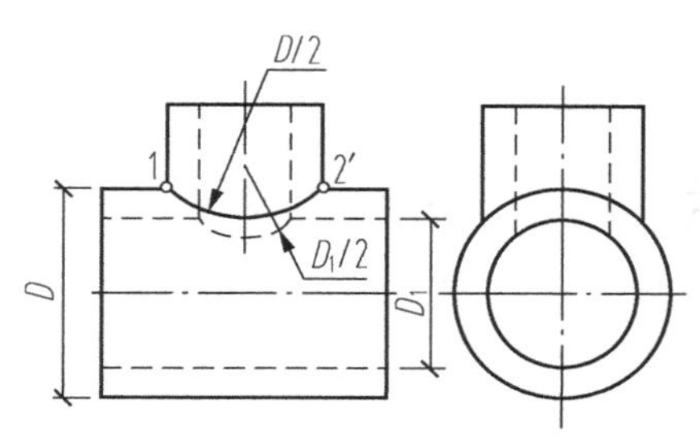

图 3-38　三通管相贯线的简化画法

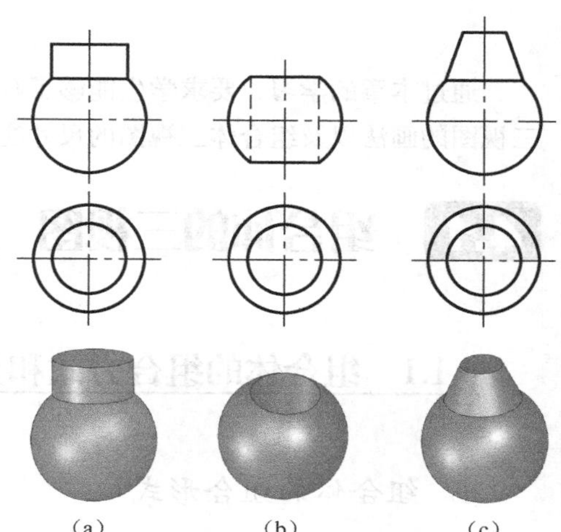

图 3-39　同轴回转体相贯

第4章 组合体的投影

通过本章的学习，要求学生能够了解形体分析法和三视图的投影规律，掌握组合体三视图的画法以及组合体三视图的尺寸注法。

4.1 组合体的三视图

4.1.1 组合体的组合方式和分析方法

1. 组合体的组合形式

组合体的形状各种各样，但就其组合方式来说，主要有叠加型、切割型和混合型 3 种。

（1）叠加型

叠加型组合体是由各种基本体按堆砌、相交、相切等方式组合而成，如图 4-1（a）所示。

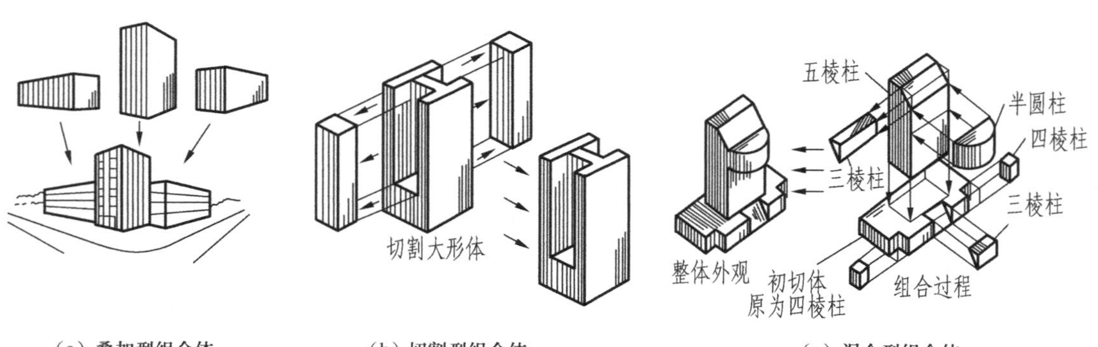

（a）叠加型组合体　（b）切割型组合体　（c）混合型组合体

图 4-1　组合体的组合形式

（2）切割型

切割型组合体是由各种基本体经切割和穿孔等方式形成的，如图 4-1（b）所示。

（3）混合型

混合型组合体是由若干个基本体经叠加及切割形成的，如图 4-1（c）所示。

2. 组合体的表面连接方式

研究组合体的组合关系，一定要搞清相邻两形体间的连接方式，分析并正确画出连接处分界线的投影，做到不多线、不漏线，这是用形体分析法绘制组合体三视图的关键所在。各基本体表面的连接关系，有平齐与不平齐、相切与相交等。

（1）平齐

当两个基本体的表面平齐时，两形体间不应该画线，如图 4-2（a）所示。应该注意，用形体分析法画组合体三视图时，画图一定要从整体出发，分解开来的各形体间的结合面很多情况下实际是不存在的。

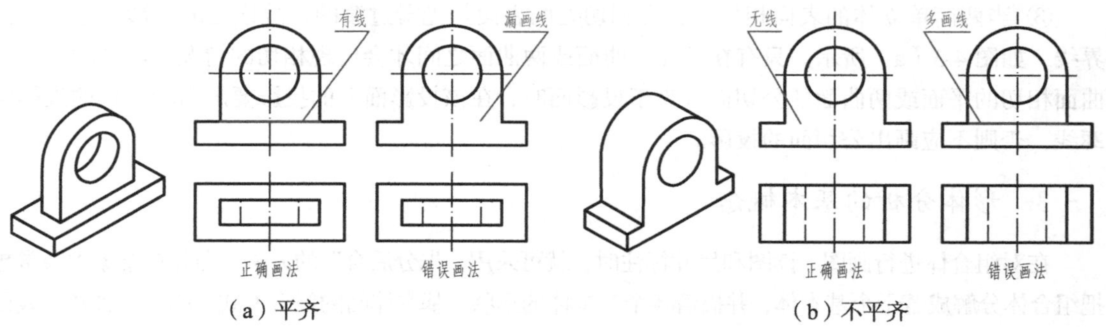

图 4-2 表面平齐与不平齐

（2）不平齐

当两个基本体的表面不平齐时，两形体间应有线隔开，如图 4-2（b）所示。

（3）相切

当两个基本体的表面相切时，因为两个基本体的表面为光滑过渡，相切处不存在轮廓线，如图 4-3（a）所示。

（4）相交

当两个基本体的表面相交时，相交处必须画出交线，如图 4-3（b）所示。

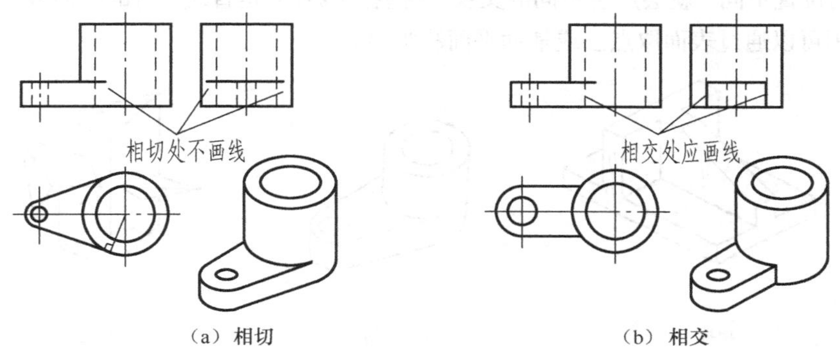

图 4-3 表面相切与相交

① 当简单立体上的两个平面相互平齐结合成为一个平面时，它们之间就是共面关系，而不再有分界线，如图 4-4 所示，五棱柱 *I* 的上顶面与四棱柱 *II* 的上顶面平齐，两个面结合成了一个平面，在俯视图上就不应画出它们的分界线。

五棱柱 *I* 的左平面与四棱柱 *III* 的左平面平齐，两个面结合成了一个平面，在侧视图上就不应画出它们的分界线；四棱柱 *II* 正面与四棱柱 *III* 的正面平齐，两个面结合成了一个平面，在正视图上就不应画出它们的分界线。

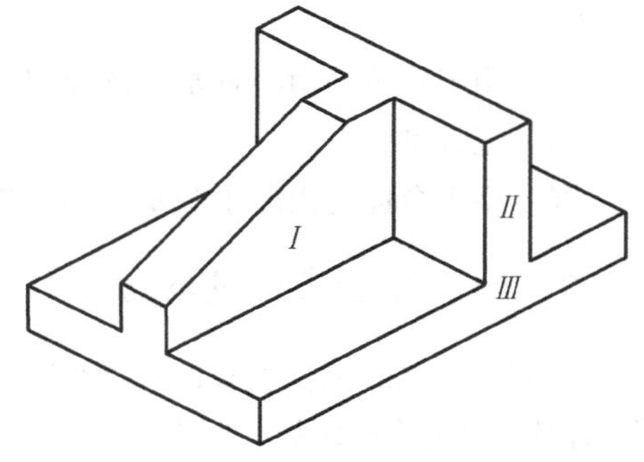

图 4-4　组合体的连接方式

② 当两简单立体的表面相交时，必须画出它们交线的投影，如图 4-4 所示，五棱柱 *I* 的正面与四棱柱 *III* 的上顶面相交，在正视图中必须画出它们的交线，五棱柱 *I* 的正面与四棱柱 *II* 的左面相交，在侧视图中必须画出它们的交线，四棱柱 *II* 的左面四棱柱 *III* 的上顶面相交，在侧视图或俯视图中必须画出它们的交线。

③ 当两简单立体的表面相切时，在相切处两表面是光滑过渡的，故该处的投影不应画出分界线，如图 4-3（a）所示。只有在平面与曲面或两曲面之间才会出现相切的情况。画图时，当与曲面相切的平面或两曲面的公切面垂直于投影面时，在该投影面上的投影要画出相切处的投影轮廓线，否则不应画出公切面的投影。

3. 形体分析的基本概念

在对组合体进行画图、读图和尺寸标注时，就可采用“先分后合”的方法。即先在想象中通常想把组合体分解成若干个基本体，并搞清各个基本体的形状、基本体间的组合方式、相对位置及其表面连接关系，最后综合起来了解整体，这种方法称为形体分析法。形体分析法为研究组合体提供了分析思路，将复杂问题分解为简单问题来解决，是画组合体三视图及读图、标注尺寸的基本方法。

由基本几何体叠加而成的组合体称为叠加型组合体。叠加型组合体按照形体表面接触方式的不同，可分为相接、相切和相贯 3 种叠加方式，如图 4-5 所示。图 4-5（a）所示的图形可以看成是由一个四棱柱 *III* 和一个五棱柱 *I*，还有一个四棱柱 *II* 组合而成的。两形体在相交处相切的组合方式称为相切方式。相切方式的形体之间过渡平滑自然，图 4-5（b）所示的图形可以看成是由一个圆柱和一个底座相切组合而成的。两形体的表面彼此相交的组合方式称为相贯方式，图 4-5（c）所示的图形是一个三棱柱被一个三棱柱贯通而成的组合体，在相交处的交线叫相贯线。由于形体不同，相交的位置不同，就会产生不同的交线。这些交线有的是直线，有的是曲线。一般情况下，相贯线的投影可以通过表面取点法或辅助平面法画出。

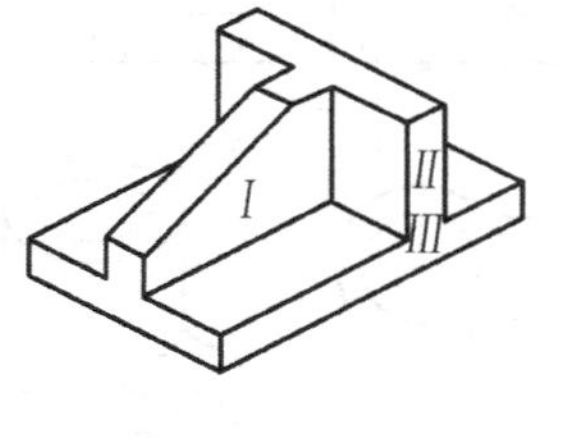

（a） 相接

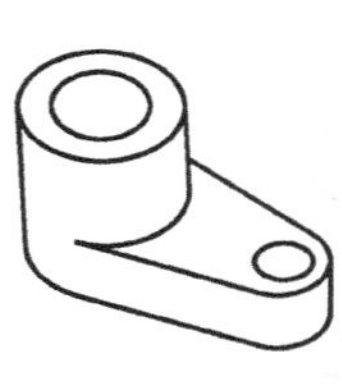

（b）相切

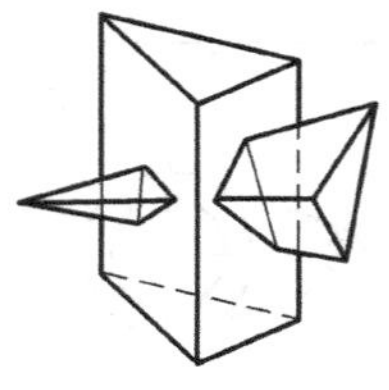

（c）相贯

图 4-5　叠加型组合体的形式

【例 4-1】　分析图 4-6（a）所示支座的组合特点。

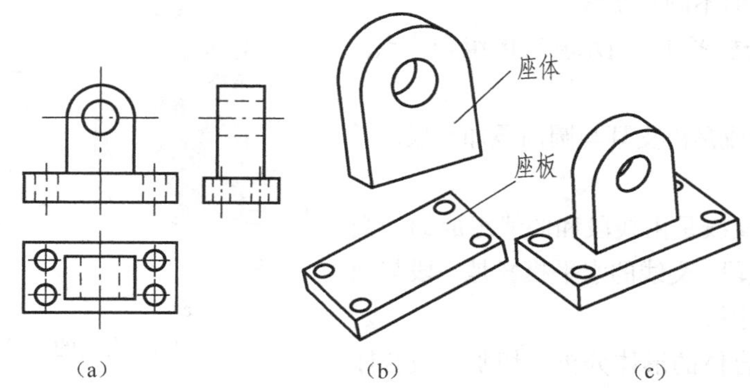

图 4-6　支座及其形体分析

形体分析：

该支座可以看成是由一块长方形的“底板”和一个呈半圆形的“座体”组成的，如图 4-6（b）所示。

座体底面放在底板顶面上，两形体的结合处为平面，如图 4-6（c）所示。

该支座可看成是平面相接的叠加式组合体。

视图分析：

两个形体按它们的相对位置，根据“长对正”“高平齐”“宽相等”的投影对应关系画在一起，就成了如图 4-6（a）所示的三视图。

图 4-6 所示的座体与底板由于相互位置在宽度方向上不平齐，故在正视图上可以看到两者中间有线隔开。又由于它们在长度方向上左端面不平齐，所以在侧视图上也可以看到两者中间有线隔开。

图 4-7 所示的另一支座，由于在宽度方向上平齐，前面构成了一个平面，所以在正视图上两者中间就没有线隔开。

【例 4-2】　分析图 4-8 所示套筒的组合特点。

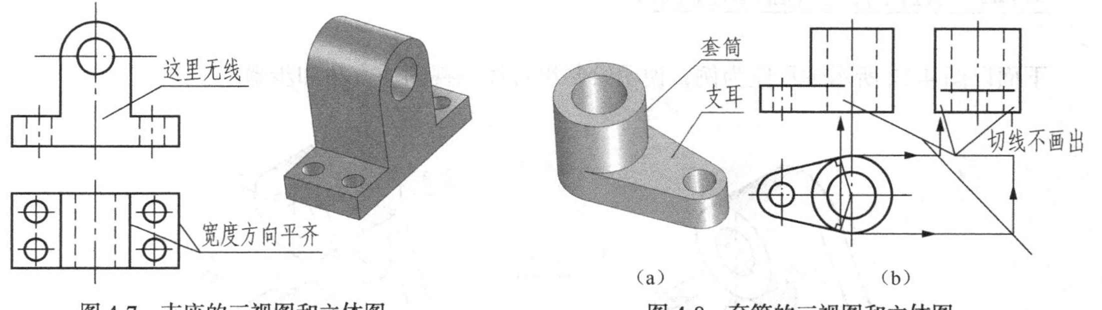

图 4-7　支座的三视图和立体图

图 4-8　套筒的三视图和立体图

形体分析：

可以把套筒看成是由支耳与圆筒两部分相切叠加而成的。

视图分析：

由于两形体相切，在相切处光滑过渡，两者之间没有分界线，所以相切处不画切线。从正视

图和侧视图看，支耳只是根据俯视图上切点的位置而画到相切位置，但不画出切线。

【例 4-3】 分析图 4-9 所示套筒的组合特点。

形体分析：

可以把套筒看成是由支耳与圆筒叠加而成。

视图分析：

① 两形体的交线是由线段和曲线组成的。交线的正面投影是线段。交线的水平投影是一段与圆柱表面相重合的圆弧。

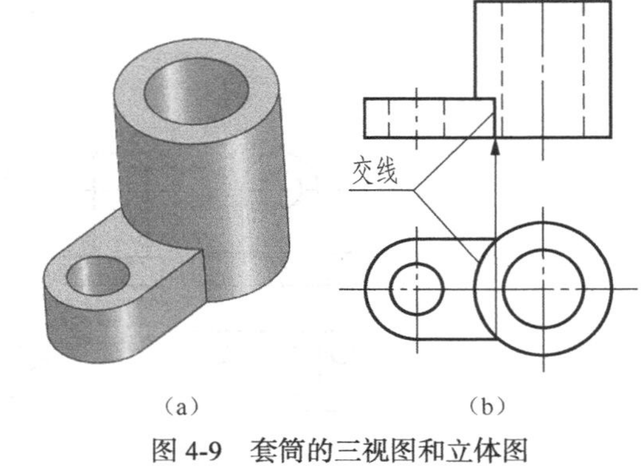

(a)　　(b)

图 4-9　套筒的三视图和立体图

② 切割型组合体的形体分析。切割型组合体可以看成是在基本几何体上进行切割、钻孔及挖槽等所构成的形体。图 4-10（a）所示的物体可看作是一个长方体经多次切割而成的组合体，示意图如图 4-10（b）所示。绘图时被切割后的轮廓线必须要画出。

③ 混合型组合体的形体分析。混合型组合体是指叠加和切割两种形式的组合体。常见的组合体大都是通过混合形式组成的。图 4-11 所示的零件就是通过各种叠加型和切割型组合而成的复杂组合体。

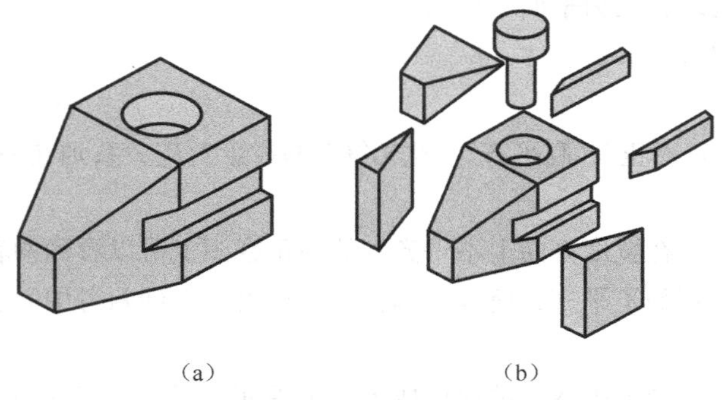

(a)　　(b)

图 4-10　压块及其形体分析

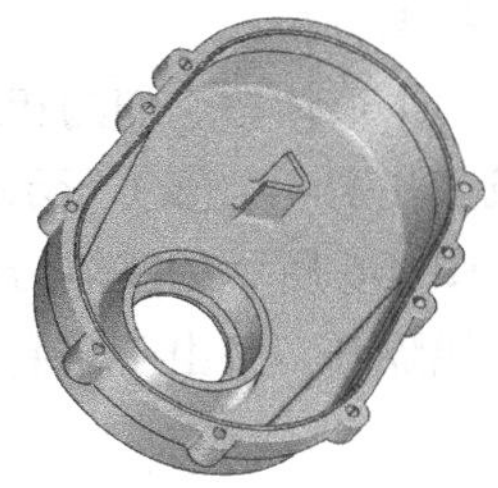

图 4-11　混合型组合体

4.1.2　组合体三视图的画法

下面以图 4-12 所示轴承座为例，说明绘制组合体三视图的方法和步骤。

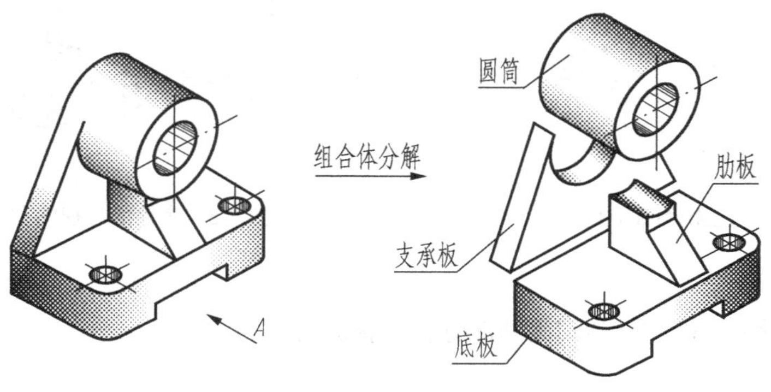

图 4-12　轴承座形体分析

1. 形体分析

画组合体的三视图时，首先对组合体进行形体分析，在分析的基础上确定其正视图的投影方向。如图 4-12 所示，轴承座可分解为 4 个组成部分：底板、圆筒、支承板和肋板。支承板和肋板叠加，位于底板上方，肋板位于支承板正前面，圆筒和支承板的左、右侧面表面相切，肋板与圆筒相交，交线由圆弧和直线组成。

2. 确定正视图

选择正视图时，一般应选择反映组合体各组成部分形状和相对位置较为明显的方向作为正视图的投射方向。为使投影能得到实形，便于作图，应使物体主要平面与投影面平行，考虑组合体的自然安放位置，并要兼顾其他两个视图表达的清晰性。在轴承座中，箭头 *A* 所指的方向作为正视图的投射方向比较合理。正视图选定后，俯视图和侧视图也随之而定。

3. 选比例、定图幅

视图确定后，应根据构件实物的大小和复杂程度，按要求选择比例和图幅。在表达清晰的前提下，尽可能选用 1∶1 的比例。图幅的大小应考虑视图所占的面积、图距、标注尺寸的位置以及标题栏的尺寸位置。

4. 画图

具体画图步骤如图 4-13 所示。为了正确、迅速地画出组合体的三视图，可按以下顺序进行。

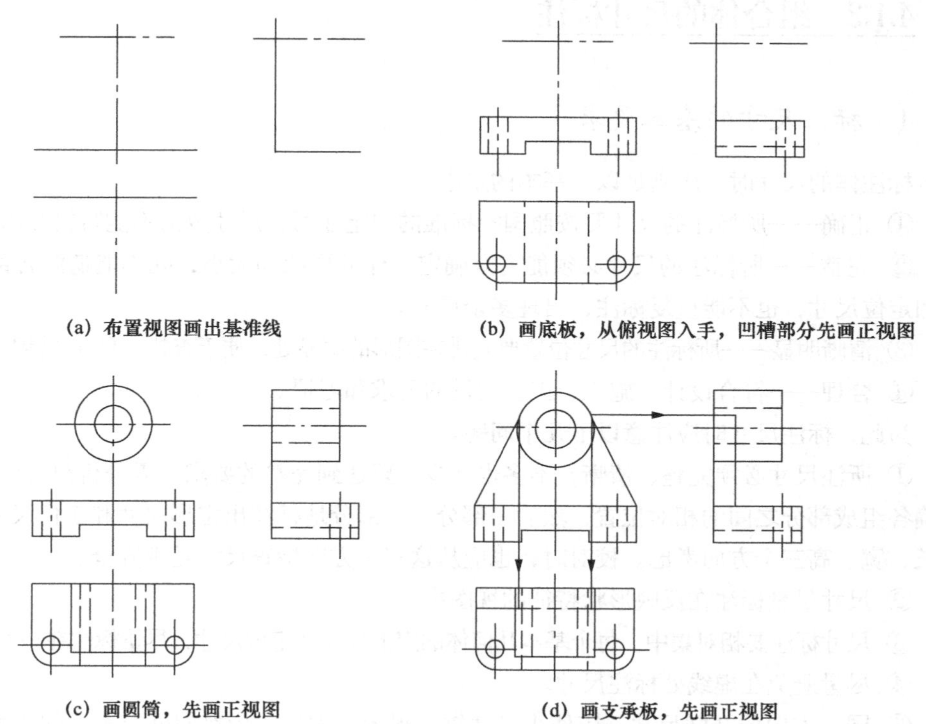

图 4-13　组合体画图步骤

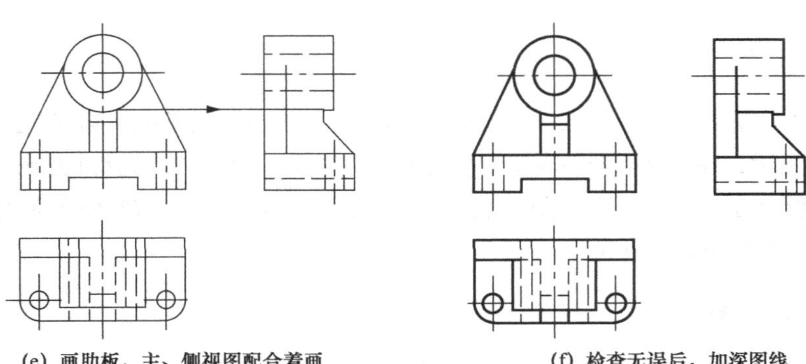

(e) 画肋板，主、侧视图配合着画　　(f) 检查无误后，加深图线

图 4-13　组合体画图步骤（续）

（1）布图，画出各个视图的基准线

基准线是指画图时测量尺寸的基准，每个视图都应该有两个方向的基准线，如对称中心线、主要回转体的轴线、底面及重要端面的位置线。

（2）逐个画出各个基本形体的三视图

根据基准线的位置按照投影规律，逐个画出各个基本形体的三视图。应遵循“先大、先主、先特征”的原则即：先画大形体；先画主要部分；先画圆和圆弧；先画可见部分。

（3）检查无误后，加深图线

底稿完成后，应按形体逐个认真检查，尤其应考虑各形体之间的表面连接关系。确定无误后，用相应的图线加深加粗。

4.1.3　组合体的尺寸标注

1. 标注尺寸的基本要求

标注体的尺寸时，应满足以下基本的要求。

① 正确——所标注的尺寸要按照国家标准的规定注写，尺寸数值不能写错和出现矛盾。

② 完整——所标注的尺寸必须能完全确定形体的形状和大小，既不能遗漏各部分的定形尺寸和定位尺寸，也不能重复标注，出现多余尺寸。

③ 清晰明显——所标注的尺寸位置要安排在图形的明显处，便于查找，且标注清楚、布局整齐。

④ 合理——符合设计、施工、工程测量的要求和习惯。

为此，标注尺寸时应注意以下几个问题。

① 所注尺寸必须完整、清晰，不多也不少。要达到完整的要求，需分析组合体的结构形状，明确各组成部分之间的相对位置，然后一部分、一部分地标注出定形尺寸和定位尺寸。标注时要从长、宽、高三个方向考虑。校对时，也应从这三个方向检查尺寸是否齐全。

② 尺寸尽量标注在反映形状特征的视图中。

③ 尺寸标注要相对集中。每个基本几何体的定形尺寸和定位尺寸，尽量标注在一两个视图上。

④ 尽量避免在虚线处标注尺寸。

⑤ 同一方向的并联尺寸，应使小尺寸靠近视图，大尺寸依次向外布置，间隔均匀，避免尺寸线与尺寸界线相交，同一方向的串联尺寸线，要排在一条线上，不要错开。

视图只能表达组合体的结构和形状，而要表示它的大小，则不但需要标注出尺寸，而且必须标注得完整、清晰，且符合国家标准关于尺寸注法的规定。

2. 尺寸种类

为了将尺寸注得完整，在组合体视图上，一般需标注下列几类尺寸：

① 定形尺寸。确定组合体各组成部分的长、宽、高三个方向的大小尺寸。

② 定位尺寸。确定组合体各组成部分的相对位置尺寸。

③ 总体尺寸。确定组合体外形大小的总长、总宽、总高尺寸。

3. 组合体的尺寸标注

（1）切割式组合体的尺寸标注。

① 需要标注的尺寸有原体的定形尺寸、截平面的定位尺寸，如图 4-14 所示。

② 需要注意的问题。

- 不应直接对截断面标注尺寸。
- 用来确定定位尺寸起点的某些点或直线称为基准。
- 尺寸基准有长、宽、高三个方向。
- 通常取图形的边线、对称中心线、圆中心线、圆心作为基准。

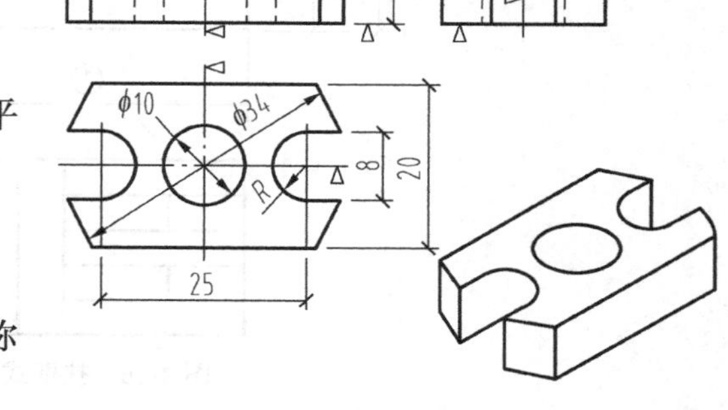

图 4-14　切割式组合体的尺寸标注

（2）叠加式（或综合式）组合体的尺寸标注

需要标注的尺寸有定形尺寸、定位尺寸和总体尺寸，如图 4-15、图 4-16 所示。

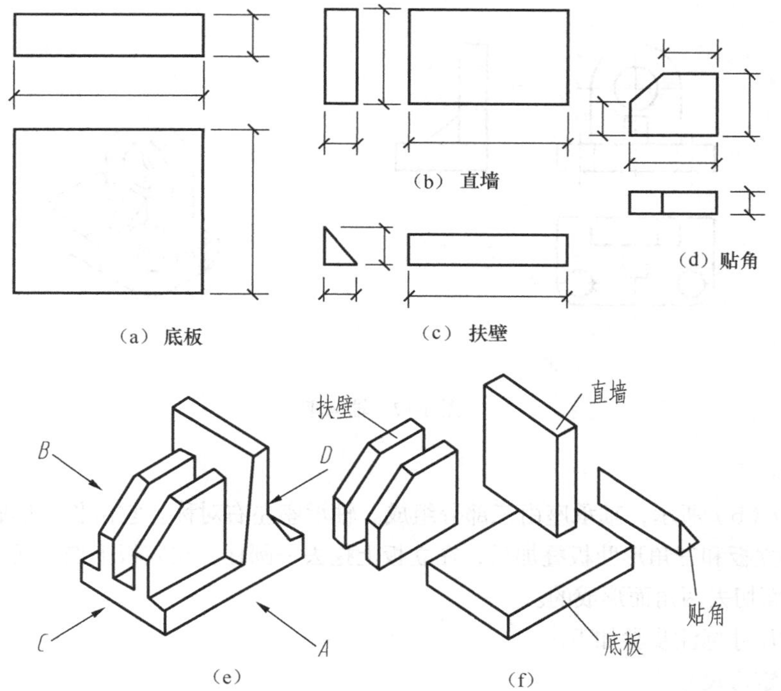

图 4-15　扶壁式挡土墙的尺寸标注

定形尺寸⑩、⑨，如图 4-16 所示。

定位尺寸⑫、⑬、⑤，如图 4-16 所示。

总体尺寸①、②、⑭，如图 4-16 所示。

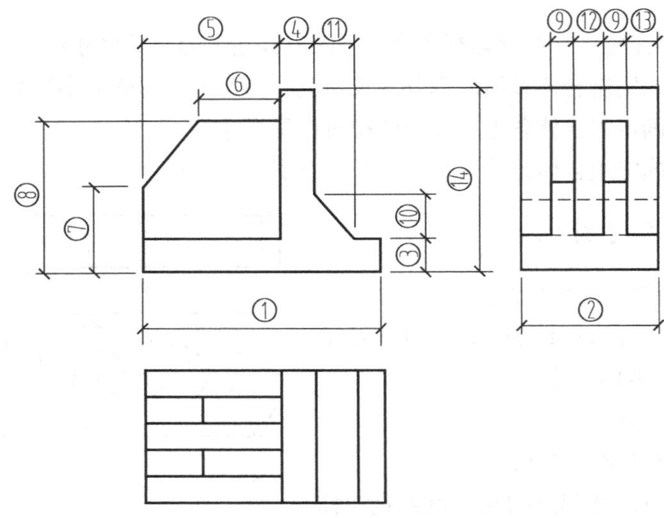

图 4-16　扶壁式挡土墙的尺寸标注

4. 标注组合体尺寸的方法和步骤

组合体是由一些基本形体按一定的连接关系组合而成的。因此，在标注组合体的尺寸时，仍然运用形体分析法。现以如图 4-17（a）所示轴承座为例，说明组合体的尺寸标注方法。

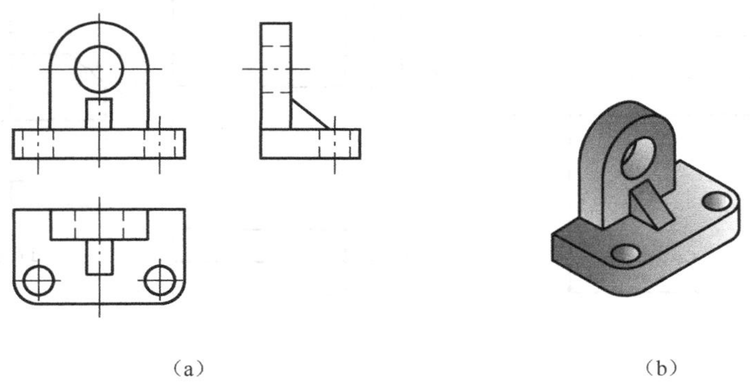

（a）　（b）

图 4-17　轴承座

形体分析：

如图 4-17（b）所示，轴承座由三部分组成。轴承座左右对称。它由长方形底板、长方形和半圆柱组成的立板和三角形肋板叠加后，在立板上挖去一圆柱，在底板上挖去两圆柱，再在底板前方 1/4 圆柱面切去两角而形成的。

轴承座的尺寸标注步骤如下。

（1）标注定形尺寸

按形体分析法，将组合体分解为若干个基本形体，然后逐个标注出各基本形体的定形尺寸。

如图 4-18（a）所示，确定立板的大小，应标注高度 20、厚 10，孔径 $\phi 16$ 和半径 $R16$（含长度）这四个尺寸。底板的大小，应标注长 56、宽 32、高 10 这三个尺寸。肋板的大小，应标注长 8、宽 12、高 10 这三个尺寸。

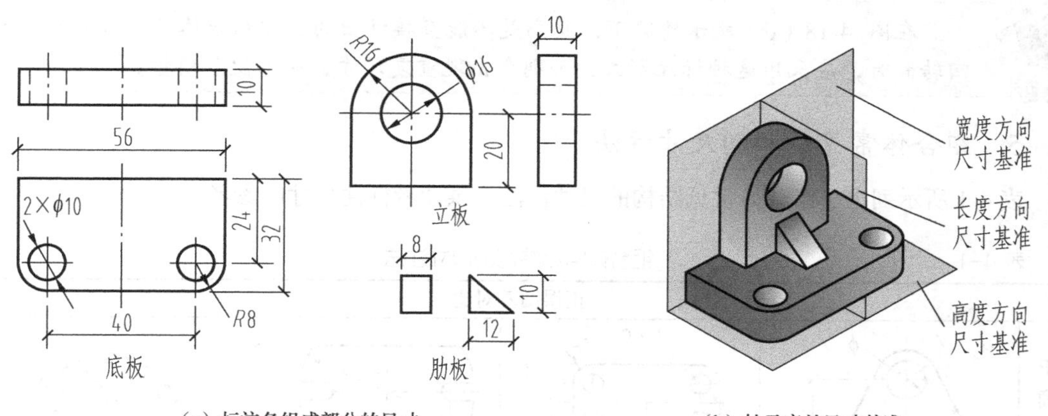

（a）标注各组成部分的尺寸　　（b）轴承座的尺寸基准

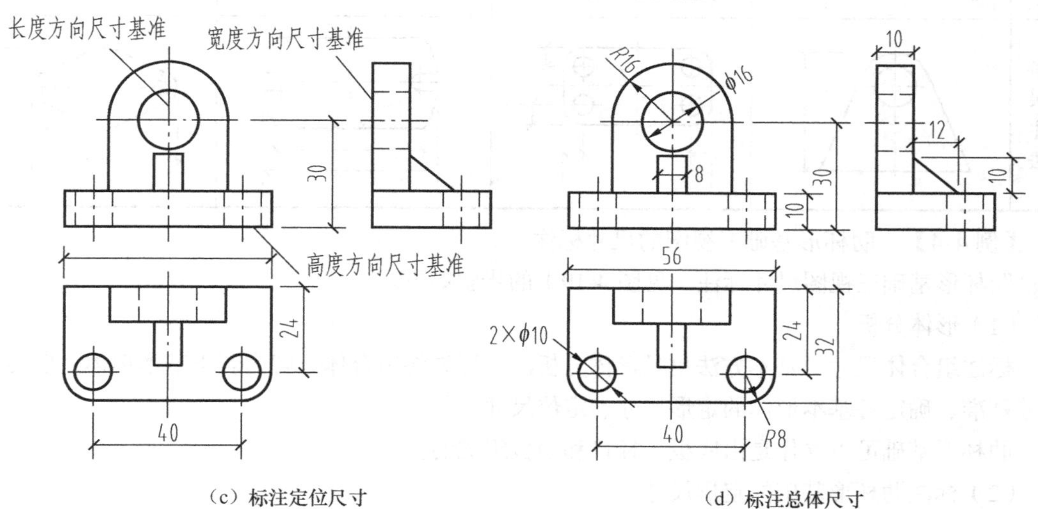

（c）标注定位尺寸　　（d）标注总体尺寸

图 4-18　轴承座的尺寸标注

（2）标注定位尺寸

标注定位尺寸时，必须选择好尺寸基准。标注尺寸时，用确定尺寸位置所依据的一些面、线或点称为尺寸基准。组合体有长、宽、高三个方向的尺寸，每个方向至少应有一个尺寸基准，以它来确定基本形体在该方向的相对位置。标注尺寸时，通常以组合体的底面、端面、对称面、回转体轴线等作为尺寸基准。轴承座的尺寸基准是以左右对称面为长度方向的基准；以底板和立板的后面作为宽度方向的基准；以底板的底面作为高度方向的基准，如图 4-18（b）所示。根据尺寸基准，标注各组成部分相对位置的定位尺寸，如图 4-18（c）所示。立板与底板的相对位置，需标注轴承孔轴线距底板底面的高 30。底板上两个 $\phi 10$ 孔的相对位置，应标注长向定位尺寸 40 和宽向定位尺寸 24 这两个尺寸。

（3）标注总体尺寸

如图 4-18（d）所示，底板的长度 56 即为轴承座的总长。底板的宽度 32 即为轴承座的总宽。总高由立板轴承孔轴线高 30 加上立板上方圆弧半径 *R*16 决定。至此，三个总体尺寸已注全。

在图 4-18（d）所示情况下，总高是不能直接注出的，即组合体的一端或两端为回转面时，应采用这种标注形式，否则会出现重复尺寸，也不便于测量。

5. 组合体常见结构的尺寸注法

表 4-1 所示列出了组合体常见结构的尺寸注法，供读者标注尺寸时参考。

表 4-1　　　　组合体常见结构的尺寸注法

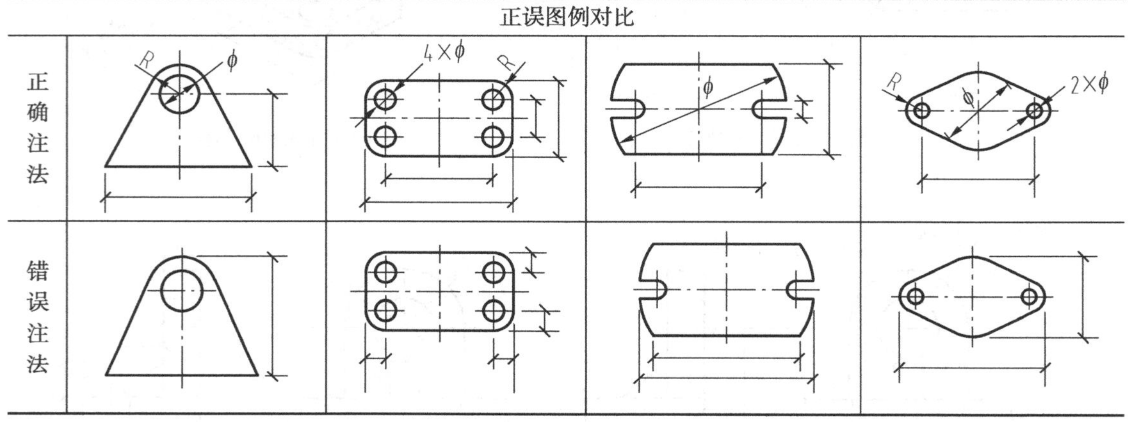

【例 4-4】 肋杯形基础三视图的尺寸标注。

肋杯形基础三视图尺寸标注（见图 4-19）的步骤如下。

（1）形体分析

标注组合体尺寸的基本方法也是形体分析法，即先将组合体分解为若干基本形体，以便选择尺寸基准、确定各基本形体的定形尺寸、定位尺寸。

肋杯形基础可以看作是由底板、杯口和肋板组成的。

（2）标注肋杯形基础的定形尺寸

肋杯形基础的定形尺寸有：长 2250mm、宽 1500 mm、高 800 mm；底板的定形尺寸有：长 2250 mm，宽 1500 mm，高 200 mm；杯口的定形尺寸有：长 725 mm，宽 750 mm，高 600 mm，杯口的宽度 200 mm；肋板的定形尺寸有：两侧高度 100 mm、450 mm，厚度 200 mm。

（3）标注肋杯形基础的定位尺寸

确定尺寸基准：长度方向以肋杯形基础的底面为定位基准；宽度方向以肋杯形基础的底面为定位基准；高度方向以底板和杯口高度为定位基准，同时标注肋杯形基础的定位尺寸。

（4）标注总尺寸

肋杯形基础的总长、总宽即为肋杯形基础的定形尺寸 2250mm、1500 mm；总高为 800 mm，是底板与杯口高度之和。

（5）检查复核

标注尺寸是一项极严肃的工作，必须一丝不苟，认真检查复核，图线规范，数字正确，防止

遗落，避免错误。完成后的效果如图 4-19 所示。

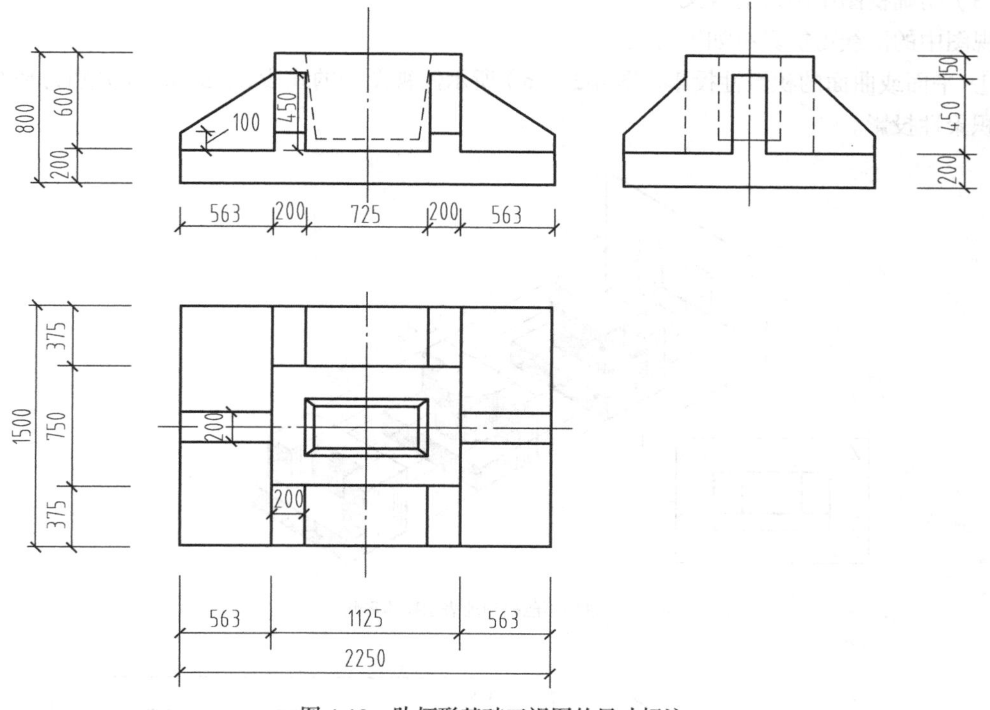

图 4-19　肋杯形基础三视图的尺寸标注

4.1.4　组合体三视图的读图

1. 读图的基本要领

（1）几个视图联系起来看

通常一个视图不能确定物体的形状，如图 4-20（a）所示。有时只看两个视图，也无法确定物体的形状，如图 4-20（b）所示，正、俯两个视图完全相同，但它们却是形状不同的物体。

（2）明确视图中线框的含义

① 视图上每个封闭线框，一般代表物体上一个表面的投影，它可能是平面、曲面、通孔、组合面（平面与曲面相切或曲面与曲面相切）等。如图 4-21 所示，正视图中的封闭线框 *a′*、*b′*、*c′*表示平面，封闭线框 *e′*表示曲面（圆孔），俯视图中 *f* 表示平面与圆柱相切的组合面。

② 视图中相邻的封闭线框，可能是相交的两个面的投影，也可能是不相交的两个面的投影。判断这些线框所表示的面的相对位置关系，可以通过其他视图的对应投影加以判断。如图 4-21（a）正视图中的封闭线框 *a′*、*b′*相邻，它们是相交的两个面的投影，而封闭线框 *h′*、*b′*相邻，它们是不相交的两个面的投影，且 *b′*在 *h′*的下前方。

③ 视图中一个大封闭线框内包含的各个小线框，表示在大平面体（或曲面体）上含有凸出或凹进的小平面体（或曲面体）。如图 4-21（a）所示俯视图中，线框 *d* 包含 *f*、*e* 两个线框，从正

视图和立体图可以看出，在底板上立着一个带孔的立板。

（3）明确视图中图线的含义

视图中的图线可能具有如下含义。

① 平面或曲面的积聚性投影。图 4-21（a）所示俯视图中的线段 *a*、*b*、*c*、*h* 分别为平面在 *H* 面的积聚性投影。

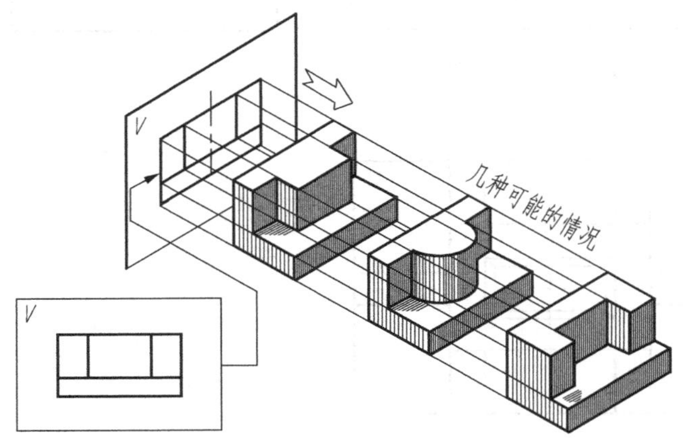

（a）一个视图不能确切地表示物体形状

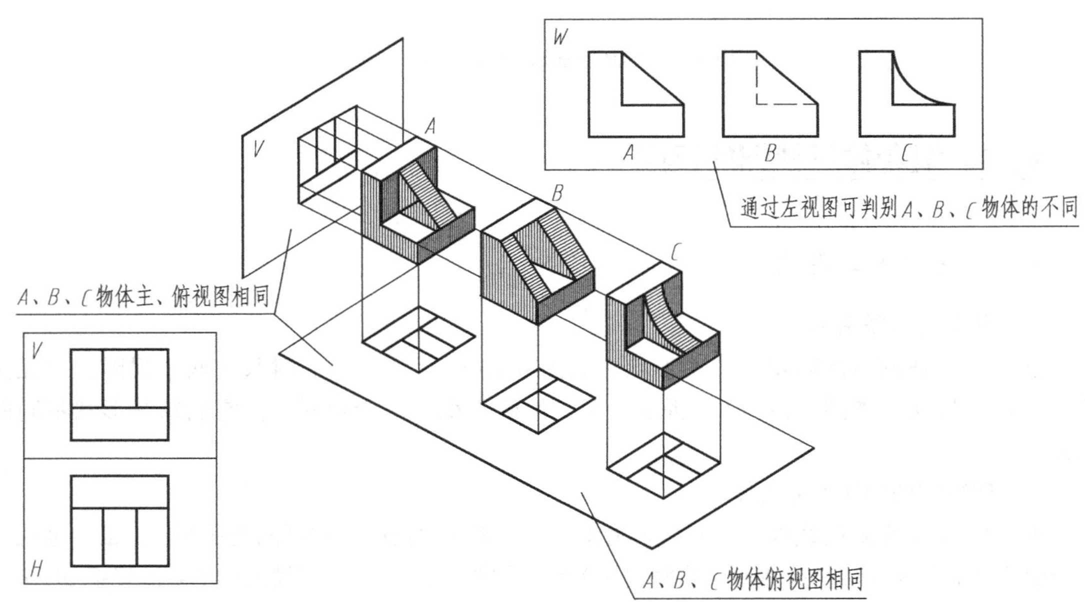

（b）两个视图不能确切地表示物体形状

图 4-20　几个视图联系起来看

② 面与面的交线投影。图 4-21（a）所示正视图中的线段 g'、d'分别为平面在 *V* 面的面与面的交线投影。

③ 转向轮廓素线的投影。图 4-21（a）所示俯视图中的虚线段 1 表示圆柱孔在 *H* 面上的最左和最右轮廓素线的投影。

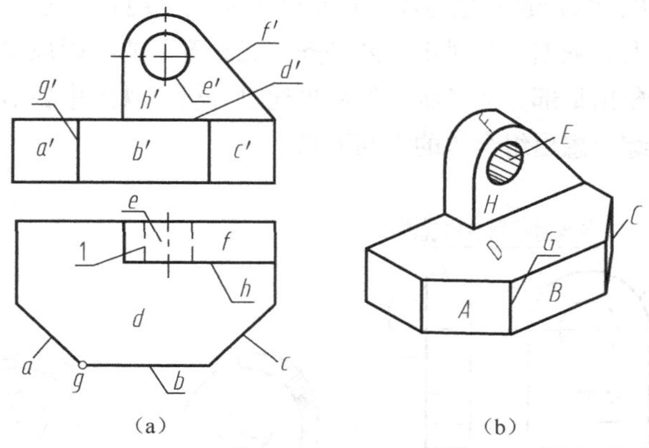

（a）　　（b）

图 4-21　视图中线框与图线含义的分析

2. 读图的方法和步骤

（1）形体分析法

形体分析法是读图的主要方法。运用形体分析法读图，关键在于掌握分解复杂图形的方法。只有将复杂的图形分解出几个简单图形来，才能通过对简单图形的识读达到读懂复杂图形的目的。

① 由形状特征视图想各立体的实际形状。物体在 3 个投影中至少能有一个视图反映其实际形状，该视图就是形状特征视图。如图 4-22（a）所示，只看主、侧视图只能判断出该形体大致是一个长方体，如果将主、俯视图结合起来看，即使没有侧视图，也能想象出它的形状。因此俯视图是该形体的形状特征视图。用同样方法进行分析，图 4-22（b）所示的正视图、图 4-22（c）所示的侧视图分别是立体的形状特征视图。

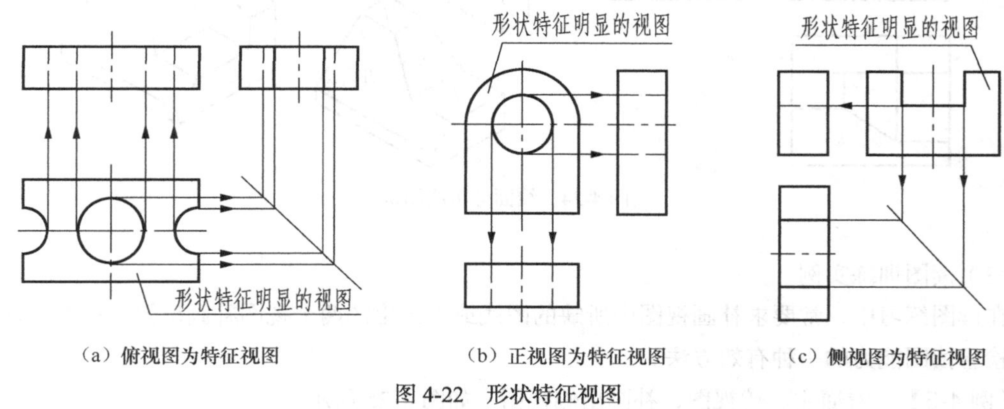

（a）俯视图为特征视图　（b）正视图为特征视图　（c）侧视图为特征视图

图 4-22　形状特征视图

② 由位置特征视图想各立体的相对位置。物体在 3 个投影中至少有一个视图能反映其位置关系，该视图就是位置特征视图。如图 4-23（a）所示，如果仅看主、俯视图是不能确定形体 *I* 和 *II* 哪个是凸出的，哪个是凹进的。如果将主、侧视图结合起来看，显然，形体 *I* 凸出，形体 *II* 凹进，因此，侧视图是反映该形体位置特征最明显的视图，正视图为形状特征视图。

③ 投影分析想形状，综合起来想整体。按形体分析法把组合体分解为若干个基本体，从体现每部分特征的视图出发，依据“长对正、高平齐、宽相等”的投影规律在其他视图中找出尺寸对应关系，经过分析想象出每部分的形状。然后再通过分析三视图中各形体间的相对位置、组合形式和表面连接关系等综合想出组合体的空间形状。

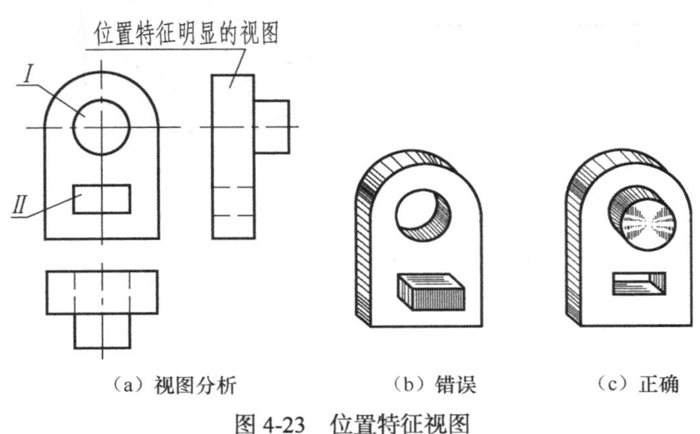

（a）视图分析　（b）错误　（c）正确

图 4-23　位置特征视图

（2）线面分析法

线面分析法是形体分析法的补充，当在三视图中不易划分封闭线框时采用的一种方法。本章不做叙述，只给出图例，如图 4-24 所示，由读者自行分析。

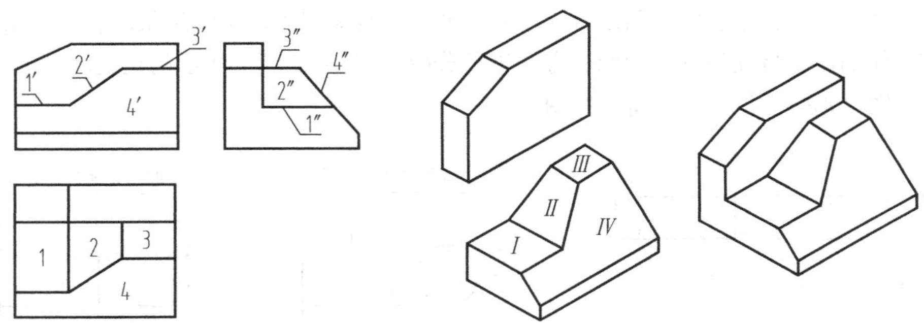

图 4-24　线面分析法图例

（3）读图训练实例

在读图练习中，常要求补画视图中所缺的图线或由给出的两个视图补画出第三视图。这是培养和检验读图能力的一种有效方法。

【例 4-5】 看懂主、俯视图，补画出侧视图，如图 4-25 所示。

首先对主、俯视图进行形体分析。划分封闭线框，将其分为四部分，如图 4-25（a）所示。对投影分析线框 1′构思出立体形状，其上部是半个圆柱体加四棱柱，底部为四棱柱左右带半圆柱形状的槽；再分析线框 2′构思立体形状，经对投影分析线框 2′是从线框 1′中挖出的半个圆柱体加四棱柱；线框 3′、4′经投影分析均为从线框 1′中挖出的圆柱孔。经以上分析，主、俯视图是组合体的形状及位置特征视图。根据“高平齐、宽相等”的尺寸对应关系，补画出的侧视图，如图 4-25（f）所示。

（a）　（b）

（c）　（d）

（e）　（f）

图 4-25　已知主、俯视图补画侧视图

【例 4-6】　看懂图 4-26（a）所示底座的三视图。

看图步骤：

① 抓住特征分部分。通过形体分析可知，正视图较明显地反映出形体 *I*、*II*、*III*的特征，据此，该底座可大体分为三部分，如图 4-26（a）所示。

② 对准投影想形状。依据“三等”规律，分别在其他两视图上找出对应投影，并想象出它们的形状，如图 4-26（b）、（c）、（d）中的轴测图所示。

③ 综合起来想整体。长方体Ⅰ在底板Ⅲ的上面，两形体的对称面重合且后面靠齐；侧板Ⅱ在长方体Ⅰ、底板Ⅲ的左、右两侧，且与其相接，后面靠齐。综合想象出物体的整体形状，如图 4-27 所示。

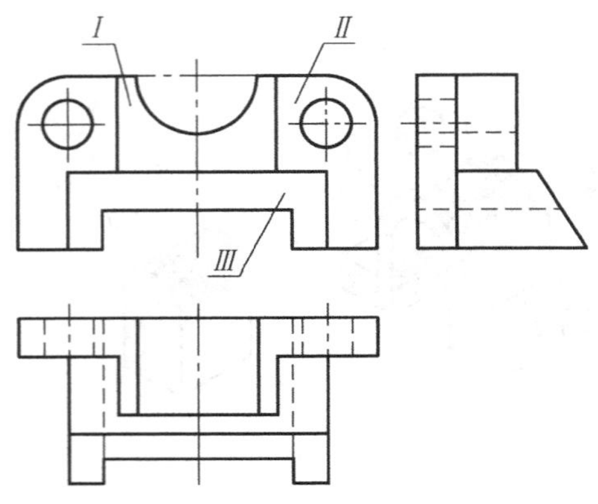

（a）将底座大体分为三部分

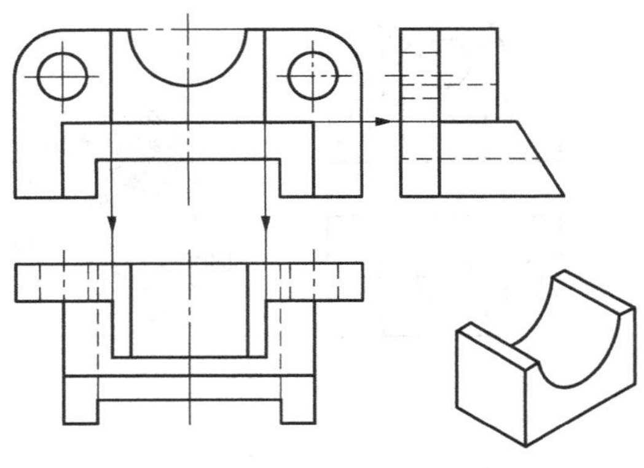

（b） I 的形状为：一长方体挖掉一半圆柱

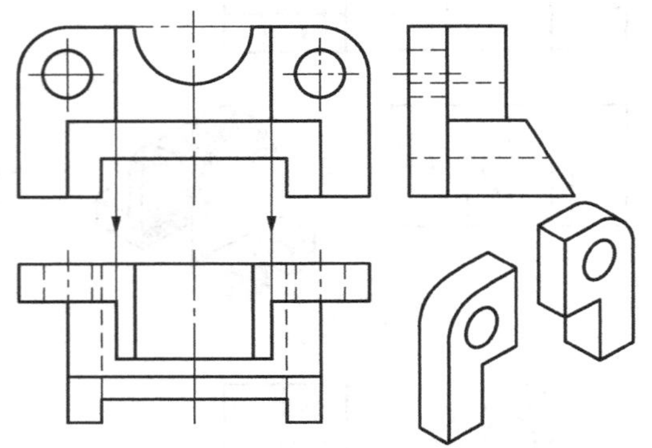

（c）II 的形状为：带圆角和圆孔且形状对称的两块平板

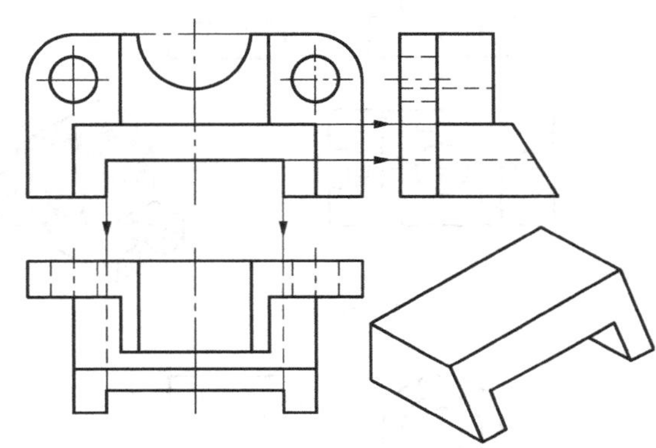

（d）III的形状为：带斜面四棱柱下方开一通槽

图 4-26 底座的看图方法

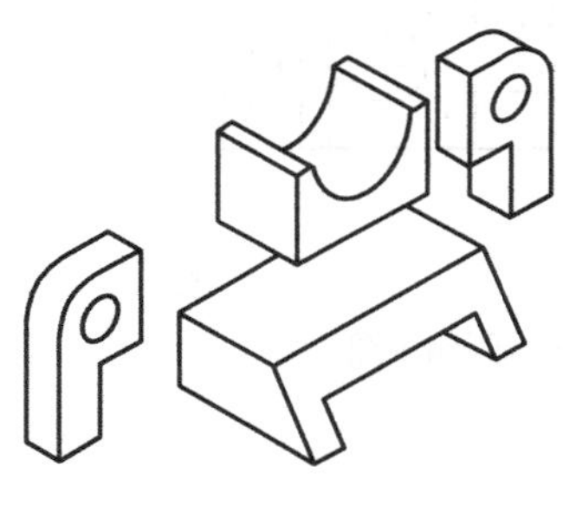

（a）

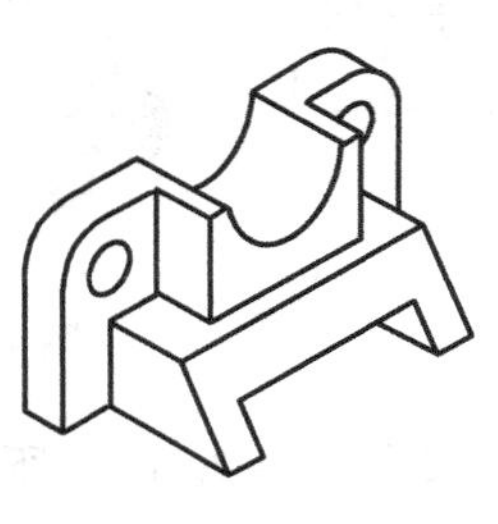

（b）

图 4-27 底座轴测图

【例 4-7】 补画正、俯视图中所缺的图线，如图 4-28 所示。

通过主、俯视图的分析，可知该组合体的整体形状为一梯形四棱柱，左右对称分布着两个带有圆孔的耳板。由侧视图可知，在四棱柱上方从左至右开一直角梯形槽，综合想出主体形状，如图 4-28（b）所示。

补画所缺图线：

① 四棱锥台前面和耳板前面不平齐，应补画出正视图所缺的四棱锥台左、右侧面具有积聚性的投影即两段斜线。补画出俯视图漏画的四棱锥台顶面的两条棱线的投影，耳板顶面与四棱锥台锥面交线的投影，如图 4-28（c）所示。

② 补画出主、俯视图漏画的四棱锥台上梯形槽的投影。画梯形槽结构的俯视图时，先在侧视图上定出点 a''、b''、c''、d''，在正视图上找出 a'、(d')、b'、(c')，再求出其水平投影 a、b、c、d，完成梯形槽的俯视图，如图 4-28（d）所示。

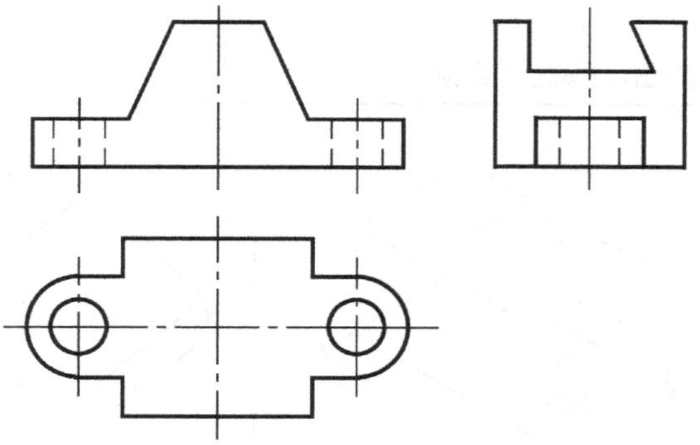

（a）已知视图

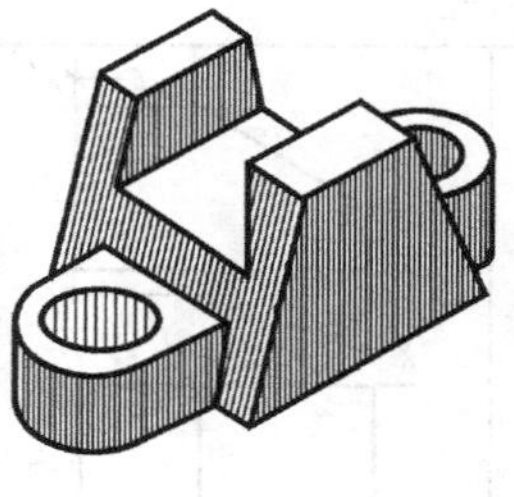

（b）立体图

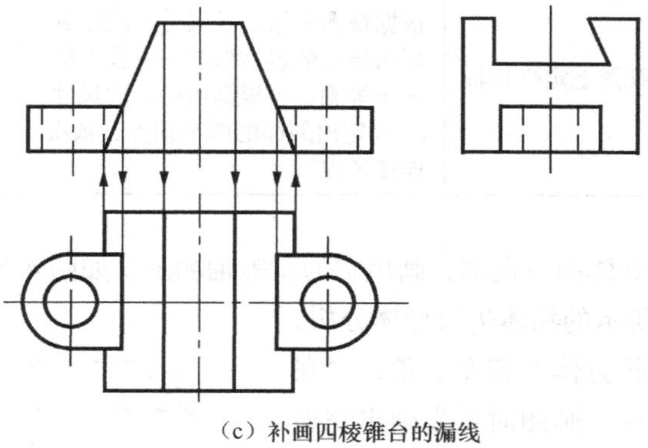

（c）补画四棱锥台的漏线

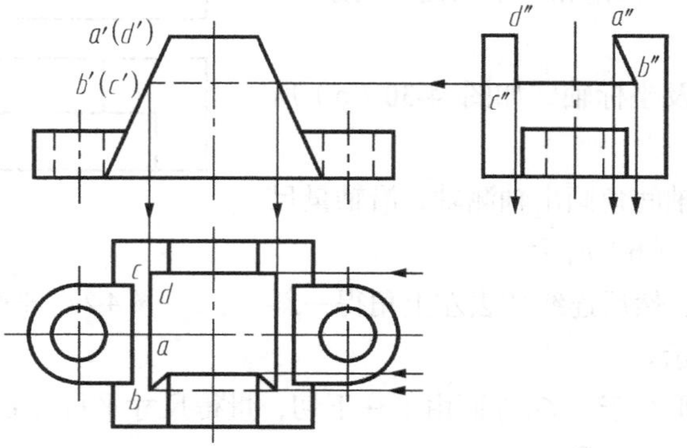

（d）补画梯形槽的漏线

图 4-28　补画主、俯视图中所缺的图线

4.2 组合体的轴测投影

1. 切割法

先画出完整基本体的轴测图（通常为方箱），然后按其结构特点逐个切去多余部分，最后完成形体的轴测图，这种作图方法称为切割法。

【例 4-8】 根据三视图，用切割法作出压块的正等测，画法如表 4-2 所示。

表 4-2 用切割法作压块的正等测

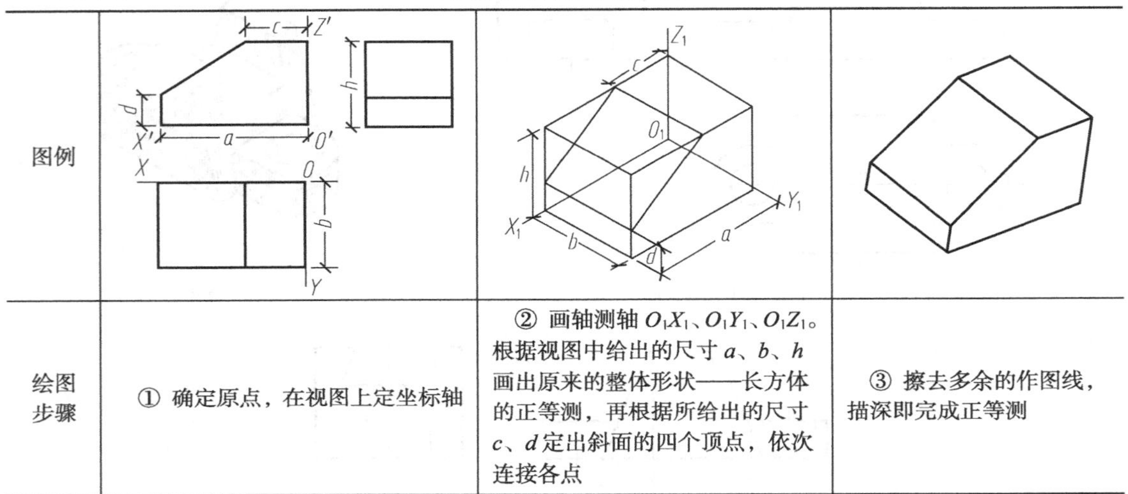

图例	（见图）	（见图）	（见图）
绘图步骤	① 确定原点，在视图上定坐标轴	② 画轴测轴 O_1X_1、O_1Y_1、O_1Z_1。根据视图中给出的尺寸 *a*、*b*、*h* 画出原来的整体形状——长方体的正等测，再根据所给出的尺寸 *c*、*d* 定出斜面的四个顶点，依次连接各点	③ 擦去多余的作图线，描深即完成正等测

【例 4-9】 根据平面立体的三视图，画出它的正等轴测图，如图 4-29 所示。

分析：通过对图 4-29 所示的物体进行形体分析，可以把该形体看作是由一长方体斜切左上角，再在前上方切去一个六面体而成。画图时可先画出完整的长方体，然后再切去一斜角和一个六面体而成。

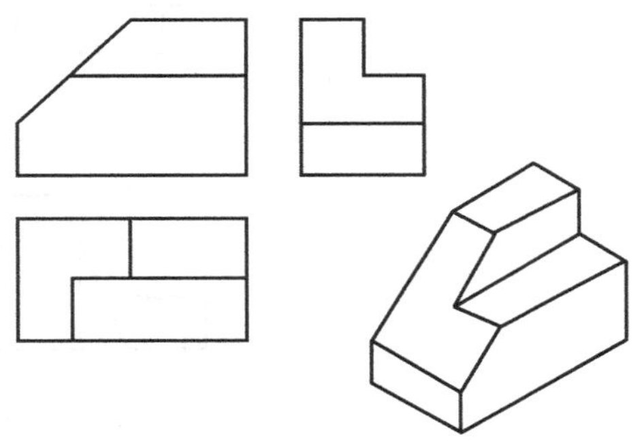

图 4-29 平面立体的三视图及轴测图

作图步骤如下：

① 确定坐标原点及坐标轴，如图 4-30（a）所示。

② 按正等测图的轴间角画出轴测轴，沿轴量尺寸作长方形，如图 4-30（b）所示。

③ 沿轴量出尺寸，然后连线切去左上角得一斜面，如图 4-30（b）所示。

④ 沿轴量尺寸，平行于 $X_1O_1Z_1$ 面由上往下切，量得尺寸平行 $X_1O_1Y_1$ 面由前向后切，两面相交切去一角，如图 4-30（c）所示。

⑤ 擦去多余图线，描深即完成作图，如图 4-30（d）所示。

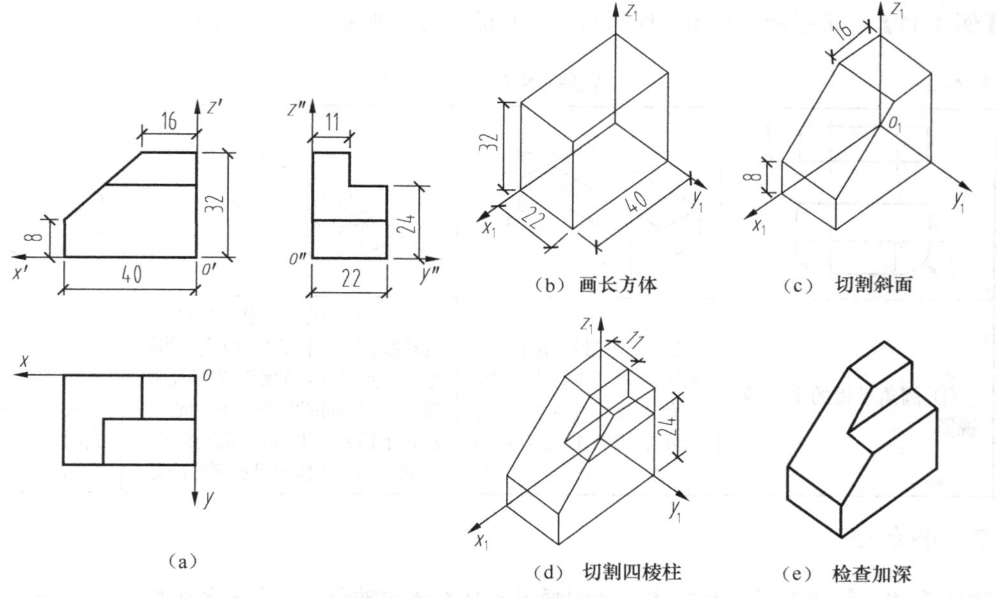

（a）（b）画长方体（c）切割斜面（d）切割四棱柱（e）检查加深

图 4-30 平面立体的三视图及轴测图的绘图步骤

【例 4-10】 画出图 4-31 所示物体的正等轴测图。

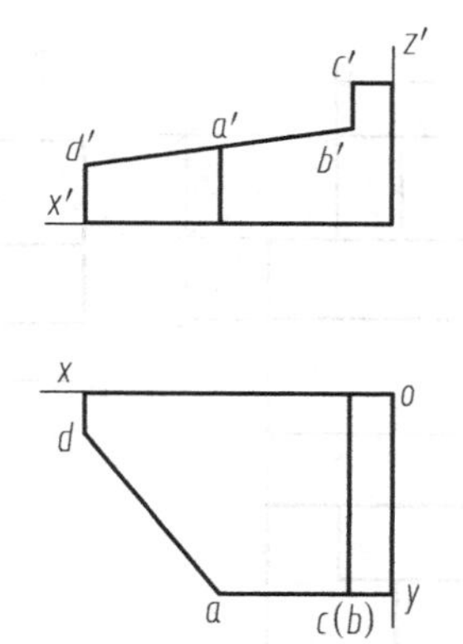

图 4-31 绘制物体的正等轴测图

绘制正等轴测图的步骤如表 4-3 所示。

表 4-3 绘制正等轴测图

图例				
绘图步骤	① 选定坐标原点并画轴测轴，画出完整的长方体	② 根据 A、B、C 及 D 各点的坐标值，确定轴测图中 A、B 及 C 的位置，挖切左上方长方体	③ 根据 A、D 两点的坐标值，确定 A、D 位置，并过 A、D 作底面的垂线，挖切左下三角	④ 去掉多余的线，整理加深后得到的正等测图

【例 4-11】 根据所给视图，作圆角平板的正等测，画法如表 4-4 所示。

表 4-4　圆角平板的正等测画法

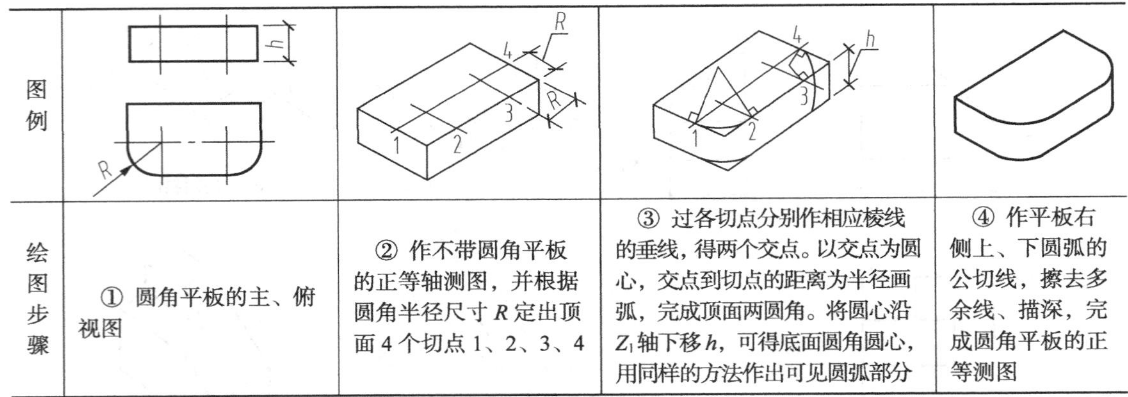

图例				
绘图步骤	① 圆角平板的主、俯视图	② 作不带圆角平板的正等轴测图，并根据圆角半径尺寸 R 定出顶面 4 个切点 1、2、3、4	③ 过各切点分别作相应棱线的垂线，得两个交点。以交点为圆心，交点到切点的距离为半径画弧，完成顶面两圆角。将圆心沿 Z_1 轴下移 h，可得底面圆角圆心，用同样的方法作出可见圆弧部分	④ 作平板右侧上、下圆弧的公切线，擦去多余线、描深，完成圆角平板的正等测图

2. 叠加法

将组合体分解成若干个基本体，分别画出各基本体的轴测图，再把各个部分进行准确定位后叠加在一起，最后完成整个物体的轴测图。这种作图方法称为叠加法。

【例 4-12】 根据给出的三视图，用叠加法作其正等测，如图 4-32 所示。

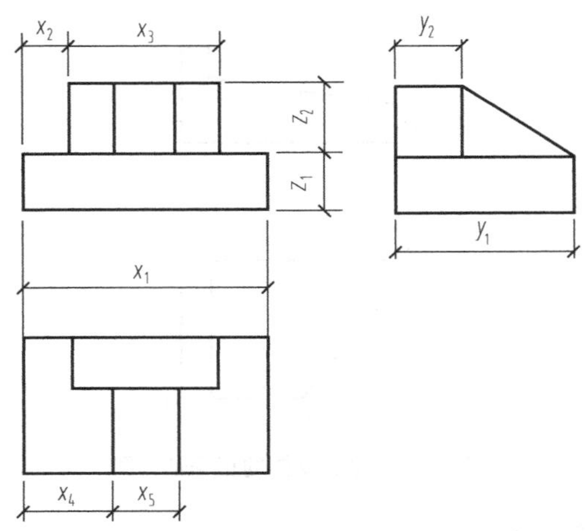

图 4-32　组合体的三视图

分析视图，该组合体由三部分组成：底板、立板和三角肋板，其正等测画法如表 4-5 所示。

表 4-5　用叠加法作组合体的正等测

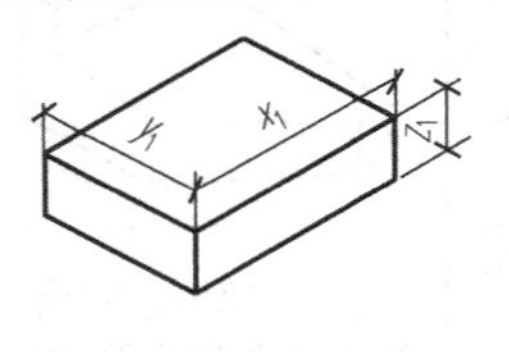	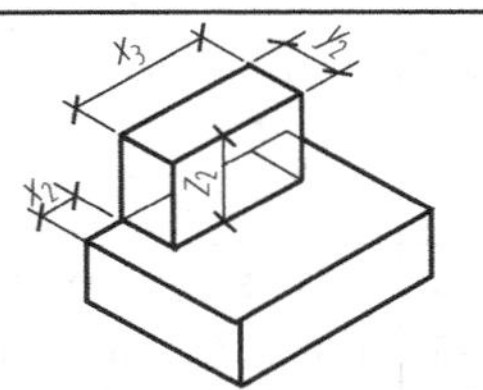	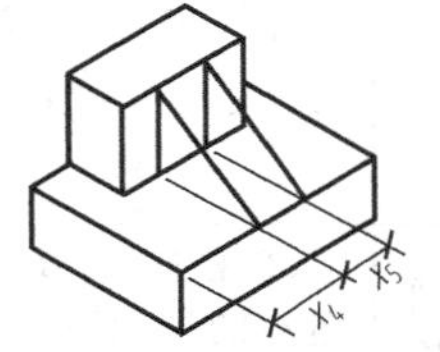	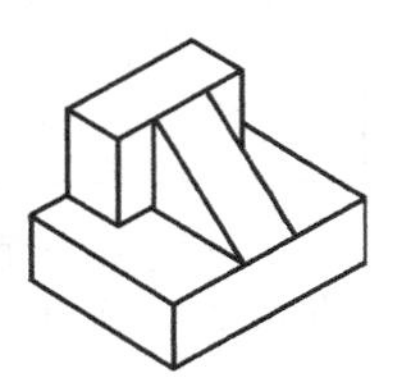
① 根据尺寸 x_1、y_1、z_1 画出底板的正等测	② 根据尺寸 x_3、y_2、z_2 画出立板的正等测	③ 根据尺寸 x_5 画出三角肋板的轴测图	④ 描深并完成全图

【例 4-13】　根据平面立体的三视图，画出它的正等轴测图。如图 4-33 所示。

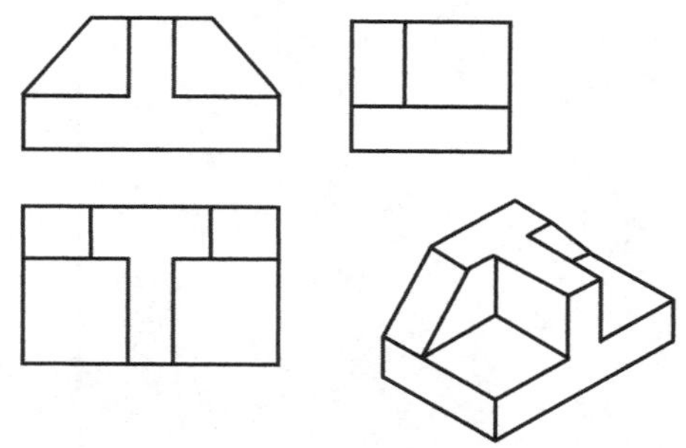

图 4-33　一平面立体的三视图及轴测图

分析：由形体分析法可知这个图 4-33 所示的组合体是由底板、竖板和肋板叠加而成的。根据其形体特点，可用叠加法作出其正等轴测图。

作图步骤：

① 三视图上定坐标轴，如图 4-34（a）所示。

② 按正等轴测图的轴间角画出轴测轴，如图 4-34（b）所示。

③ 画底板。沿轴量作长方形，即可画出底板，如图 4-34（c）所示。

④ 画竖板。首先画出长方体，如图 4-34（d）所示。然后沿竖板切去左右角得一斜面，如图 4-34（e）所示。擦去多余作图线，如图 4-34（f）所示。

⑤ 画肋板。在底板的位置上，画出长方形肋板，如图 4-34（g）所示。

⑥ 擦去多余作图线，描深即完成作图，如图 4-34（h）所示。

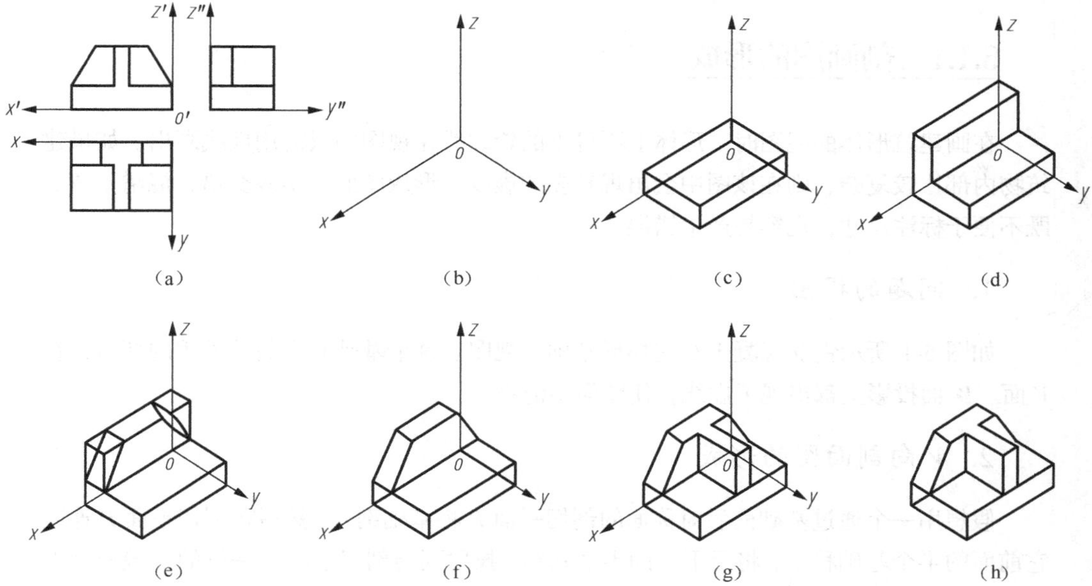

图 4-34　用组合法作正等轴测图

第5章 剖面图与断面图

通过本章的学习，要求学生能够了解剖面图的形成原理，掌握剖面图和断面图的分类及适用范围，熟悉剖面图和断面图的画法，了解剖面图和断面之间的关系，了解剖面图及断面图在建筑中的运用。

5.1 剖面图

5.1.1 剖画图的形成

在画建筑形体的视图时，形体上不可见的轮廓线在视图中只需用虚线画出。如果建筑物内部比较复杂，则在该图中会出现较多的虚线，形成图面虚实线交错，混淆不清。既不便于标注尺寸，也容易产生错误。

1. 问题的提出

如图 5-1 所示钢筋混凝土双柱杯形基础的视图。这个基础有安装柱子用的杯口，在 *V* 面、*W* 面投影上都出现了虚线，使图面不清晰。

2. *V* 向剖面图的形成

假想用一个通过基础前后对称面的剖切平面 *P* 将基础剖开，然后将剖切平面 *P* 连同它前面的半个基础移走，将留下来的半个基础，投射到与剖切平面 *P* 平行的 *V* 投影面上（见图 5-2（a）），所得的投影图，称为剖面图（见图 5-2（b））。

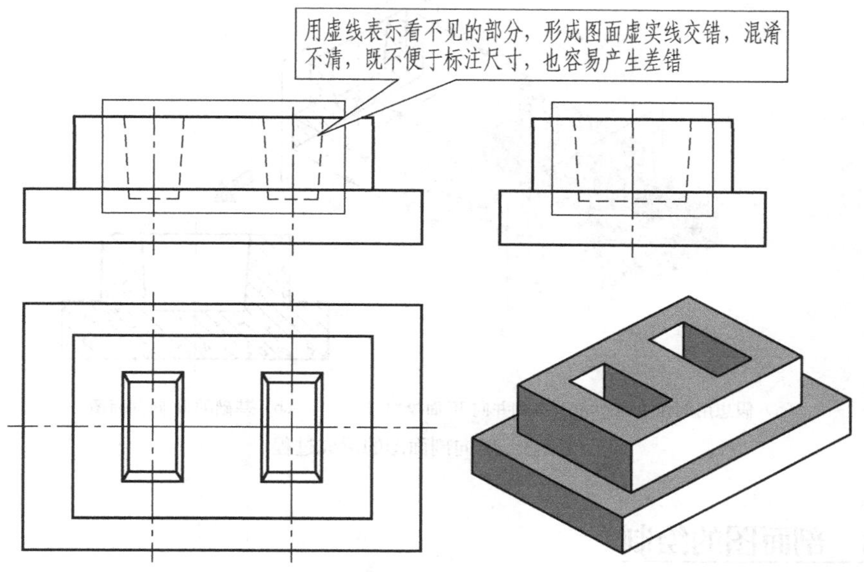

图 5-1　钢筋混凝土双柱杯形基础的三视图

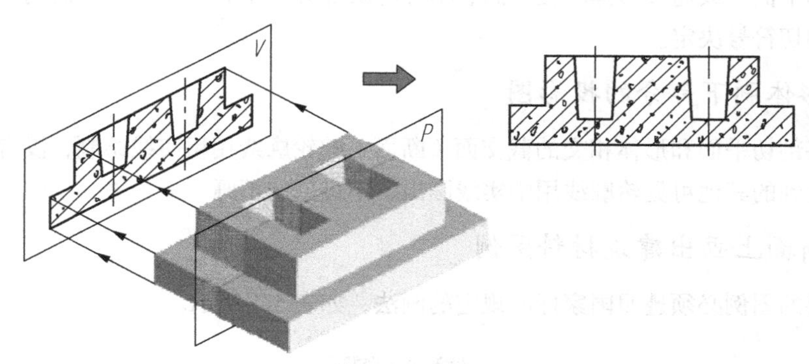

（a）假想用剖切平面 P 剖开基础并向 V 面投射　　（b）基础的 V 向剖面图

图 5-2　V 向剖面图的形成过程

3. W 向剖面图的形成

同样可以用一个通过左侧杯口的中心线并平行于 W 面的剖切平面 Q 将基础剖开，移去剖切平面 Q 和它左边的部分，然后向 W 面投射（见图 5-3（a）），得到基础另一个方向的剖面图，如图 5-3（b）所示。

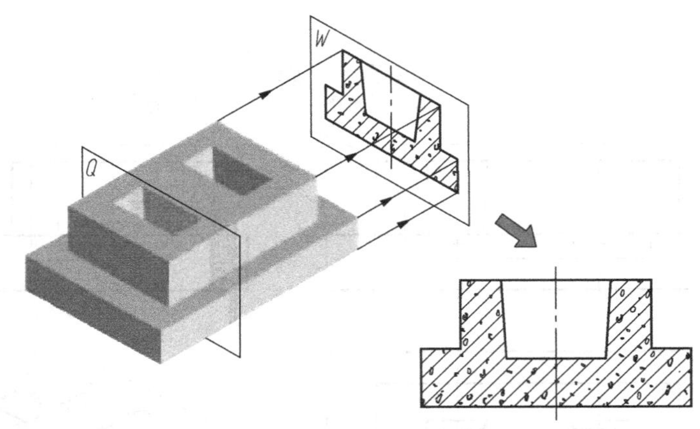

（a）假想用剖切平面 Q 剖开基础并向 W 面投射　　（b）基础的 W 向剖面图

图 5-3　W 向剖面图的形成过程

5.1.2　剖面图的绘制

1. 确定剖切平面的位置和投射方向

剖切平面一般应平行于某一投影面。剖切平面位置的选择，要根据所绘形体的特征，力求通过形体的对称平面，或通过形体的孔、洞、槽等隐蔽部分的中心线。剖面图的剖切平面的位置和投射方向由剖切符号决定。

2. 作形体剩下部分的投影图

剖面图将剖切平面和形体相交的截交面（断面）的轮廓线用粗实线绘制，没有被剖切到，但投射时仍能见到的其他可见轮廓线用中实线画出，不可见的不画。

3. 在断面上画出建筑材料图例

建筑材料的图例必须遵照国家标准规定的画法，如表 5-1 所示。

表 5-1　建筑材料图例

名　称	图　例	备　注	名　称	图　例	备　注
自然土壤			混凝土		断面较小，不易画出图例线时，可涂黑
夯实土壤			钢筋混凝土		
砂、灰土		靠近轮廓线较密的点	木材		上为横断面下为纵断面
砂砾石、碎砖三合土			泡沫塑料材料		
石材			金属		图形小时可涂黑

续表

名　　称	图　　例	备　　注	名　　称	图　　例	备　　注
毛石			玻璃		
普通砖		断面较小、可涂红	防水材料		比例大时采用上面图例
饰面砖			粉刷		本图例采用较稀的点

4. 标注剖面图图名

剖面图的图名一般以剖切符号的编号来命名，如图 5-4 所示。

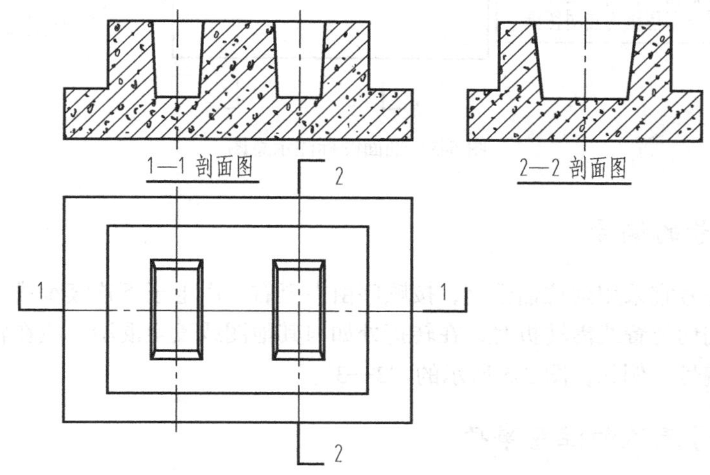

图 5-4　钢筋混凝土双柱杯形基础的剖面图

5. 剖面图绘制的注意事项

① 由于剖切面是假想的，所以只在画剖面图时，才假想将形体切去一部分。在画另一个投影时，则应按完整的形体画出。

② 作剖面图时，一般都使剖切平面平行于基本投影面。同时，要使剖切平面尽量通过形体上的孔、洞、槽等隐蔽形体的中心线，将形体内部尽量表现清楚。剖切平面平行于 V 面时，作出的剖面图称为正立剖面图，可以用来替代虚线的正立面图；剖切平面平行于 W 面时，所作出的剖面图称为侧立剖面图，也可以用于替代侧立面图，如图 5-3 所示。

③ 形体剖开之后，都有一个截口，即截交线围成的平面图形，称为断面。在剖视图中，规定要在断面上画出建筑材料图例，以区别断面（剖到的）和非断面（看到的）部分。

5.1.3　剖面图的标注

为了读图方便，需要用剖面的剖切符号把所画的剖面图的剖切位置和投射方向在投影图上表示出来，同时，还要给每一个剖面图加上编号，以免产生混乱。对剖面图的标注方法有如下规定。

1. 剖切符号的含义

① 用剖切位置线表示剖切平面的剖切位置。剖切位置线实质上就是剖切平面的积聚投影。

但规定只用两小段粗实线（长度为 6 ~ 10mm）表示，并且不宜与图面上的图线相接触，如图 5-5 所示。

② 剖切后的投射方向用垂直于剖切位置线的短粗线（长度为 4～6mm）表示，如画在剖切位置线的左边表示向左投射，如图 5-5 所示。

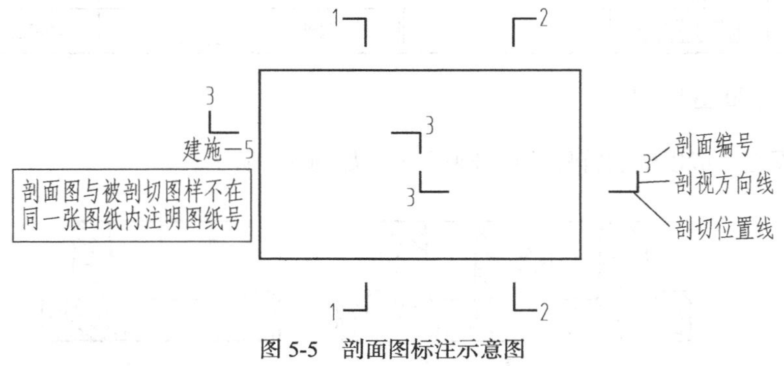

图 5-5　剖面图标注示意图

2. 剖切符号的编号

剖切符号的编号宜采用阿拉伯数字，按顺序由左至右，由上至下连续编排，并标注在投射方向线的端部。如剖切位置线需转折时，在转折处如与其他图线发生混淆，应在转角处的外侧加注与该符号相同的编号，例如，图 5-5 所示的“3—3”。

3. 剖切符号表达的注意事项

① 剖面图如与被剖切图样不在同一张图纸内，可在剖切位置线的另一侧注明其所在图纸的图纸号，如图中的 3-3 剖切位置线下侧注写“建施-5”，即表示 3—3 剖面图画在“建施”第 5 号图纸上。

② 对习惯使用的剖切符号（如画房屋平面图时，通过门、窗洞的剖切位置），以及通过构件对称平面的剖切符号，可以不在图上作任何标注。

③ 在剖面图的下方或一侧，写上与该图相对应的剖切符号的编号，作为该图的图名，如“1—1”、“2—2”…并应在图名下方画上一等长的粗实线（见图 5-4）。

4. 剖面图的材料图例

各种建筑材料图例必须遵照“国标”规定的画法。由于画出材料图例，所以在剖面图中还可以知道建筑物是用什么材料做成的。具体材料图例详见表 5-1。在不指明材料时，可以用等间距、同方向的 45° 细斜线来表示断面。

5.1.4　常用的剖面图分类

1. 全剖面图

不对称的建筑形体，或虽然对称但外形比较简单，或在另一个投影中已将它的外形表达清楚

时，可假想用一个剖切平面将物体全部剖开，然后画出形体的剖面图。这种剖面图称为全剖面图。适合形体内部情况比较简单的物体，如图 5-6 所示。

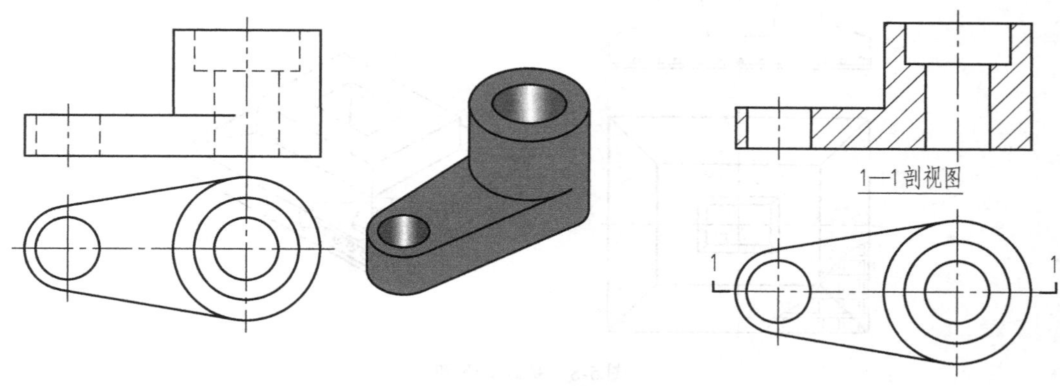

图 5-6　全剖示意图

2. 阶梯剖面图

一个剖切平面，若不能将形体上需要表达的内部构造一起表达时，可将剖切平面转折成两个互相平行的平面，将形体沿着需要表达的地方剖开，然后画出剖面图。

如图 5-7 所示，此几何体有两处有洞口，若想将两处的洞口都剖切暴露出来，需要进行两次剖切，若采用阶梯剖切便可一次解决此类问题，同时将需要表达的绘制出来。应注意的是，由剖切平面转折而产生的图线是不需画出的。

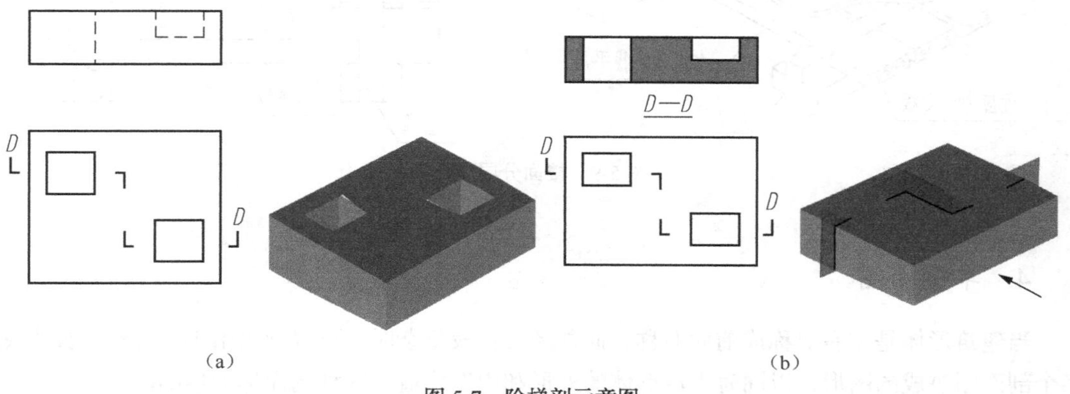

图 5-7　阶梯剖示意图

3. 局部剖面图

当建筑形体的外形比较复杂，完全剖开后就无法表示清楚它的外形时，可以保留原投影图的大部分，而只将局部地方画成剖面图，如图 5-8 所示。

在不影响外形表达的情况下，将杯形基础水平投影的一个角落画成剖面图，表示基础内部钢筋的配置情况。这种剖面图称为局部剖面图。按“国标”规定，投影图与局部剖面图之间，要用

徒手画的波浪线分界。

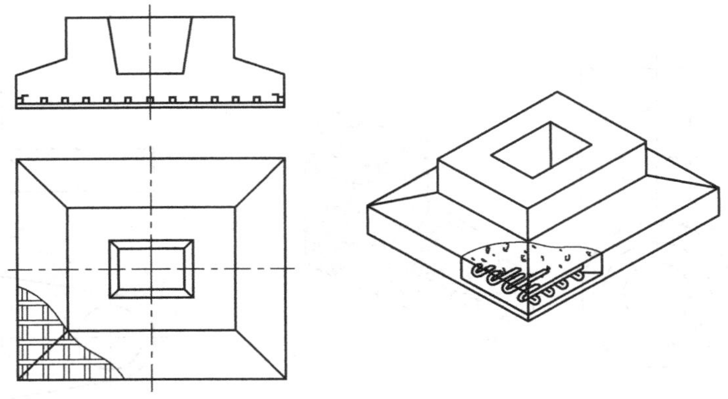

图 5-8　基础局部剖

图 5-9 表示应用分层局部剖面来反映楼面各层所用的材料和构造的做法。这种剖面多用于表达楼面、地面和屋面的构造。

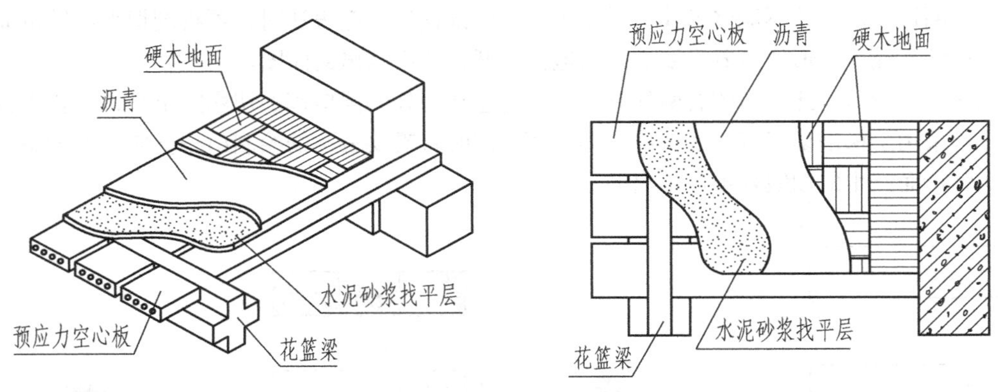

图 5-9　楼面分层局部剖

4. 半剖面图

当建筑形体是左右对称或前后对称，而外形又比较复杂时，可以画出由半个外形正投影图和半个剖面图拼成的图形，以同时表示形体的外形和内部构造。这种剖面称为半剖面。

如图 5-10 所示的正锥壳基础，可画出半个正面投影和半个侧面投影以表示基础的外形和相贯线，另外各配上半个相应的剖面图表示基础的内部构造。在半剖面图中，剖面图和投影图之间，规定用形体的对称中心线（细点画线）为分界线。当对称中心线是铅直时，半剖面画在投影图的右半边；当对称中心线是水平时，半剖面可以画在投影图的下半边。

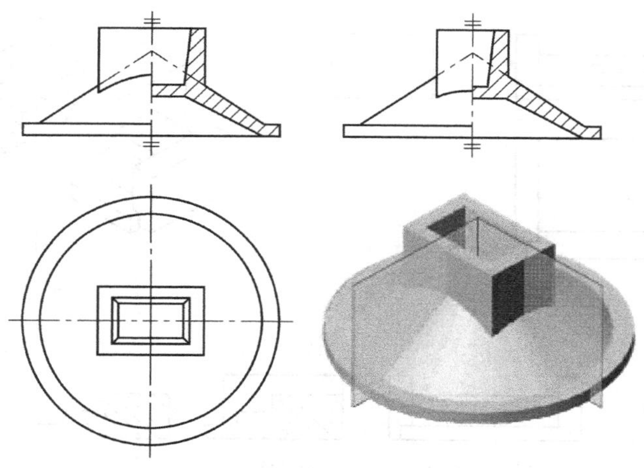

图 5-10　壳体基础的半剖图

5.2 断面图画法

5.2.1　断面图的概念

用一个剖切平面将形体剖开之后，形体上的截口，即截交线所围成的平面图形，称为断面。如果只把这个断面投射到与它平行的投影面上所得的投影，表示出断面的实形，称为断面图。与剖面图一样，断面图也是用来表示形体内部形状的。

5.2.2　剖面图与断面图的区别

剖面图与断面图的区别如图 5-11 所示。

① 断面图只画出形体被剖开后断面的投影，而剖面图要画出形体被剖开后整个余下部分的投影。

② 剖面图是被剖开形体的投影，是体的投影，而断面图只是一个截口的投影，是面的投影。被剖开的形体必有一个截口，所以剖面图必然包含断面图在内，而断面图虽属于剖面图的一部分，但一般单独画出。

③ 剖切符号的标注不同。断面图的剖切符号只画出剖切位置线，不画出投射方向线，且只用编号的注写位置来表示投射方向。编号写在剖切位置线下侧，表示向下投射。注写在左侧，表示向左投射。

④ 剖面图中的剖切平面可转折，断面图中的剖切平面则不可转折。

【例 5-1】　根据图 5-12（a）所示绘制工字形牛腿柱的 1—1、2—2 剖面，1—1、2—2 断面图。

具体绘图步骤如下。

① 根据 1—1、2—2 的剖切位置，在牛腿柱的立面图上确定其剖切位置。

② 结合牛腿柱立面图，绘制图 1—1、2—2 剖面，如图 5-12（b）所示。

③ 绘制剖面图中剖切位置的材料图例，如图 5-12（b）所示。

④ 标注图名 1—1 剖、2—2 剖，如图 5-12（b）所示。

⑤ 1—1、2—2 断面图同上步骤，并注意断面图与剖面图的区别。

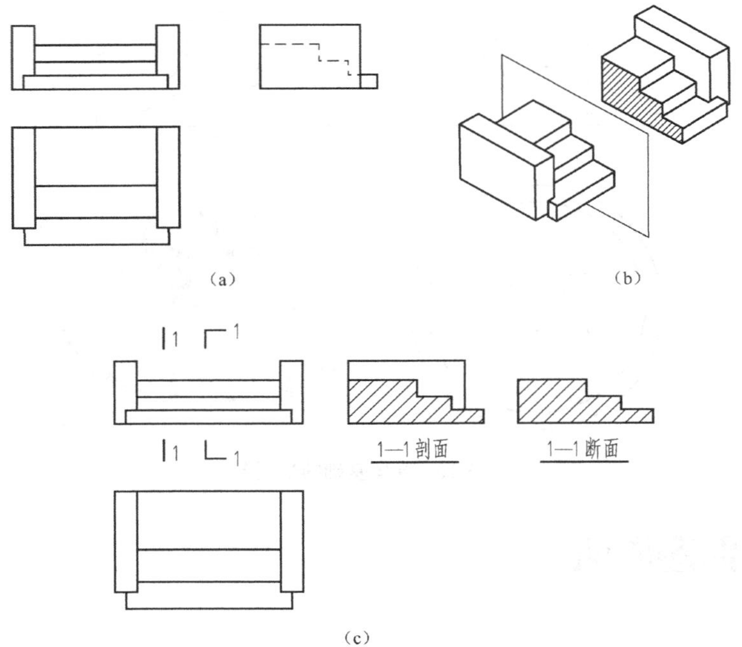

（a）
（b）
（c）
图 5-11　台阶剖面图与断面图区别

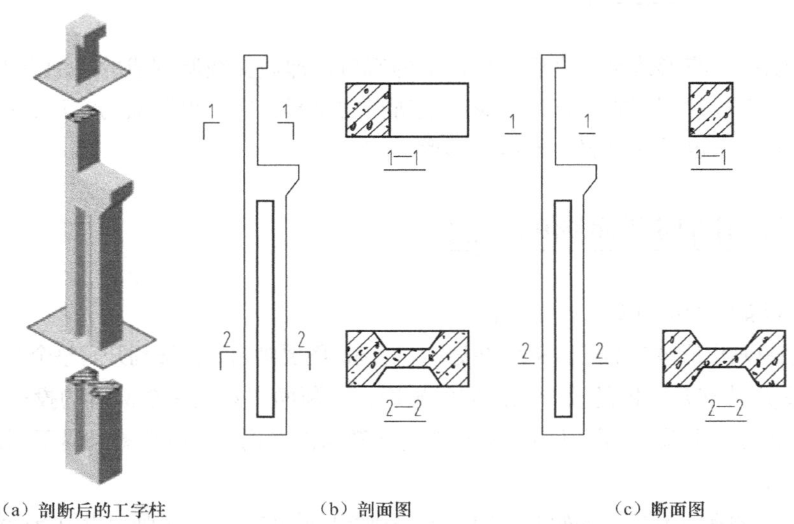

（a）剖断后的工字柱　（b）剖面图　（c）断面图
图 5-12　工字形牛腿柱的剖面图与断面图

5.2.3　断面图的分类

1. 移出断面图

位于视图之外的断面图，称为移出断面图。

图 5-13 所示为一鱼腹式吊车梁的移出断面图，断面部分用钢的材料图例表示。当断面形状对称，且断面的对称中心线位于剖切线的延长线时，则剖切线可用点画线表示，且不必标注断面编号，如图 5-13 所示。

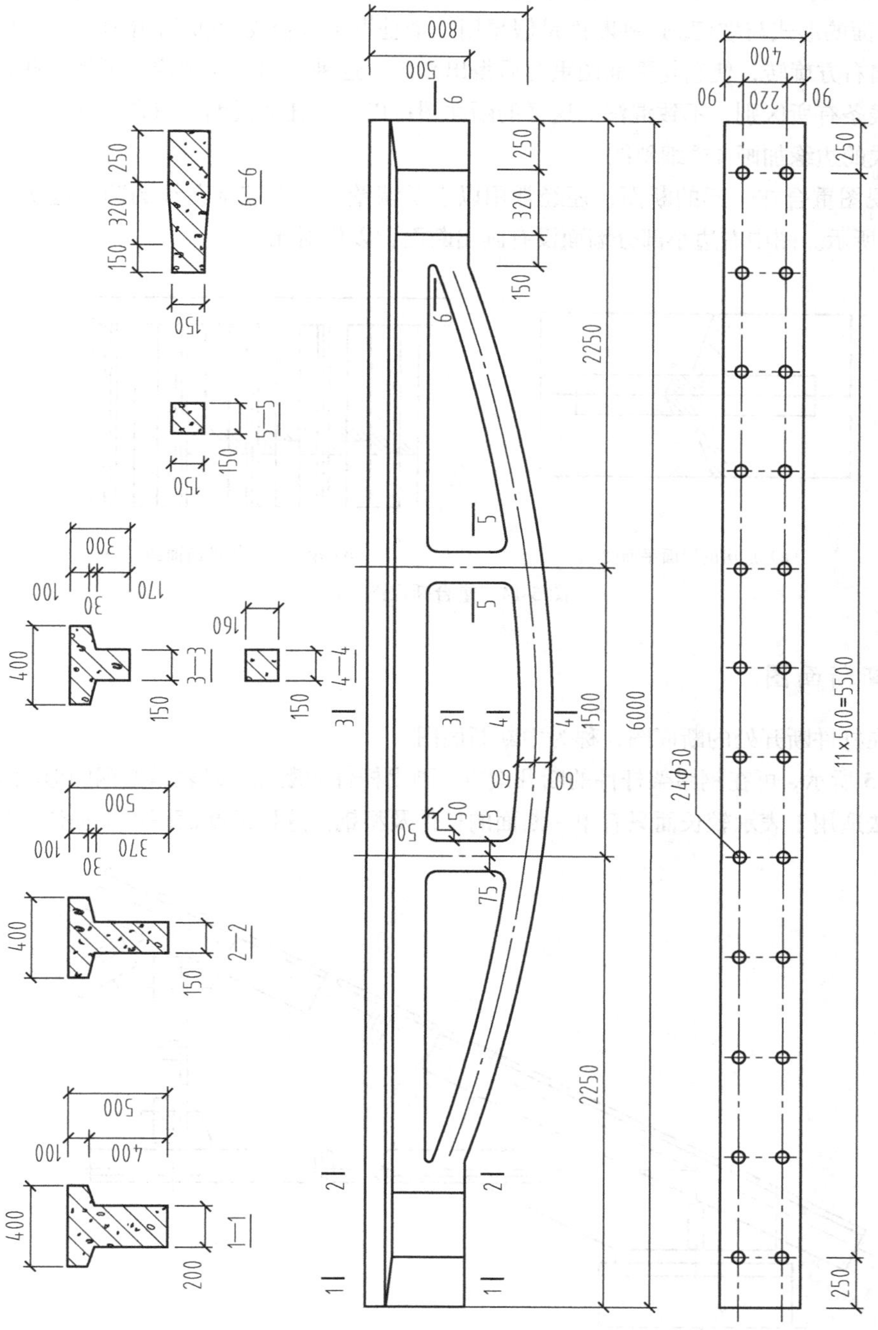

图 5-13　空腹鱼腹式吊车梁移出断面图

2. 重合断面图

直接画在视图轮廓线内的断面图，称为重合断面图。

如图 5-14（a）所示，可在厂房的屋面平面图上加画断面图，比例要与其他视图一致，用来表示天窗、屋面的形式与坡度。这种断面是假想用一个垂直于屋脊线轮廓线的剖切平面剖开屋面，然后把断面向右方旋转，使它与平面图重合后得出来的。这种断面的轮廓线应画得粗些，以便与投影图上的线条有所区别，不致混淆。这样的断面图可以不加任何说明，只在断面图的轮廓线之内沿着轮廓线的边缘加画 45° 细斜线。

这种与视图重合在一起的断面，还经常用以表示墙壁立面上装饰花纹的凹凸起伏状况，如图 5-14（b）所示。图中右边小部分墙面没有画出断面，以供对比。

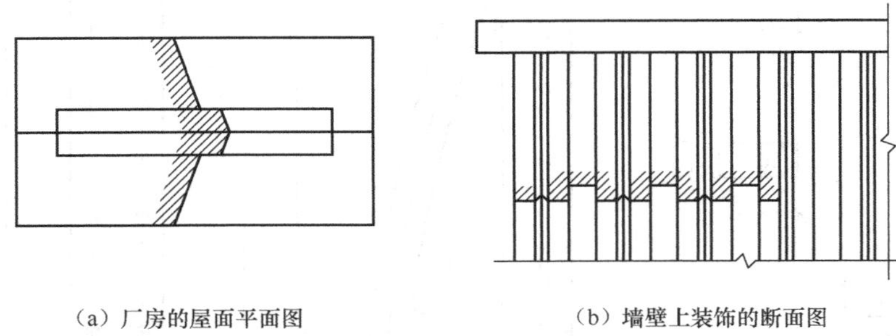

（a）厂房的屋面平面图　　（b）墙壁上装饰的断面图

图 5-14　重合断面图

3. 中断断面图

直接画在杆件断开处的断面图，称为中断断面图。

如图 5-15 所示，可在钢屋架杆件的断开地方，画出杆件的断面，以表示型钢的形状及组合情况。这种画法适用于表示较长而只有单一断面的杆件及型钢。这样的断面图也不加任何说明。

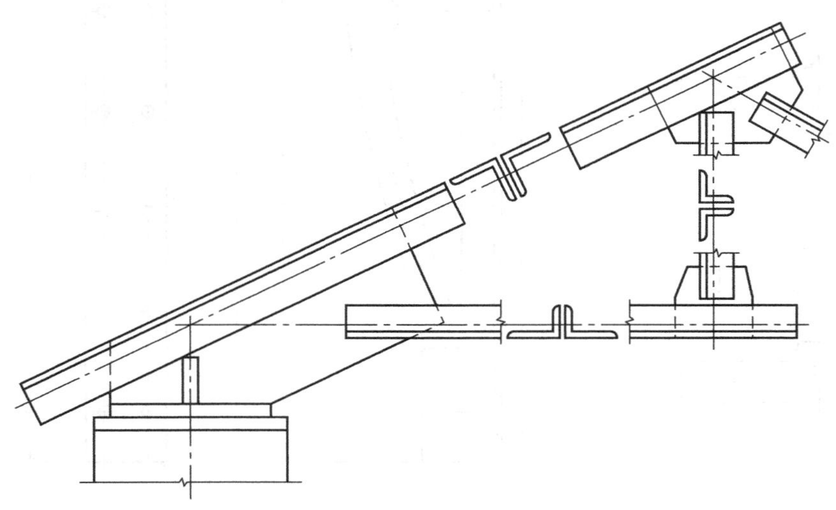

图 5-15　中断断面图

5.3 剖面图与断面图在建筑中的应用举例

剖面图与断面图在建筑中的应用是非常广泛，在以后的专业学习中会经常运用到，现举几个常用的例子如下。

1. 建筑平面图

如图 5-16 所示的房屋，为了表示它的内部布置，假想用一水平的剖切平面，通过门、窗洞将整幢房子剖开，然后画出其整体的剖面图。这种水平剖切的剖面图，在房屋建筑图中，称为平面图。建筑平面图的剖切标注无需绘制。

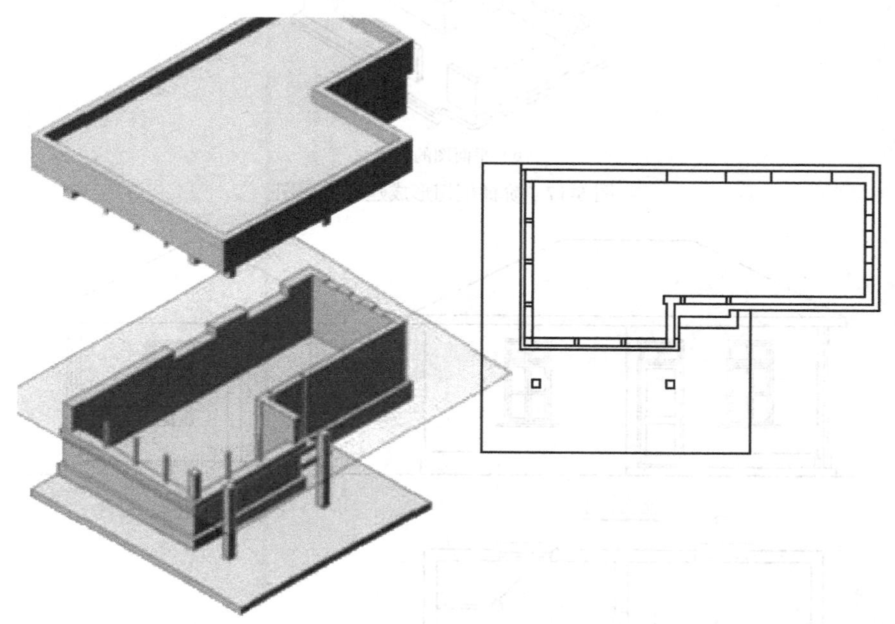

图 5-16　全剖切形成建筑平面图

如图 5-17 所示的房屋，如果只用一个平行于 *W* 面的剖切平面，就不能同时剖开前墙的窗和后墙的窗，这时可将剖切平面转折一次。即用一个剖切平面剖开前墙的窗，另一个与其平行的平面剖开后墙的窗，这样就满足了要求。所得的剖面图，称为阶梯剖面图。阶梯形剖切平面的转折处应成直角，在剖面图上规定不画分界线。

2. 建筑剖面图

建筑剖面图是建筑物的垂直剖面图，它是假想用一个铅垂剖切面正垂或者正平面去将建筑物剖开，移去剖切面与观察者之间的部分，将留下的部分按剖切方向向投影面作正投影所得到的图样。绘制建筑剖面图常用一个平面去剖切，需要时也可转折一次，如图 5-18 所示。

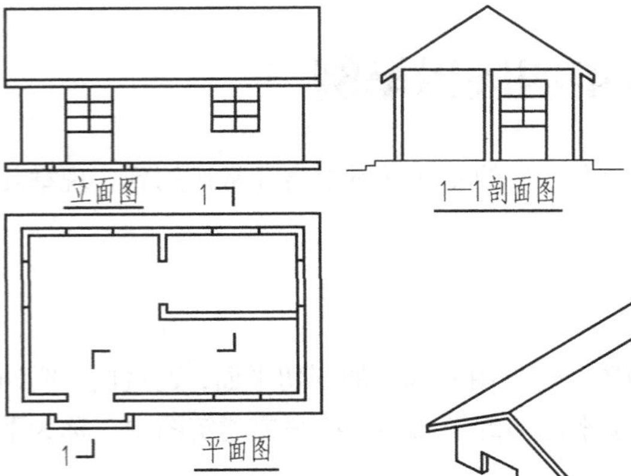

立面图　1—1剖面图　平面图

（a）建筑平、立、剖面图

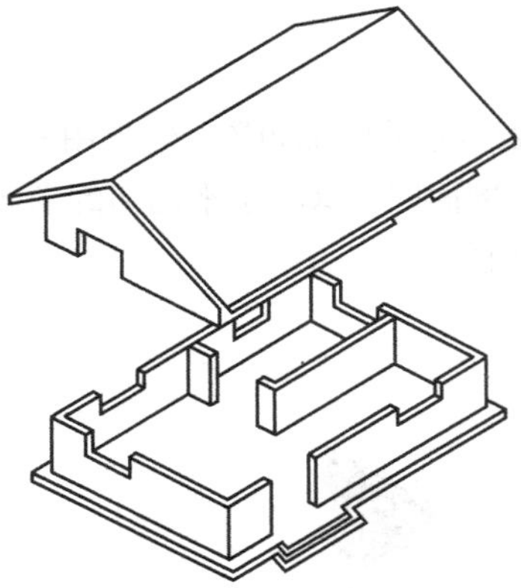

（b）平面图的形成

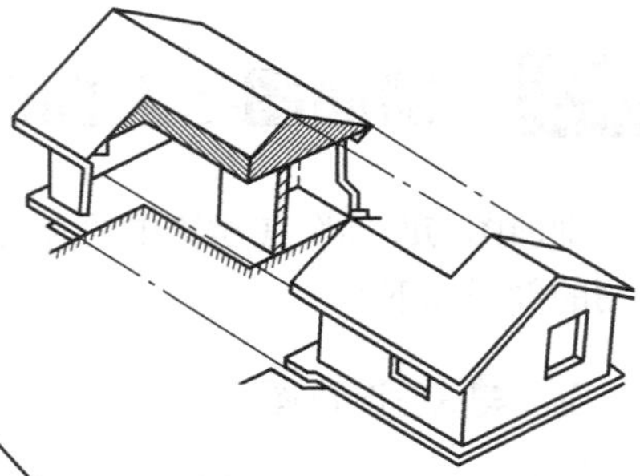

（c）剖面图的形成

图 5-17　阶梯剖切形成建筑平面图

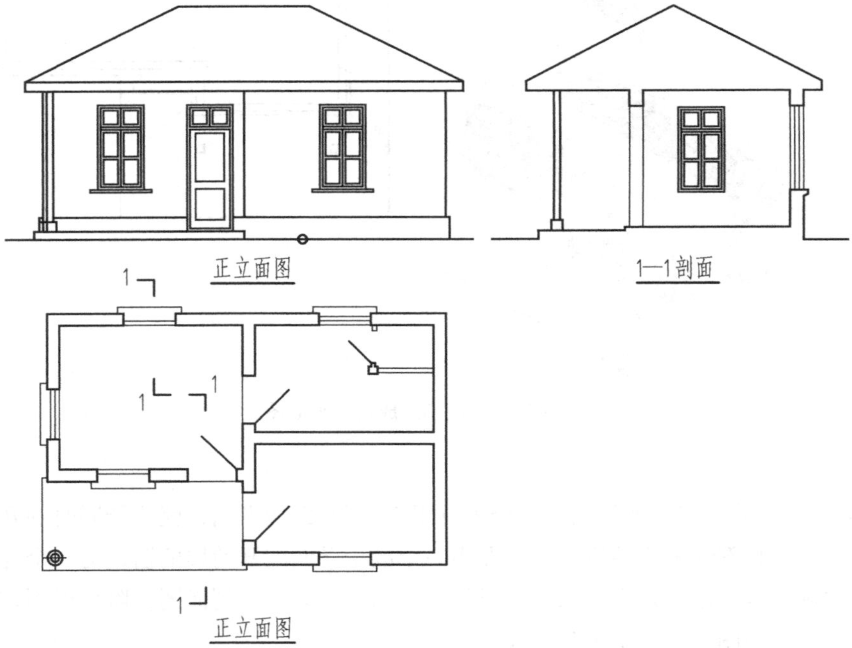

正立面图　1—1剖面　正立面图

图 5-18　阶梯剖切形成建筑剖面图

3. 构件节点详图

在建筑设计中，常常按实际需要，在建筑平面图、剖面图、立面图中另外绘制一些节点图样来表达建筑构件以及配件中的构造和截面情况，如图 5-19 所示。

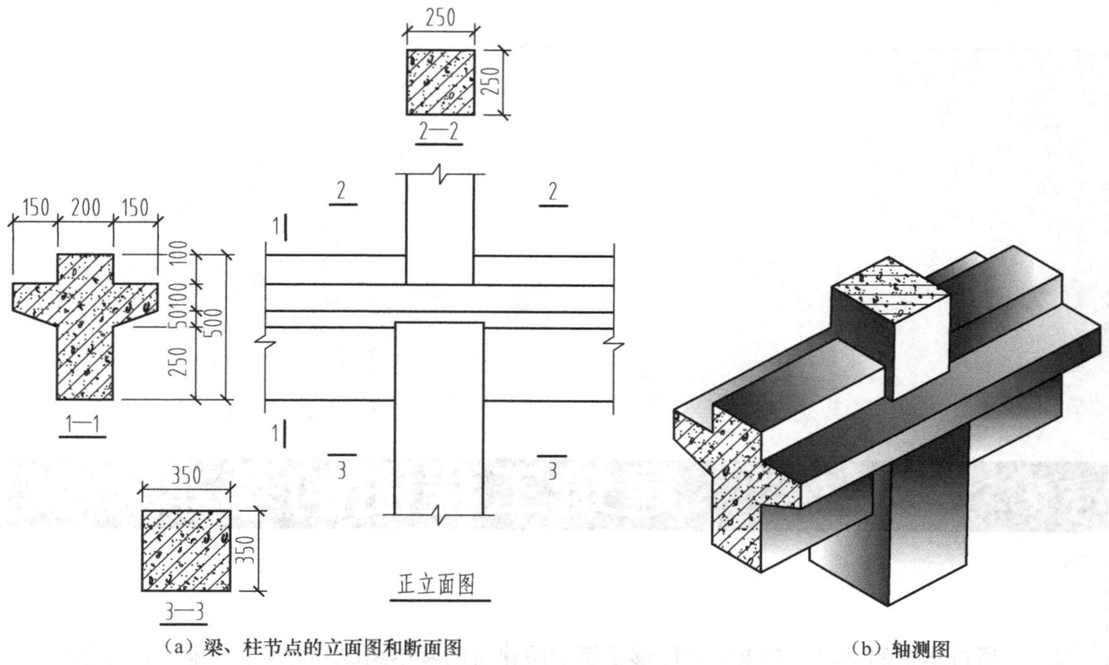

（a）梁、柱节点的立面图和断面图　　　　（b）轴测图

图 5-19　梁柱节点断面图

第6章 建筑工程图的基本知识

通过本章的学习，要求学生能够了解房屋建筑的基本组成和分类，了解房屋建筑施工图的组成，掌握建筑工程施工图的常用符号及画法规定，学会识读建筑工程施工图的方法和步骤。

6.1 房屋的组成部分和作用

按照建筑的使用性质不同，建筑可分为民用建筑（居住建筑和公共建筑）、工业建筑（生产车间、厂房、仓库等）和农业建筑（养殖场、农畜产品加工厂等）。虽然各种功能的房屋使用要求、空间组合等有所不同，但其基本组成一般都是有基础、墙或柱、楼地层、屋顶、楼梯和门窗等组成。如图 6-1 所示，由于所在部位不同，所起的作用也各不相同。

1. 基础

基础是建筑物的墙或柱埋在地下的扩大部分，是建筑物的一部分，它承受建筑物上部传来的全部荷载，并将这些荷载连同它本身的自重一起传给地基（基础下面的土层）。

2. 墙或柱

墙和柱都是建筑物的垂直承重构件，它承受楼地面和屋顶传来的荷载，并将这些荷载传递给基础。同时，墙还起分隔和围护的作用。墙按受力情况可分为承重墙和非承重墙，按位置可分为内墙和外墙，按方向可分为纵墙和横墙。两端的横墙通常称为山墙。

3. 楼地面

楼地层包括楼板层和地坪层。楼板层是建筑物的水平承重和竖向分隔构件，是划分

建筑物内部空间的水平构件，具有承重、竖向分隔和水平支撑的作用，并将楼板层上的荷载传递给墙（梁）或柱。地坪层是建筑物底层与土壤相接触的构件，和楼板层一样，它承受作用在底层地面上的全部荷载，并将它们均匀地传给地基。

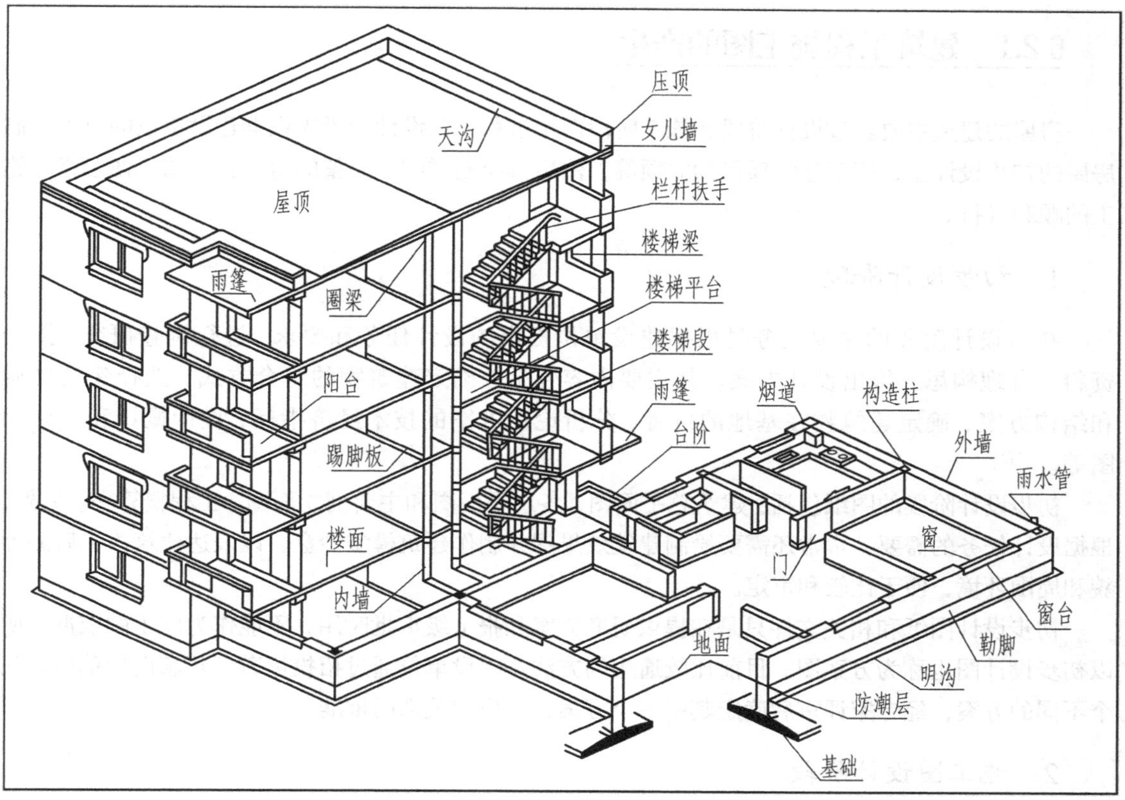

图 6-1　房屋的组成

4. 楼梯

楼梯是建筑物各楼层之间的垂直交通设施，供人们上下楼层和紧急疏散使用。

5. 屋顶

屋顶也称屋盖，是建筑物最上层起覆盖作用的承重和围护构件，它的主要作用是承受屋顶本身的自重、雨雪荷载及上人或检修屋面时的各种荷载，并将这些荷载传递给墙（梁）或柱。同时还起着对房屋上部的水平支撑作用、保温隔热、防水排水等。

6. 门窗

门和窗是房屋的围护构件。门主要供人们出入通行、分隔联系建筑空间。窗主要供室内采光、通风及观望。同时，门窗还具有分隔和围护作用。

此外，房屋还有天沟、雨水管、明沟、散水等起着排水的作用；勒脚、防潮层、踢脚起着保护墙身的作用；雨篷、阳台、花池等也都发挥着各自的作用。

6.2 建筑工程施工图的简介

6.2.1 建筑工程施工图的产生

房屋的建造主要经过设计阶段和施工阶段两个过程。在设计阶段先根据建设单位的要求绘制房屋的初步设计图，用于建筑项目的立项等，然后再绘制详细、完整的房屋施工图，便于指导施工的顺利进行。

1. 初步设计阶段

初步设计阶段的主要任务是根据建设单位提出的设计任务和要求，进行调查研究、搜查资料、合理构思，提出设计方案。其主要内容包括：确定建筑物的组合方式，选择建筑材料和结构方案，确定建筑物在基地的位置，分析论证方案的技术经济指标，设计概算和设计意图等。

初步设计阶段的图纸包括：建筑总平面图、各层平面图和主要剖立面图、工程概算书。另外，根据设计任务的需要，常常还需要绘制建筑效果图并制作建筑模型沙盘，以表达建筑竣工后的外貌和周围环境，便于比较和审定。

初步设计图纸和相关文件只是在提供研究方案和报上级审批时用，不能作为施工的依据，所以初步设计图也称为方案图。目前比较通用的方法是建设单位通过招投标邀请几家设计单位做几个不同的方案，经专家评审后确定其中一个方案，并报相关部门批准。

2. 施工图设计阶段

施工图设计阶段的主要任务是满足工程施工的各项具体技术要求，提供一切准确可靠的施工依据。其内容包括：指导工程施工的所有专业（建筑、结构、设备）的施工图、详图、说明书、计算书及整个工程的施工预算书等。

施工图设计阶段的图纸及设计文件包括：建筑施工图中的建筑总平面图、建筑平面图、建筑立面图、剖面图、建筑详图等；结构施工图中的基础平面图及详图，楼层平面图及详图，结构构造节点详图等；给排水施工图，采暖通风施工图，电气施工图等；建筑、结构和设备等的说明书、计算书、预算书等。

对于大型的、技术复杂的工程项目，也有采用三个设计阶段的，即在初步设计的基础上，增加一个技术设计阶段，进一步协调统一建筑、结构、设备各工种之间的主要技术问题，为绘制各专业施工图提供更为详细的资料。

6.2.2 建筑工程施工图的分类及编排顺序

1. 建筑工程施工图的分类

根据专业分工的不同，一套完整的施工图可分为下面几种。

（1）建筑施工图（简称“建施”）

建筑施工图主要表达建筑物的总体布局、外部造型、内部布置、装饰装修、细部构造等情况，是房屋施工和工程概预算的主要依据。房屋建筑施工图包括建筑首页图、建筑总平面图、建筑平面图、立面图、剖面图和建筑详图（楼梯、墙身、门窗详图等）。

（2）结构施工图（简称“结施”）

结构施工图主要表达建筑物各承重构件的类型、布置情况、所用材料、构造做法等。结构施工图包括基础平面图和基础详图、楼层平面图和详图、各构件（梁、板、柱）结构详图、楼梯结构图等。

（3）设备施工图（简称“设施”）

设备施工图主要表达房屋各专用管线、各专业设备布置、构造和安装要求等情况。设备施工图包括给排水施工图、采暖通风施工图、电气施工图等。

2. 建筑工程施工图的编排顺序

一套建筑施工图的数量，少则几张、十几张，多则几十张甚至几百张。为了方便看图，便于查找，对这些图纸要按照一定的顺序进行编排。

一套完整的施工图的编排顺序：首页图（包括图纸目录、设计总说明等）、总平面图、建筑施工图、结构施工图、设备（水、暖、电等）施工图。

各专业施工图的编排顺序：基本图在前，详图在后；总体图在前，局部图在后；先施工的在前，后施工的在后；重要图纸在前，次要图纸在后。在全部施工图纸之前，还编入了各专业施工图的图纸目录和总说明。

6.2.3　建筑工程施工图的图示特点和阅读要求

1. 建筑工程施工图的图示特点

（1）按正投影原理绘制

建筑施工图一般按照三面正投影的原理绘制。通常在水平投影面上绘制建筑平面图，在正立投影面上绘制建筑立面图，在侧立投影面上绘制建筑侧立面图或剖面图。在同一张图纸上绘制时，要符合正投影的投影特征和相互对应关系。

（2）绘制房屋施工图采用的比例

建筑施工图一般采用缩小的比例绘制，在同一张图纸上的图形最好采用相同的比例。绘制构件或局部构造详图时，允许采用与基本图不同的比例，但在图样的下方图名的右侧应注明比例尺的大小，以便对照读图。

（3）房屋建筑施工图图例符号应严格按照国家标准绘制

房屋建筑是由多种建筑材料和繁多的构配件组成，为作图简便，方便识图，国家制定了《房屋建筑制图统一标准》《建筑制图标准》《建筑结构制图标准》等多种标准。在这些标准中还规定了一系列图例符号以表示建筑材料、建筑构配件等。在制图的过程中，要求严格按照这些制图标准绘图。

2. 建筑工程施工图的阅读要求

识读施工图时，应遵循先整体后局部，先文字说明后图样，先图形后尺寸，各类图纸联系起来看的原则，按照“总体了解、顺序读图、前后对照、重点细读”的读图方法进行施工图的识读。

（1）总体了解

识读施工图时，一般要先看图纸目录、总平面图和施工总说明，大致了解工程概况，如工程设计单位、建设单位、新建房屋的位置、总体尺寸、周围环境、施工技术要求等。对照目录检查图纸是否完整，采用了哪些标准图集并准备齐全相关图集。然后看建筑平面图、立面图和剖面图，大体上想象一下建筑物的立体造型和内部布置。

（2）顺序读图

在总体了解了建筑物的情况后，根据施工的先后顺序，从基础、墙体（或柱）、结构平面布置、建筑构造及装修的顺序仔细阅读相关图纸。

（3）前后对照

读图时，要注意平面图、立面图、剖面图对照着看，建筑施工图和结构施工图对照着看，土建施工图与设备施工图对照着看，做到对整个工程施工情况和技术要求心中有数。

（4）重点细读

根据工种的不同，将相关专业的施工图再有重点地细读一遍，将碰到的问题记录下来，及时向设计部门反馈。

阅读一张图时，应按照由外向里、由大到小、由粗到细、图样与文字说明交替、相关图纸对照着看的方法读图，重点看轴线及各种尺寸的关系。

6.3 建筑工程施工图常用符号

为确保制图质量，提高制图识图效率，房屋施工图必须严格遵守《房屋建筑制图统一标准》（GB/T 50001—2010）、《总图制图标准》（GB/T 50103—2010）、《建筑制图标准》（GB/T 50104—2010）、《建筑结构制图标准》（GB/T 50105—2010）、《给水排水制图标准》（GB/T 50106—2010）等。现简要说明一下房屋建筑制图中的几项规定和表示方法。

6.3.1 定位轴线及编号

定位轴线是确定建筑物主要承重构件平面位置的重要依据。在建筑施工图中，凡是承重的墙、柱、主梁等构件，都要画出定位轴线并进行编号以确定其位置。对于非承重的隔墙、次要构件等，有时用附加定位轴线表示其位置，也可注明其与附近定位轴线的相关尺寸确定其位置，如图 6-2 所示。具体规定如下：

① 定位轴线应用细单点长画线绘制。

② 定位轴线一般应编号，编号注写在轴线末端的圆内。圆用细实线绘制，直径为 8～10mm，圆心应在定位轴线的延长线上。

③ 定位轴线的编号宜标注在图样的下方与左侧。横向编号用阿拉伯数字按从左到右的顺序编号，竖向编号用大写拉丁字母从下到上顺序编号。拉丁字母中 I、O、Z 三个字母不得用作轴线

编号，以免与阿拉伯数字 1、0、2 混淆。

④ 标注次要构件或非承重构件时，一般用附加轴线，附加轴线的编号用分数表示，如图 6-3 所示。

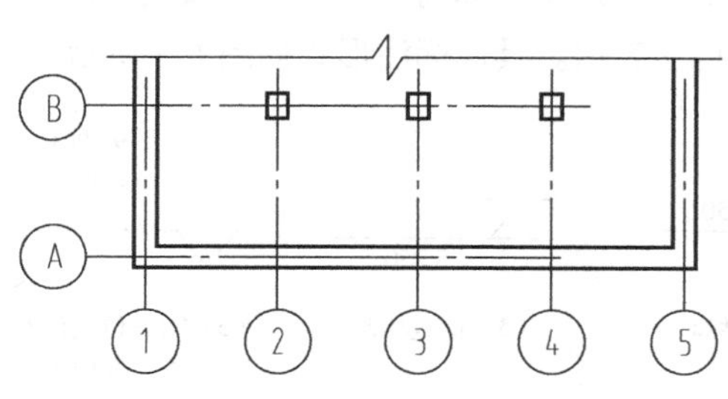

图 6-2　定位轴线及其编号方法

表示 2 号轴线之后附加的第一根轴线

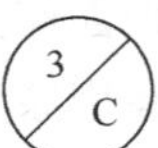

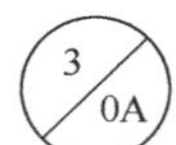

图 6-3　附加轴线的编号方法

6.3.2　索引符号和详图符号

图样中的某一局部或构件，由于比例太小无法表达清楚而需另画详图时，应在相应部位用索引符号索引，而索引出的详图，则标注上详图符号。索引符号以细实线绘制，圆的直径为 10mm，引出线应指在要索引的位置上，如图 6-4 所示。当引出的是剖面详图时，应用粗实线表示剖切位置，索引符号的引出线所在的一侧为剖视方向。索引符号的表示方法如图 6-5 所示。

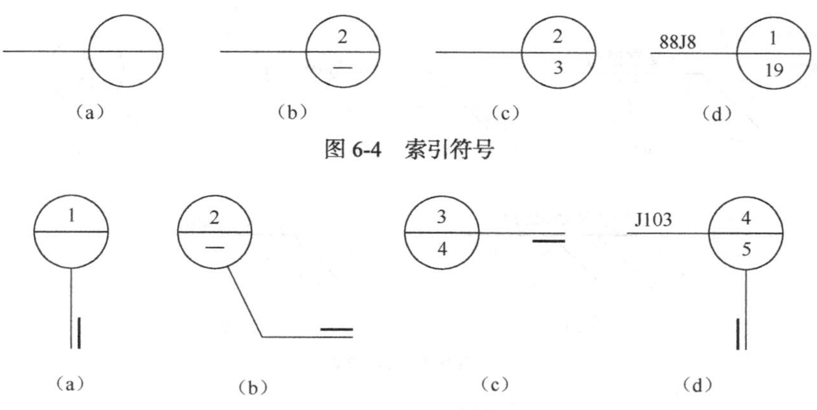

图 6-4　索引符号

图 6-5　索引剖视详图的索引符号

索引出的详图应注写详图符号，并与索引符号一一对应。详图符号用粗实线绘制，圆的直径为 14mm。详图符号的表示方法如图 6-6 所示。

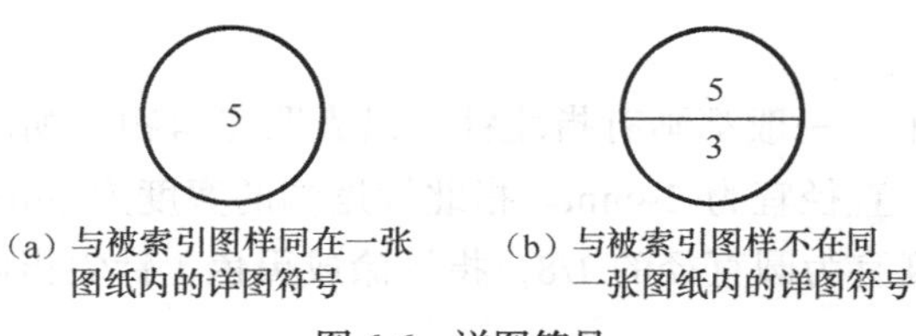

(a) 与被索引图样同在一张图纸内的详图符号　(b) 与被索引图样不在同一张图纸内的详图符号

图 6-6　详图符号

6.3.3 标高

标高是标注建筑物高程的一种尺寸形式，以 m 为单位，注写到小数点后三位（总平面图为小数点后两位）。标高分为绝对标高和相对标高两种。绝对标高以黄海平均海平面为零点，相对标高以单个建筑物的底层室内主要地面作为零点，标注为 ± 0.000。标高符号用细实线的等腰直角三角形表示，总平面图上的室外标高用涂黑的等腰三角形表示。具体标注形式如图 6-7 所示。

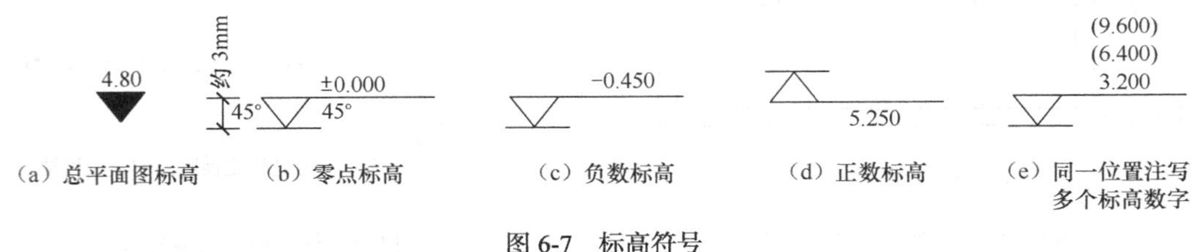

图 6-7　标高符号

6.3.4 引出线

图样中的某些部位由于比例较小而无法标注时，常用引出线标注文字说明或详图索引符号。引出线用细实线绘制，宜用与水平方向成 30°、45°、60°、90° 的直线，或经上述角度再折为水平线。同时几个相同部分的引出线宜相互平行，也可集中于一点成放射线，如图 6-8 所示。

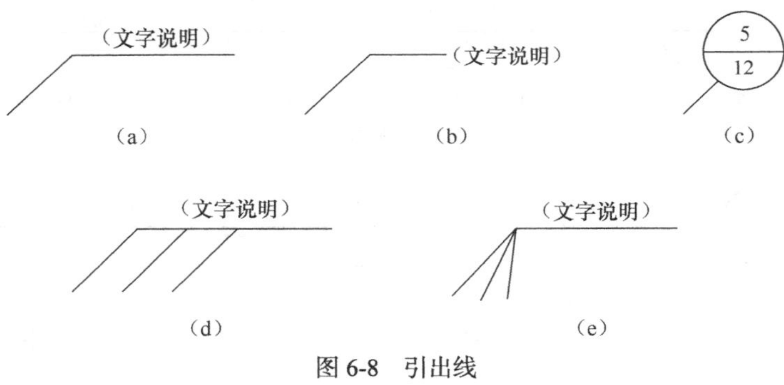

图 6-8　引出线

6.3.5 其他符号

1. 指北针

在建筑底层平面图上，一般都画有指北针，以表明建筑物的朝向。指北针形状如图 6-9 所示。圆用细实线绘制，直径宜为 24mm。指北针尾端的宽度为 3mm，需用较大直径绘制指北针时，指北针尾端宽度宜为圆直径的 1/8，指针涂成黑色，针尖指向北方，并注写“北”或“N”字。

2. 风向玫瑰图

在建筑总平面图中，通常还要画出带有指北方向的风向频率玫瑰图（简称风玫瑰图），用来表示该地区常年的风向频率和房屋的朝向。它是根据当地多年统计的各个方向平均吹风次数的百分数，按照一定比例绘制的。风玫瑰图中风的吹向是从外吹向中心，实线表示全年风向频率，虚线表示夏季风向频率，如图 6-10 所示。

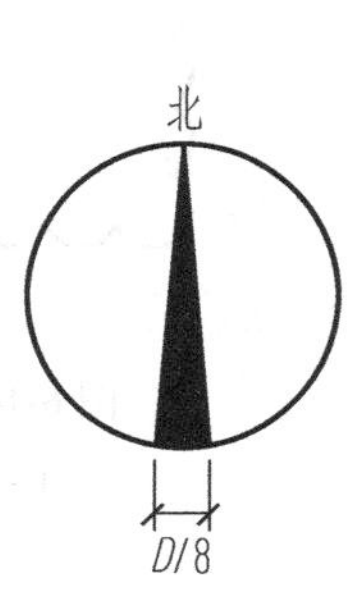

图 6-9 指北针

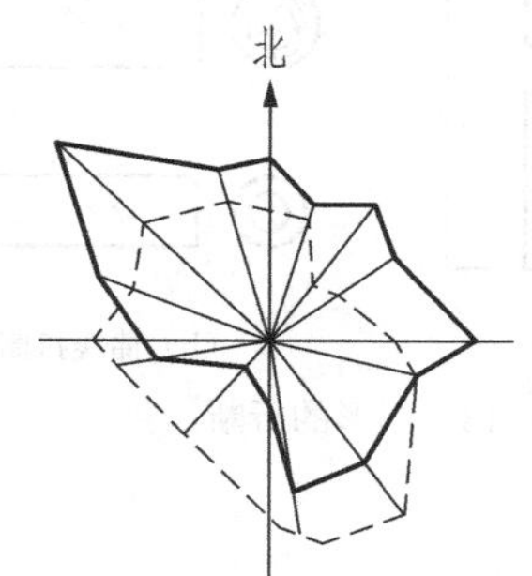

图 6-10 风向玫瑰图

3. 对称符号

当房屋施工图的图形完全对称时，可只画出该图样的一半，并画出对称符号，以节省图纸篇幅。对称符号是在对称中心线（细单点长画线）的两端画出两段平行线（细实线）。平行线长 6～10mm，间距 2～3mm，且对称线两侧长度对应相等，如图 6-11 所示。

4. 连接符号

对于较长的构件 ，当其沿长度方向的形状相同或按一定规律变化时，为节省篇幅，可断开绘制，断开处应用连接符号表示。连接符号为折断线（细实线），并用大写拉丁字母表示连接编号，如图 6-12 所示。

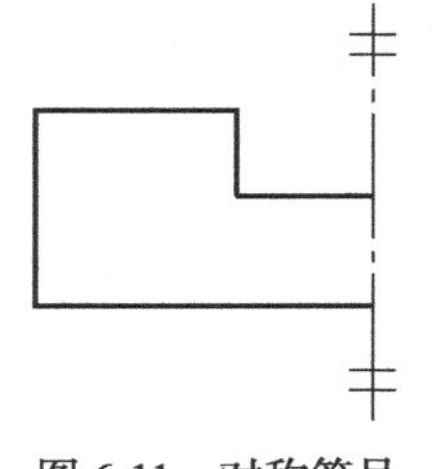

图 6-11 对称符号

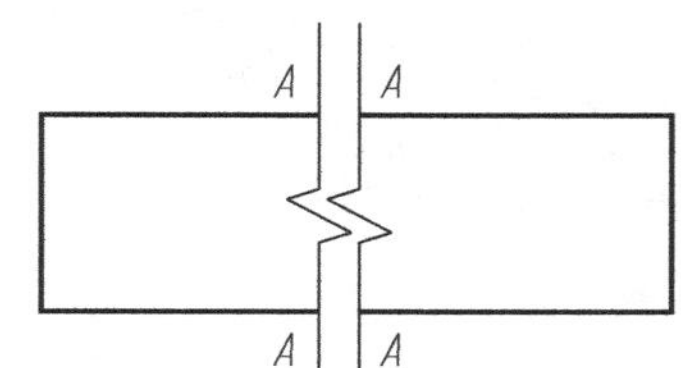

图 6-12 连接符号

5. 折断符号

图样中，某些不需要表明或可以节缩的部分图形可以删去，并用折断符号画出。

（1）直线折断

当图形采用直线折断时，其这段符号为折断线，它经过被折断的图面，如图 6-13（a）所示。

（2）曲线折断

对圆形构件的图形折断，其折断符号为曲线，如图 6-13（b）所示。

6. 变更云线

图纸中局部变更部分宜采用云线，并注明修改版次，如图 6-14 所示。

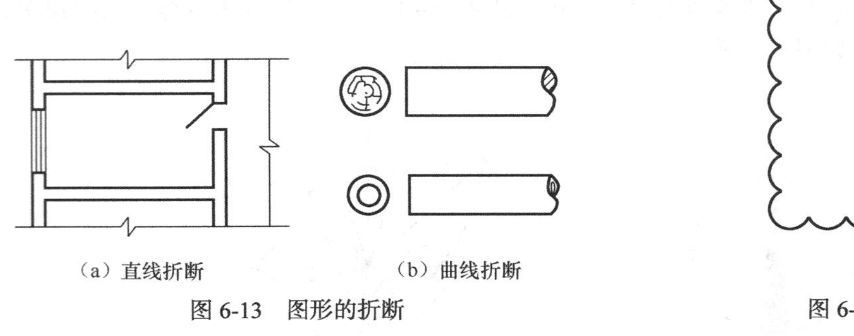

（a）直线折断　　（b）曲线折断

图 6-13　图形的折断

图 6-14　变更云线

1—修改次数

6.4 常用建筑材料图例

建筑材料图例按照国家标准《房屋建筑统一标准》规定，在房屋建筑工程图中应采用表 5-1 规定的常用建筑材料图例。

第7章 建筑施工图的识读

本章主要介绍建筑施工图的组成、主要内容、表达方式、识读建筑施工图及绘制建筑施工图的基本方法等，通过本章的学习，要求学生能够理解建筑施工图的形成原理和用途，掌握识读建筑施工图的方法和要领，并且能够绘制建筑施工图。

7.1 建筑施工图概述

建筑施工图主要表达建筑物的总体布局、外部造型、内部布置、装饰装修、细部构造做法及施工要求等，主要由建筑施工图首页图、建筑总平面图、建筑平面图、建筑立面图、建筑剖面图、建筑详图等组成，下面分别加以介绍。

7.2 建筑施工图首页图

首页图是建筑施工图的第一页，一般包括图纸目录（见图 7-1）及建筑施工图设计说明（见图 7-2）两部分。建筑施工图设计说明主要表明图样的设计依据、工程概况、施工要求等。通过图纸目录的识读，了解房屋建筑施工图的图纸编号及数量，便于查找相关图纸。通过阅读工程设计总说明，了解相关工程概况、建筑结构类型、主要施工要求、了解图纸上未能详细注写的用料、做法或需统一说明的问题。

本文以某办公楼为例，介绍各图的识读方法。

图 纸 目 录

广西***建筑设计有限责任公司	建设单位	**县卫生监督所	设计号 20111003
	项目名称	业务综合楼	2012年03月 日

序号	图别	图号	图纸名称	采用标准图或重复使用图纸：图集编号或设计号	采用标准图或重复使用图纸：图别	采用标准图或重复使用图纸：图号	备注
1	建施	0/1	图纸目录				图幅 A4
2	建施	总-01	总平定位图				图幅 A2
3	建施	建-01	建筑施工图设计总说明				图幅 A2
4	建施	建-02	屋面用料构造明细表　室内装修明细表				图幅 A2
5	节施	建-03	建筑节能设计说明　公共建筑节能设计表 外围护结构及热工性能参数表				图幅 A2
6	建施	建-04	一层平面图				图幅 A2
7	建施	建-05	二层平面图				图幅 A2
8	建施	建-06	三层平面图				图幅 A2
9	建施	建-07	四层平面图				图幅 A2
10	建施	建-08	屋顶平面图				图幅 A2
11	建施	建-09	①~⑨立面图　Ⓓ~Ⓐ立面图				图幅 A2
12	建施	建-10	⑨~①立面图　Ⓐ~Ⓓ立面图				图幅 A2
13	建施	建-11	1-1剖面图　2-2剖面图				图幅 A2
14	建施	建-12	楼梯平面大样				图幅 A2
15	建施	建-13	卫生间大样、门窗表				图幅 A2

采用标准图集目录

序号	标准图集编号	标准图集名称	页次	备注
1	03J603-2	铝合金节能门窗	全册	甲方自备
2	98ZJ901	室外装修及配件	全册	甲方自备
3	05ZJ201	平屋面	全册	甲方自备
4	98ZJ681	高级木门	全册	甲方自备
5	05ZJ401	楼梯栏杆	全册	甲方自备

项目负责人:　　　　校 核:　　　　制表人:

图 7-1　图纸目录

建筑施工图设计说明

设计依据

1.1 有关部门及甲方审批通过的方案设计和修改意见.
1.2 与甲方签订的建筑设计合同.
1.3 国家、行业、地方现行相关设计规范、规定:
1.4 《民用建筑设计通则》 GB 50352－2005
《建筑设计防火规范》 GB 50045－95（2005年版）
《办公建筑设计规范》 JGJ 67－2006
《建筑地面设计规范》 GB50037－96
《公用建筑节能设计标准》 GB50189－2005
《公共建筑节能设计规范》 DB45/T392－2007
《建筑地面设计规范》 GB50037－96
《屋面工程质量验收规范》 GB50207－2002

2. **工程概况**
2.1 工程名称：业务综合楼
2.2 工程地点：广西德保县
2.3 建设单位：德保县卫生监督所
2.4 工程性质：服务综合楼
2.5 工程规模：本工程无地下室，地上为 4 层.
总建筑面积 1189.11 m²，一层占地面积 289.15 m²，建筑高度为 1470 m.
2.6 功能布局：本工程一层为办公大厅及部分办公室，二至四层为办公室.
2.7 设计等级：建筑设计等级 3 级；屋面防水等级 Ⅲ 级.
2.8 设计防火分类及耐火等级：多层公共建筑，主体耐火等级为 二 级.
2.9 上部结构体系：框架结构，抗震设防烈度 6度
2.10 主体结构合理使用年限：50 年.
3. **设计范围**
3.1 本设计包含建筑、结构、电气、给排水、等专业及总平面设计.
4. **制图与图例**
4.1 本设计图按国家现行制图规范绘制。工程尺寸以图注为准.
4.2 本设计图标注标高：楼层以建筑完成面为准，屋面以结构板面为准；标注门窗洞及构件尺寸为结构面层尺寸.
4.3 除注明外，尺寸标注以毫米（mm）为单位，角度以度（°）为单位，标高以米（m）为单位.
5. **总平面**
5.1 施工放样按总平面标注坐标实施，施工前应放样无误后方可施工.
5.2 设计标高：单体室内 ±0.000 相对应绝对标高（黄海高程）由现场定.
5.3 道路、场地按总平面竖向坡度排向雨水井并接入雨水系统排放。雨水井位置详水施图.
6 **室外工程**
6.1 散水：98ZJ901 (⊕) 宽900，底层雨水立管埋地后弯头接入排水管网详水施.
6.2 台阶做法：铺地砖面台阶详中南标 98ZJ901 (⊕).
6.3 雨水管采用 ø110PVC－U硬质塑料管，设置位置详水施图.
7. **砌体**
7.1 砌体材料：除特殊注明外，内外墙均为190 厚小型混凝土砌块，砌体强度标号及砂浆标号详结构说明.
7.2 墙体强度标号及砌体拉结筋，构造柱定位及做法详结施.
7.3 墙身防潮做法：在 －0.060 标高处设 20 厚1:2.5水泥砂浆加水泥重量 5%防水剂.

9. **楼面**
9.1 楼面做法：详见室内外装修构造表.
9.2 走廊楼地面做1%坡度坡向出水口.
9.3 管道穿楼板处应填塞密实防水材料嵌缝处理，楼面防水层翻上300高.
10. **顶棚**
顶棚材料及做法详见室内外装修构造表天棚各专业管线重叠、交叉多，管线施工前应配合顶棚设计做好协调.
11. **屋面**
11.1 屋面工程防水应由经资质审查合格的防水专业队伍进行施工.
11.2 屋面防水等级：Ⅱ级，二道防水设防，合理使用年限为10年.
11.3 屋面防水隔热层构造做法：详室内外装修构造表.
11.4 屋面排水构造：女儿墙水落口详 05ZJ201 (⊕)，泛水参 05ZJ201 (⊕)
女儿墙压顶及防水收头详 05ZJ201 (⊕)
11.5 屋面排水坡度：屋面排水建筑找坡 2%；天沟、檐沟纵向找坡 1%，沟底水落差不超过 200.
11.6 高跨屋面雨水管排水至低跨屋面处，雨水管下加设钢筋混凝土水簸箕，详见 05ZJ201 (⊕).
11.7 屋面保温隔热层选用挤塑聚苯乙烯泡沫塑料板.
11.8 卷材防水屋面基层与突出屋面结构（女儿墙、立墙、变形缝等）的交接处，以及基层 的转角处（水落口、檐口、天沟、檐沟、屋脊等）均应做成弧形。内部排水的水落口周围应做 成略低的凹坑.
11.9 屋面防水施工除满足以上各条外，尚应满足《工程建设标准强制性条文》中屋面防水施工有关条文.
11.10 屋面工程所采用的防水，保温隔热材料应有产品合格证书和性能检测报告，材料的品种、规格、性能等应符合国家产品标准和设计要求.
12. **无障碍设计设计**
12.1 本建筑内设置无障碍卫生间，建筑主入口处设置无障碍坡道，详一层平面图.
12.2 无障碍设计未详之处均按《城市道路和建筑物无障碍设计规范》（JGJ50－2001）执行.
13. **门窗**
13.1 除图中特别注明外，所有外门均立樘墙中，所有内门立樘于开启方向墙面平.
13.2 外窗：窗框：90系列推拉式浇铸式节能铝合金窗.
13.3 门窗类型对照门窗表.
13.4 所有五金零件均按要求配齐.
13.5 铝合金窗框及玻璃的性能指标均需达到国家标准 GB8481－87
窗户的性能指标达到：
风压强度性能＞2500Pa 空气渗透性能<1.5m/m²h
雨水渗透性能＞300Pa 空气声计权隔声量>25dB
传热系数 K<2.8W/(m²k) 传热阻 R＞0.36m²k/w
13.6 凡窗台低于900者均做护窗栏杆.
13.7 建筑外窗气密性等级应满足《建筑外门窗气密、水密、抗风压性能分级及检测方法》〈GB/T7106－2008〉
规定的6级， 1.5<q1<2.5(m³/m²h)，4.5<q2<7.5(m³/m²h)
水密性按《建筑外门窗气密、水密、抗风压性能分级及检测方法》〈GB/T7106－2008〉
13.9 玻璃幕墙由具备相应资质的专业厂家根据立面或幕墙放大图制作安装.
13.10 门窗制作与安装应由具备相应资质的专业队伍承担，门窗型号、数量、洞口尺寸详见门窗表、门窗大样；洞口尺寸现场实施为准.

图 7-2 建筑施工图设计说明

7.3 建筑总平面图

7.3.1 建筑总平面图的形成

假设在建设区域的上方向下作水平投影，采用相应的图例（见表 7-1），画出拟建建筑物及其周边建筑物在基地范围内的总体布置图，称为建筑总平面图，简称总平面图。

表 7-1 常见建筑总平面图图例

名　称	图　例	备　注	名　称	图　例	备　注
新建筑物	8	① 需要时，可用▲表示出入口，可在图形内右上角用点或数字表示层数 ② 建筑物外用粗实线表示	新建的道路	0.6　101.00　R9　150.00	“R9”表示道路转弯半径为 9m，“150.00”为路面中心控制点标高，“0.6”表示 0.6%的纵向坡度，“101.00”表示变坡点间距离
原有建筑物		用细实线表示	原有道路		
计划扩建的预留地或建筑物		用中粗虚线表示	计划扩建的道路		
拆除的扩建物		用细实线表示	围墙及大门		上图为实体性资的围墙，下面为通透性质的围墙，仅表示围墙时不画大门
填挖边坡		① 边坡较长时，可在一端或两端局部表示 ② 下边线为虚线时表示填方	坐标	X105.00 Y425.00	上图表示测量坐标
护坡				A105.00 B425.00	下图表示建筑坐标
室内标高	151.00(±0.00)		室外标高	▼143.00　●143.00	室外标高也可采用等高线表示

7.3.2 建筑总平面图的作用

建筑总平面图主要表示整个建设基地的总体布局，具体表达了拟建建筑物的位置、平面形状、朝向、周围环境（与原有建筑的关系、道路交通、绿化条件、地形）等基本情况，它是拟建建筑物定位、施工放样、土方施工和施工总平面布置的重要依据。

7.3.3　建筑总平面图的图示内容

① 该建筑场地所处的位置与大小（主要测量坐标值或定位尺寸）。
② 建筑基地的地形和地物。
③ 新建建筑物在场地内的位置及其与周围建筑物的距离。
④ 新建建筑物的名称、层数、朝向、及室内设计标高。
⑤ 指北针或风玫瑰图。
⑥ 场地内的道路交通、绿化规划、管道布置。
⑦ 注明设计依据、尺寸单位、比例、坐标及高程系统等。

7.3.4　建筑总平面图的表示方法

① 建筑总平面图的绘图比例较小，一般采用 1：500、1：1000、1：2000 等。
② 建筑总平面图中的房屋、道路、绿化等均采用建筑图例表示。
③ 建筑总平面图中的尺寸以米为单位，注写到小数点后两位。

7.3.5　建筑总平面图的识读

下面以某小区住宅楼的总平面图为例，加以说明。

阅读总平面图时，一般应按下列步骤进行。

① 了解图名、比例、图例及相关文字说明。由图 7-3 所示可知，该图为建筑总平面图，绘图比例 1：500，拟建房屋为 3 号住宅楼和 4 号住宅楼，均为四层。

② 了解工程用地范围、地形地貌和周围的环境情况。图中粗实线表示拟建工程是两栋住宅楼，建筑物长 15.50m，宽 12.86m，近似成矩形并排布置。在两栋住宅原场地，有两栋需要拆除的原有建筑。住宅楼前面是 2 号住宅，左侧是综合楼，右侧是连胜街道。

③ 了解拟建建筑物的平面位置、建筑层数、室内外标高及定位依据。拟建建筑物 3 号住宅楼共四层，首层主要地面绝对标高 23.05m（即 ± 0.000 的绝对标高为 23.05m），室外地面标高 22.30m，首层地面比室外高了 0.75m。建筑物距离前方的 2 号住宅最近距离为 18.84m，距离左侧的综合楼 13m，这两个尺寸就确定了该房屋的位置，4 号住宅楼的定位尺寸也可用相同的方法在图中找到。

④ 了解拟建建筑物的朝向和该地区的主导风向。总平面图中一般画有指北针或风向频率玫瑰图，以指明该地区的常年风向频率和建筑物的朝向。从图中指北针可知，拟建的两栋住宅楼主要出入口均朝北向，由风玫瑰图可知，该地区常年以西北向风为主，夏季以东南向风为主。

⑤ 了解拟建建筑四周的交通道路及管线布置情况。

⑥ 了解建筑场地的绿化、美化的要求和布置情况。

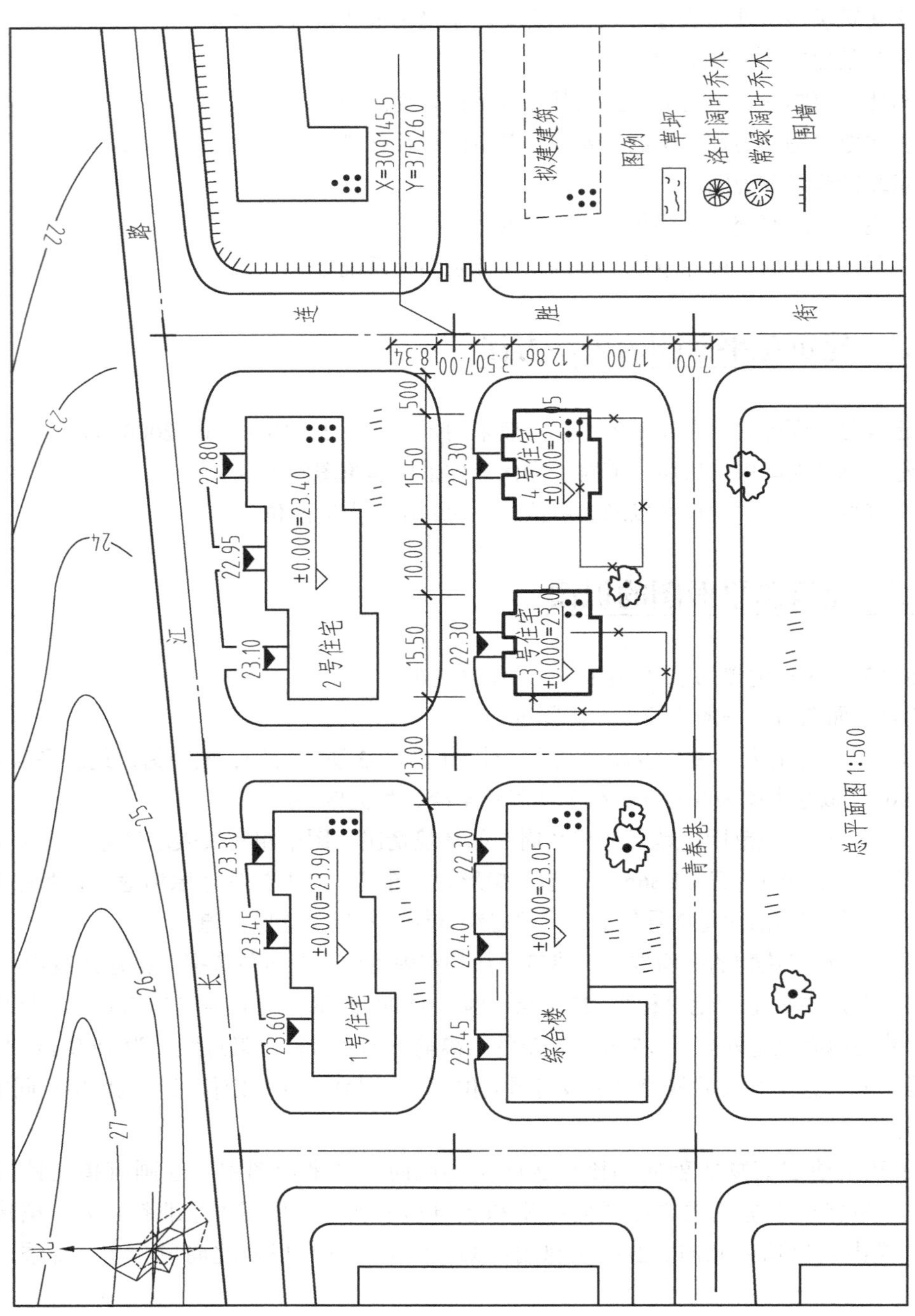
长江路
连胜街
青春巷
1号住宅
±0.000=23.90
2号住宅
±0.000=23.40
3号住宅
±0.000=23.05
4号住宅
±0.000=23.05
综合楼
±0.000=23.05
23.60
23.45
23.30
23.10
22.95
22.80
22.45
22.40
22.30
8.34
7.00
3.50
12.86
17.00
5.00
15.50
10.00
13.00
X=309145.5
Y=37526.0
拟建建筑
图例
草坪
落叶阔叶乔木
常绿阔叶乔木
围墙
总平面图 1:500
北
22
23
24
25
26
27

图 7-3 建筑总平面图

7.4 建筑平面图

7.4.1　建筑平面图的形成

用一个假想的水平剖切平面从建筑门窗洞口处剖切建筑，移去上面的部分，向下作剩余部分的正投影而得到的水平投影图，称为建筑平面图，简称平面图，如图 7-4 所示。

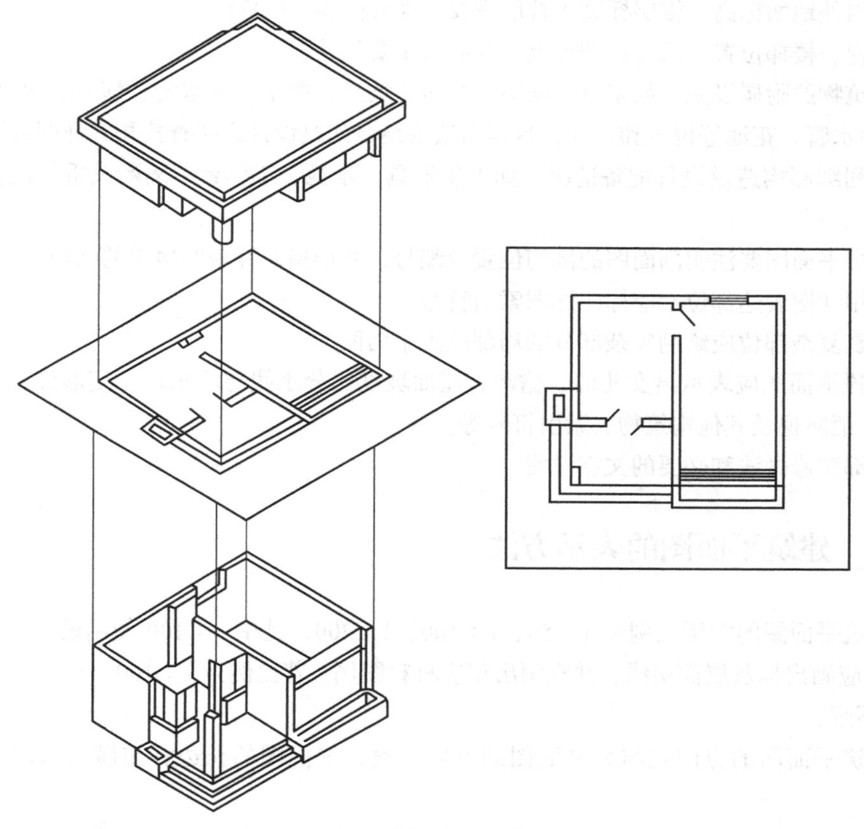

图 7-4　建筑平面图的形成

一般来说，对于多层房屋，原则上每一楼层均要绘制一个平面图，并在图形下方注写相应的图名（如底层平面图、二层平面图等）、比例；若某几层平面布置相同，可将其作为标准层，并在图样下方注写适用的楼层图名（如二～五层平面图）。若房屋对称，可利用其对称性，绘出半个楼层的平面图，并注明对称符号。

7.4.2　建筑平面图的作用

建筑平面图主要反映建筑物各层水平方向上的平面形状、大小、房间布置、墙（或柱）的位置、厚度和材料，门窗的位置和开启方向等。建筑平面图可作为施工放线、砌筑墙、柱，门窗安装和室内装修及编制预算的主要依据。

7.4.3 建筑平面图的图示内容

① 注写图名和绘图比例。

② 表示所有轴线及其编号，以及墙、柱的位置和尺寸。

③ 建筑物的平面布置情况，如标注所有房间的名称、平面形状、开间、进深。

④ 门窗洞口的位置、数量和编号，门的开启方向。

⑤ 室内外地面标高、楼层标高（首层主要地面标高为 ± 0.000）。

⑥ 电梯、楼梯位置、尺寸和楼梯上下方向及主要尺寸。

⑦ 建筑物的附属设施，如阳台、雨篷、台阶、坡道、散水、排水沟、烟道、通风道、管井、消防梯、雨水管、花池等位置和尺寸，具体做法要结合建筑设计说明查找相关详图或图集。

⑧ 房间细部构造及设备配备情况，如卫生器具、水池、工作台、隔断及重要设备的形状、位置等。

⑨ 底层平面图要注明剖面图的剖切位置及编号，并用指北针表明房屋的朝向。

⑩ 需用详图表达部位，应标注详图索引符号。

⑪ 特别复杂部位应绘制复杂部分的局部放大平面图。

⑫ 屋顶平面图应表示出女儿墙、檐沟、屋面坡度、分水线与雨水口、变形缝、水箱间、屋面上人孔、消防梯及其他构筑物、索引符号等。

⑬ 内部装修做法和必要的文字说明。

7.4.4 建筑平面图的表示方法

① 建筑平面图的常用比例是 1：50、1：100、1：200，其中 1：100 使用最多。当比例大于 1：50 时，应画出抹灰层面层线，并宜画出相应材料图例；若比例为 1：100～1：200 时，抹灰层面层线可不画。

② 建筑平面图的方向宜与总平面图的方向一致，平面图的长边宜与横式幅面图纸的长边一致。

③ 因建筑平面图实质上是水平剖面图，因此应按剖面图的图示方法绘制，即被剖切到的墙、柱等断面轮廓线用粗实线表示；没有被剖切到的可见轮廓线，门扇、窗台的图例线等用中粗实线表示；较小的构配件图例线、尺寸线等用细实线表示；轴线用细单点长画线表示。

④ 平面图的尺寸标注一般为三道尺寸线标注。最里边一道尺寸标注门窗洞口尺寸及与轴线的关系，中间一道尺寸标注轴线间的尺寸，最外边的一道尺寸标注房屋的总长总宽。

⑤ 建筑平面图的各种图例符号均按照国标中的图例符号的规定标准表示。

7.4.5 建筑平面图的识读

下面以图 7-5 所示某办公楼一层平面图为例，说明建筑平面图的识读方法。

北
散水暗沟
98ZJ901
快速检测实验准备室
快速检测设备试剂存放室
行政许可受理厅
收发/警卫室、投诉举报室
宣传物品库房
男更衣
女更衣
沐浴洗消间
染毒设备洗消间
男厕
女厕
前室
无障碍扶手做法
98ZJ901
坡道
05ZJ301
台阶做法
98ZJ901
一层平面图1:100

图 7-5　建筑一层平面图

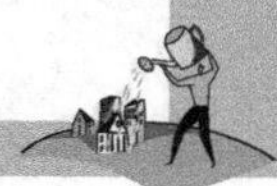

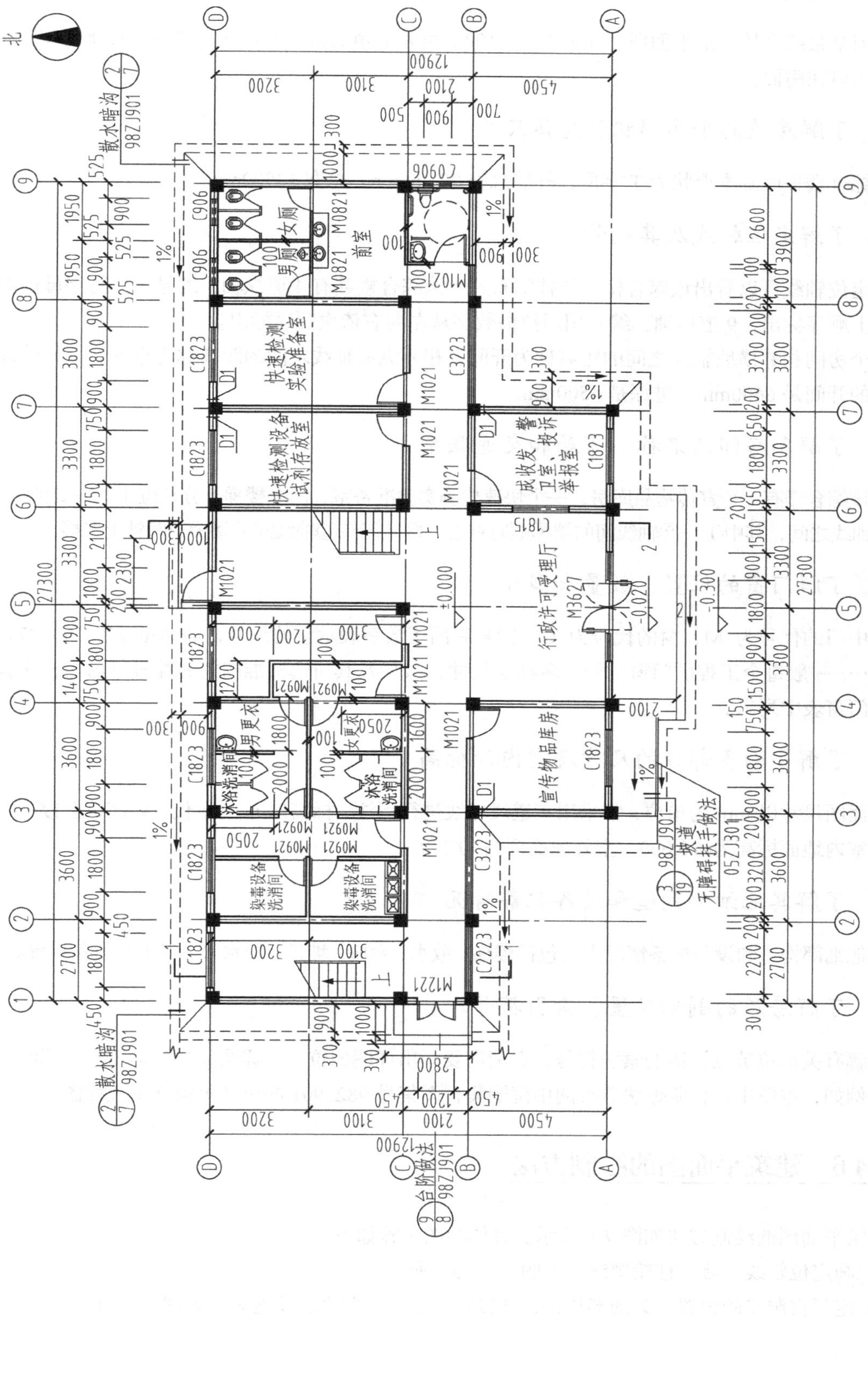

1. 了解平面图的图名、比例、朝向

该图是某综合楼一层平面图，比例为 1∶100。由右上角的指北针可知，该综合楼坐北朝南，主要出入口在南面。

2. 了解房屋的平面形状和总体尺寸

该综合楼平面基本形状为 T 字形，外墙总长 27300mm，总宽 12900mm。

3. 了解定位轴线及其编号

从定位轴线可以看出该综合楼的墙柱的布置。该综合楼共有 4 道纵轴，编号用大写字母依次从下到上顺序标出，9 道横轴，编号用阿拉伯数字从左向右依次顺序标出。

每个房间相邻横墙轴线之间的距离称为开间，相邻纵墙轴线之间的距离称为进深。如行政许可大厅的开间是 6600mm，进深是 4500mm。

4. 了解各房间的名称、布局和交通联系

如该综合楼有一个宣传物品库房，一个快速检测实验准备室，两个楼梯，分别位于①～②轴线、⑤～⑥轴线之间，其中①～②轴线间的楼梯顺时针上二楼，⑤～⑥轴线间的楼梯逆时针上二楼。

5. 了解门窗的位置、数量和型号

其中门的代号为 M，窗的代号为 C，代号后面用数字表示它的编号，如 M0821、M3627、C1823……一般每个工程的门窗编号、名称、尺寸、数量及其所选标准图集的编号等内容，在首页图的门窗表中列出。

6. 了解平面各部分的尺寸及室内外标高

平面图尺寸以 mm 为单位，常采用三道尺寸线进行标注，标高以 m 为单位。如该综合楼一层平面图室内地面标高为 ± 0.000，室外地面标高−0.300。

7. 了解其他细部构造和设备配备情况

其他细部构造和设备配备情况主要包括楼梯、散水、台阶、坡道、雨水管、卫生间设备布置等。

8. 了解房屋的剖切位置、索引符号

了解有关部位节点详图的索引符号，看清需要画出详图的位置、详图编号和详图所在图纸的编号。例如，本图中，台阶做法需查阅中南图集，图集号 98ZJ901 的第 8 页第 9 个大样图。

7.4.6 建筑平面图的绘制方法

建筑平面图的绘制方法如图 7-6 所示。具体绘图步骤如下。

① 画定位轴线、墙、柱轮廓线，如图 7-6（a）所示。

② 定门窗洞口的位置，画细部构造，如楼梯、台阶、散水、花池等，如图 7-6（b）所示。

③ 经检查无误后，擦去多余图线，按平面图规定要求加深图线，标注轴线编号、标高尺寸、索引符号以及文字说明等。对于底层平面图，还需画出剖切位置线及指北针图例，如图 7-6（c）所示。

④ 写上平面图图名及比例等，如图 7-6（c）所示。

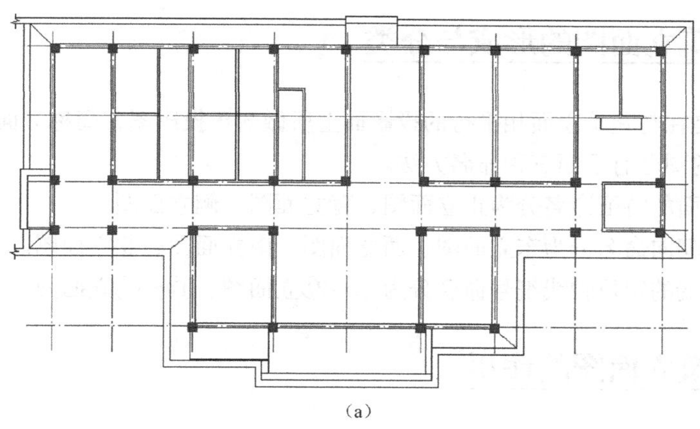

（a）

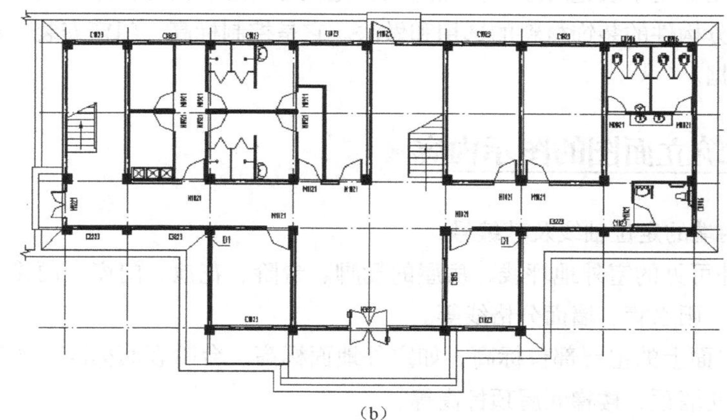

（b）

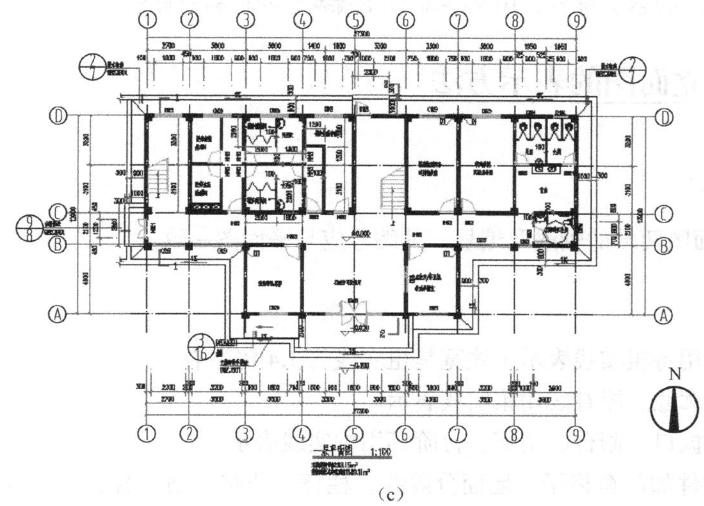

（c）

图 7-6　绘制建筑平面图

7.5 建筑立面图

7.5.1 建筑立面图的形成与分类

建筑立面图是在与建筑立面相平行的投影面上所做的正投影图，简称立面图。

建筑立面图的图名有下面三种命名方法。

① 按建筑墙面的特征命名分为正立面图、背立面图、侧立面图。

② 按建筑的朝向命名分为东立面图、西立面图、南立面图、北立面图。

③ 按建筑两端的定位轴线编号命名分为①～⑨立面图、Ⓓ～Ⓐ立面图。

7.5.2 建筑立面图的作用

建筑立面图主要用来表达房屋的立面造型、建筑总高度、门窗位置标高及形式、墙面装修、阳台、雨篷等部分构件的装饰材料的选用和做法。它是控制标高、门窗安装、建筑外墙装修及编制预算的重要依据。

7.5.3 建筑立面图的图示内容

① 建筑物两端的定位轴线及其编号。

② 建筑物外可见的室外地坪线、房屋的勒脚、台阶、花池、门窗、雨篷、阳台、墙体外边线、檐口、屋顶、雨水管、墙面分格线等。

③ 建筑物立面上的主要部位标高，如室外地面标高、台阶表面标高、各层门窗洞口标高、阳台、雨篷、女儿墙顶、楼梯间屋顶标高等。

④ 平面图表示不出的窗编号，应在立面图上标注。

⑤ 需要详图表示的索引符号，用文字说明外墙装修的材料及做法。

7.5.4 建筑立面图的表示方法

1. 定位轴线

一般只标出立面图两端的轴线及编号，其编号应与平面图一致。

2. 图线

① 室外地坪线用特粗实线表示（线宽是粗实线的 1.4 倍左右）。

② 立面的外轮廓线、屋脊线用粗实线表示。

③ 门窗洞口、檐口、阳台、雨篷、台阶等用中实线表示。

④ 其余细部构件如门窗格子、墙面分隔线、栏杆、花格、雨水管、引出线、尺寸标注均用细实线表示。

3. 比例

立面图的绘制比例同平面图一样，常采用 1∶50、1∶100、1∶200。以 1∶100 最为常见。

4. 图例

立面图上涉及的图例，如门窗、栏杆等均应按标准规定的图例表示。

（1）尺寸标注

立面图一般只在竖直方向标注尺寸，采用三道尺寸线的方式标注出竖直方向尺寸。最里面一道标注房屋的室内外高差、门窗洞口高度、窗台高度、窗顶到楼面高度等，中间一道标注楼层层高，最外面一道标注建筑物总高尺寸，并在相应部位用标高符号标明各主要部位标高，如室内外地坪、各楼层、门窗洞口上下、台阶、雨篷、屋面等部位标高。

（2）外墙装修做法

采用文字说明外墙装修的材料及做法。例如，局部需绘详图的标注详图索引符号。

7.5.5　建筑立面图的识读

1. 看图名及比例，确定立面图表示的是建筑物哪个立面

从图 7-7 所示可知，图中分别表示房屋的①～⑨立面图和Ⓓ～Ⓐ立面图，比例均为 1∶100。①～⑨立面图显示房屋的正立面图，Ⓓ～Ⓐ立面图显示房屋的左立面图。

2. 结合平面图的对应关系，了解整个房屋的外貌形状

由平面图和立面图可知，该图为建筑物南立面图和西立面图，建筑总体基本轮廓为 T 形，共四层，顶层楼梯间突出屋面，主要出入口在建筑物的中间，西端还有一个次要出入口。

3. 对照平面图，深入了解建筑物各构件细部竖向标高及尺寸标注

该建筑物室外地坪比室内地坪低 0.3m，建筑物首层层高 3.9m，其余三层层高 3.6m，女儿墙顶标高 16.2m，楼梯间屋顶标高 17.7m。各楼层分隔线标高均在图中注出。

4. 了解建筑外墙面的装修做法

从立面图标注及文字说明可知，一楼外墙采用灰色外墙饰面砖，突出外墙面的柱子、楼层分隔装饰线条采用灰色丙烯酸弹性高级外墙涂料，其余外墙涂料采用白色丙烯酸弹性高级外墙涂料。

7.5.6　建筑立面图的绘制

建筑立面图的绘制步骤如下。

① 画室外地坪线、屋面线和外墙轮廓线，如图 7-8（a）所示。

② 根据层高、门窗洞口平面尺寸和各部分标高，画细部构件轮廓线，如檐口、门窗洞口、窗台、雨篷、阳台、花池、栏杆、台阶、雨水管等，如图 7-8（b）所示。

③ 检查无误后加深图线，画出门窗扇、装饰、墙面分隔线、定位轴线，如图 7-8（c）所示。

④ 注写标高、图名、比例及必要的文字说明，如图 7-8（c）所示。

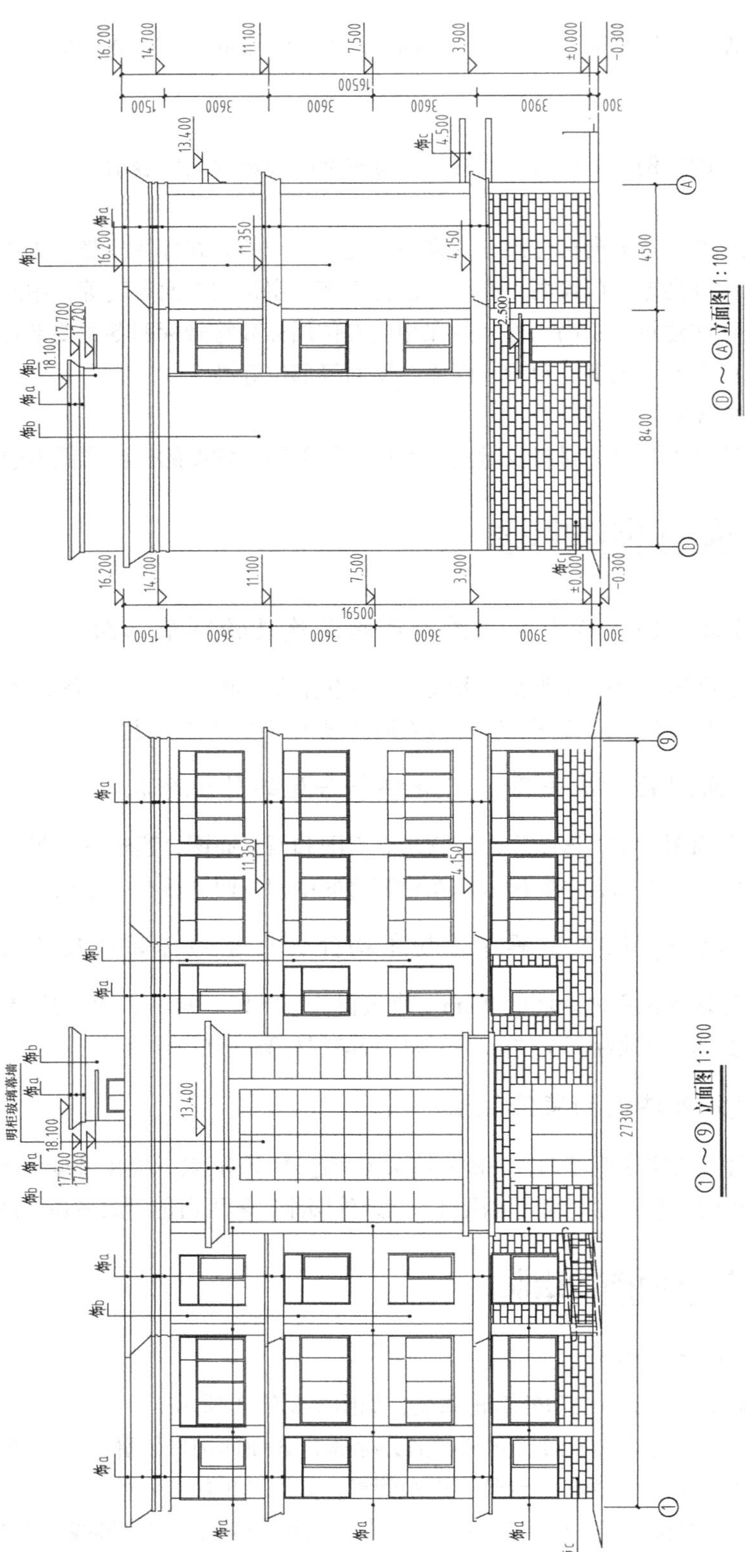
Ⓓ～Ⓐ立面图 1:100
①～⑨立面图 1:100
明框玻璃幕墙
饰a
饰b
饰c
16.200
14.700
11.100
7.500
3.900
±0.000
-0.300
16500
27300
8400
4500

图 7-7 建筑立面图

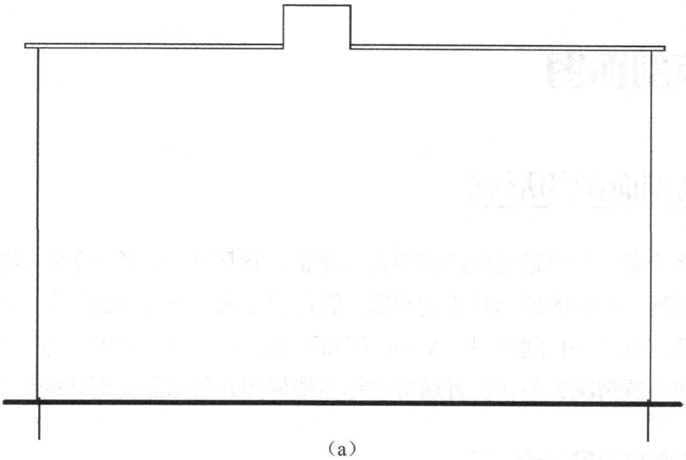

（a）

（b）

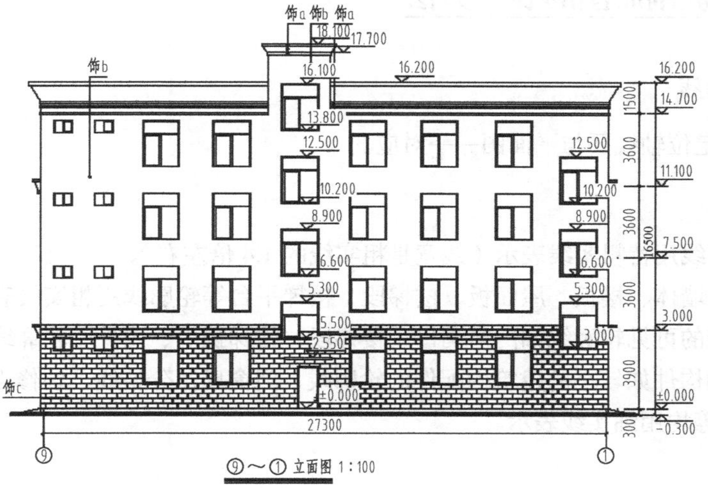

（c）

图 7-8　建筑立面图的绘制

7.6 建筑剖面图

7.6.1 建筑剖面图的形成

假想用一个或多个垂直于外墙轴线的铅垂剖切平面将房屋切开，移去靠近观察者的部分，对剩余部分作正投影图，得到的投影图即为建筑剖面图，简称剖面图。剖面图的图名应与底层平面图上标注的剖切符号编号一致，如 1—1 剖面图、A—A 剖面图等。在实际工程中，为了看清建筑复杂部位的内部竖直方向构造和布置情况，剖切位置通常选择在楼梯间并包括需要剖切的门窗洞口的位置。

7.6.2 建筑剖面图的作用

建筑剖面图主要表达建筑物的结构形式、分层情况、层高以及各构配件在垂直方向的相互关系等。它与建筑平面图、立面图相配合，是建筑施工图的重要图样，也是施工的主要依据之一。

7.6.3 建筑剖面图的图示内容

① 剖切到的墙柱、定位轴线及编号。
② 房屋内部的分层分隔情况，如每个楼层的层高等。
③ 剖切到的房屋的一些构件，如楼板、圈梁、过梁、楼梯、阳台、散水、雨篷等。
④ 未剖切到的一些可见构配件，如梁、柱、阳台、雨篷、门窗、楼梯等。
⑤ 主要部位标高，如室外地面、各层楼面、阳台、平台、屋顶等标高。
⑥ 节点构造详图索引符号及某些用料做法的文字说明。

7.6.4 建筑剖面图的表示方法

1. 定位轴线

剖面图中的定位轴线要与平面图一一对应。

2. 图线

① 室外地坪线用特粗实线表示（线宽是粗实线的 1.4 倍左右）。
② 剖切到的墙体、楼板、屋面板、楼梯段、楼梯平台等轮廓线用粗实线表示。
③ 未剖切到的可见轮廓线如门窗洞口、楼梯段、楼梯扶手、内外墙轮廓线用中实线表示。
④ 其余细部构件如较小的建筑构配件的轮廓线、门窗扇及分格线、装修面层线、尺寸标注、标高及索引符号等均用细实线表示。

3. 比例

建筑剖面图的比例与平面图、立面图相同，常采用 1 : 50、1 : 100、1 : 200 三种，以 1 : 100 最为常见。

4. 图例

绘图比例的不同，剖面图中被剖切到的构配件断面的材料图例表示方法有所不同。当绘图比例大于 1∶50 时，应按标准规定的材料图例表示；当绘图比例为 1∶100～1∶200 时，材料图例可采用简化画法，如钢筋混凝土涂黑；当绘图比例小于 1∶200 时，剖面图可不画材料图例。

5. 剖切位置

建筑剖面图的剖切位置，应根据图纸的用途或设计深度，在平面图上选择在房屋内部构造比较复杂、有代表性的地方剖切，如楼梯间、门窗洞口等部位。剖切平面一般为横向（平行于侧面），必要时也可为纵向（平行于立面）。

6. 尺寸标注

建筑剖面图中，必须标注垂直尺寸和标高，并与平面图、立面图保持一致。竖直方向的尺寸一般也采用三道尺寸线标注。即最里面一道为门窗洞口及窗间墙的高度尺寸，中间一道为层高尺寸，最外侧一道为室外地面以上总高尺寸。

建筑剖面图中，还应标注出室内外地面、各层楼面、楼梯平台面、檐口或女儿墙顶面、突出屋面的水箱顶面、烟囱顶面、楼梯间顶面等处的标高。

7. 楼地面各层构造做法

剖面图中一般可用引出线指向所说明的部位，并按其构造层次逐层用文字说明，表示出各层的构造做法，需用详图加以说明的地方标注详图索引符号。

7.6.5　建筑剖面图的识读

阅读建筑剖面图要与建筑平面图、立面图结合起来，按照如下步骤进行识读。

1. 读图名、比例、对照平面图，了解剖切位置

由图 7-9 可知，该图为 1—1 剖面图，比例为 1∶100，结合平面图底层平面图可知，1—1 剖面图为横剖面图，剖切位置在①～②轴线之间穿过楼梯段和窗洞，剖切后向右投影。

2. 了解主要标高和尺寸标注

确定建筑物各楼层的层高、剖切到的门窗标高及高度方向的尺寸、楼梯平台高度、屋檐、女儿墙的高度等。

从图 7-9 中可以看出，该建筑物首层层高为 3.900m，二～四层层高均为 3.600m。一楼雨篷顶面标高 4.500m，每一楼层的楼面标高、楼梯中间休息平台标高均标注在图上。楼梯台阶踏步个数及踏步的尺寸均已标注。楼梯间窗户 2.300m 高，中间休息平台处窗台高度 0.900m。楼顶女儿墙高度 1.500m，楼梯间顶女儿墙高度 0.400m。

3. 了解屋面、楼地面的构造做法、排水情况等

由图 7-9 可知，该建筑物屋面及楼地面均为钢筋混凝土楼面，屋面设防水层、保温隔热层，具体做法见建筑设计说明。

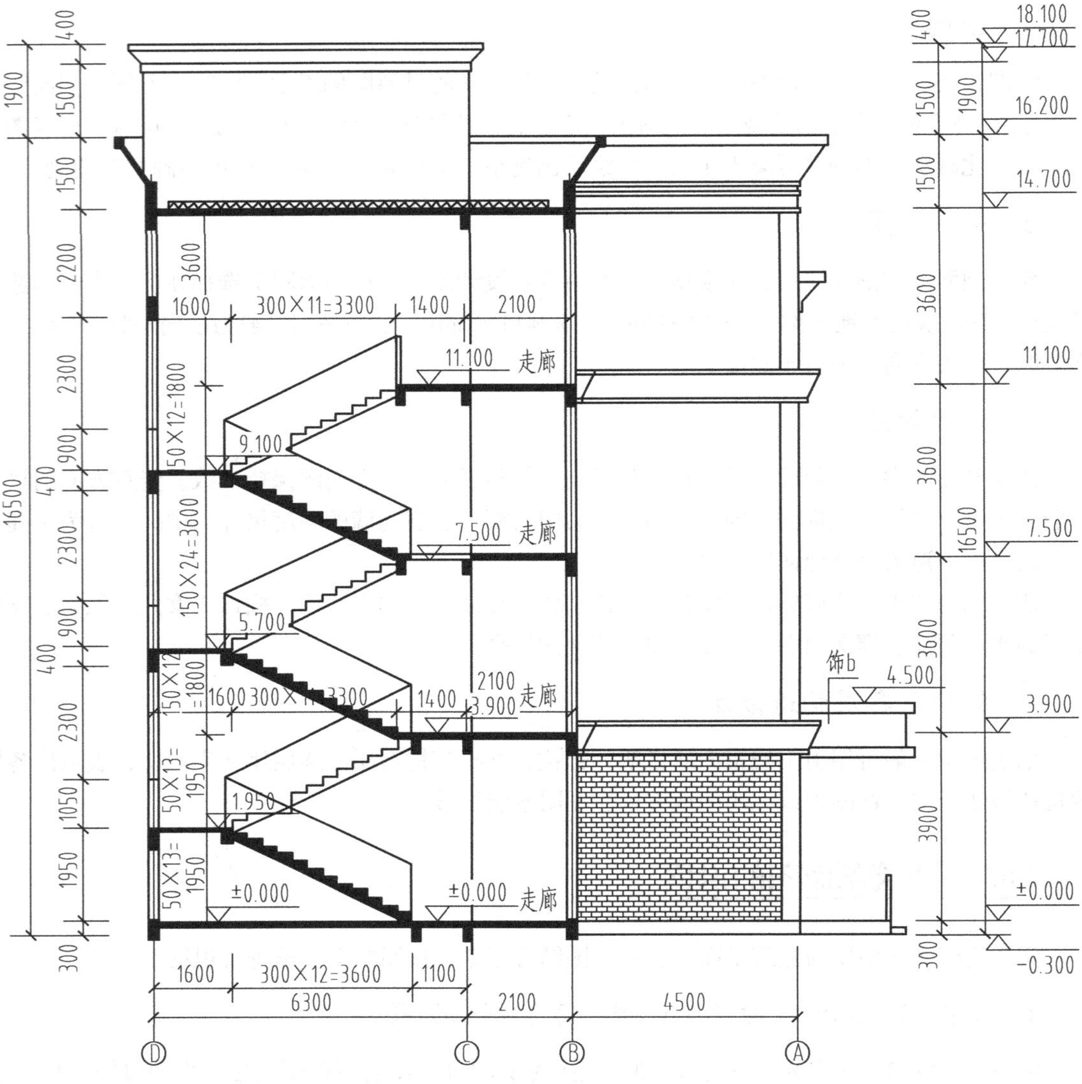

1—1 剖面图 1:100

图 7-9　建筑剖面图

4. 根据索引符号、图例，查阅节点构造详图

结合建筑平面图可知，屋顶周边设置女儿墙，女儿墙高度为 1.500m。

7.6.6　建筑剖面图的绘制方法

① 画定位轴线、室内外地坪线、各楼层地面线和屋顶线，并画出墙身，如图 7-10（a）所示。

② 确定门窗位置，画细部。如梁、板、楼梯、雨篷、屋面、台阶等如图 7-10（b）所示。

③ 经检查无误后，擦去多余线条，按施工图要求加深图线。画材料图例，标注标高、尺寸、图名、比例及有关的文字说明。

④ 完成后的剖面图如图 7-10（c）所示。

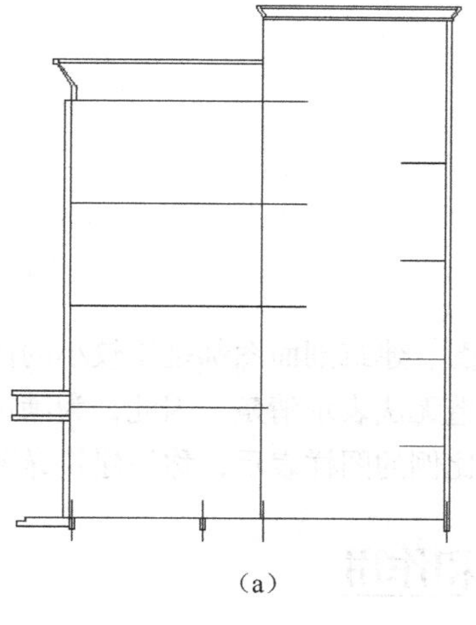

（a）

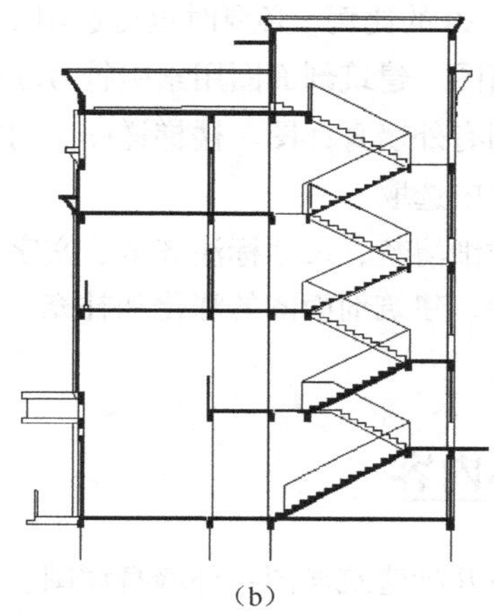

（b）

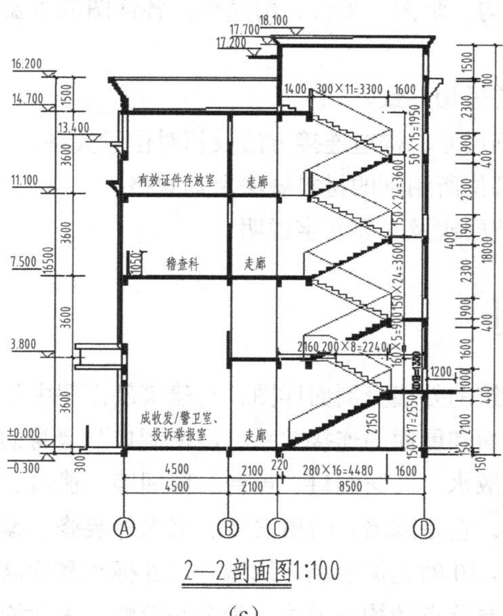

（c）

图 7-10　建筑剖面图的绘制

7.7 建筑详图

7.7.1 建筑详图的形成

房屋的建筑平面图、建筑立面图、建筑剖面图都是用较小的比例绘制，主要表达房屋的总体情况，而建筑的许多细部形状、构造无法表示清楚。因此，为满足施工的需要，必须将这些部位的形状、尺寸、材料做法等用较大比例的图样表示，称为建筑详图，简称详图。

7.7.2 建筑详图的特点和作用

建筑详图通常采用 1：10、1：20 的比例，必要时也可选用 1：5、1：25、1：40 等比例绘制。建筑详图与建筑平面图、建筑立面图、建筑剖面图用索引符号联系起来，建筑详图的数量由工程的难易程度决定。常用的建筑详图有外墙身详图、楼梯详图、门窗详图、雨篷阳台详图等。实际工程中有些详图还直接从标准图集中选取。

建筑详图比例大、图示内容详细清楚、尺寸标注齐全、文字说明详尽，它是建筑细部的施工图，是对建筑平面图、建筑立面图、建筑剖面图的深化和补充，是建筑细部施工、建筑构配件制作及编制预算的依据。

7.7.3 建筑详图的图示内容

一栋房屋的施工图通常有以下几种建筑详图：外墙身详图、楼梯详图、门窗详图及一些构配件详图，如花池、散水、明沟、暗沟、阳台、雨篷等。各详图的主要内容有：

① 图名、比例。

② 轴线标注应与索引符号相一致。

③ 构配件各部分的详细尺寸、构造连接方法及相对位置关系。

④ 构配件、节点连接部位所用到的材料做法及其规格。

⑤ 相关施工要求、构造层次及必要文字说明。

7.7.4 外墙身详图

外墙身详图实质上是建筑的外墙身剖面详图，是建筑剖面图中外墙部分的局部放大图，主要表达外墙与室内外地坪、楼面和屋面的连接关系，门窗洞口与墙身的关系，楼地面、屋面、阳台的构造做法，墙体的勒脚、散水、门窗洞口、窗台、窗间墙、檐口、女儿墙等部位的高度、细部尺寸及相关构造做法等情况，它是砌墙、门窗安装、室内外装修、编制施工预算的重要依据。

外墙身详图通常采用 1：20 的比例绘制，线型、尺寸标注和标高与剖面图相同，详细表达了外墙身从防潮层到墙顶各主要节点的构造做法。为节约篇幅、表达简洁，通常采用折断画法，在窗洞中间处断开，形成几个节点详图的组合，如图 7-11 所示。如果多层房屋中间几层情况相同，则可只画出底层、顶层和一个中间层的详图。

外墙身详图上标注尺寸和标高，与建筑剖面图基本相同，线型也与剖面图一样，剖切到的轮廓线用粗实线绘制，粉刷线用细实线绘制，断面轮廓线内应画出相应的材料图例。

图 7-11 所示为外墙身大样图，图上注明了外墙身详图的内容。

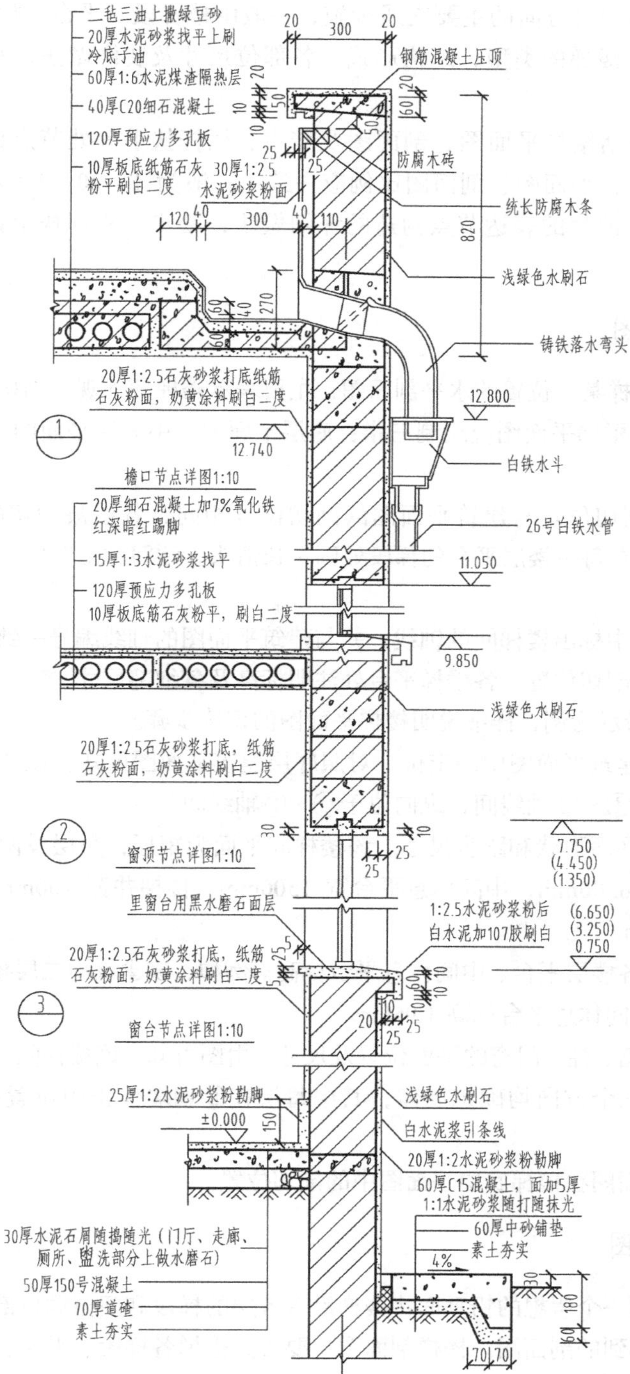

图 7-11　外墙身大样图

7.7.5 楼梯详图

楼梯是多层房屋垂直方向的主要交通设施，一般由楼梯段、平台、栏杆扶手三部分组成。楼梯详图主要表示了楼梯的类型、结构形式、各部位尺寸及装修做法，是楼梯施工放样的主要依据。

楼梯详图一般包括楼梯平面图、剖面图及踏步、栏杆扶手等处节点详图。这些详图应尽可能画在同一张图上，平面图、剖面图比例应一致（一般为 1∶20、1∶25、1∶50），以便对照阅读。为了便于更清楚的表达节点构造的详细做法，踏步、栏杆扶手详图比例一般较大，常为 1∶5、1∶10。

1. 楼梯平面图

楼梯平面图是楼梯某一位置的水平剖面图，主要表示楼梯的外观、结构形式、平台的标高尺寸等。一般情况下，楼梯平面图应绘制三张：底层平面图、中间层平面图（中间层无变化）、顶层平面图。

楼梯平面图的剖切位置与建筑平面图的剖切位置相同，各层被剖切的梯段断开处均用一根 45°折断线表示。在每一楼层平台的梯段处画一长箭头，注写“上”“下”，表示楼梯的上下交通方向。

各层楼梯平面图中标出楼梯间的轴线，并与建筑平面图的轴线编号一致。楼梯底层平面图还应注明楼梯剖面图的剖切位置，各楼梯平台处注明标高及各细部尺寸。

下面以图 7-12 所示为例，详细说明楼梯平面图的识读步骤。

① 了解楼梯在建筑平面图中的定位。对照底层建筑平面图可知，该楼梯是建筑物最左侧的一个楼梯，横向位于①～②轴线间，纵向位于Ⓒ～Ⓓ轴线间。

② 了解楼梯的平面形状和踏步尺寸。该楼梯间平面为矩形，每层设两个梯段。其开间尺寸 2700mm，进深尺寸 6300mm，中间休息平台宽 1500mm，楼梯井宽 100mm，每级踏步数如图所示，踏步宽度 300mm。

③ 了解楼梯间各楼层平台、中间休息平台标高。例如，该建筑物二层楼层平台标高 3.900m，一层和二层之间的中间休息平台标高 1.950m。

④ 了解楼梯间墙、柱、门窗的平面位置及尺寸。由图可知，该楼梯间四角处设有柱，C 轴方向没有砌墙，其余三个方向均砌筑墙体，其中每层在Ⓓ轴墙体正中位置有一扇窗，窗户宽度 1800mm。

⑤ 了解楼梯剖面图在楼梯底层平面图中的剖切位置。

2. 楼梯剖面图

楼梯剖面图是用一个假想的铅垂面将楼梯沿着各层的梯段和门窗洞口剖开，向另一个未剖到的梯段方向投影所得到的剖面图。楼梯剖面图主要表达楼梯各梯段、平台、栏杆等的构造及其相互关系。在多层房屋中，若中间各层的楼梯构造相同，剖面图可只画底层、中间层和顶层剖面，中间层用折断线分开。

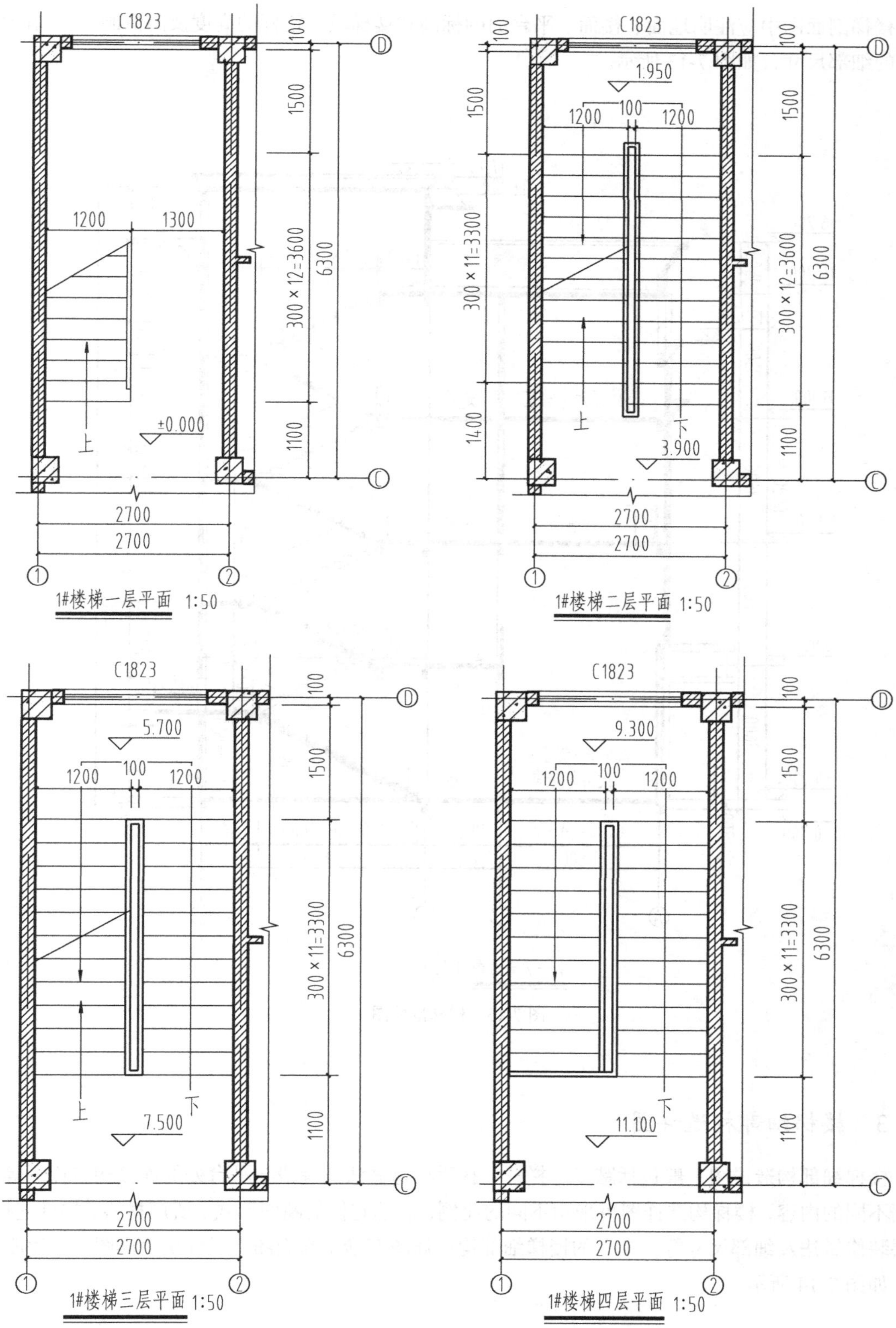

图 7-12　楼梯各层平面图

楼梯剖面图中应注明地面、楼面、平台面的标高和楼梯段、栏杆的高度及门窗洞口、窗间墙等处的细部尺寸，如图 7-13 所示。

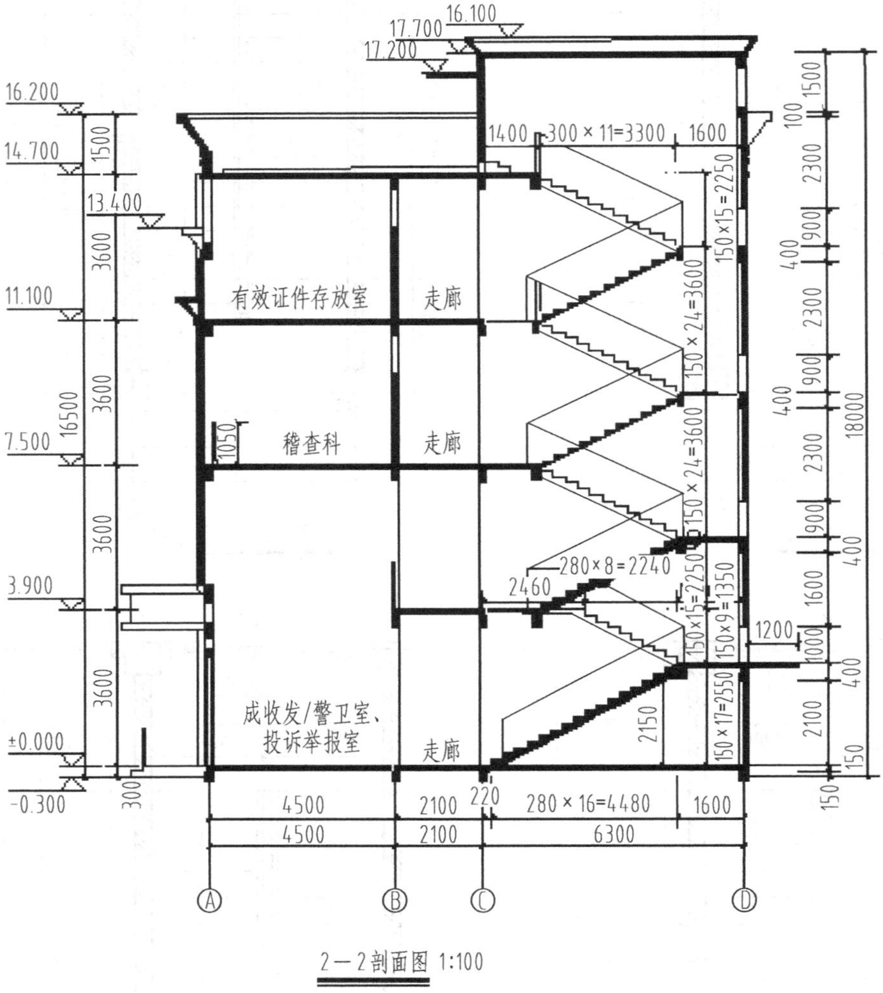

2—2剖面图 1:100

图 7-13　楼梯剖面图

3. 楼梯细部构造详图

楼梯细部构造详图一般包括踏步、栏杆、扶手构造做法及梯段与平台处的连接构造详图等。依据不同的内容，楼梯构造详图可采用不同的比例，表达它们的断面形式、所用材料、构件连接、面层装修做法及细部尺寸等，常见的楼梯细部构造详图有踏步断面图、栏杆扶手详图、扶手断面图，如图 7-14 所示。

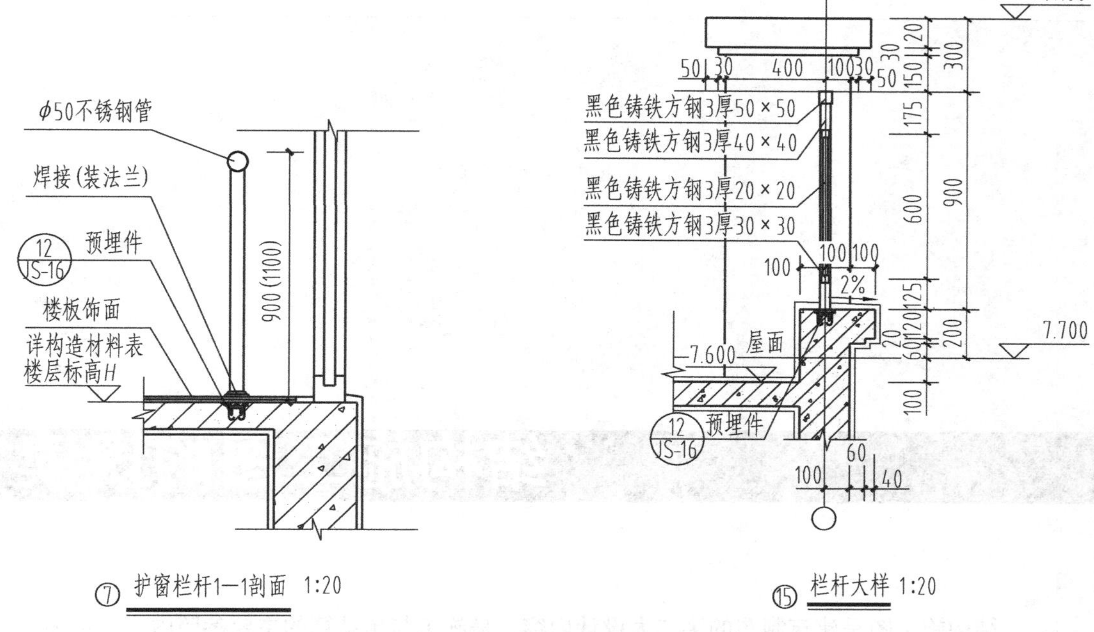

图 7-14　楼梯细部构造详图

第8章 结构施工图的识读

结构施工图是建筑制图的第二大设计内容，是施工与预结算的主要参照内容，正确识读结构施工图是建筑结构课程的学习基础。本章主要介绍了楼层结构平面图和基础图的知识，通过本章的学习，读者应能了解结构施工图的内容、构件代号、钢筋代号、符号及标注，掌握识读结构施工图的方法，了解现浇钢筋混凝土构件平面整体设计方法（简称平法）。

8.1 概述

房屋的结构施工图是根据房屋建筑中的承重构件进行结构设计后画出的图样。结构设计时要根据建筑要求选择结构类型，并进行合理布置，再通过力学计算确定构件的断面形状、大小、材料及构造等。结构施工图必须与建筑施工图密切配合，它们之间不能产生矛盾。

结构施工图与建筑施工图一样，是施工的依据，主要用于放灰线、挖基槽、基础施工、支承模板、配钢筋、浇灌混凝土等施工过程，也是计算工程量、编制预算和施工进度计划的依据。

其主要内容如图 8-1 所示，包含以下几大块。

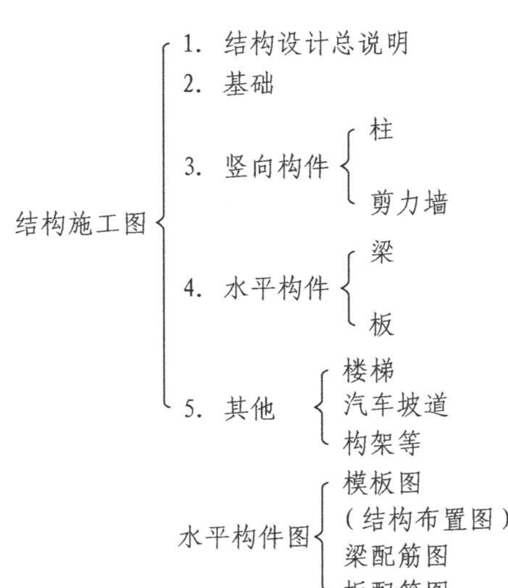

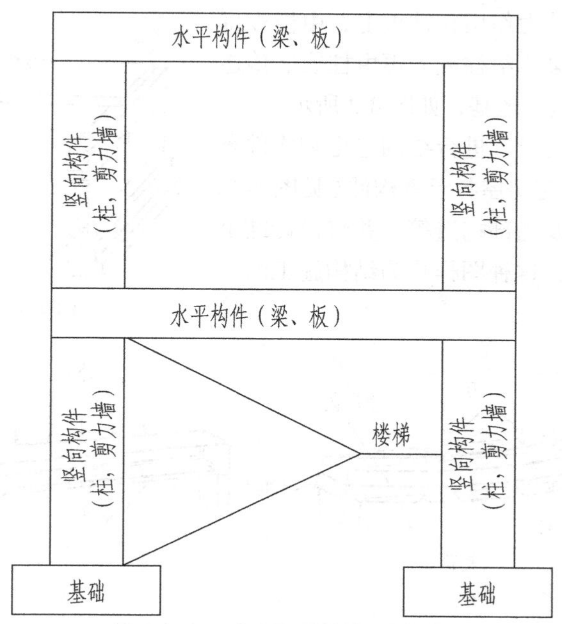

图 8-1　结构施工图内容图解

8.1.1　房屋结构的分类

常见的房屋结构按承重构件的材料可分为下面 5 种。

① 砌体结构——墙用砖、混凝土等砌块砌筑，梁、楼板和屋面都是钢筋混凝土构件。

② 钢筋混凝土结构——柱、梁、楼板和屋面都是钢筋混凝土构件。

③ 砖木结构——墙用砖砌筑，梁、楼板和屋架都用木料制成。

④ 钢结构——承重构件全部为钢材。

⑤ 木结构——承重构件全部为木料。

房屋结构按结构不同形式可以分下面几种结构。

- 框架结构、展开柱框架结构
- 剪力墙结构
- 筒体结构
  - 框架一核心筒结构
  - 筒中筒结构
- 框架剪力墙结构
- 复杂高层建筑结构
  - 带转换层的高层建筑结构（住宅底层架空或底部几层）
  - 带加强层的高层建筑结构
  - 错层结构
  - 连体结构
  - 多塔结构

在房屋建筑结构中，结构的作用是承受重力和传递荷载，一般情况下，外力作用在楼板上，由楼板将荷载传递给墙或梁，由梁传给柱或墙再由柱或墙传递给基础，最后由基础传递给地基，如图 8-2 所示。

根据建筑各方面的要求，进行结构造型和构件布置，再通过力学计算，决定房屋各承重构件（见图 8-3）的材料、形状、大小以及内部构造等，并将设计结果绘成图样，以指导施工，这种图样称为结构施工图，简称“结施”。

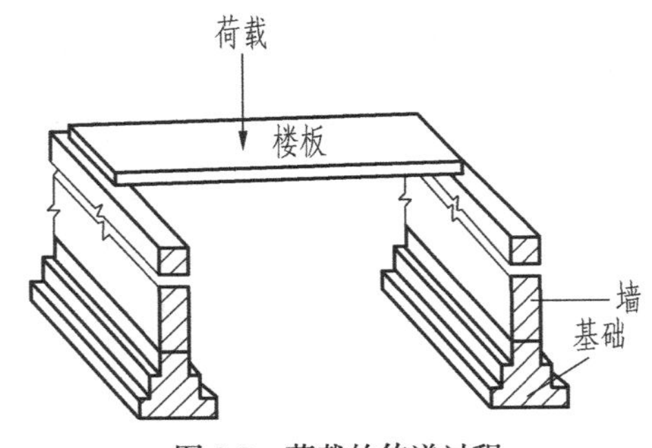

图 8-2　荷载的传递过程

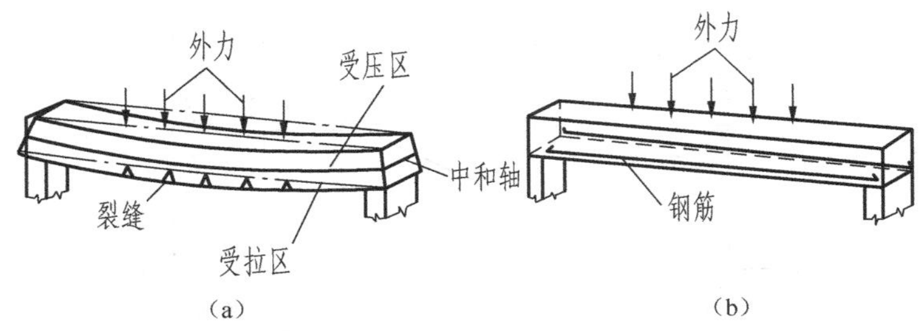

图 8-3　钢筋混凝土梁受力示意图

8.1.2　结构施工图组成

结构设计总说明（对于较小的房屋一般不必单独编写），基础平面图及基础详图，楼层结构平面图，屋面结构平面图，结构构件（例如梁、板、柱、楼梯、屋架等）详图。

1. 结构设计说明

结构设计说明包括抗震设计与防火要求、地基与基础、地下室、钢筋混凝土各种构件、砖砌体、后浇带与施工缝等部分选用的材料类型、规格、强度等级，施工注意事项等。很多设计单位已将上述内容一一详列在一张“结构说明”图纸上，供设计者选用。

2. 结构平面图

假想用水平剖切平面沿楼板面水平切开所得的水平剖面图，用直接正投影法绘制。包含：

① 基础平面图，工业建筑还有设备基础布置图。

② 楼层结构平面布置图，工业建筑还包括柱网、吊车梁、柱间支撑、连系梁布置等。

③ 屋面结构平面图包括屋面板、天沟板、屋架、天窗架及支撑布置等。

3. 构件详图

构件详图包括下面几方面。

① 梁、板、柱及基础结构详图。

② 楼梯结构详图。

③ 屋架结构详图。

④ 其他详图，如支撑详图等。建构施工图中常用的构件代号如表 8-1 所示。

表 8-1　常用构件代号

名　称	代　号	名　称	代　号	名　称	代　号
板	B	吊车梁	DL	基础	J
屋面板	WB	圈梁	QL	设备基础	SJ
空心板	KB	过梁	GL	桩	ZH
槽形板	CB	连系梁	LL	柱间支撑	ZC
折板	ZB	基础梁	JL	垂直支撑	CC
密肋板	MB	楼梯梁	TL	水平支撑	SC
楼梯板	TB	檩条	LT	梯	T
盖板或沟盖板	GB	屋架	WJ	雨篷	YP
挡雨板或檐口板	YB	托架	TJ	阳台	VT
车安全走道板	DB	天窗架	CJ	梁垫	LD
墙板	QB	框架	KJ	预埋件	M
天沟板	TGB	刚架	GJ	天窗端壁	TD
梁	L	支架	ZJ	钢筋网	W
屋面梁	WL	柱	Z	钢筋骨架	G

8.1.3　钢筋混凝土构件简介

1. 混凝土强度等级和钢筋混凝土构件的组成

钢筋混凝土构件由钢筋和混凝土两种材料组合而成。混凝土由水、水泥、黄砂、石子按一定比例拌和硬化而成。混凝土抗压强度高，混凝土的强度等级分为 C15、C20、C25、C30、C35、C40、C45、C50、C55、C60、C65、C70、C75、C80 十四个等级，数字越大，表示混凝土抗压强度越高。混凝土的抗拉强度比抗压强度低得多，一般仅为抗压强度的 1/20～1/10，而钢筋不但具有良好的抗拉强度，而且与混凝土有良好的黏合力，其热膨胀系数与混凝土相近，因此，两者常结合组成钢筋混凝土构件。图 8-3 所示的两端支承在砖墙上的钢筋混凝土的简支梁，将所需的纵向钢筋均匀地放置在梁的底部与混凝土浇筑在一起，梁在均布荷载的作用下产生弯曲变形。梁的上部为受压区，由混凝土承受压力；梁的下部为受拉区，由钢筋承受拉力。常见的钢筋混凝土构件有梁、板、柱、基础、楼梯等。为了提高构件的抗裂性，还可制成预应力钢筋混凝土构件。没有钢筋的混凝土构件称为混凝土构件或素混凝土构件。

2. 钢筋的分类与作用

（1）钢筋按其所起的作用分类

如图 8-4 所示，配置在钢筋混凝土构件中的钢筋，按其所起的作用可分为受力筋、架立筋、箍筋、分布筋和构造筋。

① 受力筋。承受拉力或压力的钢筋，在梁、板、柱等各种钢筋混凝土构件中都有配置。

② 架立筋。一般只在梁中使用，与受力筋、箍筋一起形成钢筋骨架，用以固定箍筋位置。

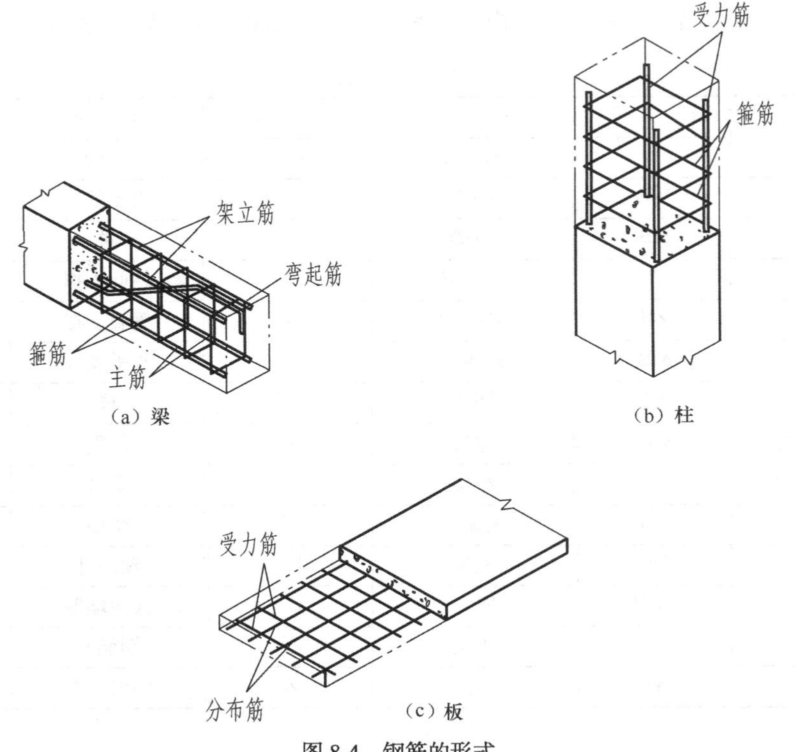

图 8-4 钢筋的形式

③ 箍筋。一般多用于梁和柱内，用以固定受力筋位置，并承受部分斜拉应力。

④ 分布筋。一般用于板内，与受力筋垂直，用以固定受力筋的位置，与受力筋一起构成钢筋网，使力均匀分布给受力筋，并抵抗热胀冷缩所引起的温度变形。

⑤ 构造筋。因构件在构造上的要求或施工安装需要而配置的钢筋。

（2）钢筋的种类与符号

热轧钢筋是建筑工程中用量最大的钢筋，主要用于钢筋混凝土和预应力混凝土配筋。钢筋有光圆钢筋和带肋钢筋之分，热轧光圆钢筋的牌号为 HPB235；常用带肋钢筋的牌号有 HRB335、HRB400 和 RRB400 几种。其强度、代号、规格范围详如表 8-2 所示。对于预应力构件中常用的钢绞线、钢丝等可查阅有关的资料，此处不再细述。

表 8-2　　普通钢筋的强度、代号及规格

种　类		符　号	公称直径 d/mm	屈服强度标准值 f_{yk} / (N · mm^{-2})
热轧钢筋	HPB235	Φ	8～20	235
	HRB335	Φ̲	6～50	335
	HRB400	Φ̲̲	6～50	400
	RRB400	Φ̲̲^{R}	8～40	400

（3）保护层和弯钩

钢筋混凝土构件的钢筋不允许外露。为了保护钢筋，防锈、防火、防腐蚀，在钢筋的外边缘与构件表面之间应留有一定厚度的保护层，其具体数值如表 8-3 所示。

表 8-3　　　　钢筋混凝土构件的保护层

钢　　筋	构件种类		保护层厚度/mm
受力筋	板	断面厚度≤100 mm	10
		断面厚度＞100mm	15
	梁和柱		25
	基础	有垫层	35
		无垫层	70
箍筋	梁和柱		15
分布筋	板		10

为了使钢筋和混凝土具有良好的黏结力，应在光圆钢筋两端做成半圆弯钩或直弯钩；带纹钢筋与混凝土的黏结力强，两端可不做弯钩。箍筋两端在交接处也要做出弯钩。

3. 钢筋混凝土结构图的图示特点

为了突出表示钢筋的配置状况，在构件的立面图和断面图上，轮廓线用中或细实线画出，图内不画材料图例，而用粗实线（在立面图）和黑圆点（在断面图）表示钢筋。并要对钢筋加以说明标注。

① 钢筋的一般表示法。

常见的表示方法如表 8-4 所示。

表 8-4　　　　钢筋表示方法

内　　容	表示方法	内　　容	表示方法
1. 端部无弯钩的钢筋		4. 无弯钩的钢筋搭接	
2. 当无弯钩钢盘投影重叠时，可在钢筋端部画 45°方向粗短画线	② ①	5. 一组相同钢筋可用粗实线绘制其中一根，同时用尺寸标注其起止范围	
3. 在平面图中配置双向钢筋时，底层钢筋弯钩应向上或向左，顶层钢筋则向下或向右	底层： 顶层：	6. 图中表示的箍筋、环箍等布置复杂时，应加画钢筋详图及说明	

② 钢筋的标注方法。

钢筋（或钢丝束）的标注应包括钢筋的编号、数量或间距、代号、直径及所在位置，通常应沿钢筋的长度标注或标注在有关钢筋的引出线上。梁、柱的箍筋和板的分布筋，一般应注出间距，不注数量。对于简单的构件，钢筋可不编号。具体标注方式如图 8-5 所示。

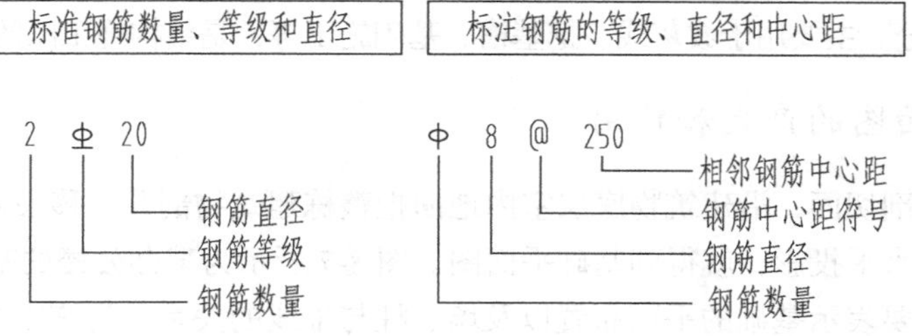

图 8-5　钢筋的标注方法

③ 当构件纵横向尺寸相差悬殊时，可在同一详图中纵横向选用不同比例。

④ 结构图中的构件标高，一般标注出构件底面的结构标高。

⑤ 构件配筋较简单时，可在其模板图的一角用局部剖面的方式，绘出其钢筋布置。构件对称时，在同一图中可以一半表示模板，一半表示配筋。

8.2 基础平面布置图及构件详图

8.2.1 建筑物基础

房屋中哪个部位是基础呢？通常把建筑物地面（±0.000）以下、承受房屋全部荷载的结构称为基础。基础以下称为地基。基础的作用就是将上部荷载均匀地传递给地基。基础的形式很多，常采用的有条形基础、独立基础和桩基础等，关于基础的更多内容，将在相关课程中学到，在这里不再详述。

下面以条形基础为例，介绍基础（见图 8-6）的组成。

（1）地基

承受建筑物荷载的天然土壤或经过人工加固的土壤。

（2）垫层

把基础传来的荷载均匀地传递给地基的结合层。

（3）大放脚

把上部结构传来的荷载分散传给垫层的基础扩大部分，目的是使地基上单位面积的压力减小。

（4）基础墙

建筑中把±0.000 以下的墙称为基础墙。

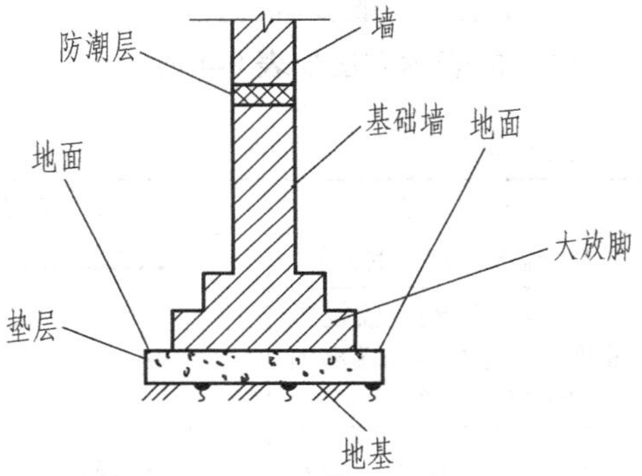

（5）防潮层

为了防止地下水对墙体的浸蚀，在地面稍低（约-0.060m）处设置一层能防水的建筑材料来隔潮，这一层称为防潮层。

图 8-6 基础的组成示意

8.2.2 基础图的形成及作用

基础图主要用来表示基础、地沟等的平面布置及基础、地沟等的做法，包括基础平面图、基础详图和文字说明三部分。主要用于放灰线、挖基槽、基础施工等，是结构施工图的重要组成部分之一。

1. 基础平面图的产生和作用

假设用一水平剖切面，沿建筑物底层室内地面把整栋建筑物剖开，移去截面以上的建筑物和基础回填土后，作水平投影，就得到基础平面图。图 8-7 所示为某办公楼的基础平面图。

基础平面图主要表示基础的平面布置以及墙、柱与轴线的关系，为施工放线、开挖基槽或基坑和砌筑基础提供依据。

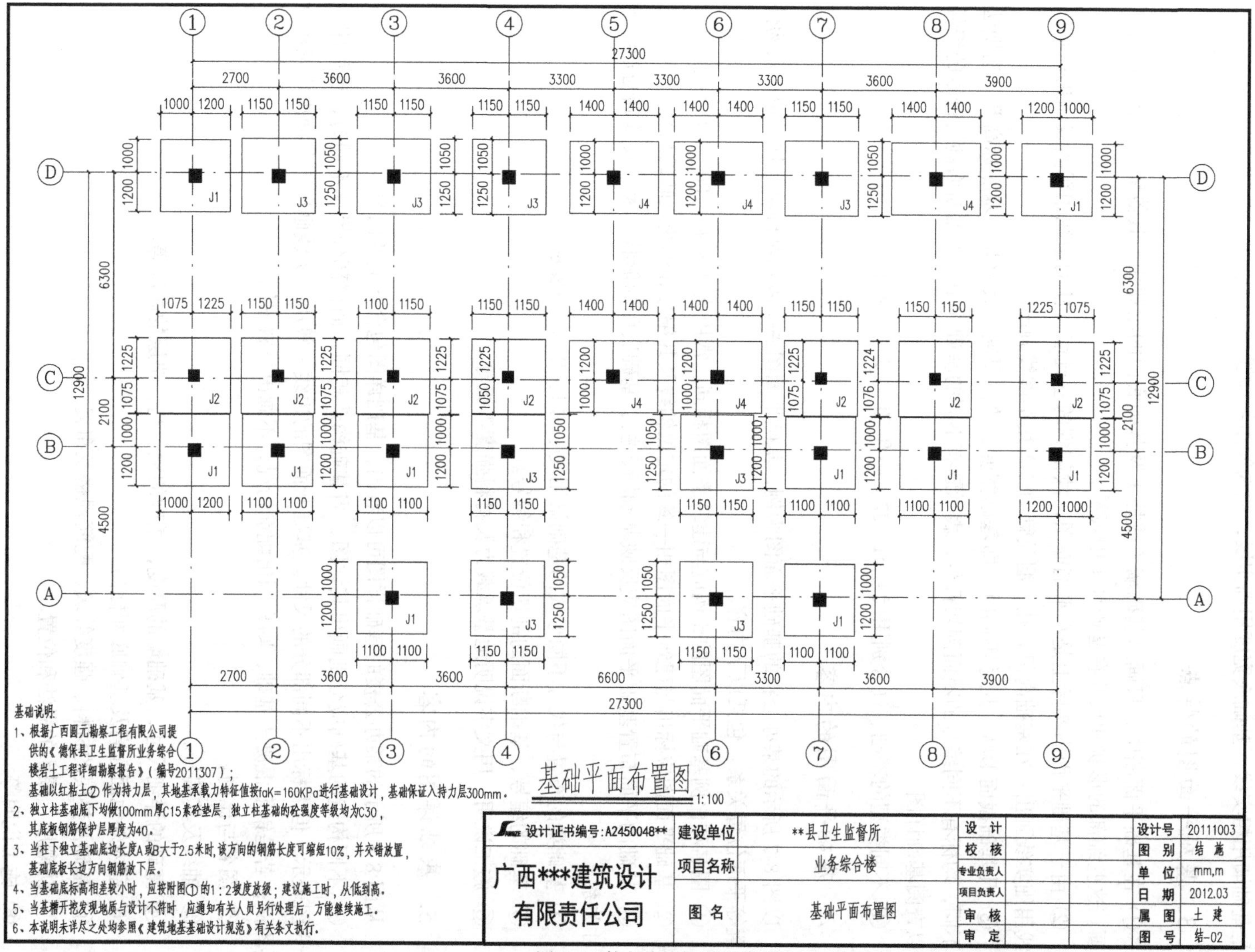

基础平面布置图

1:100

基础说明：

1、根据广西圆元勘察工程有限公司提供的《德保县卫生监督所业务综合楼岩土工程详细勘察报告》（编号2011307）；
基础以红粘土②作为持力层，其地基承载力特征值按fak=160KPa进行基础设计，基础保证入持力层300mm。

2、独立柱基础底下均做100mm厚C15素砼垫层，独立柱基础的砼强度等级均为C30，其底板钢筋保护层厚度为40。

3、当柱下独立基础底边长度A或B大于2.5米时，该方向的钢筋长度可缩短10%，并交错放置，基础底板长边方向钢筋放下层。

4、当基础底标高相差较小时，应按附图①的1：2坡度放级；建议施工时，从低到高。

5、当基槽开挖发现地质与设计不符时，应通知有关人员另行处理后，方能继续施工。

6、本说明未详尽之处均参照《建筑地基基础设计规范》有关条文执行。

设计证书编号：A2450048**	建设单位	**县卫生监督所	设　计		设计号	20111003
广西***建筑设计有限责任公司	项目名称	业务综合楼	校　核		图　别	结　施
			专业负责人		单　位	mm,m
	图　名	基础平面布置图	项目负责人		日　期	2012.03
			审　核		属　图	土　建
			审　定		图　号	结-02

图 8-7　某办公楼的基础平面图

2. 画法

在基础图中，绘图的比例、轴线编号及轴线间的尺寸必须同建筑平面图一样。线型的选用惯例是基础墙用粗实线，基础底宽度用细实线，地沟等用细虚线。

3. 基础平面图的特点

① 在基础平面图中，只画出基础墙（或柱）及基础底面的轮廓线，其他细部轮廓线都省略不画。这些细部的形状和尺寸在基础详图中表示。

② 由于基础平面图实际上是水平剖面图，故剖到的基础墙、柱的边线用粗实线画出；基础边线用细实线画出；在基础内留有孔、洞及管沟位置用细虚线画出。

③ 凡基础截面形状、尺寸不同时，即基础宽度、墙体厚度、大放脚、基底标高及管沟做法等不同，均标有不同编号的断面剖切符号，表示画有不同的基础详图。根据断面剖切符号的编号可以查阅基础详图。

④ 不同类型的基础、柱分别用代号 J1、J2、…和 Z1、Z2、…表示。

4. 基础平面图的内容

以图 8-7 所示的某办公楼的基础平面图为例，基础平面图主要表示基础墙、柱、留洞及构件布置等平面位置关系。包括以下内容。

① 图名和比例基础平面图的比例应与建筑平面图相同。常用比例为 1：100、1：200。

② 基础平面图应标出与建筑平面图相一致的定位轴线及其编号和轴线之间的尺寸。

③ 基础的平面布置基础平面图应反映基础墙、柱、基础底面的形状、大小及基础与轴线的尺寸关系。

④ 基础梁的布置与代号不同形式的基础梁用代号 JL1、JL2、…表示。

⑤ 基础的编号、基础断面的剖切位置和编号。

⑥ 施工说明。用文字说明地基承载力及材料强度等级等。

5. 基础详图的内容

从图 8-8 所示的某办公楼的基础详图可以看出，基础详图包含下面的内容。

① 不同构造的基础应分别画出其详图，当基础构造相同，而仅部分尺寸不同时，也可用一个详图表示，但需标出不同部分的尺寸。基础断面图的边线一般用粗实线画出，断面内应画出材料图例；若是钢筋混凝土基础，则只画出配筋情况，不画出材料图例。

② 图名与比例。

③ 轴线及其编号。

④ 基础的详细尺寸，基础墙的厚度，基础的宽、高，垫层的厚度等。

⑤ 室内外地面标高及基础底面标高。

⑥ 基础及垫层的材料、强度等级、配筋规格及布置。

⑦ 防潮层、圈梁的做法和位置。

⑧ 施工说明等。

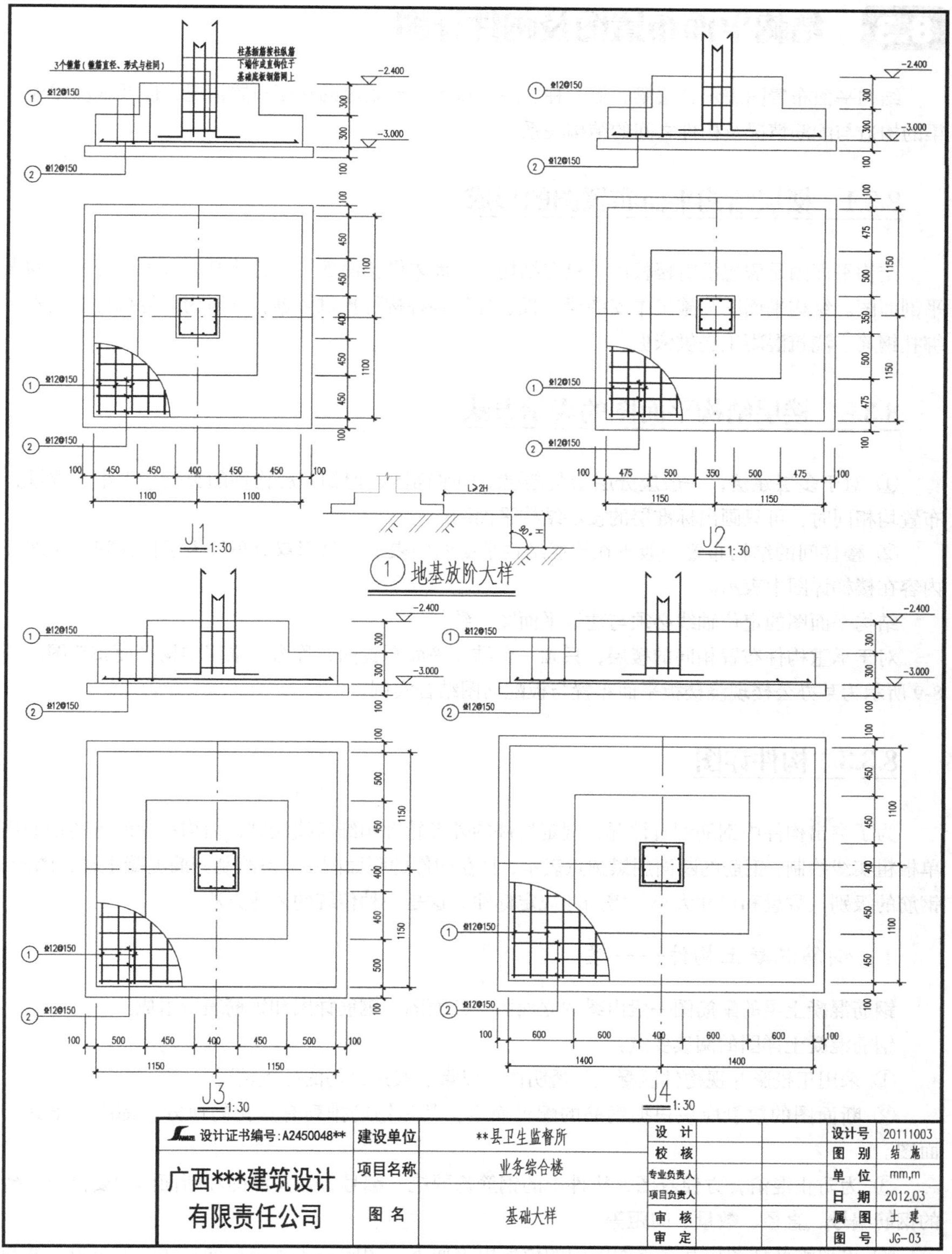

3个箍筋（箍筋直径、形式与柱同）

柱基插筋按柱纵筋下端作成直钩位于基础底板钢筋网上

① Φ12@150

② Φ12@150

−2.400　−3.000

J1 1:30

J2 1:30

① 地基放阶大样

L≥2H

J3 1:30

J4 1:30

设计证书编号:A2450048**	建设单位	**县卫生监督所	设　计			设计号	20111003
广西***建筑设计有限责任公司			校　核			图　别	结　施
	项目名称	业务综合楼	专业负责人			单　位	mm,m
			项目负责人			日　期	2012.03
	图　名	基础大样	审　核			属　图	土　建
			审　定			图　号	JG-03

图 8-8　某办公楼的基础详图

8.3 结构平面布置图及构件详图

结构平面布置图表示各层梁、板、柱、墙、过梁和圈梁等的平面布置情况，以及现浇楼板、梁的构造与配筋情况及构件之间的结构关系。

8.3.1 楼层结构平面布置图的形成

结构平面图是假想沿着楼板面（只有结构层，尚未做楼面面层）将建筑物水平剖开所作的水平剖面图。结构平面图为施工中安装梁、板、柱等各种构件提供依据，同时为现浇构件立模板、绑扎钢筋、浇筑混凝土提供依据。

8.3.2 楼层结构平面图的表示方法

① 对于多层建筑，一般应分层绘制楼层结构平面图，但如各层构件的类型、大小、数量、布置均相同时，可只画出标准层的楼层结构平面图。

② 楼梯间的结构布置一般不在楼层结构平面图中表示，只用双对角线表示楼梯间。这部分内容在楼梯详图中表示。

结构平面图的定位轴线必须与建筑平面图一致。

对于承重构件布置相同的楼层，只画一个结构平面布置图，称为标准层结构平面布置图。图 8-9 所示为某办公楼现浇楼板平面布置与板配筋图结合实例。

8.3.3 构件详图

为了突出构件中钢筋配置情况，规定构件的外形轮廓用细实线绘制，而构件中配置的钢筋用单根粗实线绘制，钢筋的断面用黑圆点表示，且在构件的断面图中，不绘制钢筋混凝土材料图例。钢筋的级别、数量和尺寸大小，需加注规定标注。这是一种传统的表达方法。

1. 钢筋混凝土构件——梁

钢筋混凝土梁的配筋图一般由梁的立面图、断面图、钢筋详图和钢筋表所组成。

钢筋混凝土详图的阅读要点：

① 采用正投影并视构件混凝土为透明体，以重点表达钢筋的配置情况。

② 断面图的数量应该根据钢筋的配置而定，凡是钢筋排列有变化的地方，都应画出其断面图。

③ 为防止混淆，方便看图，构件中的钢筋都要统一编号，在立面图和断面图中要注出一致的钢筋编号、直径、数量、间距等。

④ 单根钢筋详图按其在立面图中的位置由上而下，用同一比例排在梁立面图的下方，并与之对齐。

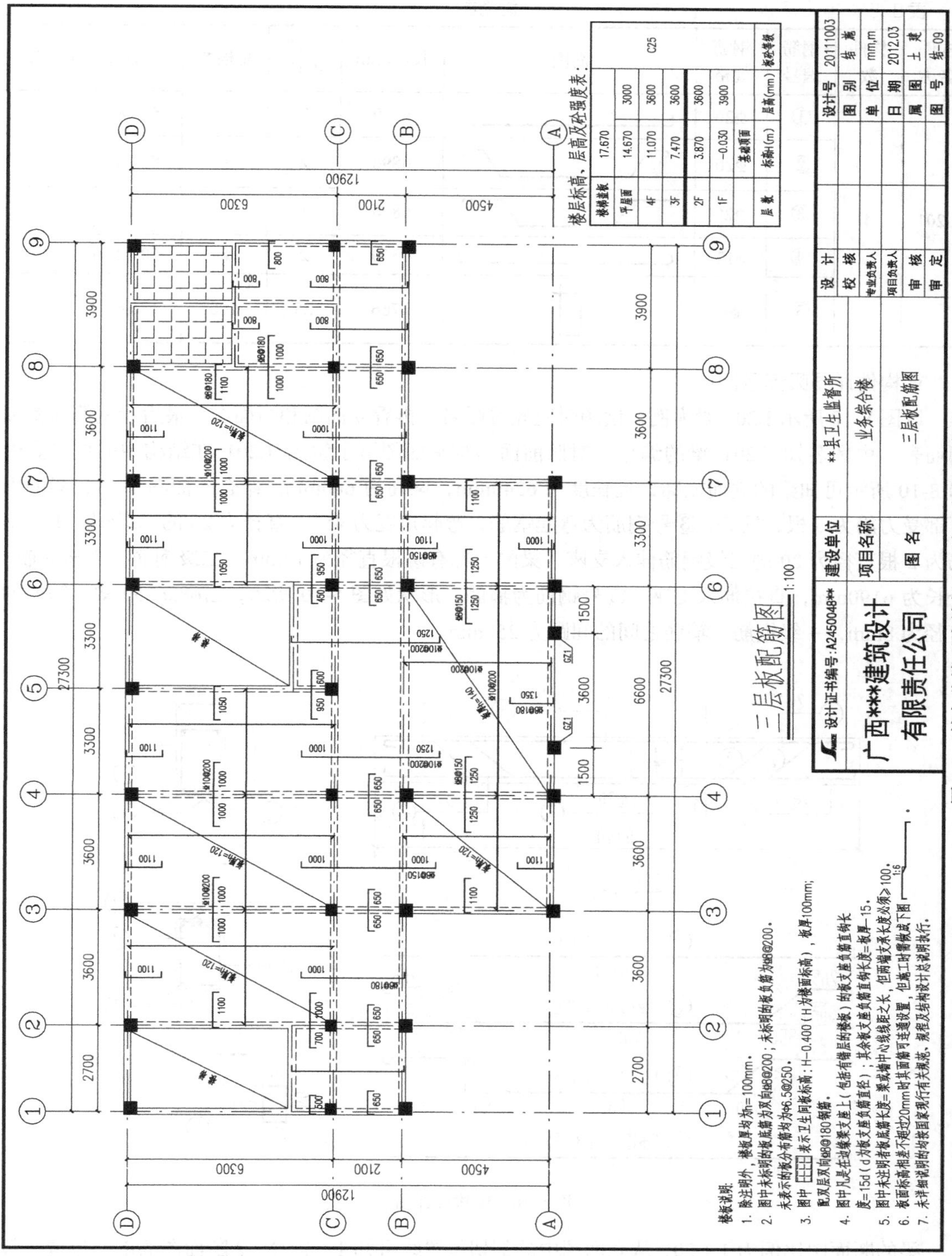

三层板配筋图 1:100

楼板说明:

1. 除注明外，楼板厚均为h=100mm。
2. 图中未标明的板底筋为双向Φ8@200；未标明的板负筋为Φ8@200。未表示的板分布筋均为Φ6.5@250。
3. 图中 [田] 表示卫生间板标高：H-0.400（H为楼面标高），板厚100mm；配双层双向Φ8@180钢筋。
4. 图中凡是在边缘梁支座上（包括有错层的楼板）的板支座负筋直钩长度=15d（d为板支座负筋直径）；其余板支座负筋直钩长度=板厚-15。
5. 图中未注明者板底筋长度=梁或墙中心线线距之长，但两端支承长度必须≥100。
6. 板面标高相差不超过20mm时其面筋可连通设置，但施工时需做成下图 1:6 。
7. 未详细说明的均按国家现行有关规范、规程及结构设计总说明执行。

楼层标高、层高及砼强度表:

层数	标高H(m)	层高(mm)	板砼等级
楼梯盖板	17.670		C25
平屋面	14.670	3000	
4F	11.070	3600	
3F	7.470	3600	
2F	3.870	3600	
1F	-0.030	3900	
	基础顶面		

设计证书编号:A2450048**	建设单位	**县卫生监督所	设计		设计号	20111003
广西***建筑设计有限责任公司	项目名称	业务综合楼	校核		图别	结施
			专业负责人		单位	mm,m
	图名	三层板配筋图	项目负责人		日期	2012.03
			审核		属图	土建
			审定		图号	结-09

图 8-9 某办公楼现浇楼板平面布置与板配筋图

⑤ 为便于编制预算，统计钢筋用料，对配筋较复杂的钢筋混凝土构件应列出钢筋表（见表 8-5），以计算钢筋用量。

表 8-5　　　　钢筋表

构件名称	构件数	钢筋编号	钢筋规格	简图	长度/mm	每件根数	总根数	总长/m	重量/kg
L201	4	①	Φ20		6360	2	8	50.88	
		②	Φ20		6896	2	8	55.16	
		③	Φ20		6896	1	4	55.16	
		④	ϕ12		6340	2	8	50.72	
		⑤	ϕ8		1766	25	100	176.6	

梁构件详图阅读示例：

以图 8-10 所示 L201 梁为例，读图时应先看图名，再看立面图和断面图，最后看钢筋详图和钢筋表。由图名知 L201 梁的编号，对照前面结构平面图可了解到 L201 在结构中的位置。由图 8-10 所示可知梁的立面轮廓，且长度为 6240mm，梁高为 600mm。结合断面图 1—1，梁的中下部受力筋为 5 根，且②、③号钢筋为弯起钢筋，弯起角度为 45°，直径为 20 的二级钢；①号钢筋为 2 根直径为 20 的二级钢筋伸入支座。梁的上部有两根直径为 12mm，二级钢筋，为架立筋。全长为 6190mm，直接伸入支座。⑤号钢筋为箍筋，形状如图 8-10 所示，由ϕ8@250 知，箍筋的直径为 8mm，一级钢筋，箍筋之间的间距为 250mm。

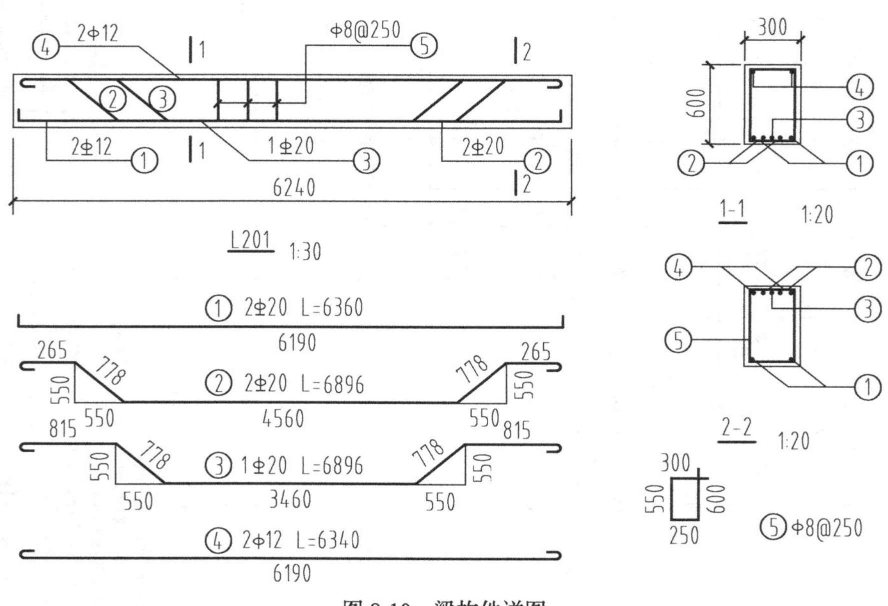

图 8-10　梁构件详图

梁的断面图比例为 1：20，从立面图中的剖切位置线可知 1—1、2—2 断面图的剖切位置一般为梁的断面形状、钢筋布置有变化的状态。从 2—2 断面图中可看到梁下部有两根①号钢筋，上

部却有③④号钢筋出现，这是因为弯起钢筋在此处开始弯起到梁的上部。

从钢筋详图中可知每种钢筋的编号、根数、直径、各段设计长度和总尺寸（下料长度）以及弯起角度。另外，从钢筋表中也可了解构件的名称、数量、钢筋规格、简图、长度、重量等信息。

2. 钢筋混凝土构件——柱

钢筋混凝土柱的配筋图一般由柱的立面图、断面图、钢筋详图和钢筋表所组成。现以图 8-11 所示现浇混凝土钢筋土牛腿柱的立面图和断面图为例，说明钢筋混凝土柱的图示内容。

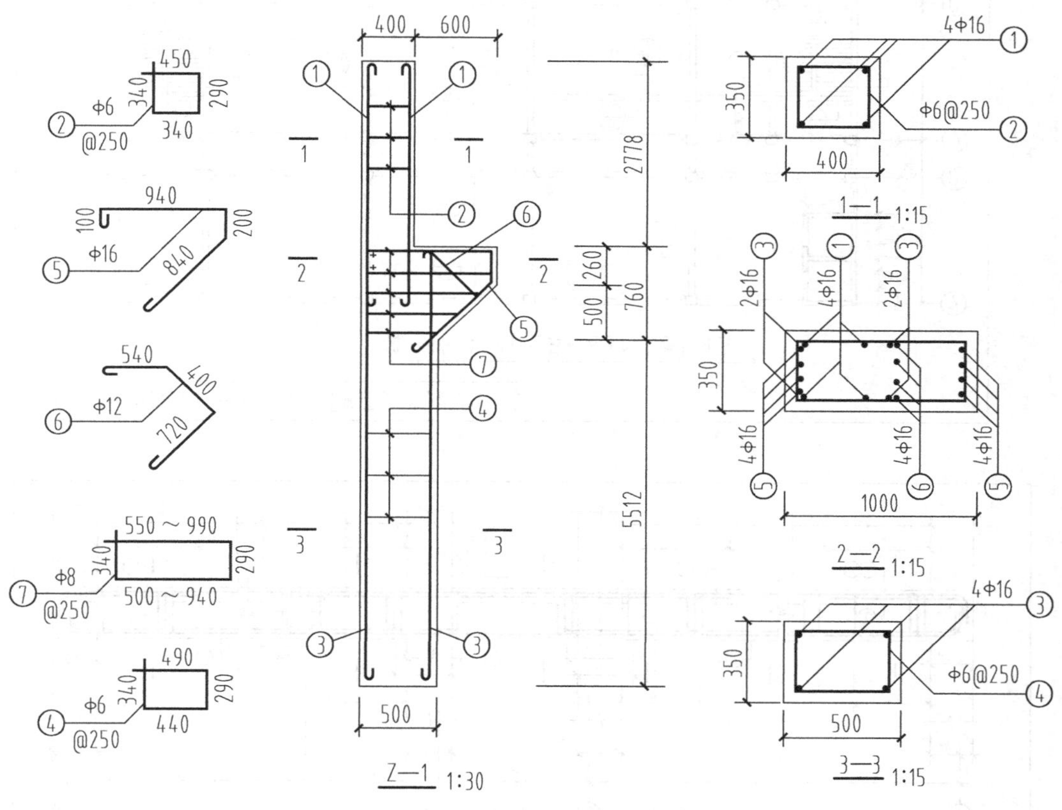

图 8-11　钢筋混凝土柱构件详图

该柱截面为长方形，且为变截面。上端为 400mm × 350mm，牛腿位置为 1000mm × 350mm，下端为 500mm × 350mm。受力筋为 4 φ 16，柱中箍筋为 φ 6@250。在牛腿位置增加钢筋，且下部的左侧受力筋在牛腿位置进行锚固。箍筋形式可详见详图。

8.4　现浇混凝土构件平面整体设计方法简介（平法表达）

建筑结构施工图平面整体设计方法（简称平法）对我国目前混凝土结构施工图的设计表示方法作了重大改革，被国家科委和建设部列为科技成果重点推广项目。

8.4.1 结构施工图设计的传统表示方法特点

如前面章节所述，结构施工图设计传统表达一般分为两个步骤：一是设计绘制结构各层的平面布置图，在结构平面布置图上将所有构件进行编号和索引构件详图所在的图号；二是绘制构件详图，并在详图上注明被索引的结构平面布置图的图号，如图 8-12 所示。

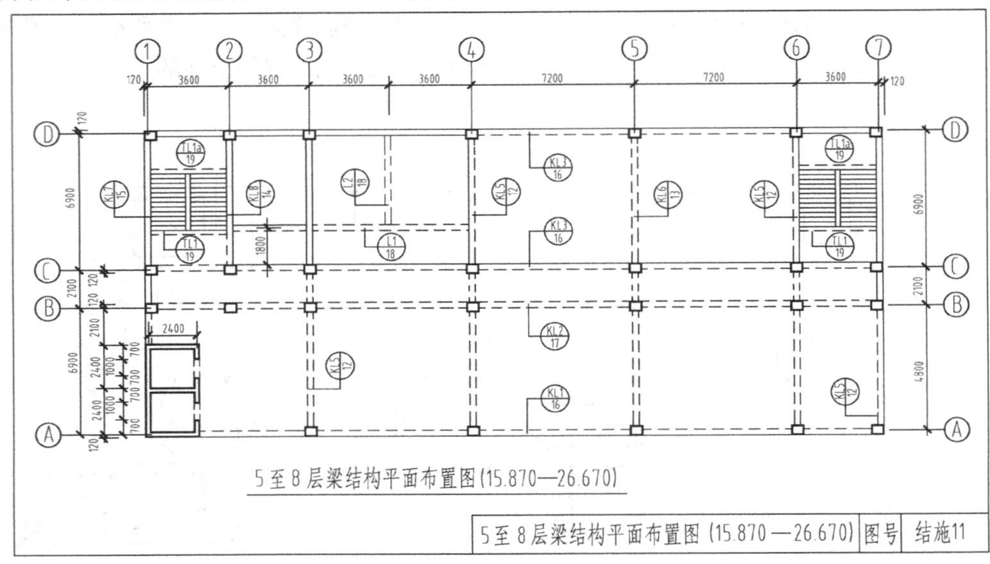

（a）

（b）

图 8-12 传统表达方法示例

这样的表达方式有以下几个特点：

① 传统方法将大量重复性内容与创造性设计内容混到了一起。

② 传统结构设计方法导致建筑设计与结构设计专业人员的比例不合理。

③ 传统设计难以保证校对与审核质量。

④ 过于直观的传统设计为非专业人员从事建筑施工提供了方便。

⑤ 传统设计对结构施工中的钢筋工程进行验收很不方便。

⑥ 传统设计表达信息离散不易形成结构的整体形象。

8.4.2　平法表达的原理

平法的表达形式，是把结构构件的尺寸和配筋等，按照平面整体表示方法制图规则，整体直接表达在各类构件的结构平面布置图上，再与标准构造详图相配合，即构成一套新型完整的结构设计。

平法视全部设计过程与施工过程为一个完整的主系统，主系统由下面几个子系统构成。

① 基础结构。

② 柱墙结构。

③ 梁结构。

④ 板结构。

平法的表达形式具有以下几个特点。

① 层次性：基础→柱、墙→梁→板，均为完整的子系统。

② 关联性：柱、墙以基础为支座——柱、墙与基础关联。

③ 梁以柱为支座——梁与柱关联。

④ 板以梁为支座梁——板与梁关联。

⑤ 相对完整性：基础自成体系，仅有自身的设计内容而无柱或墙的设计内容；柱、墙自成体系，仅有自身的设计内容（包括在支座内的锚固纵筋）而无梁的设计内容；梁自成体系，仅有自身的设计内容（包括锚固在支座内的纵筋）而无板的设计内容；板自成体系，仅有板自身的设计内容（包括锚固在支座内的纵筋）。

8.4.3　平法结构施工图包含内容

如图 8-13 所示，平法结构施工图包含下面几部分内容。

结构设计内容（平法施工图设计系列）	构造设计内容（平法制图规则与标准构造详图系列）
结构设计总说明	平法设计制图规则和通用构造规则
基础及地下结构平法施工图	基础与地下结构标准构造详图
柱和墙结构平法施工图	柱和墙标准构造详图
梁结构平法施工图	梁标准构造详图
楼板和楼梯平法施工图	楼板和楼梯标准构造详图

图 8-13　平法施工图的构成示意图

① 结构设计总说明。

② 基础及地下结构平法施工图。

③ 柱和剪力墙平法施工图。

④ 梁平法施工图。

⑤ 板平法施工图。

⑥ 楼梯及其他特殊构件平法施工图。

⑦ 平法相关的规范和图集。

8.4.4 平法施工图示例

下面介绍常用的现浇钢筋混凝土框架结构中的柱、梁构件的平法制图示例及规则。此规则是设计者完成梁柱平法施工图的依据也是施工、监理人员准确理解实施平法施工图的依据。

1. 梁平法施工图识读

梁平法施工图是在梁平面布置上采用平面注写方式或截面注写方式表达。本书仅介绍最常用的平面注写方式。平面注写方式是在梁平面布置图上，分别在不同编号的梁中各选一根梁，在其上注写截面尺寸和钢筋配置具体情况的方式来表达梁的结构，如图 8-14 所示。平面注写又包含集中标注和原位标注。

（1）平面注写方式集中标注的具体内容

梁集中标注内容为梁编号、截面尺寸、箍筋、上部跨中通长筋或架立筋、侧面构造纵筋、梁顶面相对标高高差六项，其中第六项梁顶面相对标高高差为选注值，如图 8-15 所示。

① 注写梁编号（必注值）。梁编号带有注在“( )”内的梁跨数及有无悬挑信息，应注意当有悬挑端时，无论悬挑多长均不计入跨数。

② 注写梁截面尺寸（必须值）。当为等截面梁时，用 $b \times h$ 表示，其中 b 为梁宽，h 为梁高。

③ 注写梁箍筋（必注值）。梁箍筋包括：钢筋级别，直径，加密区与非加密区间距及肢数。

当为抗震箍筋时，加密区与非加密区用“/”分开，箍筋的肢数注在“( )”内。例如，ϕ10@100/200（2），表示箍筋强度等级为 HPB235，直径为ϕ10，抗震加密区间距为 100mm，非加密区间距为 200mm，均为 2 肢箍；ϕ8@100（4）/150（3），表示箍筋强度等级为 HPB235，直径为ϕ8，抗震加密区间距为 100mm，采用 4 肢筋，非加密区间距为 150mm，采用 3 肢筋。

当为非抗震箍筋，且在同一跨度内采用不用间距或肢数时，梁端与跨中部位的箍筋配置用“/”分开，箍筋的肢数注在“( )”内，其中近梁端的箍筋应注明道数（与间距配合自然确定了配筋范围）。

例如，9ϕ10@150/200（2），表示箍筋强度等级为 HPB235，直径ϕ10，两端各有 9 个两肢箍，间距为 150mm，梁跨中部分间距为 200mm，两肢箍。18ϕ12@150（4）/ 200（2），表示箍筋强度等级为 HPB235，直径为ϕ12，梁两端各为 18 个四肢箍，间距为 150mm，梁跨中间部分间距为 200mm 双肢箍。

④ 注写梁上部通长筋或架立筋（必注值）。架立筋通常用于非抗震梁，将架立筋注写在“( )”内，以表示与抗震通长筋的区别。

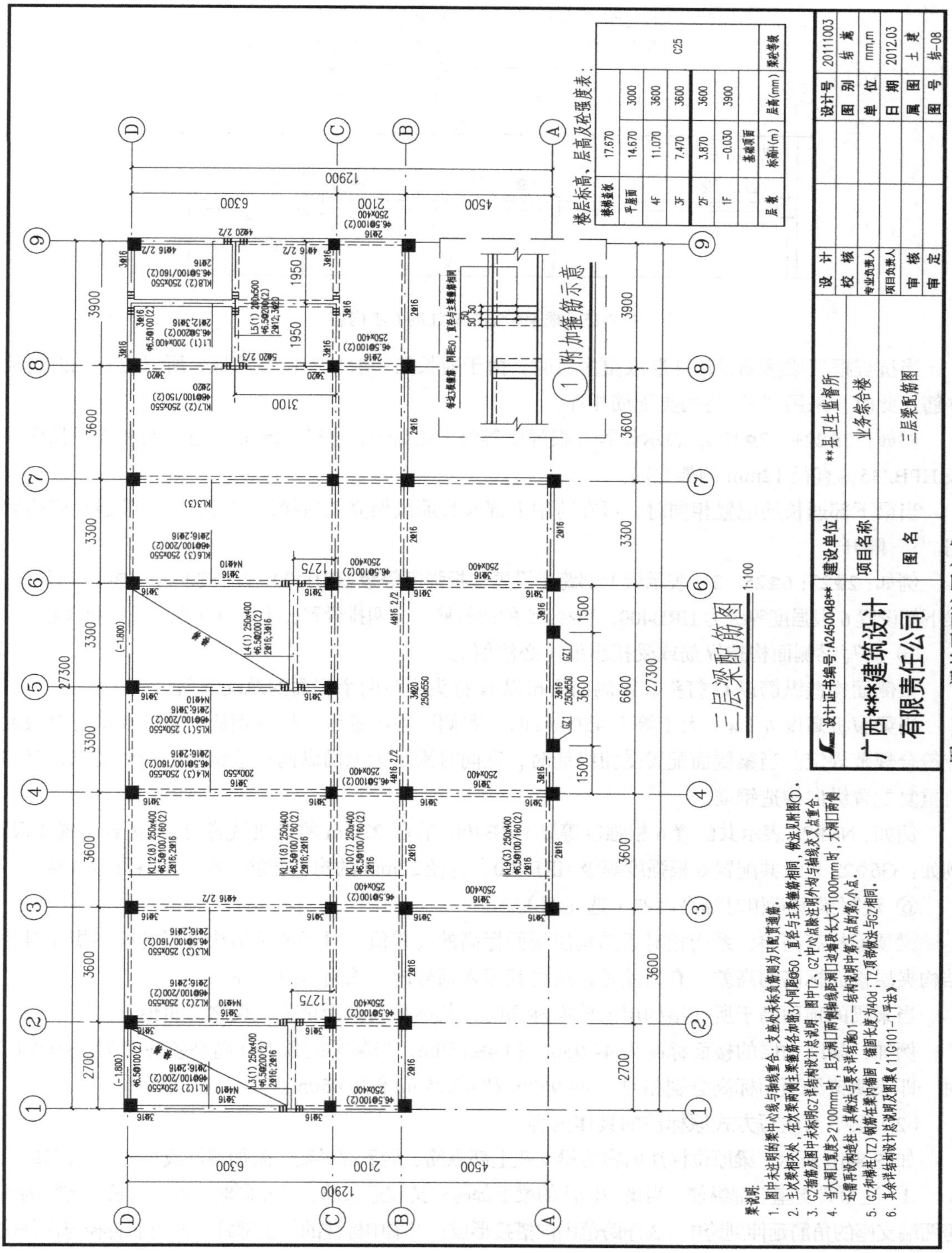

三层梁配筋图 1:100

梁说明：

1. 图中未注明的梁中心线与轴线重合；支座处未标负筋则为只配置通筋。
2. 主次梁相交处，在次梁两侧主梁箍筋各加密3个间距@50，直径与主梁箍筋相同，做法见附图①。
3. GZ插筋及图中未标明GZ详结构设计总说明，图中TZ、GZ中心点除注明外均与轴线交叉点重合。
4. 当大洞口宽度≥2100mm时，且大洞口两侧轴线距洞口边墙段长大于1000mm时，大洞口两侧还需再设构造柱；其做法与要求详结施01－－结构说明中第六点的第2小点。
5. GZ和梯柱(TZ)钢筋在梁内锚固，锚固长度为40d；TZ顶部做法与GZ相同。
6. 其余详结构设计总说明及图集《11G101-1平法》。

① 附加箍筋示意

每边3根箍筋，间距50，直径与主梁箍筋相同

楼层标高、层高及砼强度表：

层数	标高H(m)	层高(mm)	梁砼等级
楼梯盖板	17.670		C25
平屋面	14.670	3000	
4F	11.070	3600	
3F	7.470	3600	
2F	3.870	3600	
1F	−0.030	3900	
基础顶面			

设计证书编号:A2450048**	建设单位	**县卫生监督所	设　计		设计号	20111003
广西***建筑设计有限责任公司	项目名称	业务综合楼	校　核		图　别	结　施
			专业负责人		单　位	mm,m
			项目负责人		日　期	2012.03
	图　名	三层梁配筋图	审　核		属　图	土　建
			审　定		图　号	结-08

图 8-14　梁的平面注写方式

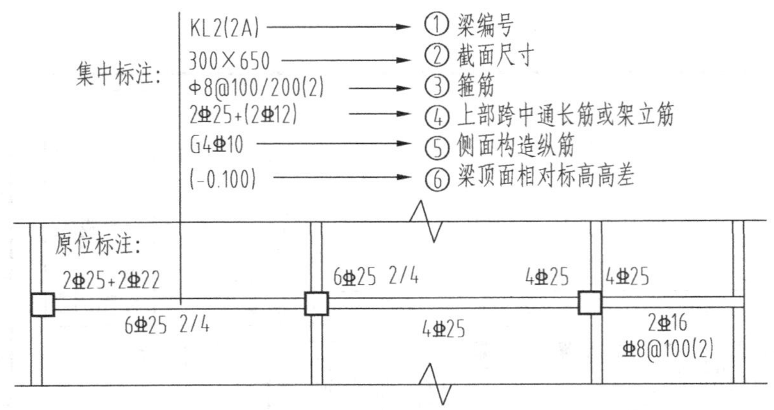

图 8-15 框架梁集中标注的 6 项内容

当抗震框架梁箍筋采用 4 肢或更多肢时，由于通长筋一般仅需设置两根，所以应补充设置架立筋，此时，采用“+”将两类配筋相连。

例如：2Φ22+（2Φ12），表示设置 2 根强度等级 HRB400，直径 22mm 的通长筋和 2 根强度等级 HPB235，直径 12mm 的架立筋。

当梁下部通长筋配置相同时，可在跨中上部通长筋或架立筋后接续注写，梁下部通长筋前后用“;”隔开。

例如：2Φ22；6Φ25 2/4 表示梁上部跨中设置 2 根强度等级 HRB400，直径 22mm 的抗震通长筋，梁下部设置 6 根强度等级为 HRB400，直径 25 的通长筋，分两排设置，上一排 2 根，下一排 4 根。

⑤ 注写梁侧面构造纵筋或受扭纵筋（必注值）。

梁侧面构造纵筋以 G 打头，梁侧面受扭以 N 打头注写两个侧面的总配筋值。

当梁腹板高度 h（w）大于等于 450mm 时，梁侧面须配置纵向构造钢筋，所注规格与总根数应符合规范规定。当梁侧面配置受扭纵筋时，宜同时满足梁侧面纵向构造钢筋的间距要求，且不再重复配置纵向构造钢筋。

例如：N6Φ22 表示共配置 6 根强度等级 HRB400、直径 22mm 的受扭纵筋，梁每侧各配置 3 根。例如：G6Φ22 表示共配置 6 根强度等级 HRB400、直径 22mm 的构造腰筋，梁每侧各配置 3 根。

⑥ 注写梁顶面相对标高高差（选注值）。

梁顶面标高高差，系指相对于结构层楼面标高的高差值。对于位于结构夹层的梁则指相对于结构夹层楼面标高的高差。有高差是，须将其写入括号内，无高差时不注。

当某梁的顶面高于所在结构层的楼面标高时，其标高高差为正值，反之为负值。

例如，某结构层的楼面标高为 44.950m 和 48.250m，当某梁的顶面标高高差注写为（−0.050）时，即表明该梁顶面标高分别相对于 44.950m 和 48.250m 低 0.050m。

（2）梁平面注写方式原标注的具体内容

如图 8-16 所示，梁原位标注内容为梁支座上部纵筋、梁下部纵筋、附加箍筋或吊筋。具体如下。

① 注写梁支座上部纵筋。当集中标注的梁上部跨中抗震通长筋直径相同时，跨中通长筋实际为该跨两端支座的角筋延伸到跨中 1/3 净跨范围内搭接形成；当集中标注的梁上部跨中通长筋直径与该部位角筋直径不同时，跨中直径较小的通长筋分别与该跨两端支座的角筋搭接完成抗震通长筋受力功能。

当梁支座上部纵筋多于一排时，用“/”将纵筋各排纵筋自上而下分开。

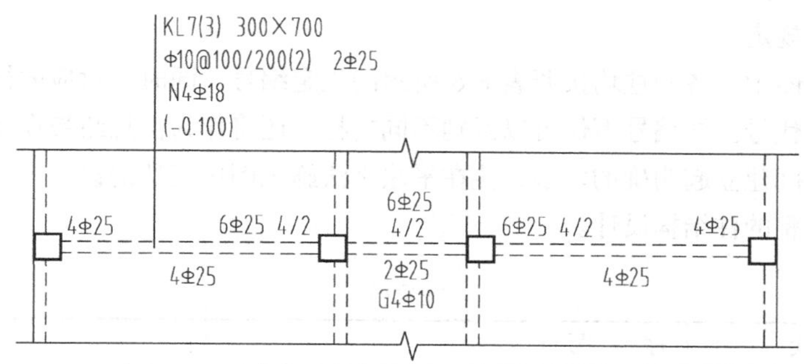

图 8-16　框架梁原位标注内容

例如，6Φ25　4/2 表示上一排纵筋为 4Φ25，下一排纵筋为 2Φ25。

当同排纵筋有两种直径时，用“+”将两种直径的纵筋相连，并将角部纵筋注写在前面。

例如，2Φ25+2Φ22 表示梁支座上部有 4 根纵筋，2Φ25 放在角部，2Φ22 放在中部。

当梁支座两边的上部纵筋不同时，须在支座两边分别标注；当梁支座两边的上部纵筋相同时，可仅在支座一边标注配筋值，另一边省去不注。

② 注写梁下部纵筋。当梁下部纵筋多于一排时，用“/”将各排纵筋自上而下分开。

例如，6Φ25　2/4 表示上一排纵筋为 2Φ25，下一排纵筋为 4Φ25，全部伸入支座。

当同排纵筋有两种直径时，用“+”将两种的纵筋相联，注写时角筋写在前面。

例如，2Φ22+2Φ20 表示梁下部有四根纵筋，2Φ22 放在角部，2Φ20 放在中部。

当下部纵筋不全部伸入支座时，将减少的数量写在括号内。

例如，6Φ25　2（−2）/4 表示上排纵筋为 2Φ25 均不伸入支座，下排纵筋为 4Φ25 全部伸入支座。又如，2Φ25+3Φ22（−3）/5Φ25 表示上排纵筋为 2Φ25 加 3Φ22，其中 3Φ22 不伸入支座；下排纵筋为 5Φ25 全部伸入支座。

当在梁集中标注中已在梁支座上部纵筋之后注写了下部通长纵筋值时，则不需在梁下部重复做原位标注。

③ 注写附加箍筋或吊筋。在主次梁相交处，直接将附加箍筋或吊筋画在平面图中的主梁上，用线引住总配筋值（附加箍筋的肢数注在括号内），如图 8-17 所示：8 ϕ 10（2）表示在主次梁上配置直径 12mmHPΦ235 级附加箍筋共 8 道，在次梁两侧各配置 4 道，为两肢箍；又如：2Φ20 表示在主梁上配置直径 20mmHRΦ400 吊筋两根。应注意：附加箍筋的间距、吊筋的几何尺寸等构造，系结合其所在位置的主梁和次梁的截面尺寸而定。

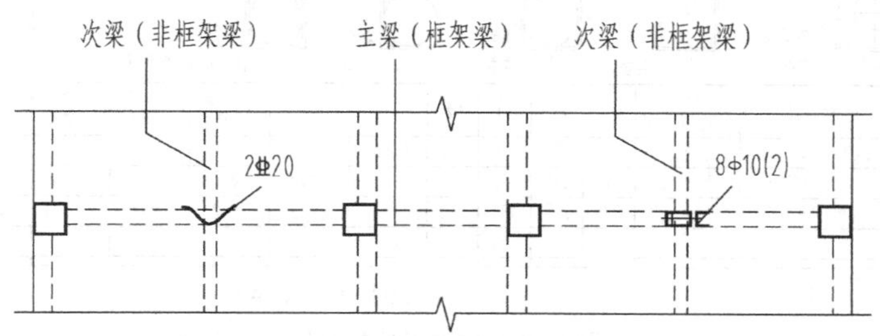

图 8-17　附加箍筋和吊筋的表达

2. 柱平法施工图识读

柱平法施工图是在结构柱平面布置图上，采用列表注写方式或截面注写方式对柱的信息表达。

（1）柱的编号规定

在平法柱施工图中，各种柱均按照表 8-6 所示的规定编号，同时，对应的标准构造详图也标注了编号中的相同代号。柱编号不仅可以区别不同的柱，还将作为信息纽带在柱平法施工图与相应标准构造详图之间建立起明确的联系，使在平法平法施工图中表达的设计内容与相应的标准构造详图合并构成完整的柱结构设计。

表 8-6　　　　柱编号

柱类型	代号	序号	特征
框架柱	KZ	XX	柱根部嵌固在基础或地下结构上，并与框架梁刚性连接构成框架
框支柱	KZZ	XX	柱根部嵌固在基础或地下结构上，并与框支梁刚性连接构成框支结构。框支结构以上转换为剪力墙结构
芯柱	XZ	XX	设置在框架柱、框支柱、剪力墙柱核心部位的暗柱
梁上柱	LZ	XX	支承在梁上的柱
剪力墙上柱	QZ	XX	支承剪力墙顶部的柱

（2）列表注写方式

列表注写方式，系在柱平面布置图上（一般只需要采用适当比例绘制一张柱平面布置图，包括框架柱、框支柱、梁上柱和剪力墙上柱），分别在同一编号的柱中选择一个（有时需要选择几个）截面标注几何参数代号；在柱表中注写柱号、柱段起止标高、几何尺寸（含柱截面对轴线的偏心情况）与配筋的具体数值，并配以各种柱截面形状及其箍筋类型的方式，来表达柱平法施工图，如图 8-17 所示。

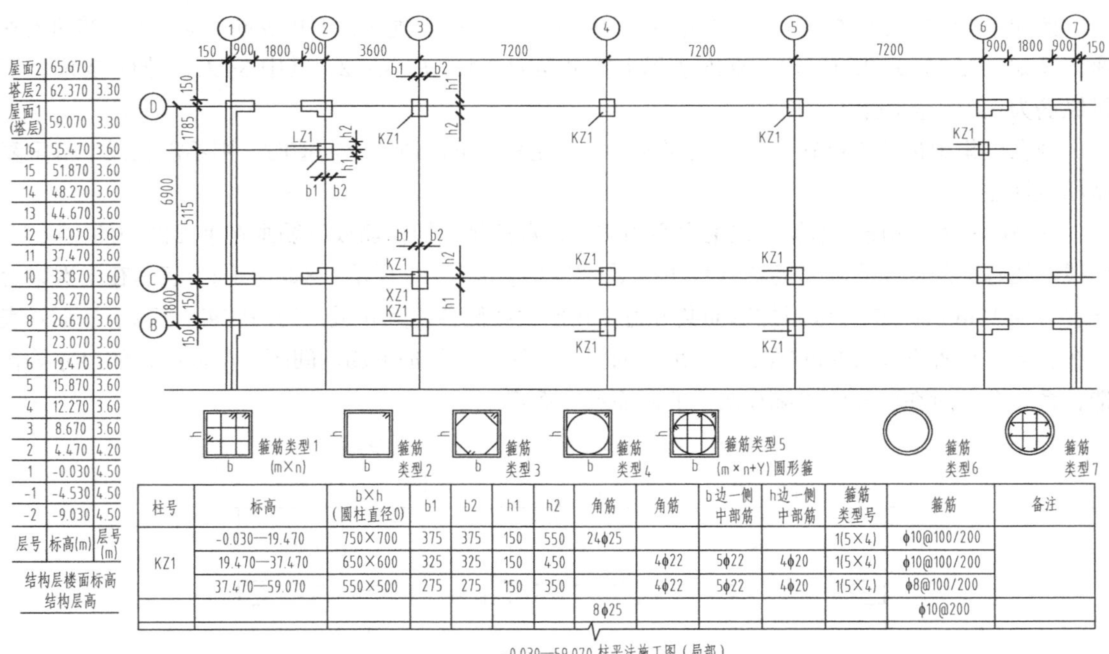

图 8-18　柱表平法施工图

柱表注写内容：

① 注写柱编号，柱编号由类型代号和序号组成，应符合表 8-5 所示的柱编号规定。

② 注写各段柱的起止标高，自柱根部往上以变截面位置或截面未变但配筋改变处为界，分

段注写。框架柱和框支柱的根部标高系指基础顶面标高；芯柱的根部标高系指根据结构实际需要而定的起始位置标高；梁上柱的根部标高系指梁顶面标高；剪力墙上柱的根部标高分两种：当柱纵筋锚固在墙顶部时，其根部标高为墙顶面标高；当柱与剪力墙重叠一层时，其根部标高为墙顶面往下一层的结构楼层面标高。

③ 对于矩形柱，注写柱截面尺寸 $b \times h$ 及与轴线关系的几何参数代号 b_1、b_2 和 h_1、h_2 的具体数值，须对应与各段柱分别注写。

对于圆柱，表中 $b \times h$ 一栏改用在圆柱直径数字前加 d 表示。

④ 注写柱纵筋。当柱纵筋直径相同，各边根数也相同时（包括矩形柱、圆柱和芯柱），将纵筋注写在“全部纵筋”一栏中；除此之外，柱纵筋分角筋、截面 b 边中部筋和 h 边中部筋三项分别注写。

⑤ 注写箍筋类型号及箍筋肢数，在箍筋类型栏内注写并绘制柱截面形状及其箍筋类型号。

⑥ 注写柱箍筋，包括钢筋级别、直径与间距。

当为抗震设计时，用斜线“/”区分柱端箍筋加密区与柱身非加密区长度范围内箍筋的不同间距。

例如，ϕ10@100/250，表示箍筋为Ⅰ级钢筋，直径ϕ10，加密区间距为 100，非加密区间距为 250。

当箍筋沿柱全高为一种时，则不使用“/”线。

例如，ϕ10@100，表示箍筋为Ⅰ级钢筋，直径ϕ10，间距为 100，沿柱全高加密。

当圆柱采用螺旋箍筋时，需在箍筋前加“L”。

例如，Lϕ10@100/200，表示采用螺旋箍筋，Ⅰ级钢筋，直径ϕ10，加密区间距为 100，非加密区间距为 200。

（3）截面注写方式

截面注写方式，系在柱平面布置图上，分别在不同编号的柱中各选一截面，在其原位上以一定比例放大绘制柱截面配筋图，注写柱编号、截面尺寸 $b \times h$、角筋或全部纵筋、箍筋的级别、直径及加密区与非加密区的间距。同时，在柱截面配筋图上尚应标注柱截面与轴线关系，如图 8-19 所示。

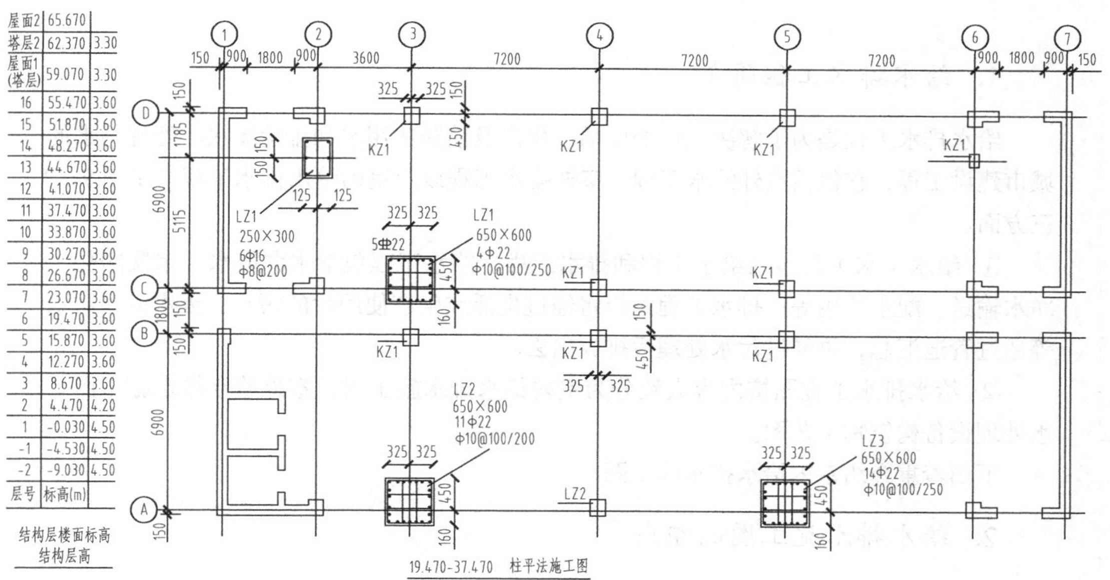

图 8-19　截面平法施工图

第9章 设备施工图的识读

本章主要介绍了设备施工图的内容和特点；给排水系统设备施工图的图示内容、特点和绘制步骤；供暖系统设备施工图的图示内容、特点和绘制步骤；电气照明系统设备施工图的图示内容、特点和绘制步骤。

9.1 建筑给水排水施工图

9.1.1 概述

1. 给水排水工程简介

给水排水工程是为了解决人们的生活、生产及消防的用水和排除废水、处理污水的城市建设工程，它包括室外给水工程、室外排水工程以及室内给水排水工程（见图 9-1）三方面。

① 给水排水工程包括给水工程和排水工程。给水工程包括水源取水、水质净化、净水输送、配水使用等；排水工程是指将经过生活或生产使用后的污水、废水以及雨水等通过管道汇总，再经过污水处理后排放出去。

② 给水排水工程图按内容大致分为室内给水排水施工图、室外给水排水施工图、水处理设备构筑物工艺图。

下面着重介绍室内给水排水施工图。

2. 给水排水施工图的组成

给水排水施工图是表达室外给水、室外排水及室内给排水工程设施的结构形状、大小、位置、材料以及有关技术要求的图样，以供交流设计和施工人员按图施工。给水排水施工图一般是由基本图和详图组成，基本图包括管道设计平面布置图、剖面图、系统轴测图以及原理图、说明等；详图表明各局部的详细尺寸及施工要求。

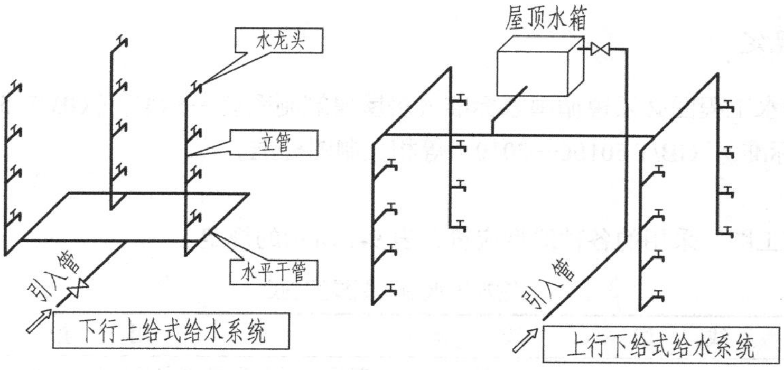

（a）

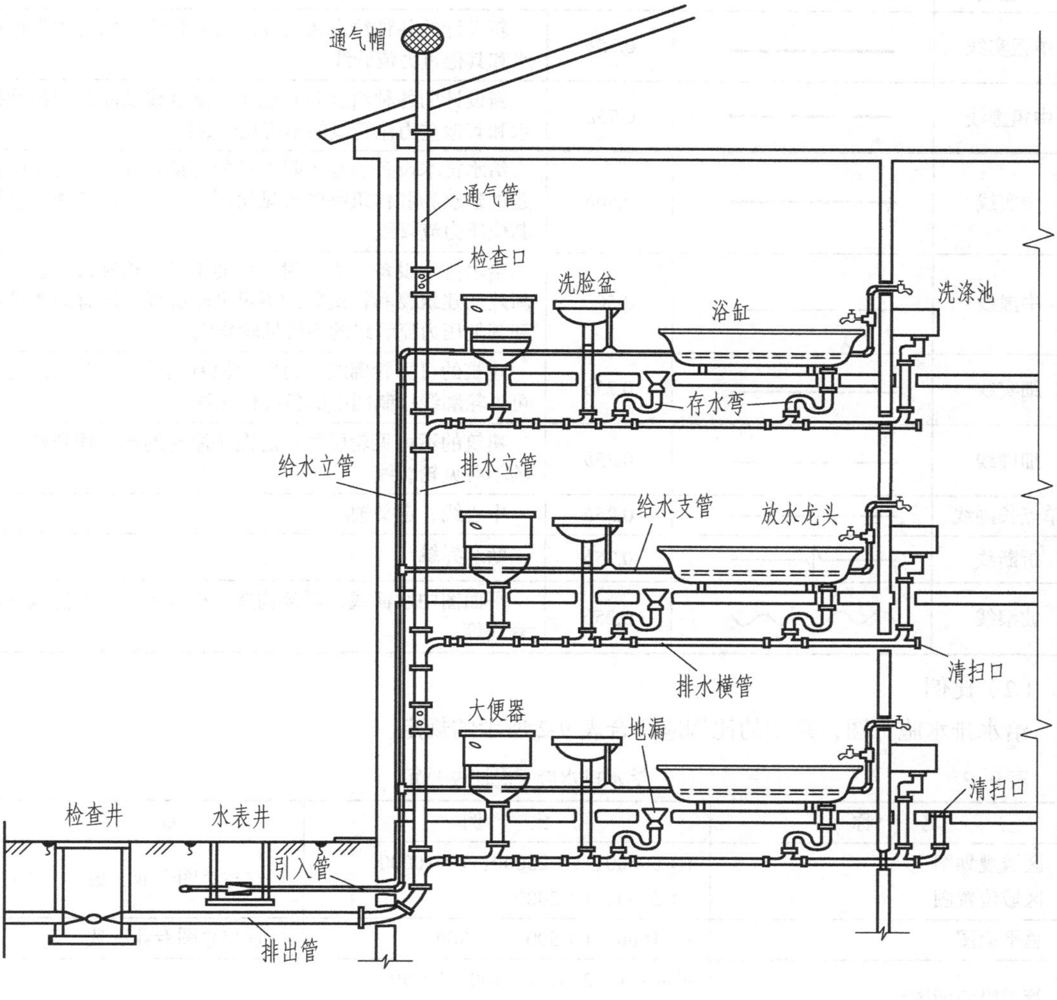

（b）

图 9-1　室内给水排水系统的组成

9.1.2 给水排水施工图的一般规定

1. 一般规定

绘制给水排水工程图必须遵循国家标准《房屋建筑制图统一标准》(GB/T 50001—2010)及《给水排水制图标准》(GB/T 50106—2010)等相关制图标准。

(1)图线

给水排水施工图，采用的各种线型应符合表9-1所示的规定。

表9-1 给水排水施工图线型规定

名称	线型	线宽	用途
粗实线	————	b	新设计的各种排水和其他重力流管线
粗虚线	— — —	b	新设计的各种排水和其他重力流管线的不可见轮廓线
中粗实线	————	0.75b	新设计的各种给水和其他压力流管线；原有的各种排水和其他重力流管线
中粗虚线	— — —	0.75b	新设计的各种给水和其他压力流管线及原有和各种排水和其他重力流管线的不可见轮廓线
中实线	————	0.50b	给水排水设备、零(附)件的可见轮廓线；总图中新建的建筑物和构筑物的可见轮廓线；原有的各种给水和其他压力流管线
中虚线	— — —	0.50b	给水排水设备、零(附)件的不可见轮廓线；总图中新建的建筑物和构筑物的不可见轮廓线；原有的各种水和其他压力流管线的不可见轮廓线
细实线	————	0.25b	建筑的可见轮廓线；总图中原有的建筑物和构筑物的可见轮廓线；制图中的各种标注线
细虚线	— — —	0.25b	建筑的不可见轮廓线；总图中原有的建筑物和构筑物的不可见轮廓线
单点长画线	—·——·—	0.25b	中心线、定义轴线
折断线	——\/——	0.25b	断开界线
波浪线	∽∽∽	0.25b	平面图中水面线；局部构造层次范围线；保温范围示意线等

(2)比例

给水排水施工图，采用的比例应符合表9-2所示的规定。

表9-2 给水排水施工图比例规定

名称	比例	备注
区域规划图 区域位置图	1：50000、1：25000、1：10000 1：5000、1：2000	宜与总图专业一致
总平面图	1：1000、1：500、1：300	宜与总图专业一致
管道纵断面图	纵向：1：200、1：100、1：50 横向：1：1000、1：500、1：300	
水处理厂(站)平面图	1：500、1：200、1：100	

续表

名　　称	比　　例	备　　注
水处理构筑物、设备间、卫生间、泵房平、剖面图	1 : 100、1 : 50、1 : 40、1 : 30	
建筑给水排水平面图	1 : 200、1 : 150、1 : 100	宜与建筑专业一致
建筑给水排水轴测图	1 : 150、1 : 100、1 : 50	宜与相应图纸一致
详图	1 : 50、1 : 30、1 : 20、1 : 10、1 : 5、1 : 2、2 : 1	

（3）标高与管径

室内工程应标注相对标高；室外工程宜标注绝对标高，当无绝对标高资料时，可标注相对标高，但应与总图专业一致。压力管道应标注管中心标高；沟渠重力流管道宜标注沟（管）内底标高。标高单位为 m。

管径的表达方式，依据管材不同，可标注公称直径 *DN*、外径 *D*×壁厚、内径 *d* 等。

（4）立管和管道系统的编号

当建筑物的给水引入管或排水排出管的数量超过 1 根时，宜进行编号，编号宜按图 9-2 所示的方法表示。

建筑物内穿越楼层的立管，其数量超过 1 根时宜进行编号，编号神宜按图 9-3 所示的方法表示。

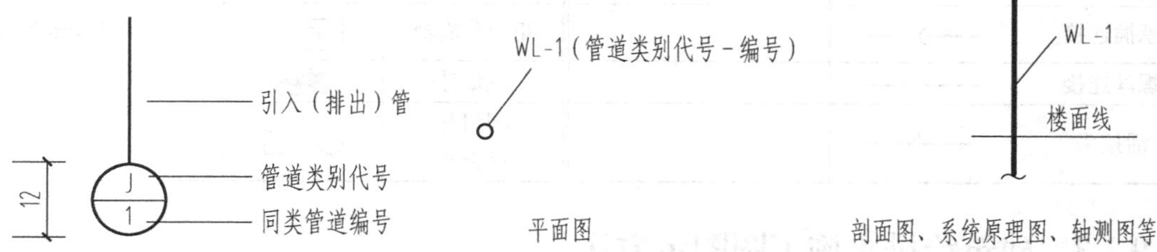

图 9-2　给水引入（排水排出）管编号表示法　　　　图 9-3　立管编号表示方法

在总平面图中，当给排水附属构筑物的数量超过 1 个时，宜进行编号。

① 编号方法为构筑物代号-编号。

② 给水构筑物的编号顺序宜为从水源到干管，再从干管到支管，最后到用户。

③ 排水构筑物的编号顺序宜为从上游到下游，先干管后支管。

（5）图例

在给水排水施工图中，管道上的各种构配件，如水龙头、截止阀、地漏等，各种卫生器具，如洗脸盆、浴盆等；各种给水、排水设备，如水表井、检查井、化粪池等均采用国家标准中制定的图例（见表 9-3）来表示。

表 9-3　　　　　　　　　给水排水工程图中的常用图例

名　　称	图　　例	说　　明	名　　称	图　　例	说　　明
管道	————	用于一张图内只有一种管道	管堵	[————	
	——J—— ——P——	用汉语拼音字头表示管道类别	法兰堵盖	‖————	
	— — — — — —·—·—·—	用图例表示管道类别	阀门	——⋈——	用于一张图内只有一种阀门

续表

名　称	图　例	说　明	名　称	图　例	说　明
交叉管		指管道交叉，不连接，在下方和后面的管道应断开	闸阀		
三通连接			截止阀		
四通连接			浮球阀		
多孔管			放水龙头		
管道立管	XL XL	X 为管道类别代号	洗脸盆		
存水弯			浴盆		
检查口			盥洗槽		
通气帽			污水池		
圆形地漏			坐式大便器		
自动冲洗水箱			小便槽		
法兰连接			淋浴喷头		
承插连接			矩形化粪池	HC	HC 为化粪池代号
螺丝连接			流量计		
活接头			阀门井 检查井		

9.1.3　建筑给排水施工图图示方法

建筑给排水施工图是工程项目中单项工程的组成部分之一，它是确定工程造价和组织施工的主要依据，也是国家确定和控制基本建设投资的重要依据材料。

建筑给排水施工图按设计任务要求，应包括平面布置图（建筑总平面图、建筑平面图）、系统图、施工详图（大样图）、设计施工说明及主要设备材料表等。

1. 建筑给排水平面图图示方法

给排水平面图应表达给排水管线和设备的平面布置情况。

建筑内部给排水，以选用的给排水方式来确定平面布置图的数量。底层及地下室必绘；顶层若有水箱等设备，也须单独给出；建筑物中间各层，如卫生设备或用水设备的种类、数量和位置均相同，可绘一张标准层平面图，否则，应逐层绘制。一张平面图上可以绘制几种类型管道，若管线复杂，也可分别绘制，以图纸能清楚表达设计意图而图纸数量又较少为原则。平面图中应突出管线和设备，即用粗线表示管线，其余均为细线。平面图的比例一般与建筑图一致，常用的比例尺为 1∶100。

给排水平面图应表达如下内容:用水房间和用水设备的种类、数量、位置等；各种功能的管道、管道附件、卫生器具、用水设备，如消火栓箱、喷头等，均应用图例表示；各种横干管、立管、支管的管径、坡度等均应标出；各管道、立管均应编号标明。

2. 建筑给排水系统图图示方法

给排水系统图，也称“给排水轴测图”，应表达出给排水管道和设备在建筑中的空间布置关系。系统图一般应按给水、排水、热水供应、消防等各系统单独绘制，以便于安装施工和造价计算使用。其绘制比例应与平面图一致。

给排水系统图应表达如下内容:各种管道的管径、坡度；支管与立管的连接处、管道各种附件的安装标高；各立管的编号应与平面图一致。

系统图中对用水设备及卫生器具的种类、数量和位置完全相同的支管、立管可不重复完全绘完，但应用文字标明。当系统图立管、支管在轴测方向重复交叉影响视图时，可用标号断开移至空白处绘制。

建筑居住小区的给排水管道，一般不绘系统图，但应绘管道纵断面图。

3. 详图

凡平面图、系统图中局构造因受图面比例影响而表达不完善或无法表达时，必须绘出施工详图。详图中应尽量详细注明尺寸，不应以比例代尺寸。

施工详图首先应采用标准图、通用施工详图，如卫生器具安装、排水检查井、阀门井、水表井、雨水检查井、局部污水处理构筑物等，均有各种施工标准图。

4. 设计施工说明及主要材料设备表

凡是图纸中无法表达或表达不清的而又必须为施工技术人员所了解的内容，均应用文字说明。文字说明应力求简洁。设计施工说明应表达设计概况、设计内容、引用规范、施工方法等内容。例如，给排水管材以及防腐、防冻、防结露的做法；管道的连接、固定、竣工验收的要求；施工中特殊情况的技术处理措施；施工方法要求严格必须遵循的技术规程、规定等。

工程中选用的主要材料及设备，应列表注明。表中应列出材料的类别、规格、数量，设备的品种、规格和主要尺寸。

此外，施工图还应绘制出图中所用的图例；所有的图纸及说明应编排有序，写出图纸目录。

9.1.4　建筑给排水施工图图示内容

1. 建筑给水排水平面图图示内容

建筑给水排水平面图如图 9-4 所示。

（1）抄绘建筑平面图

需抄绘建筑平面图中主要部分内容，如墙身、柱、门窗、楼梯等主要构件以及标注定位轴线和主要尺寸。

（2）绘制卫生设备或洁具的图例

用中粗实线绘制卫生设备或洁具的平面图。

（3）绘制给水排水管线及附件或配件

用单线条绘制给水、排水管道；其上的附件或配件应按国标图例绘制；各类立管用小圆圈（直径 3*b*）表示，并标注立管的类别和编号。在底层管道平面图中，各种管道应按系统予以编号。

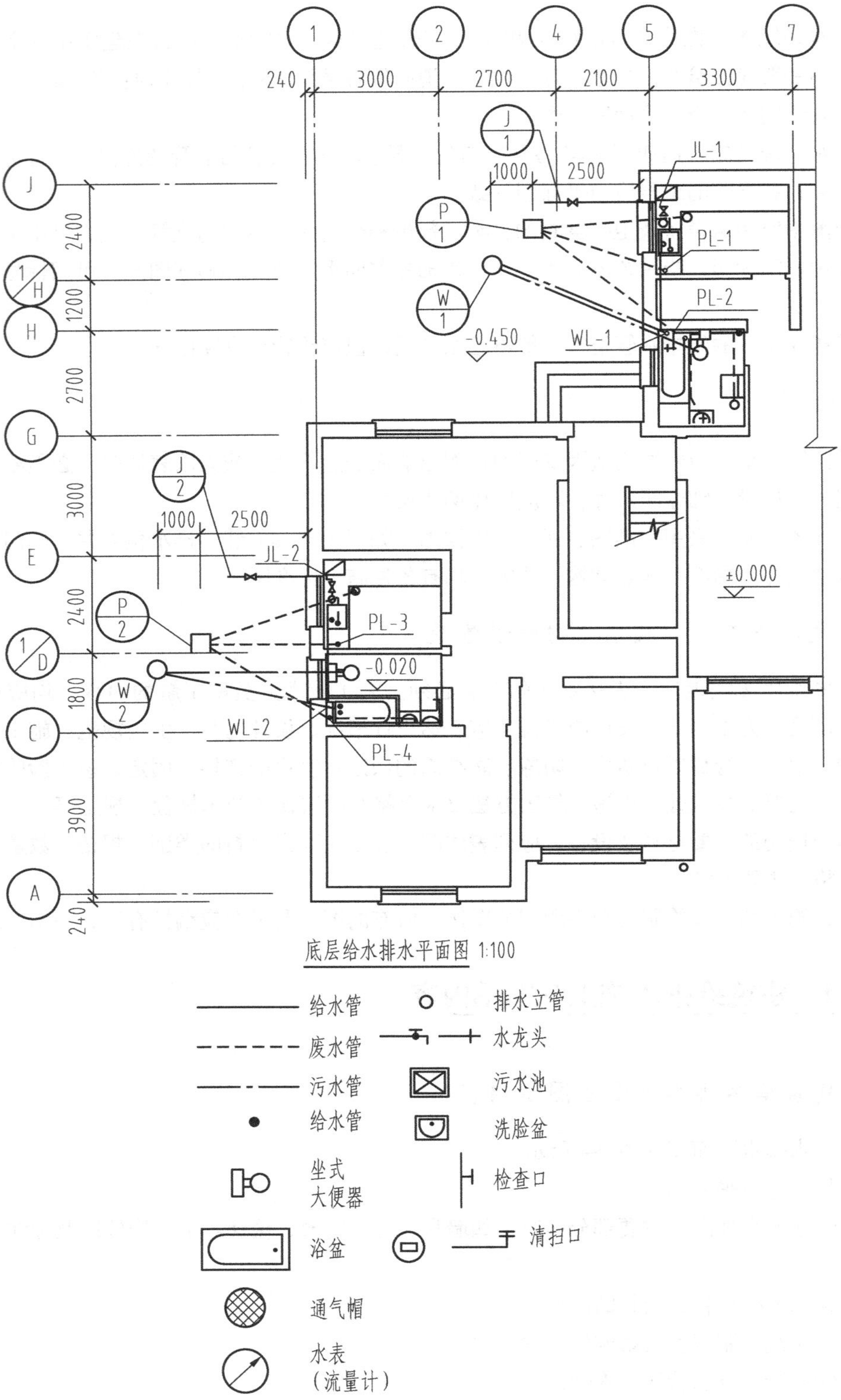

底层给水排水平面图 1:100

图例	名称	图例	名称
——	给水管	○	排水立管
- - -	废水管		水龙头
—·—	污水管		污水池
●	给水管		洗脸盆
	坐式大便器		检查口
	浴盆		清扫口
	通气帽		
	水表（流量计）		

图 9-4　建筑给水排水平面图

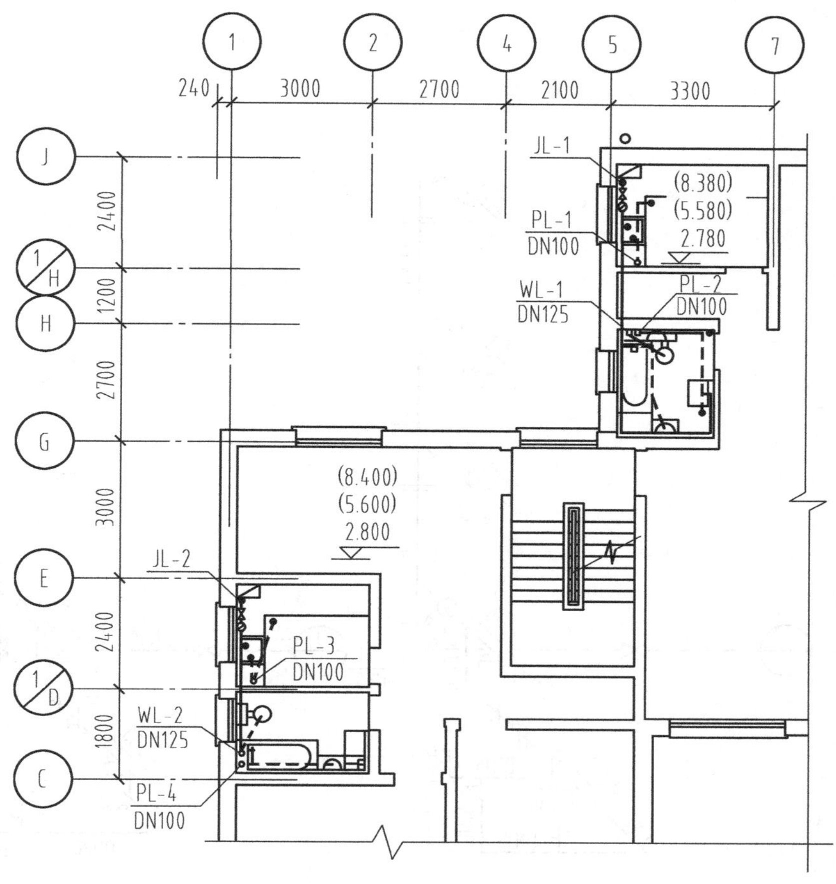

图 9-4　建筑给水排水平面图（续）

（4）尺寸和标高

标注给水引入管和排水排出管的定位尺寸及检查井定位尺寸。各类管道的长度不必标注，在安装时是以实测尺寸为依据。

2. 建筑给排水平面图的绘图步骤

① 先绘制底层管道平面图，再绘制各楼层管道平面图和屋顶管道平面图；

② 绘制管道布置图，先绘制立管，再绘制引入管和排出管，最后按水流方向，依次绘制横支管和附件；底层平面图中，应绘制引入管和排出管；给水管一般画至各设备的放水龙头或冲洗水箱的支管接口。排水管一般画至各设备的废、污水排出口。

③ 在各层管道平面图中，标注立管类别和编号。在底层管道平面图中，表明管道系统索引符号。

3. 建筑给排水系统图图示内容

给水排水管道系统图主要表达各类管道的空间走向以及管段的管径、坡度、标高和各种附件在管道上的具体位置，如图 9-5 所示。

① 管道系统：各管道系统详图编号应与底层管道平面图中的系统索引编号相同；

② 房屋构件位置的表示：系统图中应画出被管道穿过的墙、楼地面和屋面的位置。

③ 管径、坡度、标高：管道系统中所有管段的管径、坡度和标高，均应标注在管道系统图上。

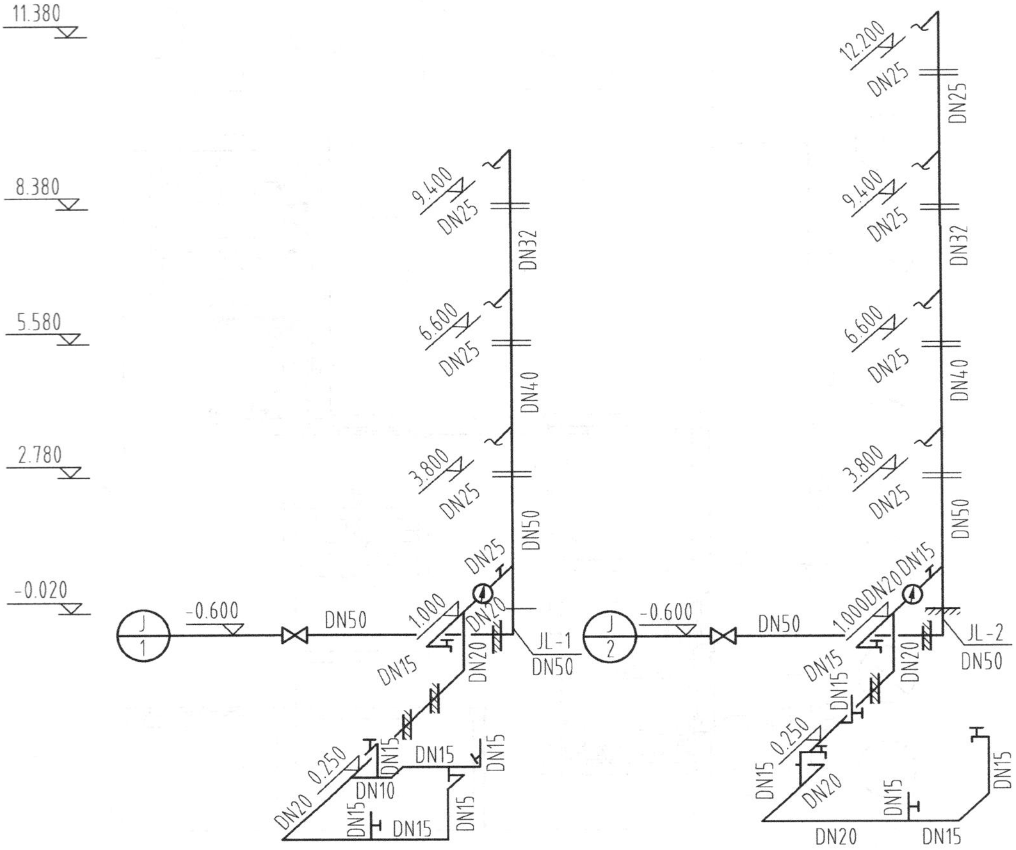

给水系统图 1:100

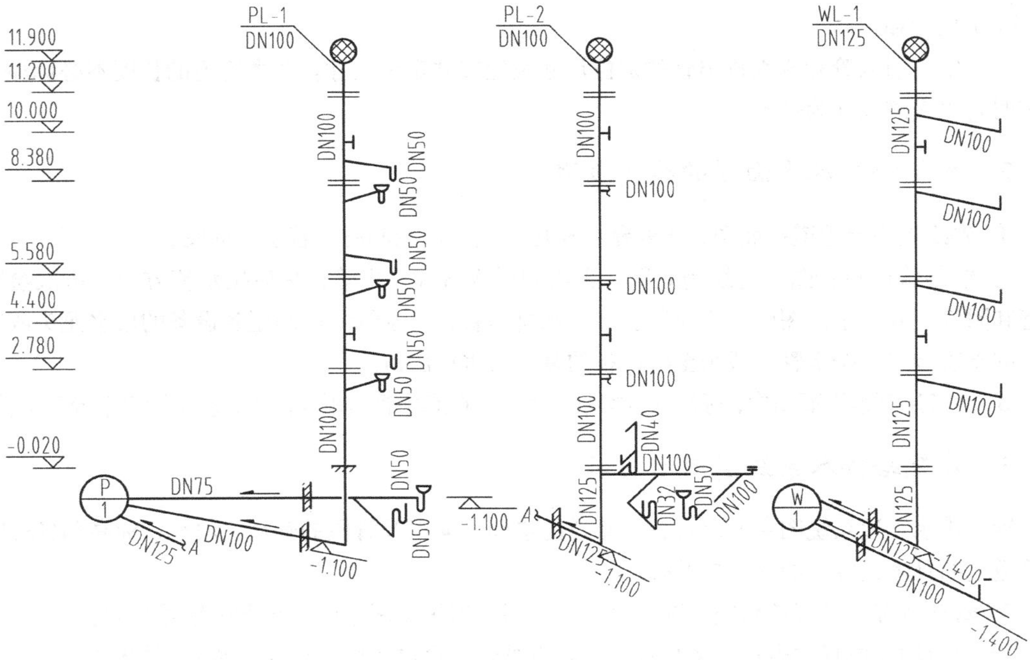

图 9-5 建筑给水排水系统图

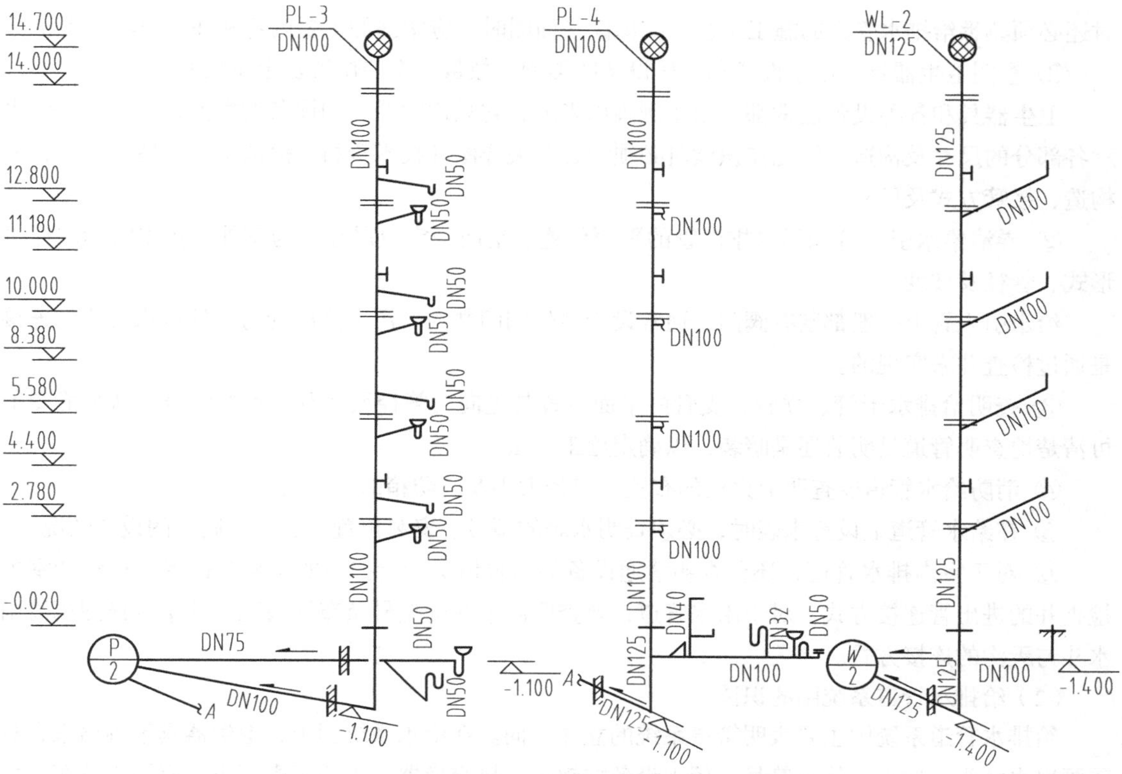

图 9-5　建筑给水排水系统图（续）

4. 建筑给排水系统图绘图步骤

管道系统图中，管段的长度和宽度由管道平面图中量取，高度则应根据房屋的层高、门窗的高度、梁的位置和卫生器具的安装高度等进行综合确定。

① 首先绘制管道系统的立管，定出各层的楼、地面线、屋面线。

② 从立管上引出各横向的连接管段，并绘出给水管系中的截止阀、放水龙头、连接支管、冲洗水箱等，或排水管系中的承接支管、存水弯等。

③ 绘制墙、楼板等的位置。

④ 注写各管段的公称直径、坡度、标高、冲洗水箱的容积等数据。

5. 建筑给排水施工图阅读方法

阅读主要图纸之前，应当首先看设计说明和设备材料表，然后以系统图为线索深入阅读平面图和系统图及详图。阅读时，应将三种图相互对照来看。先对系统图有大致了解，看给水系统图时，可由建筑的给水引入管开始，沿水流方向经干管、立管、支管到用水设备；看排水系统图时，可由排水设备开始，沿排水方向经支管、横管、立管、干管到排出管。

（1）平面图的识读

室内给排水平面图是施工图纸中最基本和最重要的图纸，它主要表明建筑物内给排水管道及设备的平面布置。

图纸上的线条都是示意性的，同时管材配件如活接头、管箍等也画不出来，因此在识读图纸时还必须熟悉给排水管道的施工工艺。在识读平面图时，应掌握的主要内容和注意事项如下：

① 查明卫生器具、用水设备和升压设备的类型、数量、安装位置及定位尺寸。

卫生器具和各种设备通常都是用图例画出来的，它只说明器具和设备的类型，而不能具体表示各部分的尺寸及构造，因此在识读时必须结合有关详图和技术资料，搞清楚这些器具和设备的构造、接管方式及尺寸。

② 弄清给水引入管和污水排出管的平面位置、走向、定位尺寸、与室外给排水管网的连接形式、管径及坡度。

给水引入管上一般都装有阀门，通常设于室外阀门井内。污水排出管与室外排水总管的连接是通过检查井来实现的。

③ 查明给排水干管、立管、支管的平面位置与走向、管径尺寸及立管的编号。从平面图上可清楚地查明管道是明装还是暗装，以确定施工方法。

④ 消防给水管道要查明消火栓的布置、口径大小及消防箱的形式与位置。

⑤ 在给水管道上设置水表时，必须查明水表的型号、安装位置、表前后阀门的设置情况。

⑥ 对于室内排水管道，还要查明清通设备的布置情况，清扫口的型号和位置。搞清楚室内检查井的进出管连接方式。对于雨水管道，要查明雨水斗的型号及布置情况，并结合详图搞清雨水斗与天沟的连接方式。

（2）给排水管道系统图的识读

给排水管道系统图主要表明管道系统的立体走向。在给水系统图上，卫生器具不画出来，只需画出水龙头、冲洗水箱等符号；用水设备如锅炉、热交换器、水箱等则画出示意性立体图，并以文字说明。在排水系统图上，也只画出相应的卫生器具的存水弯或器具排水管。在识读系统图时，应掌握的主要内容和注意事项如下：

① 查明给水管道的走向，干管的布置方式，管径尺寸及其变化情况，阀门的设置，引入管、干管及各支管的标高。

② 查明排水管的走向，管路分支情况，管径尺寸与横管坡度，管道各部标高，存水弯的形式，清通设备的设置情况，弯头及三通的选用等。

识读管道系统图时，应结合平面图及说明，了解和确定管材及配件。

③ 系统图上对各楼层标高都有注明，看图时可据此分清各层管路。管道支架在图中一般不表示，由施工人员按有关规程和习惯作法自定。

（3）室内给排水详图的识读

室内给排水详图包括节点图、大样图、标准图，主要是管道节点、水表、消火栓、水加热器、卫生器具、套管、开水炉、排水设备、管道支架的安装图及卫生间大样图等，图中注明了详细尺寸，可供安装时直接使用。

9.2 采暖施工图

9.2.1 建筑采暖施工图概述

采暖工程是指向室内供给热量，保持室内一定的室温要求的措施。采暖系统由热源、输热管

道和散热设备三个部分组成。

采暖系统可分为局部采暖系统和集中采暖系统（见图 9-6）。局部采暖系统是指热源与散热设备处于同一个房间；集中采暖系统是指热源远离需要采暖的房间，通过输热管道将热源输送到多个需采暖的房间。按热媒的不同又可分为热水采暖系统和蒸汽采暖系统。

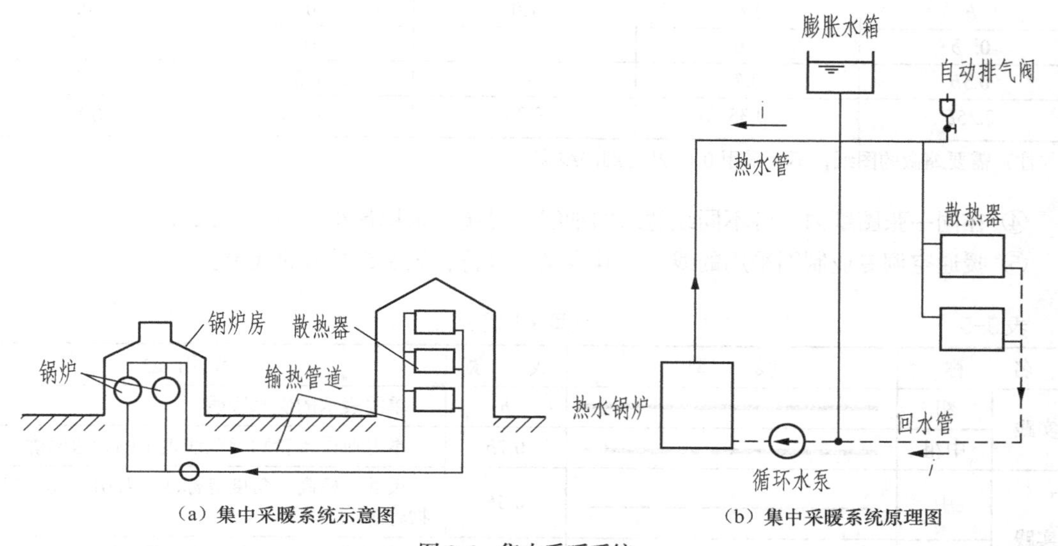

图 9-6　集中采暖系统

热水采暖系统热水循环的原动力分为自然循环系统和机械循环系统。

热水采暖系统按立管与散热器连接形式又可分为：单管单侧顺流式与单管双侧顺流式、双管单侧顺流式与双管双侧顺流式、单管单侧跨越式与双管双侧跨越式，如图 9-7 所示。

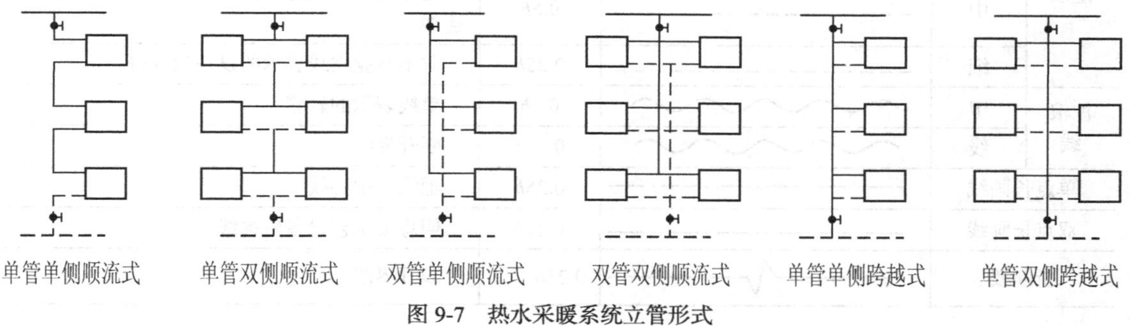

图 9-7　热水采暖系统立管形式

9.2.2　建筑采暖施工图一般规定

1．图线

① 图线的基本宽度 b 和线宽组，应根据图样的比例、类别及使用方式确定。

② 基本宽度 b 宜选用 0.18、0.35、0.5、0.7、1.0mm。

③ 图样中仅使用两种线宽时，线宽组宜为 b 和 $0.25b$。三种线宽的线宽组宜为 b、$0.5b$ 和 $0.25b$，并应符合表 9-4 所示的规定。

表 9-4　　线宽

线宽比	线宽组			
b	1.4	1.0	0.7	0.5
$0.7b$	1.0	0.7	0.5	0.35
$0.5b$	0.7	0.5	0.35	0.25
$0.25b$	0.35	0.25	0.18	（0.13）

注：需要缩微的图纸，不宜采用 0.18 及更细的线宽。

④ 在同一张图纸内，各不同线宽组的细线，可统一采用最小线宽组的细线。

⑤ 暖通空调专业制图采用的线型及其含义，宜符合表 9-5 所示的规定。

表 9-5　　线型及其含义

名称		线型	线宽	一般用途
实践	粗	————	b	单线表示的供水管线
	中粗	————	$0.7b$	本专业设备轮廓、双线表示的管道轮廓
实践	中	————	$0.5b$	尺寸、标高、角度等标注线及引出线；建筑物轮廓
	细	————	$0.25b$	建筑布置的家具、绿化等；非本专业设备轮廓
虚线	粗	- - - - - -	b	回水管线及单根表示的管道被遮挡的部分
虚线	中粗	- - - - - -	$0.7b$	本专业设备及双线表示的管道被遮挡的轮廓
	中	- - - - - -	$0.5b$	地下管沟、改造前风管的轮廓线；示意性连线
	细	- - - - - -	$0.25b$	非本专业虚线表示的设备轮廓等
波浪线	中	～～～	$0.5b$	单线表示的软管
	线	～～～	$0.25b$	断开界线
单点长画线		—·—·—	$0.25b$	辅线、中心线
双点长画线		—··—··—	$0.25b$	假想或工艺设备轮廓线
折断线		——\/\——	$0.25b$	断开界线

2. 比例

总平面图、平面图的比例，宜与工程项目设计的主导专业一致，其余可按表 9-6 所示选用。

表 9-6　　比例

图名	常用比例	可用比例
剖面图	1∶50、1∶100	1∶150、1∶200
局部放大图、管沟断面图	1∶20、1∶50、1∶100	1∶25、1∶30、1∶150、1∶200
索引图、详图	1∶1、1∶2、1∶5、1∶10、1∶20	1∶3、1∶4、1∶15

3. 图例

采暖设备及配件均采用国标规定的图例表 9-7 表示。

表 9-7　采暖图例

名　称	图　例	名　称	图　例
供水（汽）管		自动排气阀	
回（凝结）水管		散热器	
立管		手动排气阀	
流向		截止阀	
丝堵		闸阀	
固定支架		止回阀	
水泵		安全阀	

4. 标高与坡度

管道应标注管中心标高，一般注在管段的始端或末端；散热器宜标注底标高，同一层、同标高的散热器只标右端的一组。

管道的坡度用单面箭头表示，数字表示管道铺设坡度，箭头表示坡向的下方。

5. 管道的转向、连接、交叉的表示

管道的转向、连接、交叉的表示方法如图 9-8 所示。

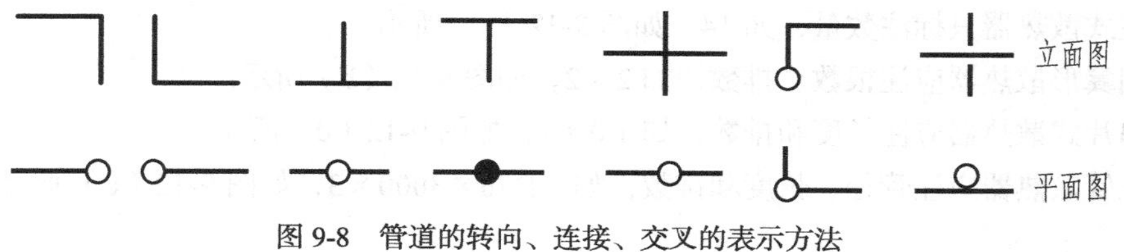

图 9-8　管道的转向、连接、交叉的表示方法

管道在本图中断，转至其他图上或管道由其他图引来时的表示方法，如图 9-9 所示。

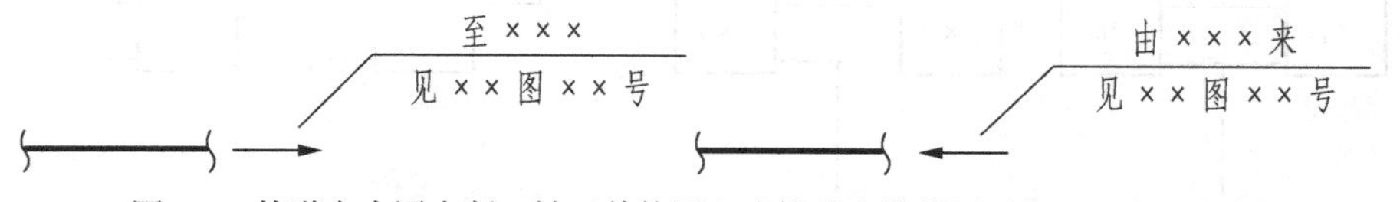

图 9-9　管道在本图中断，转至其他图上或管道由其他图引来时的表示方法

6. 管径标注法

管径应标注公称直径，如 DN15 等；一般标注在管道变径处，水平管道注在管道线上方，斜管道注在管道斜上方，竖直管道注在管道左侧，当管道无法按上述位置标注时，可用引出线引出标注。

7. 采暖立管与采暖入口编号

采暖立管的编号（见图 9-10）：
L —— 采暖立管代号；
n —— 立管编号（阿拉伯数字）。

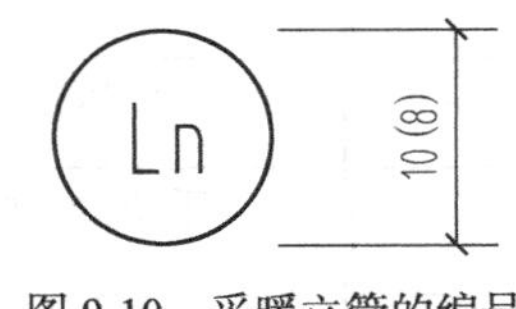

图 9-10　采暖立管的编号

采暖入口编号（见图 9-11）：
R —— 采暖入口代号；
n —— 立管编号（阿拉伯数字）。

图 9-11　采暖入口编号

8. 散热器的规格及数量的标注

① 柱式散热器只标注数量，如 14，如图 9-12（a）所示。
② 圆翼形散热器应注根数、排数，如 2×2，如图 9-12（b）所示。
③ 串片式散热器应注长度和排数，如 1.0×2，如图 9-12（d）所示。
④ 光管散热器应注管径、长度和排数，如：D76×3000×3，如图 9-12（c）所示。

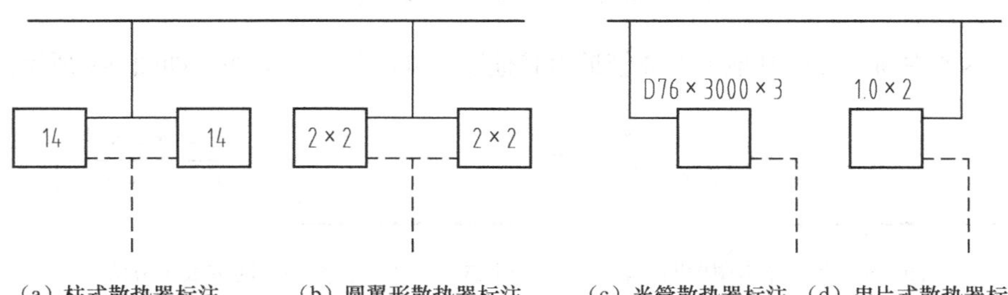

（a）柱式散热器标注　（b）圆翼形散热器标注　（c）光管散热器标注　（d）串片式散热器标注
图 9-12　散热器的规格及数量的标注

在平面图中，散热器的规格和数量应标注在散热器所靠窗户外侧附近；而在管道系统图中，则应标注在散热器图例内或上方。

9.2.3　建筑采暖施工图图示方法

1. 采暖平面图的图示方法

采暖平面图主要表达供热干管、采暖立管、回水管道和散热器在室内的平面布置。

对多层建筑，原则上应分层绘制，若楼层平面散热器布置相同，可绘制一个楼层采暖平面图（即标准层采暖平面图），以表明散热器和采暖立管的平面布置，但底层和顶层采暖平面图应单独绘制。

供热、回水管道不论管径大小，均用单线条表示。供热管用粗实线绘制，回水管用粗虚线绘制。管径用公称直径 *DN* 表示。

在采暖平面图中，管线与墙身的距离不反映管道与墙身的实际距离，仅表示管道沿墙的走向，即使是明装管道也可绘制在墙身内，但应在施工说明中注明。

2. 采暖系统图的图示方法

采暖系统图是运用正面斜等轴测投影原理，将房屋的长度、宽度方向作为 *X*、*Y* 方向；楼层高度作为 *Z* 方向，三个轴向伸缩系数均为 1，如图 9-13 所示。

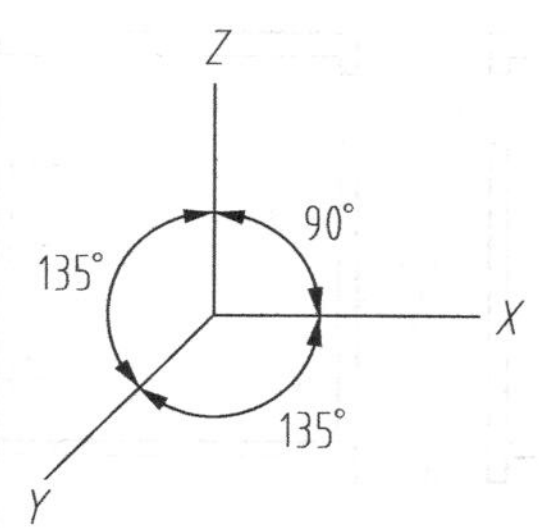

图 9-13　采暖系统图投影轴

供热干管、立管用单根粗实线表示，回水干管用单根粗虚线表示。管道上的各种附件均用图例绘制。

9.2.4　建筑采暖施工图图示内容

1. 采暖平面图的图示内容

采暖平面图（见图 9-14）主要表达供热干管、采暖立管、回水管道和散热器在室内的平面布置。基本内容包括下面几点。

① 建筑平面图（含定位轴线），与采暖设备无关的细部省略不画。

② 散热器的位置、规格、数量及安装方式。

③ 采暖管道系统的干管、立管、支管的平面位置，立管编号和管道安装方式。

④ 采暖干管上的阀门、固定支架等其他设备的平面位置。

⑤ 管道及设备安装的预留洞、管沟等。

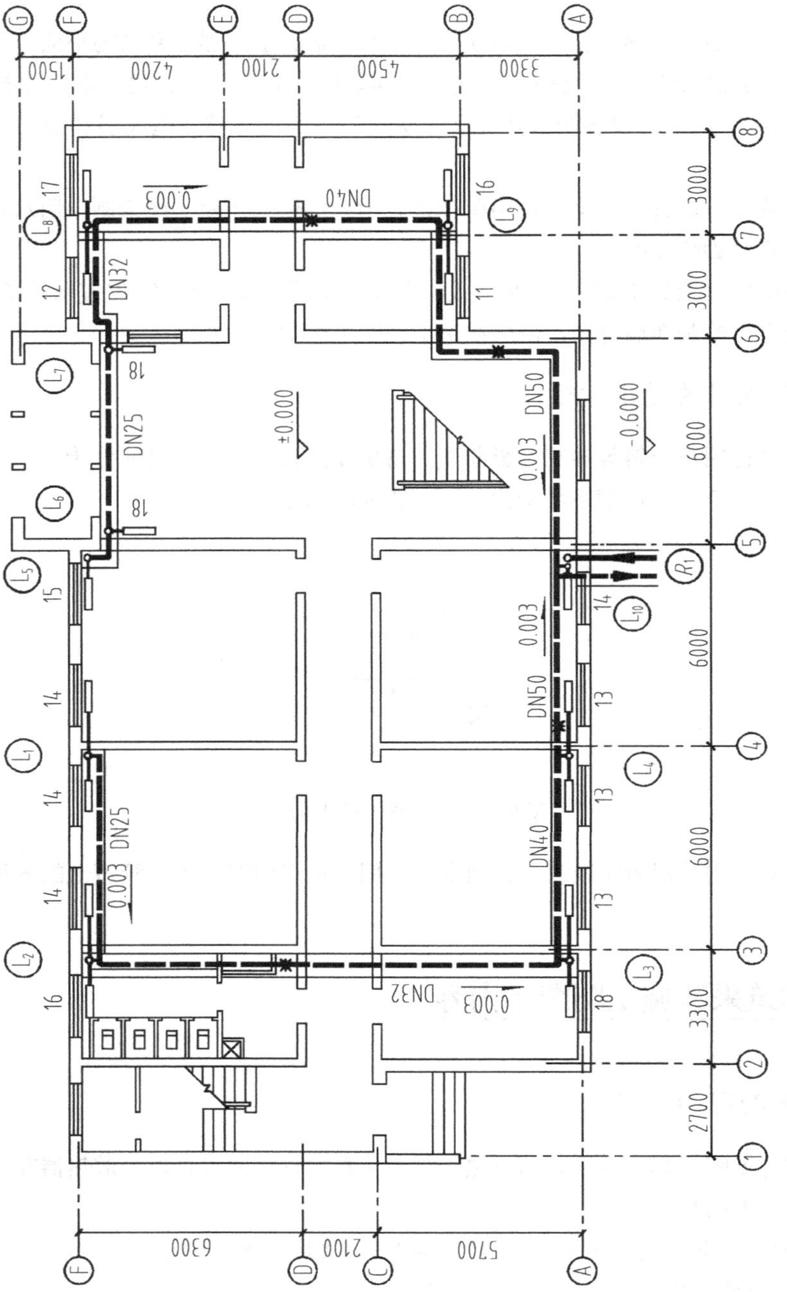

底层采暖平面图 1:100

图 9-14 采暖平面图

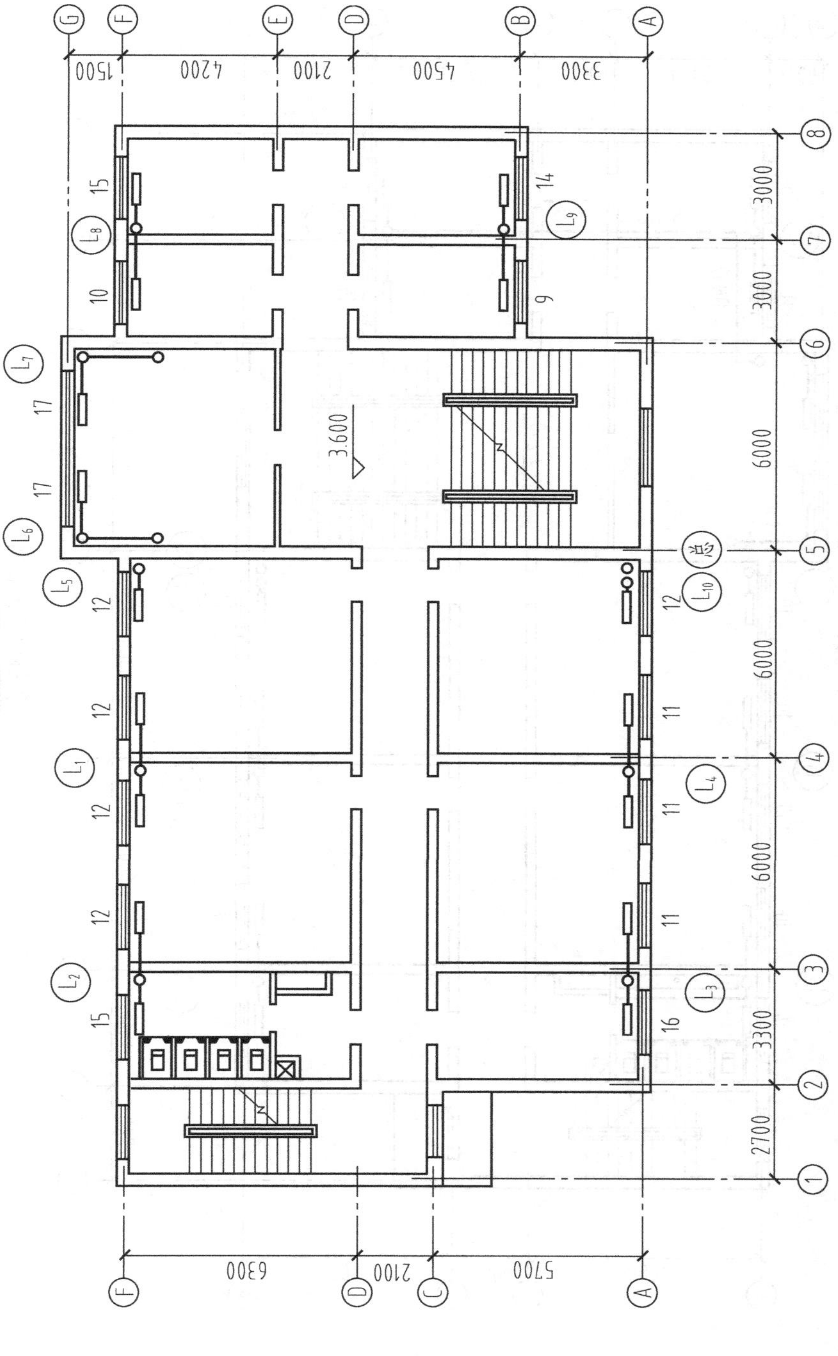

二层采暖平面图 1:100

图 9-14　采暖平面图（续）

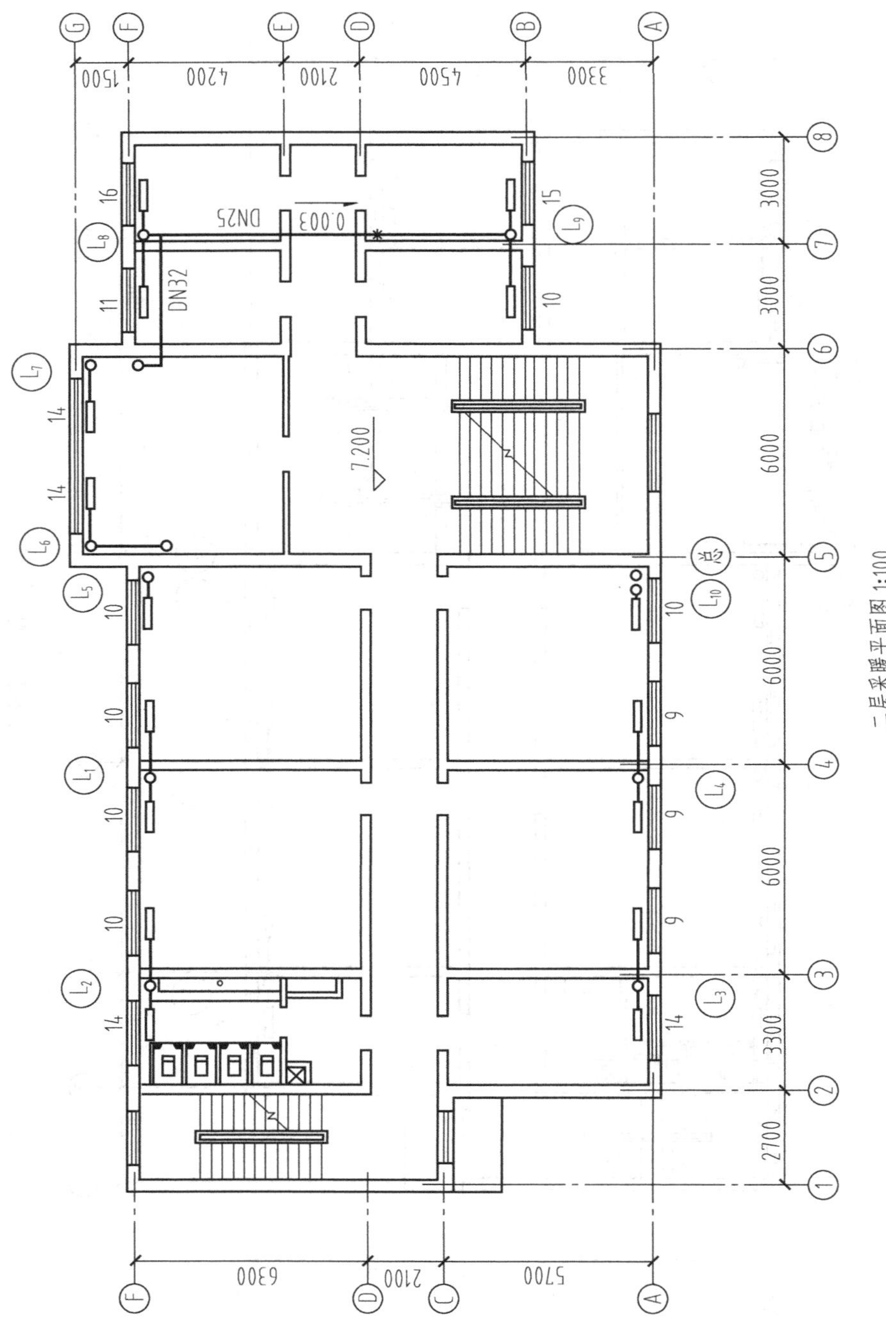

二层采暖平面图 1:100

图 9-14 采暖平面图（续）

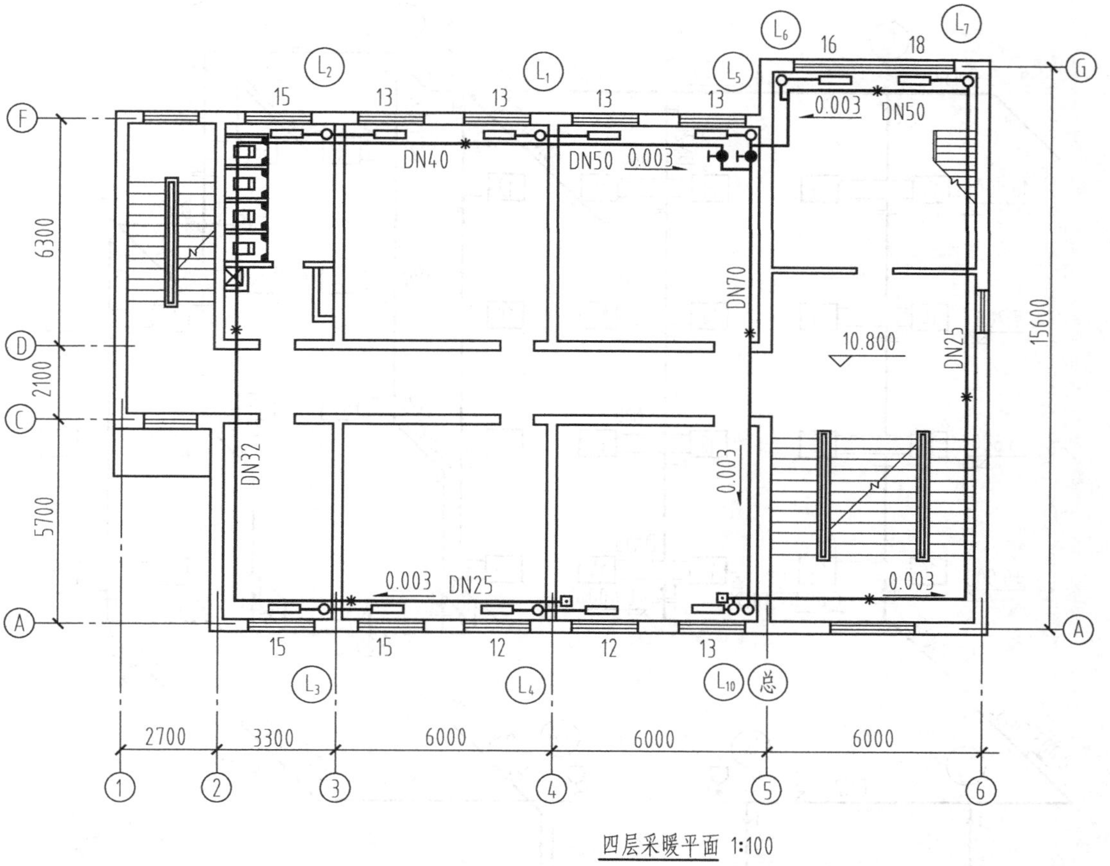

四层采暖平面 1:100

图 9-14　采暖平面图（续）

2. 采暖系统图的图示内容

采暖系统图（见图 9-15）主要表达管道系统从入口到出口的室内采暖管网系统、散热设备及主要附件的空间位置和相互关系。主要内容包括下面几点。

① 管道系统及入口系统编号。

② 房屋构件位置。

③ 标注管径、坡度、管中心标高、散热器规格及数量、立管编号等。

9.2.5　建筑采暖施工图阅读方法

采暖平面图和采暖管道系统图是建筑采暖施工图中最基本图样，两者必须互为对照和相互补充，进而将室内散热器和管道系统组合成完整的工程体系，明确各种散热器及其附属设备的具体位置和采暖管路在空间的布置情况 。

1. 粗读各层采暖平面图

粗读时，要搞清楚下面两个问题。

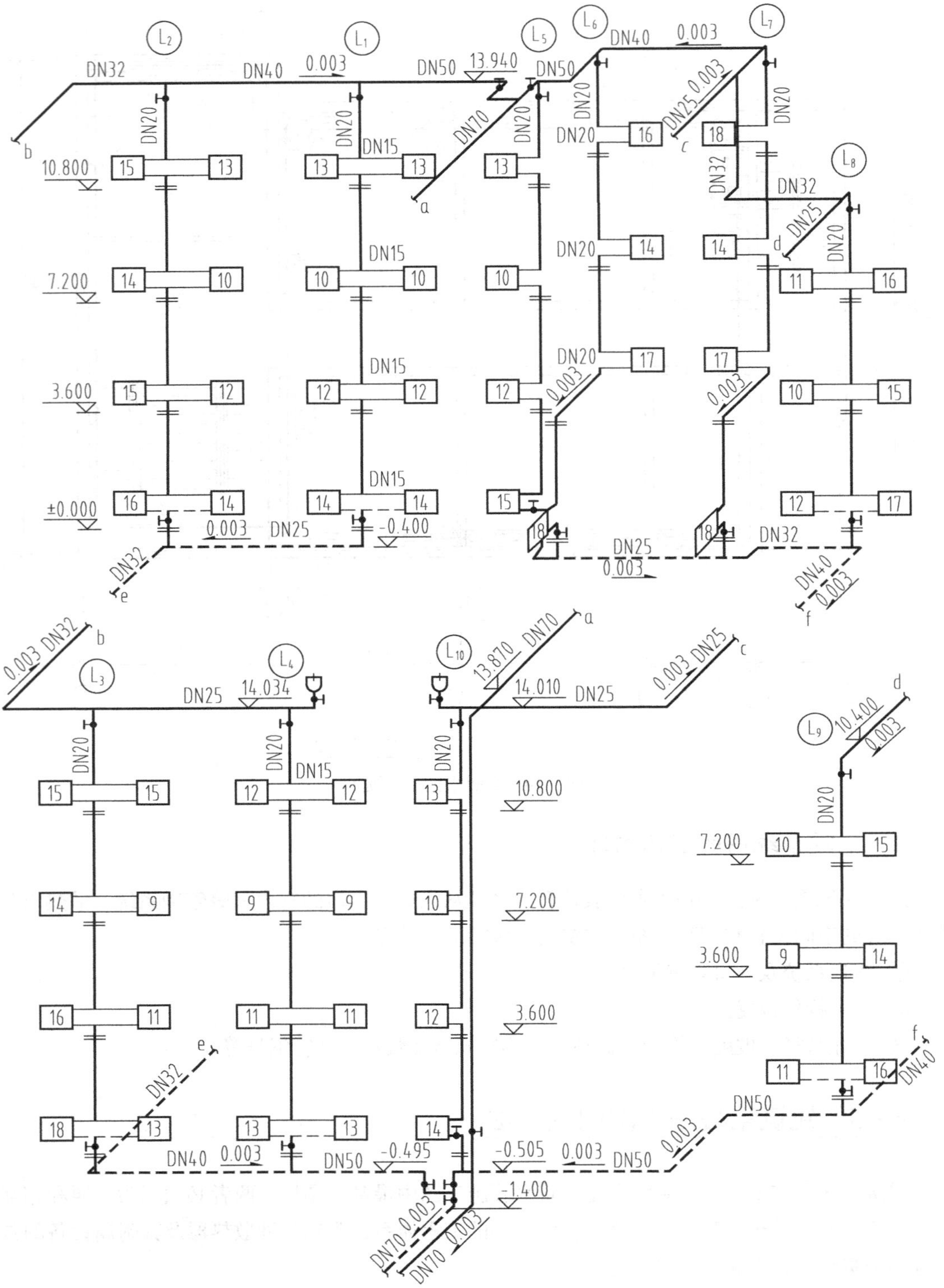

采暖系统图 1:100

图 9-15 采暖系统图

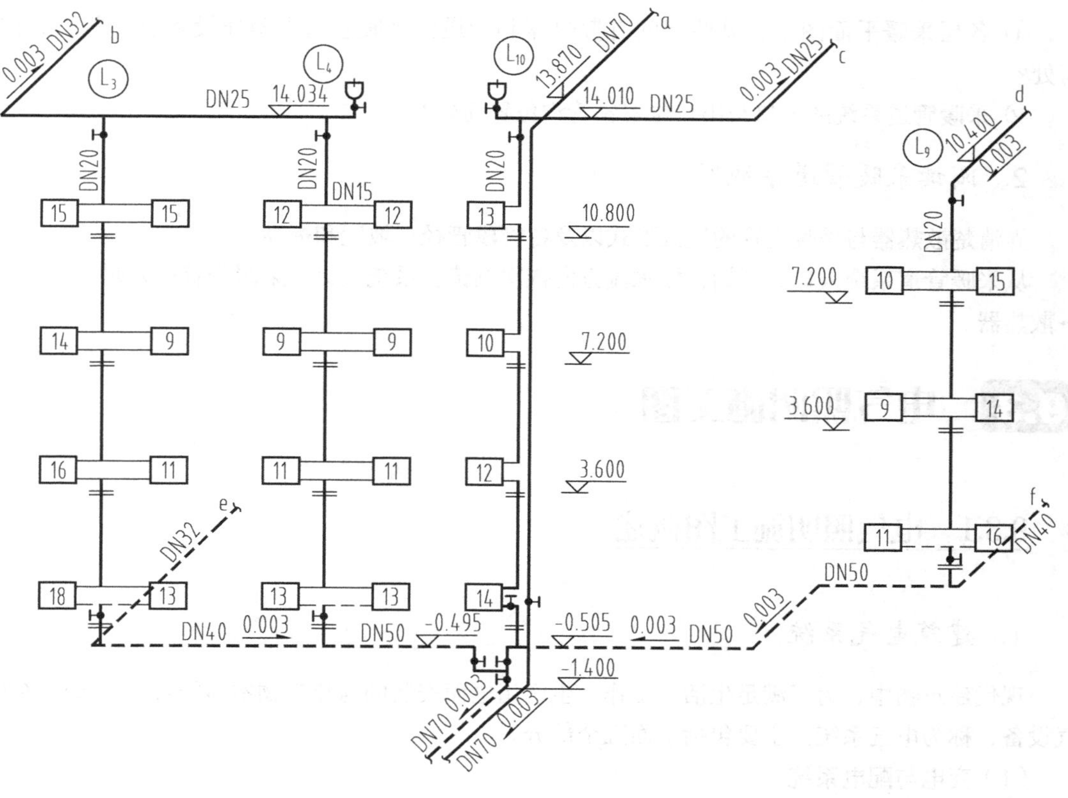

L3
L4
L10
L9
DN32
0.003
DN25
14.034
13.870
DN70
14.010
10.400
DN20
DN15
10.800
7.200
3.600
DN40
DN50
-0.495
-0.505
-1.400

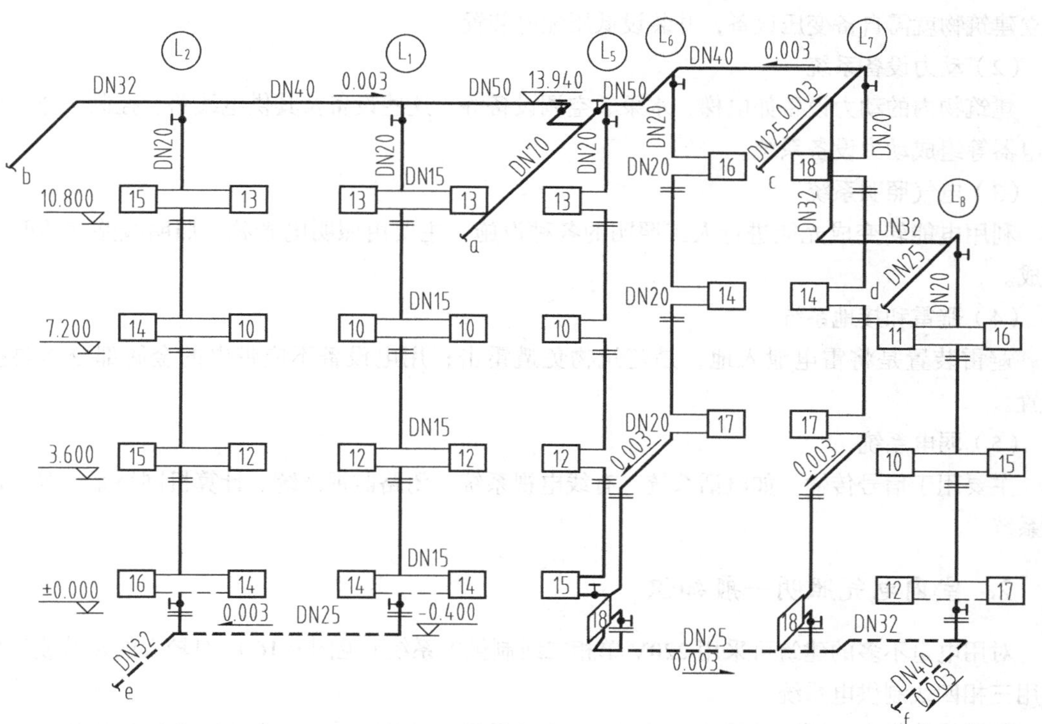

L2
L1
L5
L6
L7
L8
DN32
DN40
0.003
DN50
13.940
DN70
DN20
DN15
DN25
DN32
10.800
7.200
3.600
±0.000
-0.400

图 9-15　采暖系统图（续）

① 各层采暖平面图中，哪些房间有散热器和管道？采暖管道上附属设备有哪些？其位置何处？

② 采暖管道系统的入口与出口位置？管沟位置何处？

2. 阅读采暖管道系统图

弄清楚散热器与采暖立管的连接形式以及各管段管径、坡度和标高。

从采暖管道系统入口处开始，按水流方向依次阅读：系统入口→采暖干管→采暖立管→支管→散热器。

9.3 电气照明施工图

9.3.1 电气照明施工图概述

1. 建筑电气系统

现代建筑物中，为了满足生活、工作、生产用电而安装的与建筑物本体结合在一起的各类电气设备，称为电气系统。主要包括下面五个部分。

（1）变电与配电系统

建筑物内各类用电设备，一般使用低电压即 380V 以下，对使用高压线路（10kV 以上） 的独立建筑物就需自备变压设备，并装设低压配电装置。

（2）动力设备系统

建筑物内的动力设备如电梯、水泵、空调设备等，这些设备及其供电线路、控制电路、保护继电器等组成动力设备系统。

（3）电气照明系统

利用电能转变成光能进行人工照明的各种设施，主要由照明电光源、照明线路和照明灯具组成。

（4）避雷和接地系统

避雷装置是将雷电泄入地，是建筑物免遭雷击；用电设备不应带电的金属部分需要接地装置。

（5）弱电系统

主要用于信号传输，如电话系统、有线电视系统、闭路监视系统、计算机网络系统等构成弱电系统

2. 室内电气照明一般知识

对用电量不多的建筑可采用 220V 单相二线制供电系统（见图 9-16），对较大的建筑或厂房常采用三相四线制供电系统。

照明线路供电电压通常采用 380/220V 的三相四线制供电系统（见图 9-17），即由用户配电变压器的低压侧引出三根相线和一根零线。

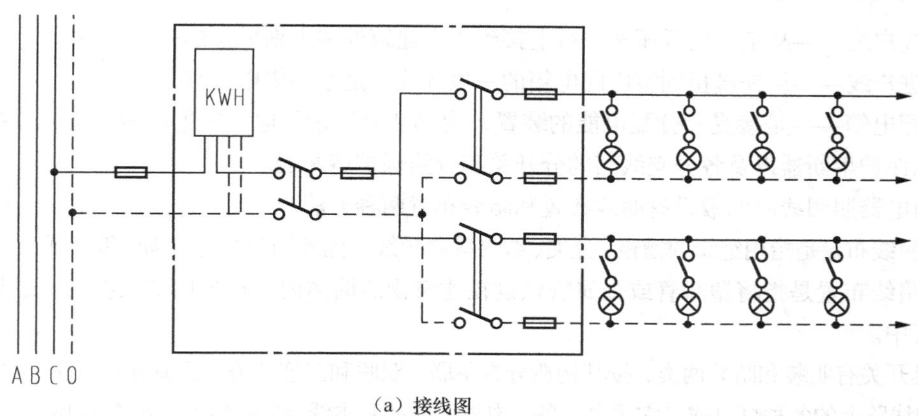

（a）接线图

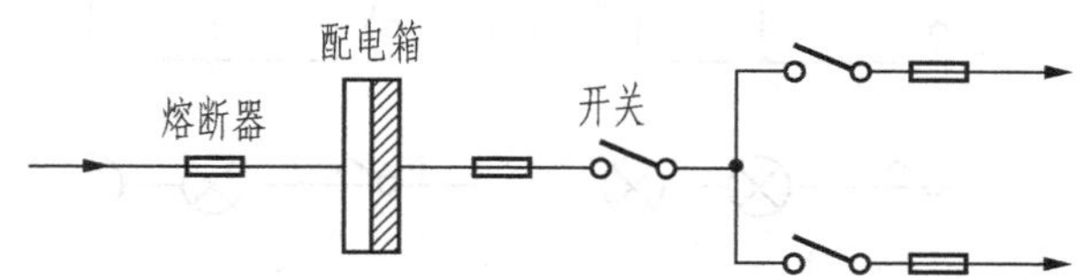

（b）系统图

图 9-16　220V 单相二线制供电系统

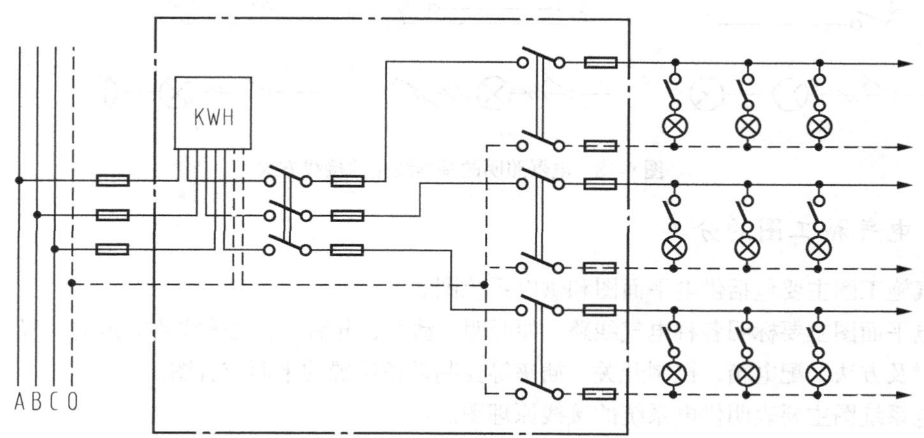

（a）接线图

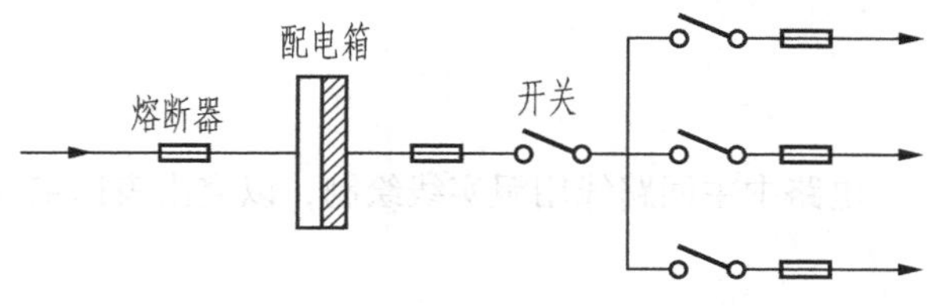

（b）系统图

图 9-17　380/220V 三单四线制供电系统

① 接户线——从室外的低压架空线上接到用电建筑外墙上铁横担的一段导线。

② 进户线——从铁横担到室内配电箱的一段导线，是室内供电起点。

③ 配电箱——是接受和分配电能的装置，内部装有记录用电量的电度表，进行总控制的总开关和总保护熔断器以及各分支线路的分开关和分路保护熔断器。

室内电器照明线路的敷设有明线布置和暗线布置两种方法。

① 明线布置是指用绝缘的槽板、瓷夹、线夹等将导线牢固地固定在建筑物的墙面或天棚的表面。

② 暗线布置是指将塑料管或金属管预设在建筑物的墙体内、楼板内或天棚内，然后再将导线穿入管中。

灯具开关有明装和暗装两类，按其构造分有单联、双联和三连开关。开关应安装在火线上，利用开关控制线路上的各种灯具或其它用电设备。电器照明的基本线路的接线方式如图 9-18 所示。

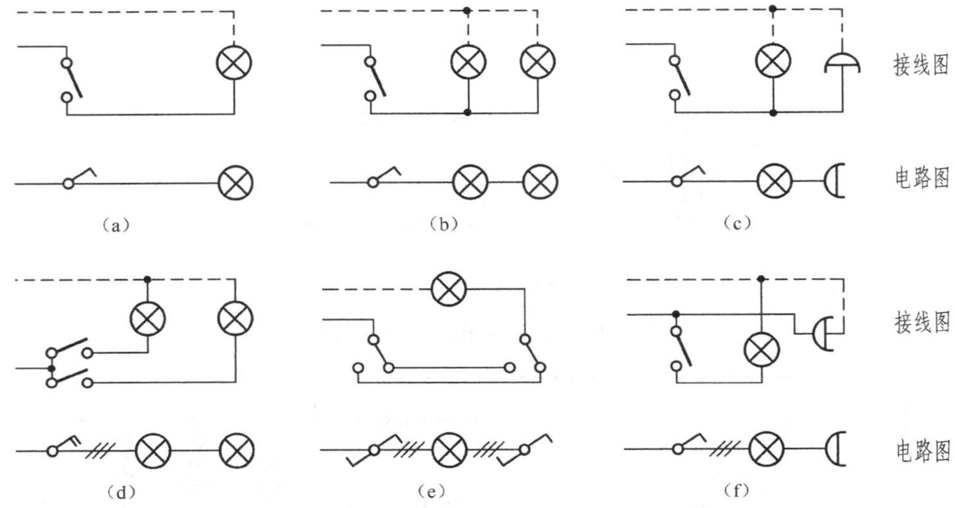

图 9-18 电器照明的基本线路的接线方式

3. 电气施工图的分类

电气施工图主要包括供电平面图和供电系统图。

供电平面图主要标明各种电气线路，如照明、动力、电话、电视等线路的走向、型号、数量、敷设位置及方法，配电箱、控制开关、插座等控制设备位置的平面布置图。

供电系统图主要表明供电系统的接线原理图。

9.3.2 电气照明施工图一般规定

1. 图线

建筑物的轮廓线用细实线绘制，电路中主回路线用粗实线绘制，以突出表达室内的电气线路的平面布置。

2. 比例

室内供电平面图采用与建筑平面图相同的比例；与建筑物无关的其他电气施工图，可任选比

例或不按比例示意性绘制。

3. 图例符号

建筑电器施工图是用电气图例和规定代号进行表示的，电气符号包括图形符号、电工设备文字符号和电工系统图的回路标号三种。

（1）电气图形符号

国标规定的常用电气图形符号图例如表 9-8 所示。

表 9-8　电气图形符号

名　称	图　例	名　称	图　例
配电箱		电度表	kWh
接地线		灯具的一般符号	
熔断器		荧光灯管	
墙上灯座		暗装双联开关	
壁灯		拉线开关	
吸顶灯		向上引线	
明装单相双极插座		自下引线	
暗装单相双极插座		向下引线	
暗装单相三极插座		自下向上引线	
暗装三相四极插座		向下并向上引线	
电源引入线		自上向下引线	
暗装单极开关		一根导线	1
明装单极开关		两根导线	
暗装双极开关		三根导线	
暗装三极开关		四根导线	
暗装四极开关		*n* 报导线	*n*

（2）电工设备文字符号

电工设备符号是用来表明系统中设备、装置、元件、部件及线路的名称、性能、作用、位置和安装方式。

① 在配电线路上的标注格式为：

$$a-b(c \times d+c \times d)e-f$$

其中，

a——回路编号；

b——导线型号代号；

c——导线根数；

d——导线截面；

e——敷设方式代及穿管管径；

f——敷设部位代号。

在配电线路上，常用的导线型号、敷设方式和敷设部位的代号及含义如表 9-8 所示。

表 9-9　　常用的导线型号、敷设方式和敷设部位的代号及含义

导线型号代号		敷设方式代号		敷设部位代号	
BX	铜芯橡皮线	GBVV	用轨型护套线敷设	S	沿钢索敷设
BV	铜芯塑料线	VXC	用塑制线槽敷设	LM、LA	沿屋架或屋架下弦敷设、暗设在梁内
BLX	铝芯橡皮线	VG	用硬塑制管敷设	ZM、ZA	沿柱敷设、暗设在柱内
BLV	铝芯塑料线	VYG	用半硬塑制管敷设	QM、QA	沿墙敷设、暗设在墙内
BBLX	铝芯玻璃丝橡皮线	KRG	用可挠型塑制管敷设	PM、PA	沿天棚敷设、沿顶暗敷设
RVS	铜芯塑料绞型软线	DG	用薄电线管敷设	DA	暗设在地面内或地板内
RVB	铜芯塑料平型软线	G	用厚电线管敷设	PNM	在能进人的吊顶内敷设
BXF	铜芯氯丁橡皮线	GG	用水煤气钢管敷设	PNA	暗设在不能进人的吊顶内
BLXF	铝芯氯丁橡皮线	GXC	用金属线槽敷设		
		PC	用阻燃聚氯乙烯硬质管敷设		
		SC	用焊接钢管敷设		

例如，电气照明施工图中，某线路上标识有如下符号，其含义是什么？

$$3-BLV(3\times20+1\times8)G40-PA$$

其符号表明 3 号回路采用 4 根铝芯塑料导线，其中 3 根导线截面为 20mm^2，1 根截面为 8mm^2，4 根导线穿在管径为 40mm 的厚电线管内，暗设在屋面或顶棚板内。

② 照明灯具的表达格式：

$$a\frac{c\times d}{e}f$$

其中，

a——灯具数；

c——灯泡数或灯管数；

d——灯泡容量；

e——安装高度；

f——安装方式代号，如表 9-10 所示。

表 9-10　　安装方式代号

X	自在器线吊式
X1	固定线吊式
X2	防水线吊式
L	链吊式
G	管吊式
B	壁吊式
D	吸顶式
R	嵌入式

例如，下面表达式：

$$8\frac{2\times 40}{2.8}L$$

表明有 8 盏灯具，每盏灯具有两个灯泡或两只灯管，容量为 40W，安装高度为 2.8m，采用链吊式安装。

9.3.3　电气照明施工图图示方法

1. 电气照明平面图

建筑物部分的平面图，均使用细实线绘制，用单根粗实线绘制本层的电气线路，电气线路上导线的根数用斜短线表示。若楼层电气线路布置相同时，可用标准层处理。

电气线路上的各种灯具、插座等用电气图例符号表示，其规格、安装方式、安装位置等用规定标记标识。

2. 电气照明系统图

使用图例符号来表示建筑物内供电系统的接线原理图，系统图可以不按比例绘制。

9.3.4　电气照明施工图图示内容

图 9-19 所示为某建筑电气照明施工图，由图可知其主要包含下面几部分内容。

1. 抄绘建筑平面图

需抄绘建筑平面图中主要部分内容，如墙身、柱、门窗、楼梯等主要构件以及标注定位轴线和必要的尺寸。

2. 电气设备图例

电气线路上的灯具、插座、开关、配电箱等电气设备，按国标中规定的图例绘制。

3. 电气照明线路

表明室内电气线路布置情况，电气线路用单根粗实线表示，其导线根数可用细斜线数目表示。

4. 标注配电线路、照明灯具等

配电线路应按规定格式进行标注，以表明线路导线的型号、规格、数量敷设方式和敷设位置。照明灯具也应按规定格式标注其数量、型号、容量、安装高度及安装方式。

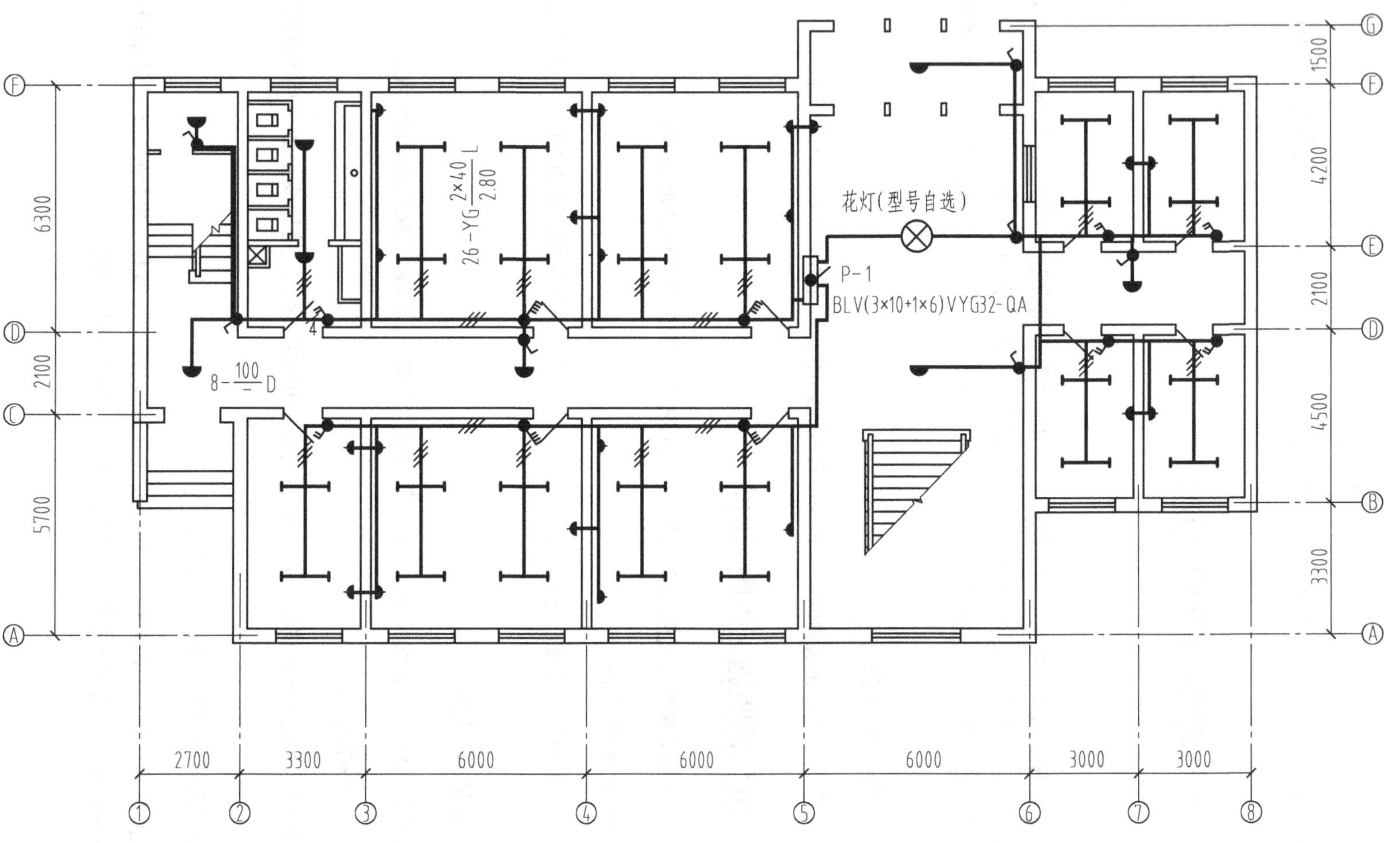

底层照明平面图 1:100

图 9-19 电气照明施工图

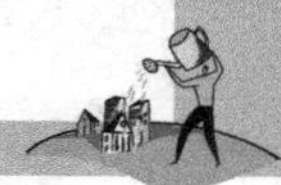

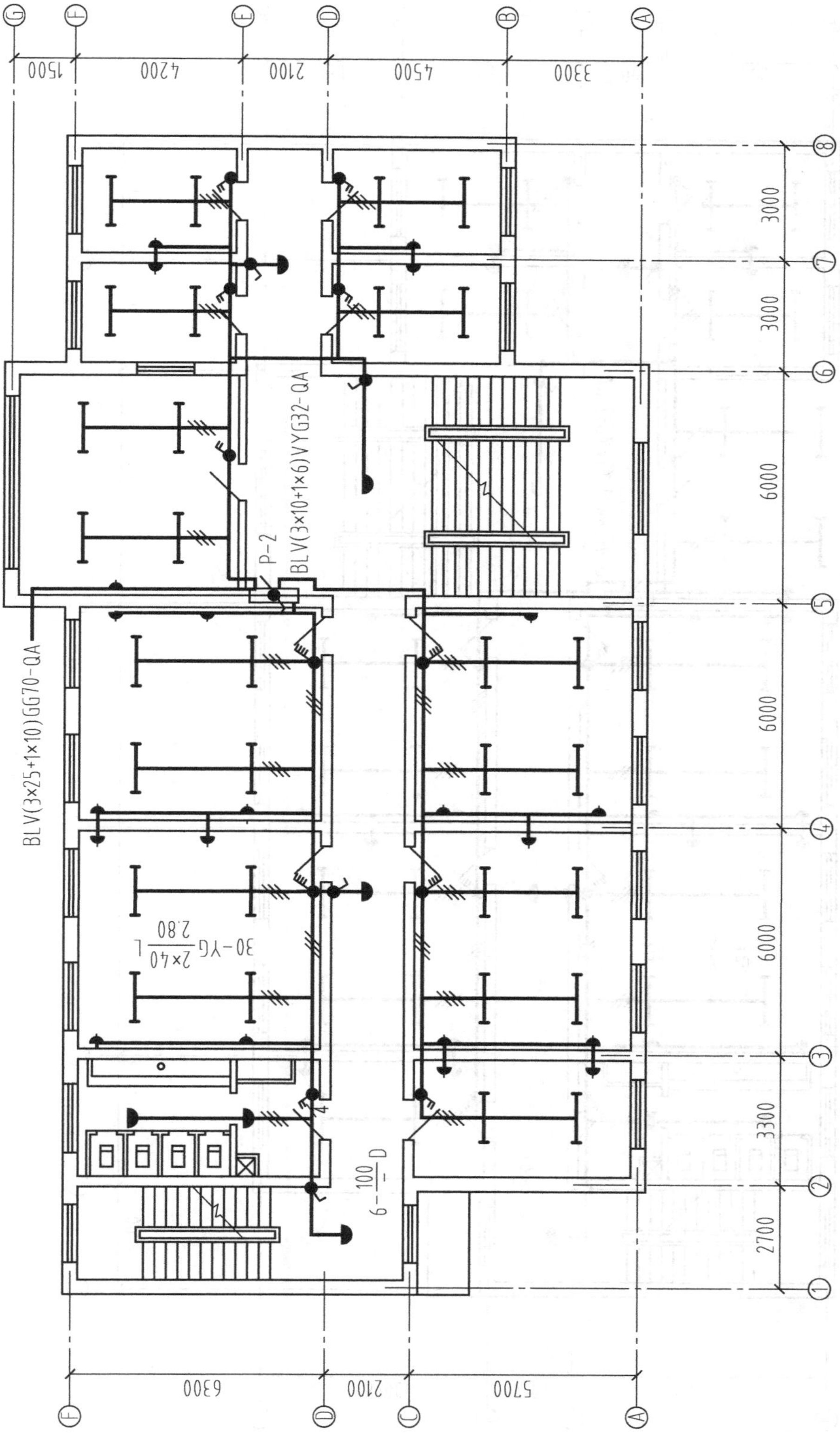

BLV(3×25+1×10)GG70-QA
BLV(3×10+1×6)VYG32-QA
P-2
30-YG $\frac{2\times40}{2.80}$ L
6-$\frac{100}{-}$D
1500
4200
2100
4500
3300
6300
2100
5700
3000
3000
6000
6000
6000
3300
2700

二层照明平面图1:100

图 9-19　电气照明施工图（续）

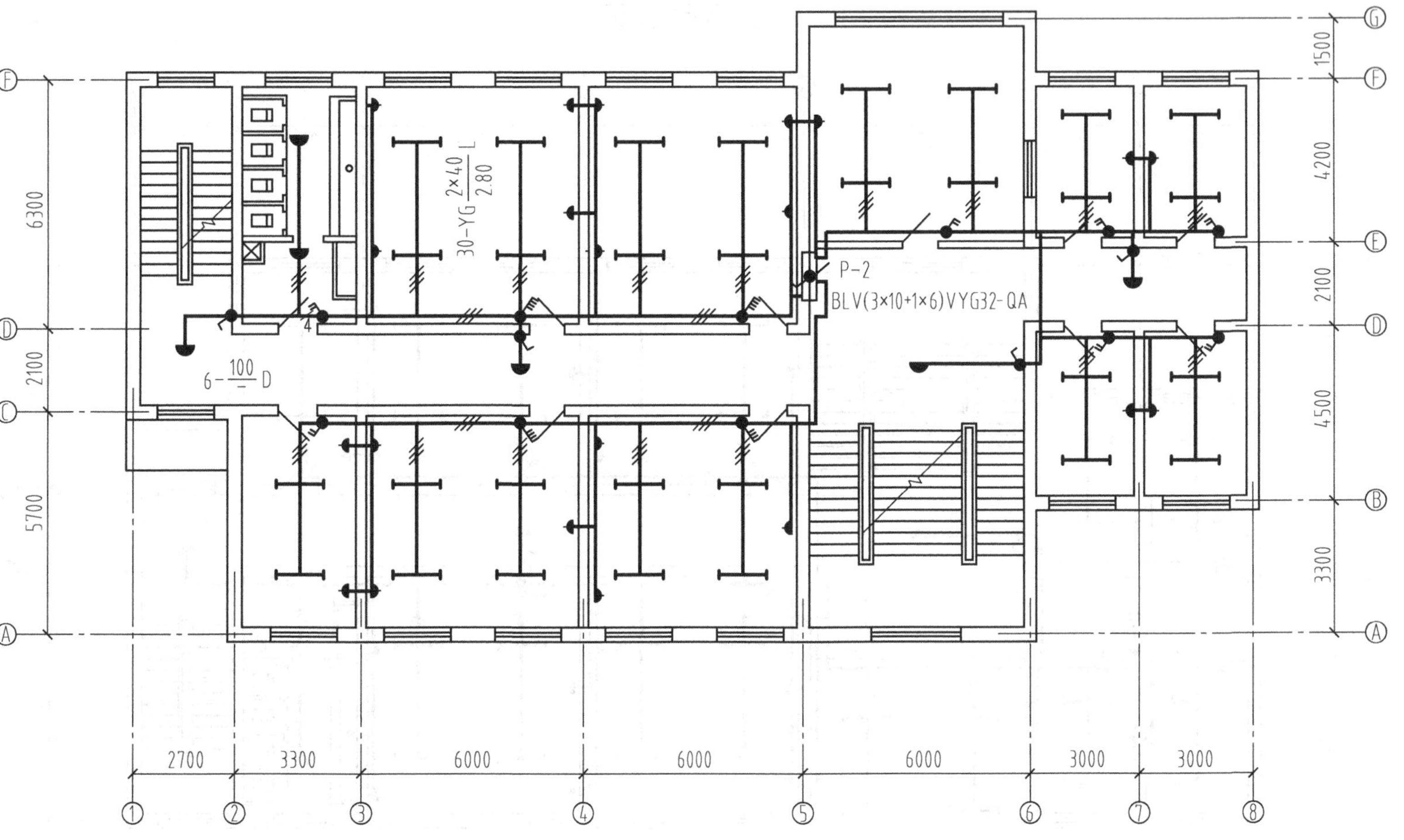

三层照明平面图 1:100

图 9-19 电气照明施工图（续）

9.3.5 电气照明施工图阅读方法

1. 阅读电气设计总说明

通过阅读总说明，了解工程概况、建筑面积、结构类型、负荷等级、供电要求、设计依据以及动力、照明的内容和特点，弱电项目的配套及控制方式和集成化规模等；主要的施工方法及所用材料等。

2. 阅读电气总平面图时的注意事项

① 先看图样比例、图例及有关说明。

② 注意电气（干线）总平面图上标注的强电、弱电进线位置、方式、标高以及各强、弱电箱体之间的连线走向、敷设方式。

③ 还要注意每个电源进线处的总等电位箱的位置标高以及各箱体是否有与上下层的竖向连线情况。

④ 了解工程是否室外立面照明及其电源的引出位置和敷设方式。

3. 阅读标准层平面图时的注意事项

① 了解标准层平面形状及房屋内部布局，房屋功能。

② 注意楼梯间（或竖井内）强、弱箱体的布置情况（可对照竖井大样图）。当无竖井时要注意电气与水暖系统、通风系统、消防系统预留洞口间的关系，这些洞口是否存在碰幢问题，思考施工的难易程度。

③ 注意室内灯具、开关、强、弱电控制箱、插座的位置和安装方式及标高，明确卫生间的局部等电位连接端子箱的位置标高。

4. 阅读顶层电气平面图时的注意事项

① 顶层平面图不仅反映本层配电情况而且还要反映屋顶的广告照明风机、电梯以及水箱间等的配电情况。

② 注意屋面的防雷平面图中避雷针（网、带）的布置情况和敷设方式，明确防雷引下线的位置，并且要求突出屋面的金属通风管、排气管等均与避雷网相连。

5. 防雷接地平面图的阅读

首先搞清接地的方式，一般均为联合接地系统，即工作接地、弱电接地、防雷接地等共用一个接地系统，接地电阻要求小于 1 欧，接地极除利用自然接地极外，一般还需补做人工环网接地。进而要搞清人工接地极接地线所用的材料及规格。

明确各接地系统的接地干线与接地网的连接位置以及在立面上防雷引下线的断接测试盒的设置位置、标高、尺寸等。

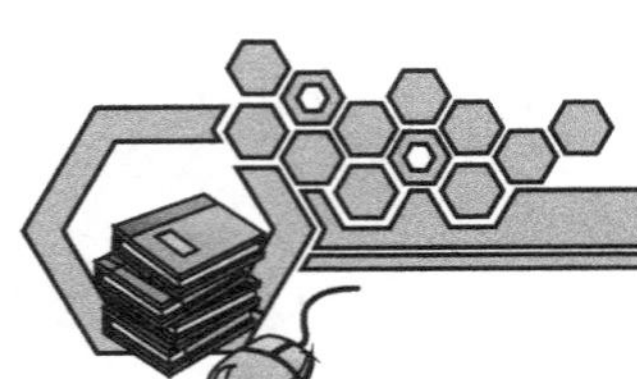

附录A　××县卫生监督所办公楼建筑施工图

图纸目录

广西***建筑设计有限责任公司			建设单位	**县卫生监督所		设计号	20111003
			项目名称	业务综合楼		2012年03月　日	

序号	图别	图号	图纸名称	采用标准图或重复使用图纸			备注
				图集编号或设计号	图别	图号	
1	建施	0/1	图纸目录				图幅 A4
2	建施	总-01	总平定位图				图幅 A2
3	建施	建-01	建筑施工图设计总说明				图幅 A2
4	建施	建-02	屋面用料构造明细表　室内装修明细表				图幅 A2
5	节施	建-03	建筑节能设计说明　公共建筑节能设计表 外围护结构及热工性能参数表				图幅 A2
6	建施	建-04	一层平面图				图幅 A2
7	建施	建-05	二层平面图				图幅 A2
8	建施	建-06	三层平面图				图幅 A2
9	建施	建-07	四层平面图				图幅 A2
10	建施	建-08	屋顶平面图				图幅 A2
11	建施	建-09	①~⑨立面图　Ⓓ~Ⓐ立面图				图幅 A2
12	建施	建-10	⑨~①立面图　Ⓐ~Ⓓ立面图				图幅 A2
13	建施	建-11	1-1剖面图　2-2剖面图				图幅 A2
14	建施	建-12	楼梯平面大样				图幅 A2
15	建施	建-13	卫生间大样、门窗表				图幅 A2

采用标准图集目录

序号	标准图集编号	标准图集名称	页次	备注
1	03J603-2	铝合金节能门窗	全册	甲方自备
2	98ZJ901	室外装修及配件	全册	甲方自备
3	05ZJ201	平屋面	全册	甲方自备
4	98ZJ681	高级木门	全册	甲方自备
5	05ZJ401	楼梯栏杆	全册	甲方自备

项目负责人:　　　　校　核:　　　　制表人:

建筑施工图设计说明

设计依据

1.1 有关部门及甲方方审批通过的方案设计和修改意见.
1.2 与甲方签订的建筑设计合同.
1.3 国家、行业、地方现行相关设计规范、规定:
1.4 《民用建筑设计通则》 GB 50352－2005
《建筑设计防火规范》 GB 50045-95（2005年版）
《办公建筑设计规范》 JGJ 67－－2006
《建筑地面设计规范》 GB50037-96
《公用建筑节能设计标准》 GB50189-2005
《公共建筑节能设计规范》 DB45/T392-2007
《建筑地面设计规范》 GB50037-96
《屋面工程质量验收规范》 GB50207－2002

2. 工程概况

2.1 工程名称：业务综合楼
2.2 工程地点：广西德保县
2.3 建设单位：德保县卫生监督所
2.4 工程性质：服务综合楼
2.5 工程规模：本工程无地下室，地上为 4 层.
总建筑面积 1189.11 m^2，一层占地面积 298.15 m^2 建筑高度为 14.70 m.
2.6 功能布局：本工程一层为办公大厅及部分办公室，二至四层为办公室.
2.7 设计等级：建筑设计等级 3 级；屋面防水等级 Ⅲ 级 .
2.8 设计防火分类及耐火等级：多层公共建筑，主体耐火等级为 二 级.
2.9 上部结构体系：框架结构，抗震设防烈度 6度.
2.10 主体结构合理使用年限：50 年.

3. 设计范围

3.1 本设计包含建筑、结构、电气、给排水、等专业及总平面设计.

4. 制图与图例

4.1 本设计图按国家现行制图规范绘制，工程尺寸以图注为准.
4.2 本设计图标注标高 楼层以建筑完成面为准、屋面以结构板面为准；标注门窗洞及构件尺寸为结构面层尺寸.
4.3 除注明外，尺寸标注以毫米(mm)为单位，角度以度(°)为单位，标高以米(m)为单位.

5. 总平面

5.1 施工放样按总平面标注坐标实施，施工前应放样无误后方可施工.
5.2 设计标高：单体室内 ±0.000 相对应绝对标高（黄海高程）由现场定.
5.3 道路、场地按总平面竖向坡度排向雨水井并接入雨水系统排放。雨水井位置详水施图.

6 室外工程

6.1 散水：98ZJ901 ⊕ 宽900，底层雨水立管埋地后弯头接入排水管网详水施.
6.2 台阶做法：铺地砖面台阶详中南标 98ZJ901 ⊕ .
6.3 雨水管采用 ø110PVC-U硬质塑料管，设置位置详水施图.

7. 砌体

7.1 砌体材料：除特殊注明外，内外墙均为190 厚小型混凝土砌块，砌体强度标号及砂浆标号详结构说明.
7.2 墙体强度标号及砌体拉结筋，构造柱定位及做法详结施.
7.3 墙身防潮做法：在 －0.060 标高处设 20 厚1:2.5水泥砂浆加水泥重量 5%防水剂.
7.3.1 当遇地面有高差时应沿墙身迎水面设竖向防潮层与水平防潮层形成闭合。侧墙外侧加刷1.5厚聚氨酯防水涂料.
7.3.2 当水平防潮层位置处有钢筋混凝土梁时，水平防潮层可取消.
7.4 窗台压顶做法：100 mm 高、宽同墙厚C20 细石混凝土二次浇捣，箍筋 ø6 @200 内配 2ø10，两端入墙不小于 240.
7.5 卫生间墙体根部除门洞外，设置砼防水翻边，高度200 mm .

8. 墙体装饰

8.1 外墙装修选材与色彩详立面图标注，构造做法详外墙装修构造表.
8.2 本工程采用的是外墙自隔热体系，故施工时应严格按照有关国家规范及地方标准执行.
8.3 外墙材料的性能、质量和施工规程应符合国家规定的标准.
8.4 内墙面装修做法详见室内装修明细表.

9. 楼面

9.1 楼面做法：详见室内外装修构造表.
9.2 走廊楼地面做1%坡度坡向出水口.
9.3 管道穿楼板处应填塞密实防水材料嵌缝处理，楼面防水层翻上300高.

10. 顶棚：

顶棚材料及做法详见室内外装修构造表天棚各专业管线重叠、交叉多，管线施工前应配合顶棚设计做好协调

11. 屋面

11.1 屋面工程防水应由经资质审查合格的防水专业队伍进行施工.
11.2 屋面防水等级：Ⅱ级，二道防水设防，合理使用年限为 1年.
11.3 屋面防水隔热层构造做法：详室内外装修构造表.
11.4 屋面排水构造：女儿墙水落口详 05ZJ201 ⊕ ．泛水参 05ZJ201.⊕
女儿墙压顶及防水收头详 05ZJ201 ⊕
11.5 屋面排水坡度：屋面排水建筑找坡 2%；天沟、檐沟纵向找坡 1%，沟底水落差不超过 200
11.6 高跨屋面雨水管排水至低跨屋面处，雨水管下加设钢筋混凝土水簸箕，详见 05ZJ201 ⊕
11.7 屋面保温隔热层选用挤塑聚苯乙烯泡沫塑料板.
11.8 卷材防水屋面基层与突出屋面结构（女儿墙、立墙、变形缝等）的交接处，以及基层的转角处（水落口、檐口、天沟、檐沟、屋脊等）均应做成弧形。内部排水的水落口周围应做成略低的凹坑.
11.9 屋面防水施工除满足以上各条外，尚应满足《工程建设标准强制性条文》中屋面防水施工有关条文.
11.10 屋面工程所采用的防水，保温隔热材料应有产品合格证书和性能检测报告，材料的品种、规格、性能等应符合国家产品标准和设计要求.

12. 无障碍设计设计

12.1 本建筑内设置无障碍卫生间，建筑主入口处设置无障碍坡道，详一层平面图.
12.2 无障碍设计未详之处均按《城市道路和建筑物无障碍设计规范》(JGJ50-2001) 执行.

13. 门窗

13.1 除图中特别注明外，所有外门均立樘墙中，所有内门立樘于开启方向墙面平.
13.2 外窗：窗框：90系列推拉式浇铸式节能铝合金窗.
13.3 门窗类型对照门窗表.
13.4 所有五金零件均按要求配齐.
13.5 铝合金窗框及玻璃的性能指标均需达到国家标准 GB8481-87
窗户的性能指标达到：
风压强度性能 ＞2500Pa 空气渗透性能 ＜1.5m/m²h
雨水渗透性能 ＞300Pa 空气声计权隔声量 ＞25dB
传热系数 K＜2.8W/(m²k) 传热阻 R ＞0.36m²k/w
13.6 凡窗台低于900者均做护窗栏杆.
13.7 建筑外窗气密性等级应满足《建筑外门窗气密、水密、抗风压性能分级及检测方法》GB/T7106－2008）
规定的6 级，$1.5<q1<2.5(m^3/m^2h)$，$4.5<q2<7.5(m^3/m^2h)$
水密性按《建筑外门窗气密、水密、抗风压性能分级及检测方法》GB/T7106－2008）
13.9 玻璃幕墙由具备相应资质的专业厂家根据立面或幕墙放大图制作安装.
13.10 门窗制作与安装应由具备相应资质的专业队伍承担。门窗型号、数量、洞口尺寸详见门窗表、门窗大样；洞口尺寸现场实施为准.
13.11 门窗以下部位应采用安全玻璃：面积大于 1.5m²的窗玻璃或底边距楼地面装修面层小于0.5m的落地窗玻璃。面积 ＜0.9m²为6 厚玻璃，面积 ＞0.9m²且＜1.29m²为8厚玻璃
13.13 大型的外门窗应由施工单位进行结构计算，送设计单位审核后方可施工.
窗除有详图外均安装在墙中，门除注明外安装在开启方向的墙侧平.
13.14 每层紧邻走廊的外窗加防盗网，由甲方选用成品.

14. 楼梯

14.1 楼梯栏杆做法详05ZJ401 ⊕，扶手详 ⊕，高度见栏杆说明.
14.2 楼梯踏步防滑条做法详05ZJ401 ⊕，扶手与墙连接参照 ⊕.
14.3 楼梯扶手在平台转角处施工应采用保证平台净宽不小于梯段净宽的构造措施.

15. 栏杆

15.1 本工程临空外窗当窗台高低于0.8m 时均加设安全防护栏高 0.9m，作法参 05ZJ401-28/26
15.2 临空栏杆（板）高度：1.1m
楼梯栏杆高度：室内楼梯栏杆扶手高度为1.0m ，（踏步边缘算起）；
当水平段栏杆长度大于0.5m 时高度为 1.1m； 室外楼梯及楼梯井大于0.11m 时扶手高度为1.1m
15.3 栏杆（板）受力安装做法详见中南标05ZJ401 说明第2.3 条能承受规范规定的水平荷载.

16. 油漆

16.1 木门、门套、木扶手等木作油漆做法：底漆一遍，面漆两遍罩面，详见 05ZJ001第87页涂 2.
16.2 外露铁件均应除锈后涂防锈底漆三度，面漆二度.
16.3 木构件防腐处理：所有入墙、落地木构件均刷防腐油二道防腐处理.
16.4 所有外露铁件（除不锈钢外）及预埋铁件均需表面除锈后，红丹打底，防锈漆三遍，外罩浅灰色调和漆两遍。详见05ZJ001 第 90 页涂13 .

17. 组织排水

17.1 卫生间需排水的楼面应按 1% 坡度坡向地漏或蹲位；外廊均以1% 的坡度坡向泄水口.
17.2 排水口及埋管穿越楼板处应用密封材料嵌填密封后做防水面层，排水口周边应加设防水附加层
17.3 雨水立管采用ø110PVC-U 管，距墙面不小于20 并用管箍与墙面固定，排水口距散水坡的高度为 200 .

18. 建筑节能 详建筑节能设计说明

19. 设计技术要求

19.1 凡套用标准图、选用产品均应按被套用标准图及被选用产品技术要求配合施工.
凡涉及现行施工及验收规范有规定的技术要求均应严格执行.
19.2 所有与水、电、空调、通讯、设备等有关的预留孔、预埋件施工时应与各专业施工图配合实施，严禁事后凿打.
19.3 工程应严格按图施工，设计更改以设计单位《设计更改通知单》为准。未经设计人员核准的更改，设计单位不予承担由此产生的责任.
19.4 穿楼板管道缝隙用防水砂浆（掺5% 防水剂）封堵密实，管道周围做45° 泛水.
卫生间 管道穿楼板另详见建施-08 详图 ⑤.
19.5 所有建筑用材均应采用经过有效检验的合格产品，并应符合《民用建筑工程室内环境污染控制规范》GB50325-2001 的规定.
19.6 所有饰材应经业主、设计单位、施工单位三方面确认后方可定货实施.
施工中必须严格执行国家各项施工质量验收规范.

设计证书编号:A2450048**	建设单位	**县卫生监督所	设　计			设计号	20111003
广西***建筑设计有限责任公司	项目名称	业务综合楼	校　核			图　别	建　施
			专业负责人			单　位	mm,m
	图　名	建筑施工图设计说明	项目负责人			日　期	2012.03
			审　核			属　图	土　建
			审　定			图　号	建-01

室内装修明细表

名称 \ 部位	楼面	踢脚板	内墙面	顶棚	地面	外墙面
	05ZJ001 楼10	05ZJ001 踢17	05ZJ001 内墙4	05ZJ001 顶4	05ZJ001 地19	外墙1：参照05ZJ001 外墙28
办公室 会议室 其他办公用房	1.8厚地砖铺实拍平，水泥浆擦缝 2.25厚1:4干硬性水泥砂浆打底找平 3.素水泥浆结合层一道（内掺建筑胶） 4.现浇钢筋混凝土楼板	1.17厚1:3水泥砂浆打底找平 2.4厚1:3水泥砂浆加水重20%白乳胶镶贴 3.8厚面砖，水泥浆擦缝	1.15厚1:1:6水泥石灰砂浆 2.5厚1:0.5:3水泥石灰砂浆 3.刷801胶水溶液或底漆一遍 4.刮腻子两道 5.乳胶漆面层	1.现浇钢筋混凝土楼板，底面清理干净 2.7厚1:3水泥砂浆 3.5厚1:2水泥砂浆 4.刷801胶水溶液或底漆一遍 5.满刮腻子一遍 乳胶漆涂料二道饰面	1.8-10厚地砖铺实拍平，水泥浆擦缝 2.20厚1:4干硬性水泥砂浆， 3.素水泥浆结合层一遍 4.80或100厚C15混凝土 5.素土夯实	1.15厚1:3水泥砂浆将墙体基本找平 2.刷界面砂浆一遍 3.25厚EVB保温隔热干粉砂浆 4.5厚掺JX硅质抗裂防水剂的抗裂防水砂浆，将耐碱玻璃纤维网布一层埋入砂浆中 5.抗裂柔性耐水腻子刮平 6.刷高分子乳液弹性底层涂料一遍 7.丙烯酸弹性高级外墙涂料（颜色详见立面说明）
	05ZJ001 楼10	05ZJ001 踢17	05ZJ001 内墙4	05ZJ001 顶4	05ZJ001 地19	
楼梯 走廊	1.8厚防滑地砖铺实拍平，水泥浆擦缝 2.25厚1:4干硬性水泥砂浆打底找平 3.素水泥浆结合层一道（内掺建筑胶） 4.现浇钢筋混凝土楼板	1.17厚1:3水泥砂浆打底找平 2.4厚1:3水泥砂浆加水重20%白乳胶镶贴 3.8厚面砖，水泥浆擦缝	1.15厚1:1:6水泥石灰砂浆 2.5厚1:0.5:3水泥石灰砂浆 3.刷801胶水溶液或底漆一遍 4.刮腻子两道 5.乳胶漆面层	1.现浇钢筋混凝土楼板，底面清理干净 2.7厚1:3水泥砂浆 3.5厚1:2水泥砂浆 4.刷801胶水溶液或底漆一遍 5.满刮腻子一遍 乳胶漆涂料二道饰面	1.8-10厚地砖铺实拍平，水泥浆擦缝 2.20厚1:4干硬性水泥砂浆， 3.素水泥浆结合层一遍 4.80或100厚C15混凝土 5.素土夯实	
	05ZJ001 楼33		05ZJ001 内墙10	05ZJ001 顶4	05ZJ001 地56	外墙2：参照05ZJ001 外墙12
卫生间	1.8厚防滑地砖铺实拍平，水泥浆擦缝 2.25厚1:4干硬性水泥砂浆打底找平 3.1.5厚聚氨酯防水涂料，面上撒黄沙，四周沿墙上翻≥360 4.刷基层处理剂一道 5.15厚1:2水泥砂浆打底找平 6.50厚C20细石混凝土找1%坡，最薄处不小于20 7.现浇钢筋混凝土楼板		1.15厚1:3水泥砂浆打底找平 2.氯丁胶乳防水素浆一遍 3.10厚氯丁胶乳防水砂浆 4.4-5厚1:2:0.3氯丁胶乳防水砂浆镶贴 5.8厚釉面砖铺实拍平，（到顶）水泥浆擦缝	1.现浇钢筋混凝土楼板，底面清理干净 2.7厚1:3水泥砂浆 3.5厚1:2水泥砂浆 4.刷801胶水溶液或底漆一遍 5.满刮腻子一遍 乳胶漆涂料二道饰面	1.8厚防滑地砖铺实拍平，水泥浆擦缝 2.20厚1:4干硬性水泥砂浆打底找平 3.1.5厚聚氨酯防水涂料，面上撒黄沙，四周沿墙上翻≥360高 4.刷基层处理剂一道 5.15厚1:2水泥砂浆打底找平 6.50厚C20细石混凝土找1%坡，最薄处不小于20 7.60或80厚C15混凝土 8.素土夯实	1.15厚1:3水泥砂浆将墙体基本找平 2.刷界面砂浆一遍 3.25厚EVB保温隔热干粉砂浆 4.5厚掺JX硅质抗裂防水剂的抗裂防水砂浆，将耐碱玻璃纤维网布一层埋入砂浆中 5.4~5厚1:1水泥砂浆加水重20%白乳胶镶贴 6.8~10厚灰色面砖，1:1水泥浆勾缝或水泥浆擦缝

屋面用料构造明细表

屋面
上人屋面 05ZJ001 屋5
1.8~10厚地砖铺平拍实，缝宽5~8，1:1水泥沙浆填缝 2.25厚1:4干硬性水泥砂浆 3.满铺0.5厚聚乙烯薄膜一层 4.1.2厚聚氯乙烯(PVC)防水卷材(II)型橡胶共混防水卷材 51.5厚水固化聚氨酯防水涂料 6.刷基层处理剂一道 7.20厚1:2.5水泥砂浆找平层 8.20厚（最薄处）1:8水泥珍珠岩找2%坡 9.干铺30厚挤塑聚苯乙烯泡沫塑料板（带水型） 10.钢筋混凝土板，表面清扫干净
不上人屋面 05ZJ001 屋18
1.50厚卵石保护层 2.干铺无纺聚酯纤维布一层 3.30厚挤塑聚苯乙烯泡沫塑料板（带水型） 4.满铺0.5厚聚乙烯薄膜一层 5.1.2厚聚氯乙烯(PVC)防水卷材(II)型橡胶共混防水卷材 6.1.5厚水固化聚氨酯防水涂料 7.一道基层处理剂 8.20厚1:2.5水泥砂浆找平层 9.20厚（最薄处）1:8水泥珍珠岩找2%坡 10.钢筋混凝土板，表面清扫干净

补充：1、综合楼内高级装修由业主自理。本设计室内地面装修按"陶瓷地砖楼地面"计算荷载及预留装修厚度。

2.外墙与屋面做法交接处均作泛水参照05ZJ201第10页/1.

3.卫生间、走廊防水

卫生间刷聚氨酯防水涂膜1.5mm厚，分两次涂刷，面撒黄砂，内墙四周卷起高度≥360，管根嵌防水胶，坡向地漏或排水口，凡管道穿过卫生间，须预埋套管，高出地面30；预留洞边做混凝土坎边，高100或同踢脚高。

4、面缝作1:2水泥砂浆内掺5%防水粉；

5.地面、墙裙、墙面、顶棚等处护角做法 98ZJ501 (2/20)

6、本工程室内装修应满足《建筑内部装修设计防火规范》等有关规定的要求。

设计证书编号:A2450048**	建设单位	**县卫生监督所	设计		设计号	20111003
广西***建筑设计有限责任公司	项目名称	业务综合楼	校核		图别	建施
			专业负责人		单位	mm,m
	图名	室内、外墙装修明细表 屋面用料构造明细表	项目负责人		日期	2012.03
			审核		属图	土建
			审定		图号	建施-02

建筑节能设计说明

一、工程概况	
1.工程名称：业务综合楼	2.《公共建筑节能设计规范》（GB 45/T 392－2007）
2.建设单位：德保县卫生监督所	3.《建筑外门窗气密、水密、抗风压性能分级及检测方法》（GB/T7106－2008）
3.工程建设地点及所处气候分区：德保县，属夏热冬暖地区	4.《公共建筑节能设计标准》（GB－50189－2005）
4.建筑功能：业务综合楼	5.《建筑幕墙物理性能分级》（GB/T15225）
5.所处气候分区：属夏热冬暖地区南区	三、节能设计
6.功能布局和建筑节能计算高度：本工程地上四层，一层为办公大厅及部分办公室，二至四层为办公室，八层为会议室，建筑节能计算高度：14.1m.	1.本建筑主要朝向为南北朝向，充分利用自然采光和自然通风。 2.本建筑外围护结构采用保温隔热措施，其构造和热工性能指标详见本页建筑节能设计一览表，各热工性能指标符合建筑节能设计标准要求。
7.工程规模：建筑计算面积：1215平方米（节能计算有效面积）.	
8.建筑朝向：90度	3.各朝向的窗墙比符合节能标准要求，其外窗采用普通铝合金窗+双蓝色热反射镀膜玻璃
9.结构形式：框架结构	4.公共部位照明灯采用节能自熄式开关，房间灯具宜采用节能型灯具。
二、设计依据	5.给排水管采用新型塑料管材，所采用卫生器具均为节水型生活用水器具。
1.《民用建筑热工设计规范》（GB 50176－93）	

表1 外围护结构及热工性能参数表

部位	构造层材料名称	厚度δ (mm)	导热系数 (W/mK)	蓄热系数 (W/m²K)	修正系数	热阻 R=δ/λ (m²K/W)	热惰性指标 D	热惰性指标 D值	传热系数 K (W/m²K)
屋1	干硬性水泥砂浆	25	0.93	11.37	1.0	0.027	0.306	2.988	0.86
	水泥砂浆找平层	20	0.93	11.37	1.0	0.022	0.245		
	水泥珍珠岩	20	0.49	10.408	1.0	0.041	0.425		
	挤塑聚苯乙烯泡沫塑料板	30	0.03	0.54	1.2	0.833	0.54		
	钢筋混凝土	120	1.74	19.198	1.0	0.069	1.324		
	水泥石灰砂浆	12	0.81	10.07	1.0	0.015	0.149		
外墙	抗裂砂浆	5	0.930	11.306	1.00	0.005	0.061	2.55	1.48
	EVB保温隔热干粉砂浆	25	0.07	1.59	1.15	0.311	0.568		
	水泥砂浆找平层	15	0.930	11.37	1.00	0.016	0.183		
	混凝土砌块（双排孔）	190	1.03	7.7	1.10	0.168	1.42		
	石灰水泥砂浆抹面	20	0.81	10.07	1.00	0.025	0.249		

部位	朝向	窗型	玻璃品种及厚度(mm)	玻璃遮阳系数 se	窗本身遮阳系数 sc	传热系数 K	气密性
外门窗	东	普通铝合金窗	6厚双蓝色热反射镀膜玻璃	0.55	0.55	6.5	6级
	南	普通铝合金窗	6厚双蓝色热反射镀膜玻璃	0.55	0.55		
	西	普通铝合金窗	6厚双蓝色热反射镀膜玻璃	0.55	0.55		
	北	普通铝合金窗	6厚双蓝色热反射镀膜玻璃	0.55	0.55		

公共建筑节能设计表（按性能化指标）

序号	审查内容		规定指标		设计指标
1	屋顶	传热系数 K [W/(m²·K)]	K≤0.9 (D≥2.5)（必须满足） K≤0.4(D<2.5)		K=0.86 D=2.988
2	外墙（包括非透明幕墙）	传热系数 K [W/(m²·K)]	K≤1.5 (D≥2.5) （不能满足时进行权衡判断，但东、西墙必须满足）K≤0.7(D<2.5)		K=1.48 D=2.55
3	室外架空、挑板	传热系数 K [W/(m²·K)]	K≤1.5		无
4	外窗（包括透明幕墙）	东向窗墙面积比 C_m / 平均传热系数 K/ 综合遮阳系数 S_w			0.07/0.55/0.55
		南向窗墙面积比 C_m / 平均传热系数 K/ 综合遮阳系数 S_w			0.49/0.55/0.55
		西向窗墙面积比 C_m / 平均传热系数 K/ 综合遮阳系数 S_w			0.08/0.55/0.55
		北向窗墙面积比 C_m/ 平均传热系数 K/ 综合遮阳系数 S_w			0.29/0.55/0.55
		可开启部分最小面积	不应小于窗面积的30% 透明幕墙应具有可开启部分或设有独立的通风换气装置.		满足
		气密性能	幕墙	不应低于GB/T15225规定的3级	达4级
			外窗	不应低于GB 7107规定的6级	达6级
5	屋顶透明部分（水平天窗、采光顶）		面积占屋顶总面积的比例		无
			传热系数K/ 综合遮阳系数S_w		无
6	权衡计算结果		空调年能耗	参照建筑EC_m=121.95 kWh/m²	EC=113.74 kWh/m²
7	暖通空调		无		
8	电气		广西公共建筑节能、设计审查表（电气）		
9	其他节能措施	规划、朝向	南北朝向		
		自然通风	良好		
10	备注	1. 本建筑经权衡计算通过. 2. 本工程采用了2007年确定的建设领域重点推广的10项技术中的三项： （1）. 本工程屋面采用了PVC防水卷材（Ⅱ型）. （2）. 建筑外墙采用了掺JX硅质抗裂防水剂的抗裂防水砂浆. （3）. 新Ⅲ级钢技术.			

设计证书编号：A2450048**	建设单位	**县卫生监督所	设计		设计号	2011003
广西***建筑设计有限责任公司	项目名称	业务综合楼	校核		图别	建施
			专业负责人		单位	mm,m
	图名	室内、外墙装修明细表 屋面用料构造明细表	项目负责人		日期	2012.03
			审核		属图	土建
			审定		图号	建施－03套

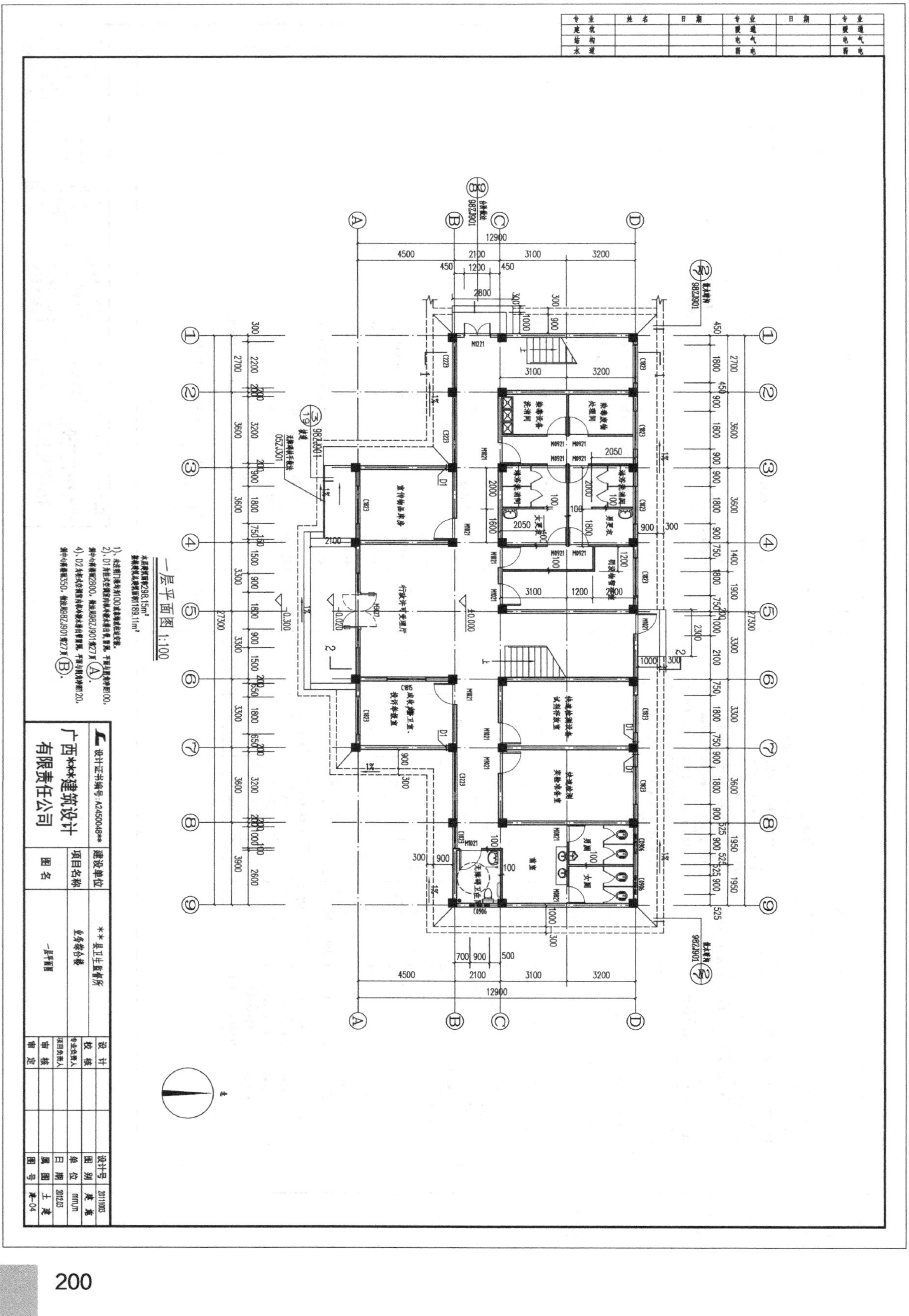

专业	姓名	日期	专业	日期	专业
建筑			暖通		暖通
结构			电气		电气
水道			弱电		弱电

染毒废物处理间　染毒设备洗消间　淋浴洗消间　男更衣　女更衣　药品物资存放　快速检测设备试剂存放室　快速检测实验准备室　男厕　女厕　前室　无障碍卫生间　宣传物品库房　行政许可受理厅　感收、门卫室、投诉举报室

散水暗沟 98ZJ901　台阶做法 98ZJ901　坡道 98ZJ901　无障碍扶手做法 05ZJ301　±0.000　-0.020　-0.300　北

一层平面图 1:100

本层建筑面积298.15m²
整栋建筑总建筑面积1189.11m²

1)、未注明门垛均为100或靠墙或柱边安装。
2)、D1为挂式空调室内机冷凝水排出管留洞，平面与阴角净距100，洞中心离楼面2800，做法见98ZJ901第27页(A)。
4)、D2为柜式空调室内机冷凝水排出管留洞，平面与阴角净距120，洞中心离楼面350，做法见98ZJ901第27页(B)。

设计证书编号：A2450048**	建设单位	**县卫生监督所	设计		设计号	20111003
广西***建筑设计有限责任公司	项目名称	业务综合楼	校核		图别	建施
			专业负责人		单位	mm,m
			项目负责人		日期	2012.03
	图名	一层平面图	审核		属图	土建
			审定		图号	建-04

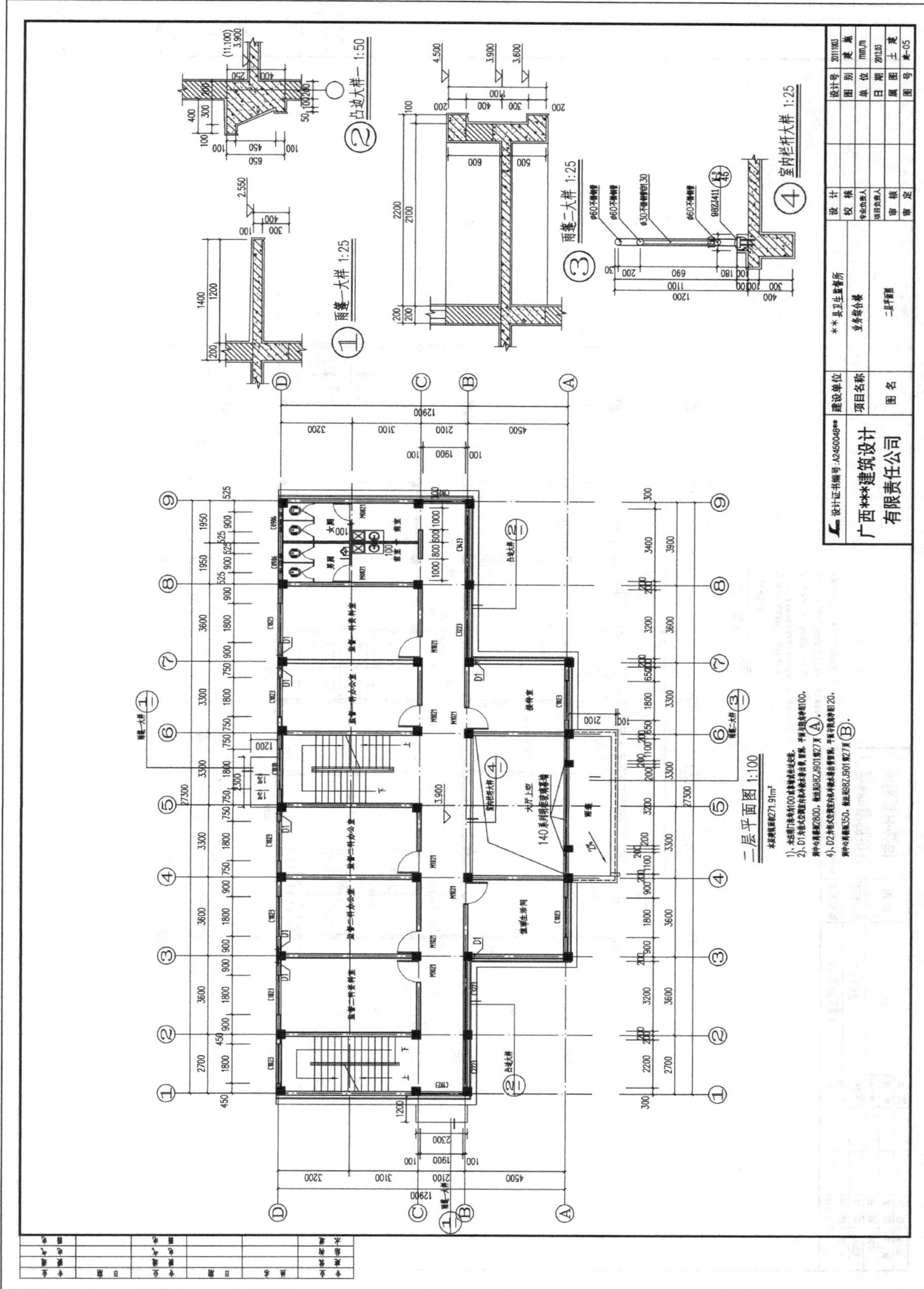

雨篷一大样 1:25
凸边大样一 1:50
雨篷二大样 1:25
室内栏杆大样 1:25
二层平面图 1:100
广西***建筑设计有限责任公司

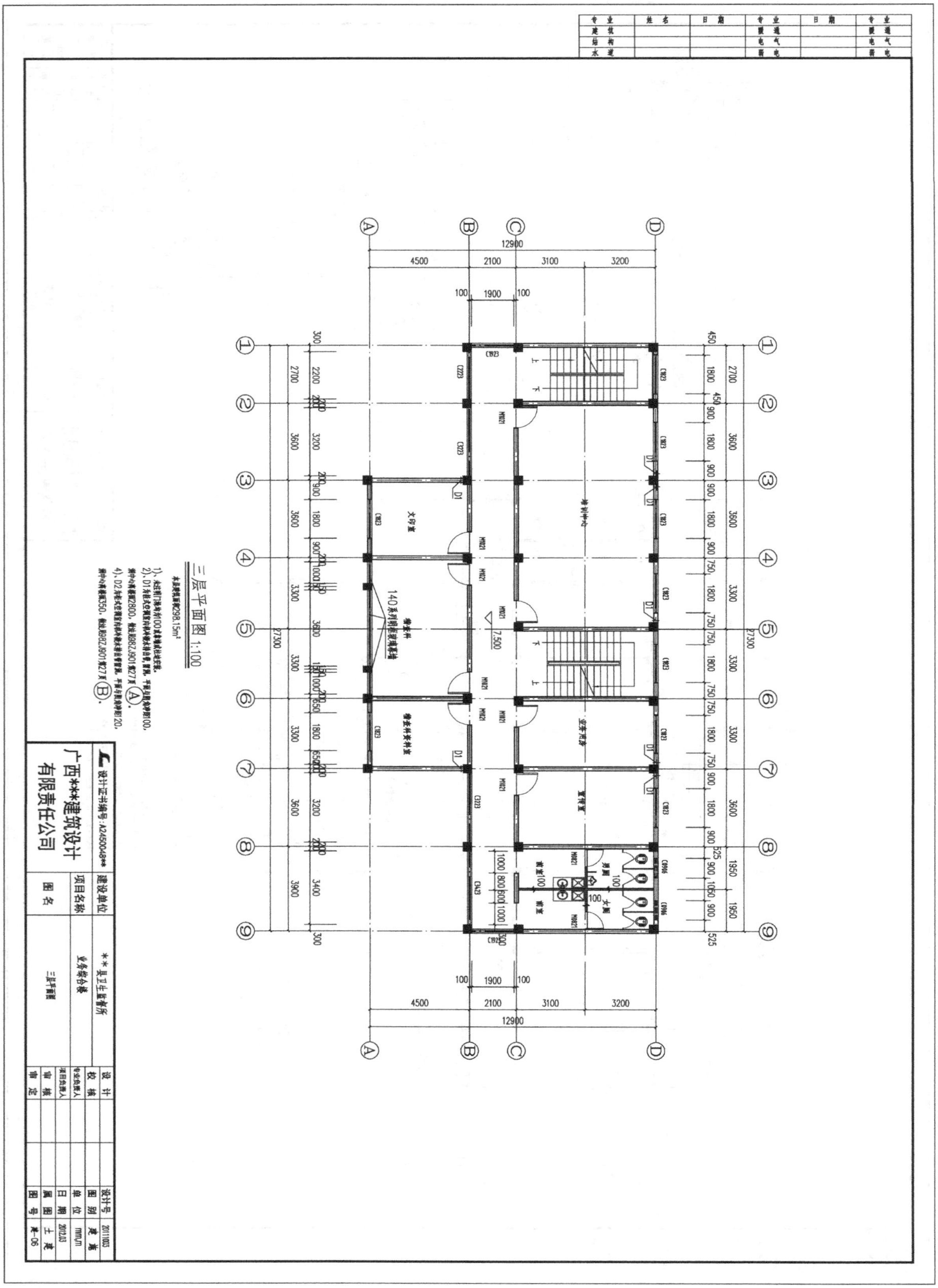

三层平面图 1:100

本层建筑面积298.15m²

1)、未注明门垛均为100或靠墙或柱边安装。
2)、D1为挂式空调室内机冷凝水排出管管洞，平面与剖面净距100，洞中心离楼面2800，做法见98ZJ901第27页Ⓐ。
4)、D2为柜式空调室内机冷凝水排出管管洞，平面与剖面净距120，洞中心离楼面350，做法见98ZJ901第27页Ⓑ。

设计证书编号：A245004**

广西***建筑设计有限责任公司

建设单位	**县卫生监督所
项目名称	业务综合楼
图名	三层平面图

设计号	2011003
图别	建施
单位	mm,m
日期	2012.03
属图	土建
图号	建-06

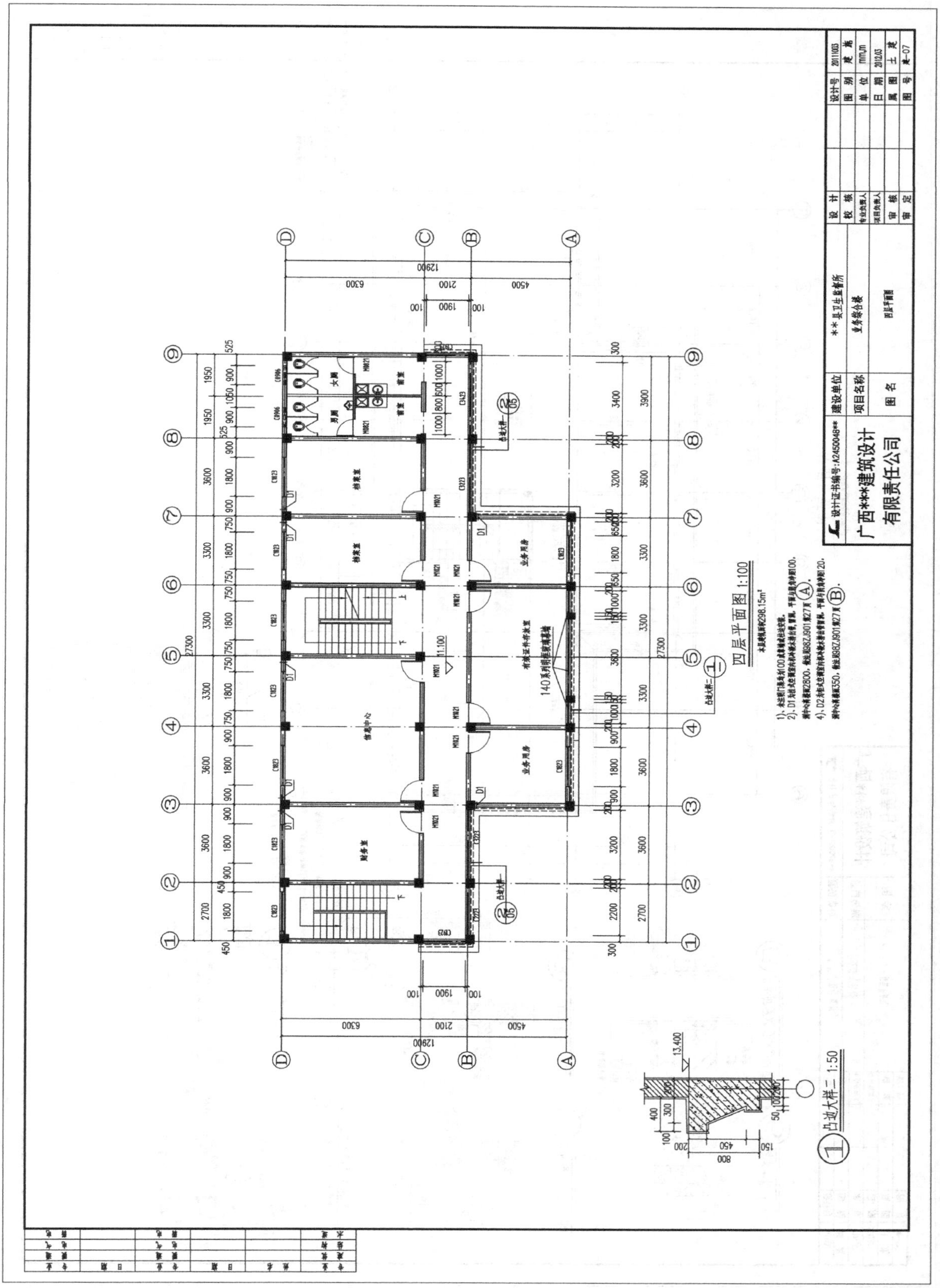

四层平面图 1:100

本层建筑面积298.15m²

1)、未注明门垛均为100或靠墙或柱边安装。

2)、D1为挂式空调室内机冷凝水排出管,留洞。平面与阴角净距100，洞中心离楼面2800，做法见98ZJ901第27页Ⓐ。

4)、D2为柜式空调室内机冷凝水排出管留洞。平面与阴角净距120，洞中心离楼面350，做法见98ZJ901第27页Ⓑ。

① 凸边大样二 1:50

设计证书编号:A2450048**	建设单位	**县卫生监督所	设　计		设计号	20111003
广西***建筑设计有限责任公司	项目名称	业务综合楼	校　核		图　别	建　施
			专业负责人		单　位	mm,m
	图　名	四层平面图	项目负责人		日　期	2012.03
			审　核		属　图	土　建
			审　定		图　号	建-07

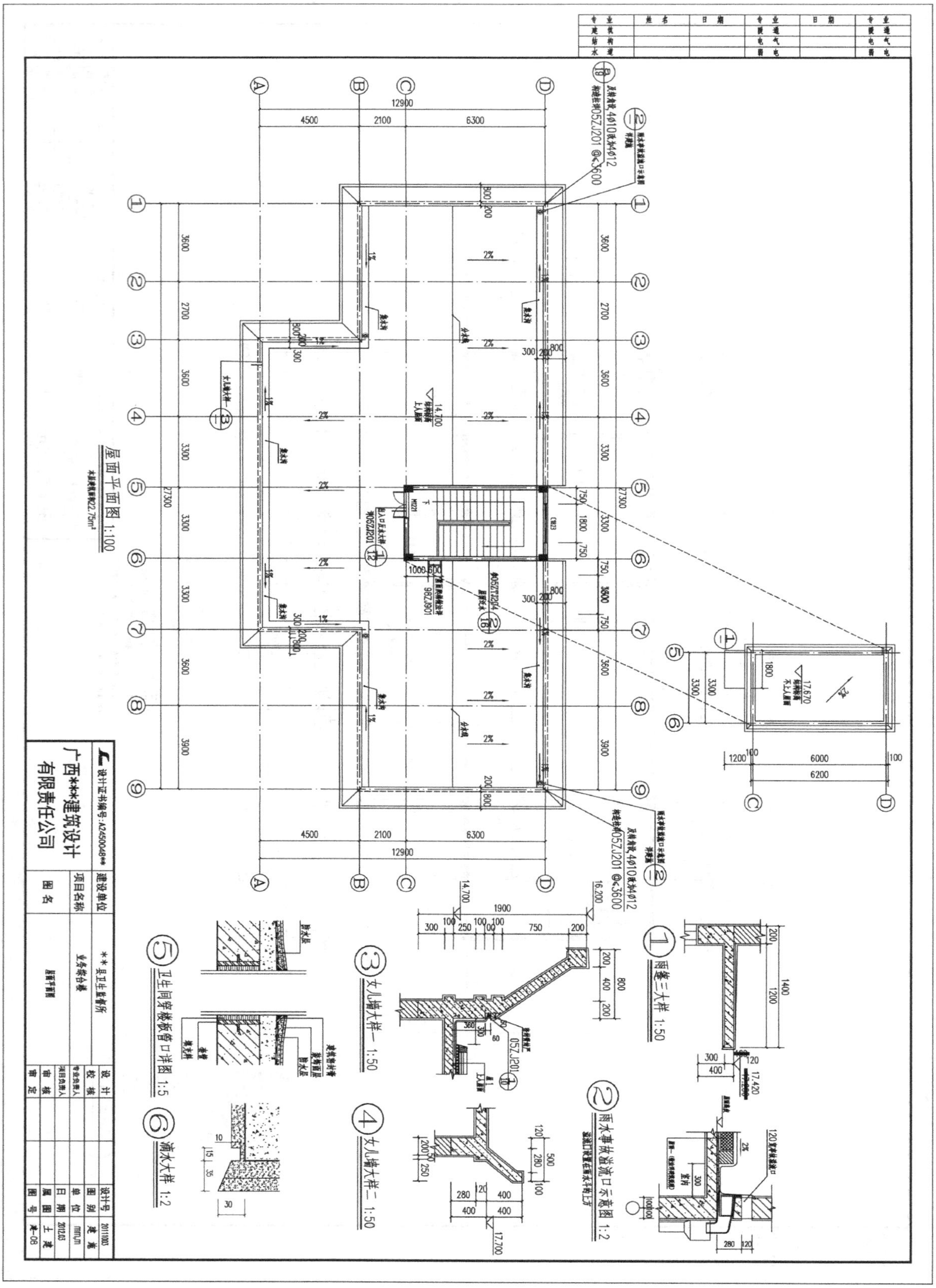

屋面平面图 1:100

①雨篷三大样 1:50

②雨水斗放溢流口示意图 1:2

③女儿墙大样一 1:50

④女儿墙大样二 1:50

⑤卫生间穿楼板管口详图 1:5

⑥滴水大样 1:2

广西***建筑设计有限责任公司

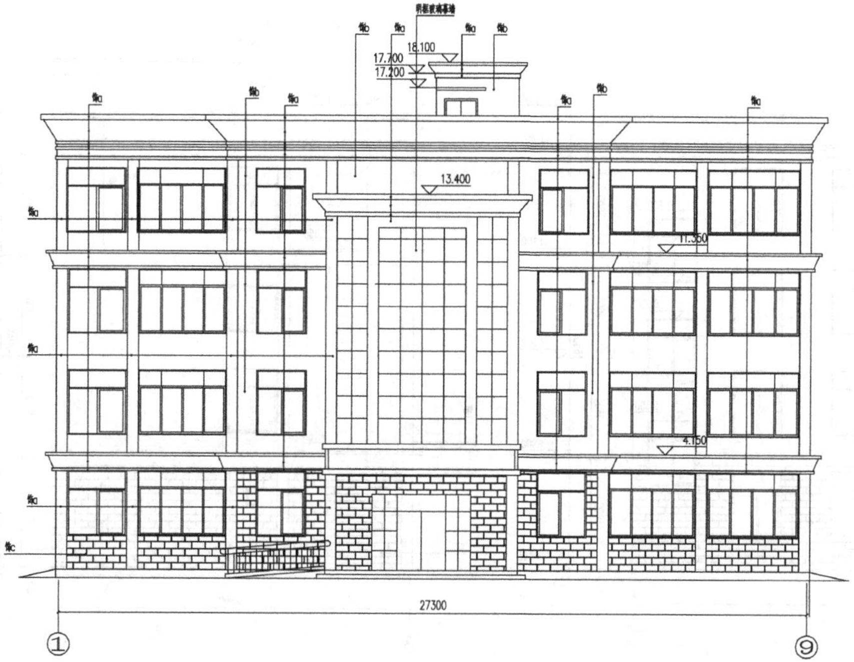

①～⑨立面图 1:100

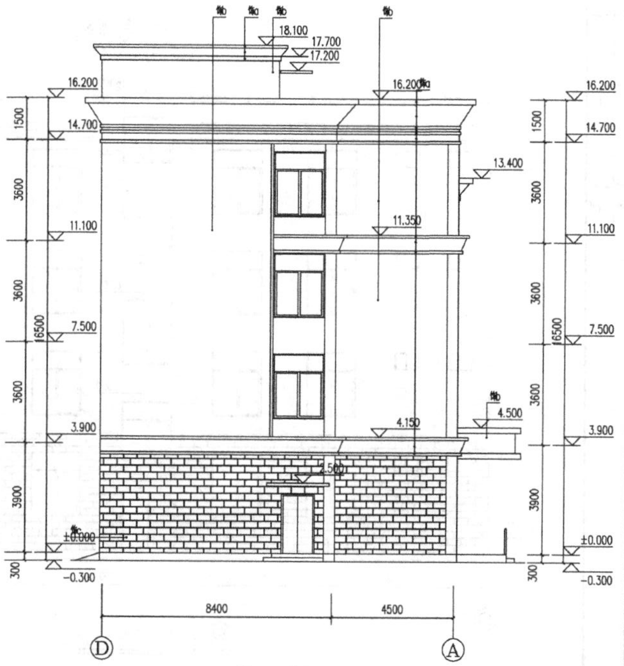

Ⓓ～Ⓐ立面图 1:100

外墙装修材料色彩选用表

代号	名称及构造做法	
饰a	灰色丙烯酸弹性高级外墙涂料	05ZJ001 涂27
饰b	白色丙烯酸弹性高级外墙涂料	05ZJ001 涂27
饰c	灰色外墙饰面砖	05ZJ001 外墙12

注：表中所有色彩均应提供样本或者参照效果图，并由甲方和设计单位协商定。

设计证书编号：A2450048**	建设单位	**县卫生监督所	设计			设计号	20111003
广西***建筑设计有限责任公司	项目名称	业务综合楼	校核			图别	建施
			专业负责人			单位	mm,m
	图名	①~⑨立面图 Ⓓ~Ⓐ立面图	项目负责人			日期	2012.03
			审核			属图	土建
			审定			图号	建-09

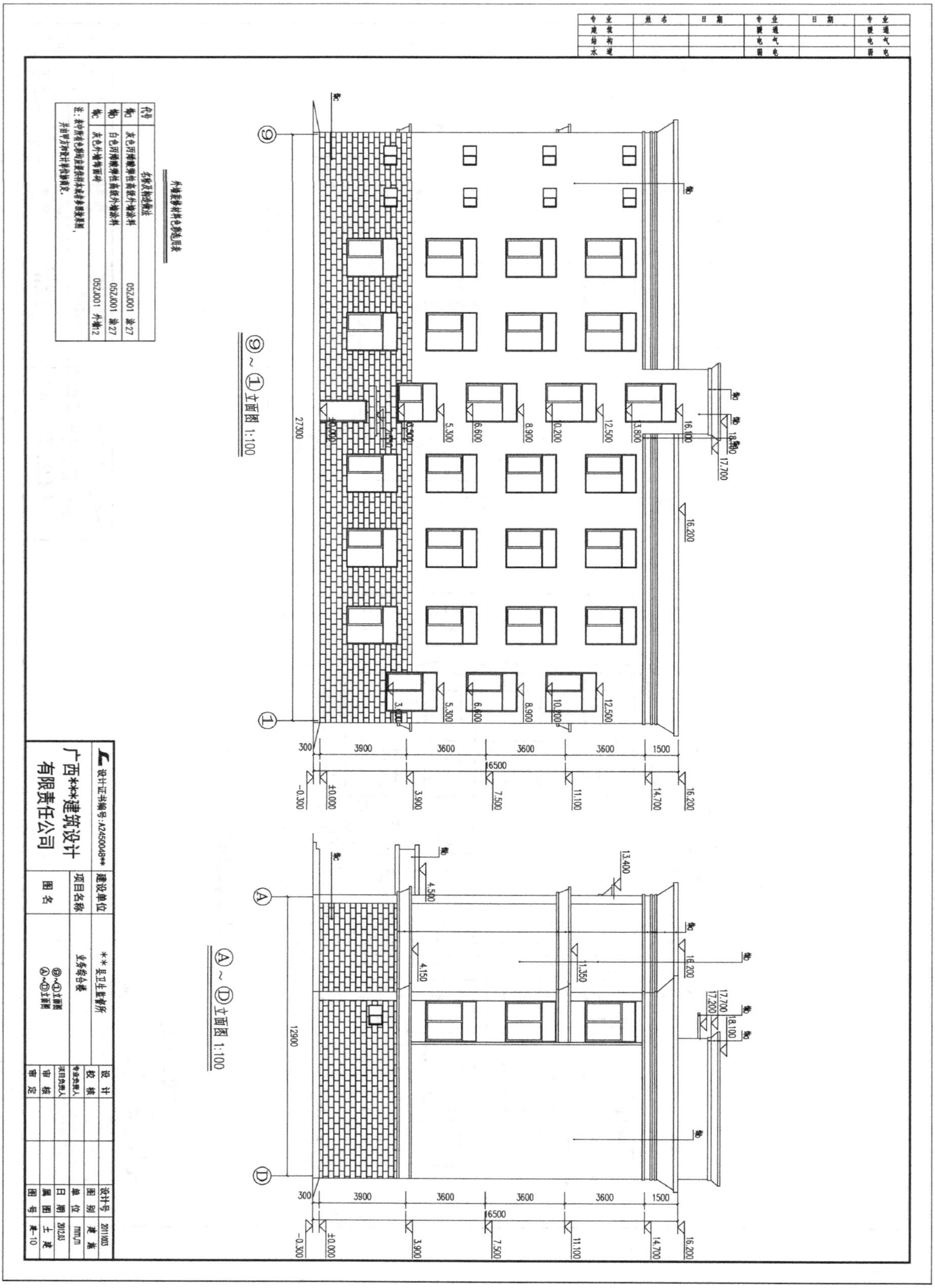

专业	姓名	日期	专业	日期	专业
建筑			暖通		暖通
结构			电气		电气
水道			弱电		弱电

⑨～①立面图 1:100

Ⓐ～Ⓓ立面图 1:100

外墙装修材料色彩选用表

代号	名称及构造做法	
饰a	灰色丙烯酸弹性高级外墙涂料	05ZJ001 涂27
饰b	白色丙烯酸弹性高级外墙涂料	05ZJ001 涂27
饰c	灰色外墙饰面砖	05ZJ001 外墙12

注：表中所有色彩均应提供样本或者参照效果图，并由甲方和设计单位协商定。

设计证书编号:A2450048**	建设单位	**县卫生监督所	设计			设计号	20111003
广西***建筑设计有限责任公司	项目名称	业务综合楼	校核			图别	建施
	图名	⑨～①立面图 Ⓐ～Ⓓ立面图	专业负责人			单位	mm,m
			项目负责人			日期	2012.03
			审核			属图	土建
			审定			图号	建-10

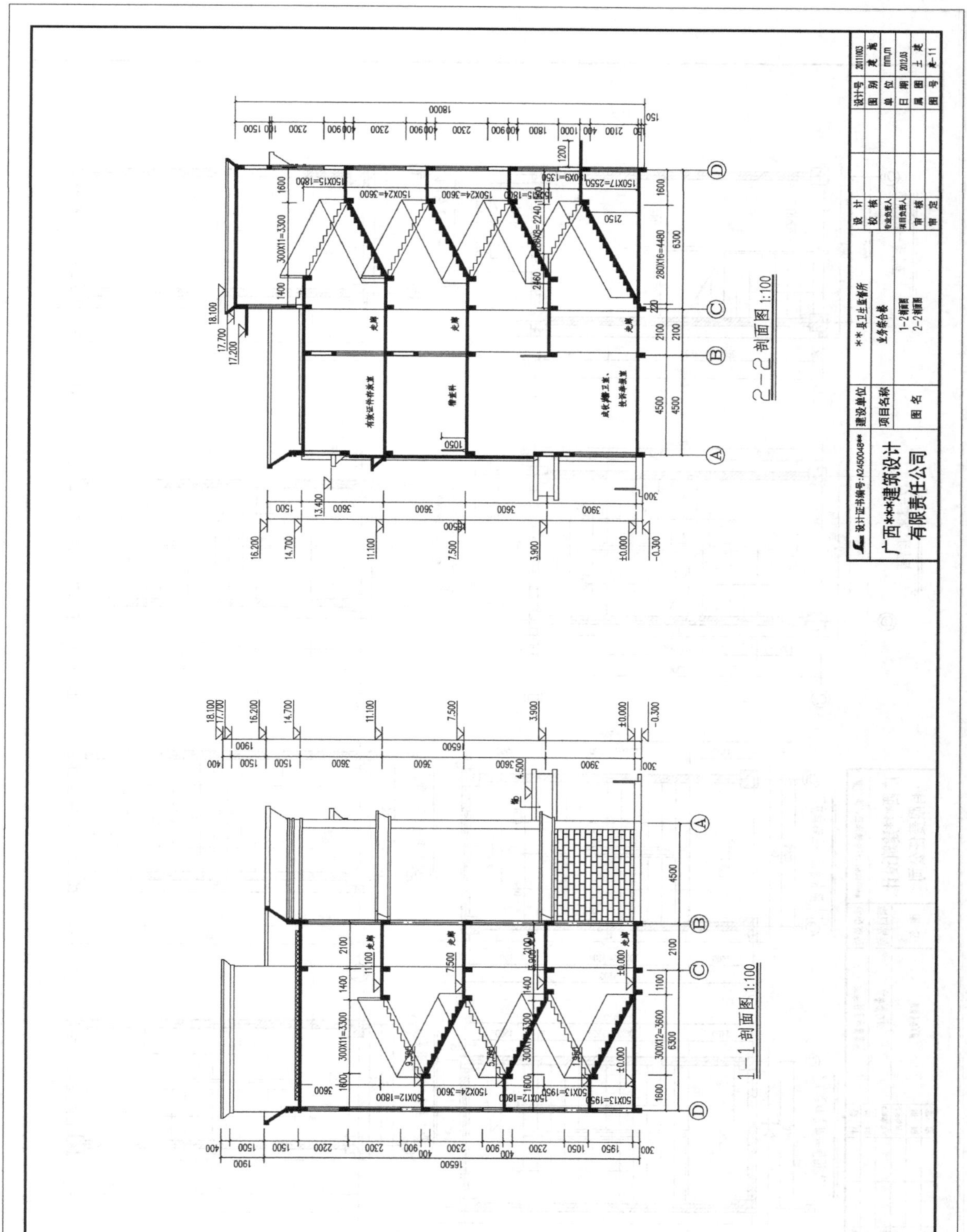

1—1 剖面图 1:100

2—2 剖面图 1:100

设计证书编号：A2450048**	建设单位	**县卫生监督所	设　计		设计号	20111003
广西***建筑设计有限责任公司	项目名称	业务综合楼	校　核		图　别	建　施
			专业负责人		单　位	mm,m
	图　名	1-2剖面图 2-2剖面图	项目负责人		日　期	2012.03
			审　核		属　图	土　建
			审　定		图　号	建-11

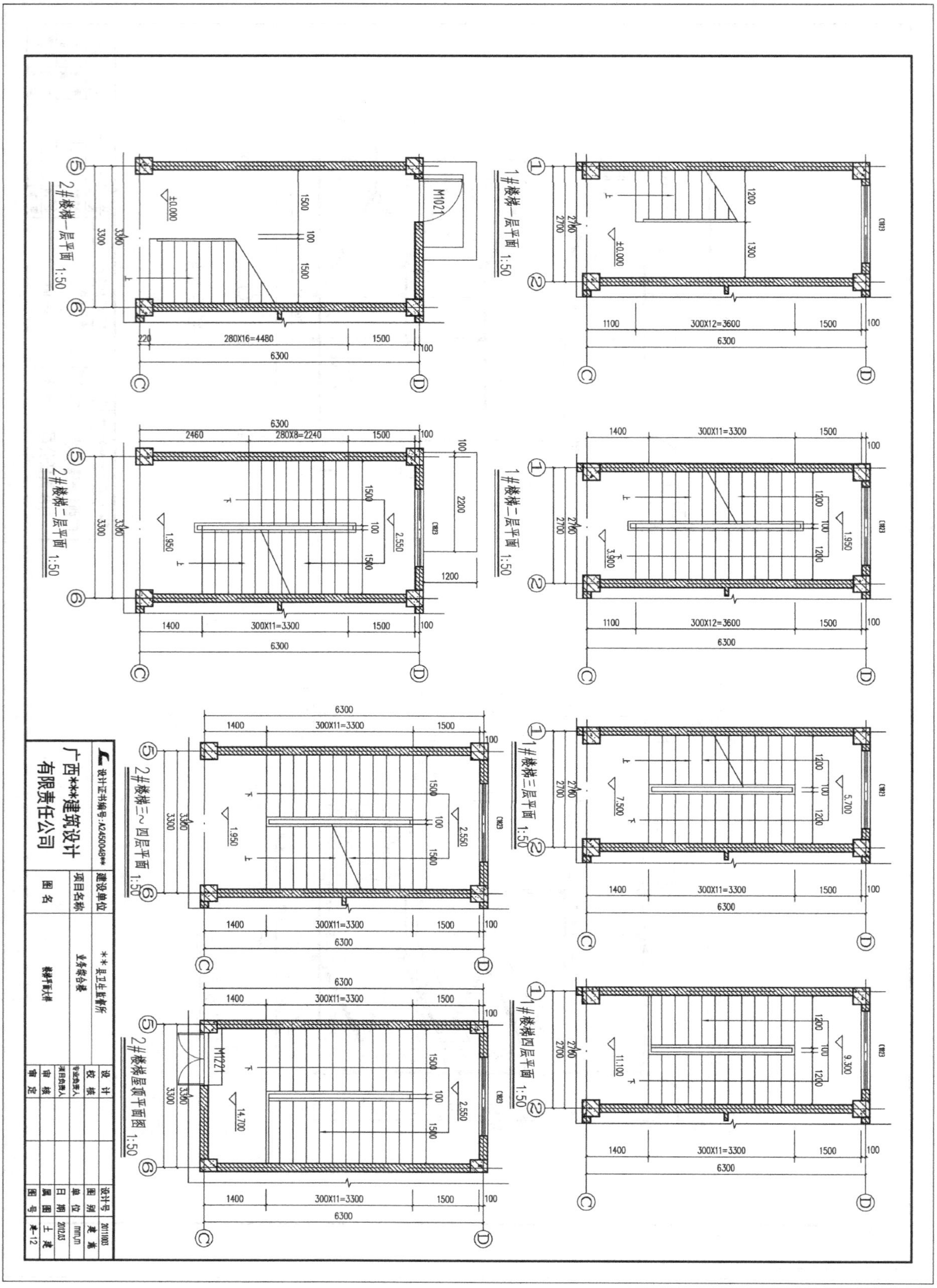

1#楼梯一层平面 1:50

1#楼梯二层平面 1:50

1#楼梯三层平面 1:50

1#楼梯四层平面 1:50

2#楼梯一层平面 1:50

2#楼梯二层平面 1:50

2#楼梯三～四层平面 1:50

2#楼梯屋顶平面图 1:50

设计证书编号:A2450048**	建设单位	**县卫生监督所	设 计		设计号	20111003
广西***建筑设计有限责任公司			校 核		图 别	建 施
	项目名称	业务综合楼	专业负责人		单 位	mm,m
			项目负责人		日 期	2012.03
	图 名	楼梯平面大样	审 核		属 图	土 建
			审 定		图 号	建-12

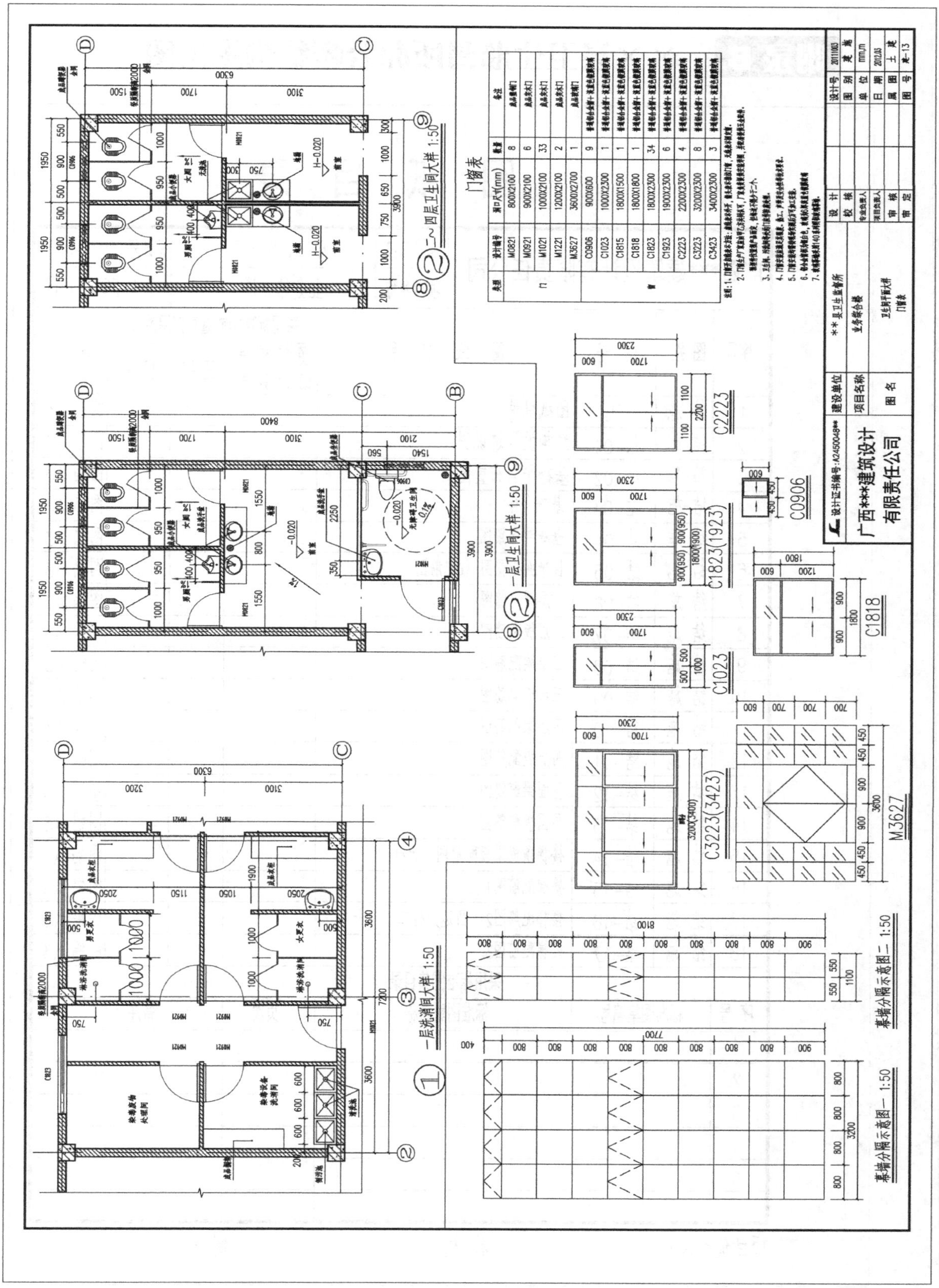

① 一层洗消间大样 1:50

②⑧⑨ 一层卫生间大样 1:50

②⑧⑨ 二~四层卫生间大样 1:50

幕墙分隔示意图一 1:50

幕墙分隔示意图二 1:50

C3223(3423)

C1023

C1823(1923)

C2223

M3627

C1818

C0906

门窗表

类型	设计编号	洞口尺寸(mm)	数量	备注
门	M0821	800X2100	8	成品塑钢门
	M0921	900X2100	6	成品实木门
	M1021	1000X2100	33	成品实木门
	M1221	1200X2100	2	成品实木门
	M3627	3600X2700	1	成品玻璃门
窗	C0906	900X600	9	普通铝合金窗+淡蓝色镀膜玻璃
	C1023	1000X2300	1	普通铝合金窗+淡蓝色镀膜玻璃
	C1815	1800X1500	1	普通铝合金窗+淡蓝色镀膜玻璃
	C1818	1800X1800	1	普通铝合金窗+淡蓝色镀膜玻璃
	C1823	1800X2300	34	普通铝合金窗+淡蓝色镀膜玻璃
	C1923	1900X2300	6	普通铝合金窗+淡蓝色镀膜玻璃
	C2223	2200X2300	4	普通铝合金窗+淡蓝色镀膜玻璃
	C3223	3200X2300	8	普通铝合金窗+淡蓝色镀膜玻璃
	C3423	3400X2300	3	普通铝合金窗+淡蓝色镀膜玻璃

说明：1、门窗开启线表示方法：虚线表示外开，箭头表示推拉门窗，无线表示固定窗。
2、门窗生产厂家应由甲乙方共同认可，厂家负责提供安装详图，并配套提供五金配件。预埋件位置按产品而定，但每边不得少于二个。
3、卫生间、洗消间等处的门应作防腐处理。
4、门窗安装应满足其强度、热工、声学及安全性等技术要求。
5、门窗安装均需待现场实测后方可加工安装。
6、铝合金窗框为银白色，玻璃为6厚淡蓝色镀膜玻璃
7、玻璃幕墙采用140系列明框玻璃幕墙。

设计证书编号：A2450048**	建设单位	**县卫生监督所	设计		设计号	20111003
广西***建筑设计有限责任公司	项目名称	业务综合楼	校核		图别	建施
			专业负责人		单位	mm,m
	图名	卫生间平面大样 门窗表	项目负责人		日期	2012.03
			审核		属图	土建
			审定		图号	建-13

附录B ××县卫生监督所办公楼结构施工图

图 纸 目 录

广西***建筑设计有限责任公司			建设单位	**县卫生监督所		设计号	20111003
			项目名称	业务综合楼		2012年03月16日	
序号	图别	图号	图纸名称	采用标准图或重复使用图纸			备注
				图集编号或设计号	图别	图号	
1	结施	0/1	图纸目录				图幅 A4
2	结施	结-01	结构设计总说明				图幅 A2
3	结施	结-02	基础平面布置图				图幅 A3
4	结施	结-03	基础大样				图幅 A3
5	结施	结-04	基础梁配筋图				图幅 A3
6	结施	结-05	柱平面布置图 柱配筋图				图幅 A3
7	结施	结-06	二层梁配筋图				图幅 A3
8	结施	结-07	二层板配筋图				图幅 A3
9	结施	结-08	三层梁配筋图				图幅 A3
10	结施	结-09	三层板配筋图				图幅 A3
11	结施	结-10	四层梁配筋图				图幅 A3
12	结施	结-11	四层板配筋图				图幅 A3
13	结施	结-12	屋面梁配筋图				图幅 A3
14	结施	结-13	屋面板配筋图				图幅 A3
15	结施	结-14	楼梯顶板梁板配筋图 大样				图幅 A3
16	结施	结-15	楼梯配筋图1				图幅 A3
17	结施	结-16	楼梯配筋图2 凸边大样二				图幅 A3
18	结施	结-17	楼梯配筋图3				图幅 A3

采用标准图集目录

序号	标准图集编号	标准图集名称	页次	备注
1				
2				
3				
4				
5				

项目负责人：　　　　校 核：　　　　制表人：

结构设计总说明

一、设计依据

1. 有关单位批准的方案。
2. 相关专业的提资图。
3. 现行国家规范、规定、规程：

《建筑结构可靠度设计统一标准》GB50068-2001　《建筑抗震设计规范》GB50011-2010
《建筑地基基础设计规范》GB50007-2002　《建筑结构荷载规范》GB50009-2001(2006年版)
《混凝土结构设计规范》GB50010-2010　《混凝土结构耐久性设计规范》GB/T50476-2008
《砌体结构设计规范》GB50003-2001
《建筑工程抗震设防分类标准》GB50223-2008

4. 建筑物允许使用荷载

部 位	活荷载标准值(KN/M²)	楼面装修装饰面层厚度(mm)	天棚面装修	内墙面装修装饰面层厚度(mm)
寝 室、活动室、卫生间	2.0	30		
走 廊	2.5	30		
楼 梯	3.5	30		
(不)上人屋面	(0.5)2.0			

注　装饰面层厚度指钢筋混凝土板面或墙体结构面以上的装饰层厚度，包括找平层、结合层、石质材料面层。
用户也可在不超过允许装修荷载的前提下对装修材料进行替换；但是未经技术鉴定或设计许可，不得改变结构的用途和使用环境。

5. 广西圆元勘察工程有限公司提供的《德保县卫生监督所业务综合楼岩土工程详细勘察报告》（编号2011307）。
6. 基本风压：0.30KN/m²；地面粗糙度类别：B类。
7. 本工程采用的计算软件是PKPM(2010版本)系列中的PMCAD、SATWE、JCCAD。

二、使用说明：

1. 本图的结构设计总说明均用于本工程。
2. 本工程所注尺寸以毫米（mm）为单位、标高以米（m）为单位。
3. 本工程室内地面标高±0.000绝对标高参见建筑设计总说明。
4. 本工程梁、柱平面表示法制图按国家标准图集11G101-1执行；其余未详部分见施工图。
5. 除各图纸另有说明外均按图集各有关要求执行。

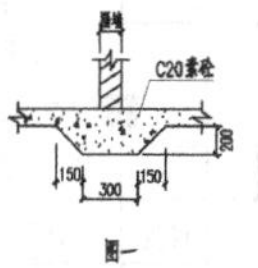

三、结构型式、抗震等级及场地类别：

1. 本工程建筑结构的安全等级为二级，建筑结构的设计使用年限为50年，基础梁以上混凝土结构处于二a类环境，基础梁以下混凝土结构处于二b类环境。
2. 本项目的结构形式为框框架结构；基础采用柱下独立基础；地基基础设计等级为丙级。
3. 本工程所在地广西德保县地震基本烈度为6度，设计基本地震加速度值为0.05g，本建筑的设计特征周期为0.35s；本建筑抗震设防类别为丙类，按照6度抗震设防作抗震设计，结构抗震等级：四级。
4. 本工程的建筑场地类别属"Ⅱ"类。
5. 砼结构的环境作用等级为Ⅰ-A和Ⅰ-B类；结构砼耐久性要求在Ⅰ-A类环境中要求：最大水灰比为0.60；最小水泥用量225kg/m³；最大氯离子含量1.0%；最大含碱量不限制；结构砼耐久性要求在Ⅰ-B类环境中要求：最大水灰比为0.55；最小水泥用量250kg/m³；最大氯离子含量0.3%；最大含碱量为3.0kg/m³。
6. 砌体的施工质量控制等级为B级。

四、基础部分：

1. 地质情况详基础单项工程图纸。
2. 基坑开挖时，必须做好场地排水工作，不得在未排清基坑积水或未处理好坑底土层前就草率浇筑基础砼。
3. 当基坑开挖到设计标高且符合要求时，应尽快先浇注砼垫层，然后一次浇成整个基础。
4. 必须待基坑回填夯实后方可进行上部结构施工，而基坑回填采用非膨胀土分层夯实至设计标高；回填土的压实系数不应小于0.94。
5. 基础较大超深部分，用C15毛石砼(毛石含量应小于基础体积30%，毛石强度等级不低于MU20，其长度不大于300mm。)垫至设计标高；但必须确保每个独立柱基础的底面在同一标高面上。
6. 首层120隔墙允许砌筑在夯实回填土局部加厚的砼地板上，如(图一)所示。

图一（墙体、C20素砼、150、300、150、200）

五、上部钢筋砼结构：

1. 材料：砼等级详各单项工程图纸中的说明。
普通热轧钢筋：HPB300 (Q235)，fy=270N/mm²(Ⅰ级钢)；HRB335 (20MnSi)，fy=300N/mm²(Ⅱ级钢)；HRB400 (20MnSiV)，fy=360N/mm²(Ⅲ级钢)；
焊条：HPB300 钢筋互焊，HPB300、HRB335、HRB400 钢筋相焊或与A3号型钢相焊均用E43，HRB335 钢筋剖口焊用E50。非标准图采用的型钢、扁钢和吊钩均为A3号钢，使用E43焊条焊接，单体图未标注焊缝高度的，均用焊缝高=6mm。
2. 梁、板、柱的施工缝位置按现行《混凝土结构工程施工质量验收规范》(GB50204-2002)规定执行。
3. 框架柱：
(1) 凡柱子混凝土强度等级大于梁的混凝土强度等级时，两种混凝土接缝大样如(图二)所示，须确保柱混凝土强度等级达到设计要求。
(2) 钢筋砼柱纵筋搭接长度范围内箍筋间距不应大于搭接钢筋较小直径的5倍，且不应大于100mm。
(3) 梁、柱的受力钢筋长度不够时，可采用闪光对焊焊接；如用搭接焊时，必须双面焊，焊缝长度≥5d(d为纵向受力钢筋的较大直径)，接头数量及位置必须符合同一连接区段内的纵向受力钢筋接头面积百分率不大于50%(凡接头中点位于该连接区段长度内的机械连接接头均属于同一连接区段)。
4. 框架梁：
(1) 当梁的腹板高度 hw≥450mm时，在梁的两个侧面应沿高度配置纵向构造钢筋，每侧纵向构造钢筋(不包括梁上、下部受力钢筋及架立钢筋)的截面面积不应小于腹板截面面积 bhw的0.1%，且其间距不宜大于200mm。
(2) 梁平面整体配筋图中悬挑梁端鸭筋(ⓐ、ⓑ)构造做法见(图三)。
(3) 梁腹预留孔做法见(图四)。

5. 板：
(1) 各层端跨板转角处或板四大角边缘部位若注有"△"符号者和各转角处，设置上部附加构造钢筋网，做法见(图五)。　图七
(2) 凡挑檐转角处，板角上部按(图六)设置放射钢筋；板面筋下应设支撑筋Φ8@500(双向呈梅花状布置)做法见(图七)。
(3) 全部单向板、双向板支座筋之分布筋，除在图上特别注明者外，均采用Φ6.5@250。板配筋图中天面板面未配置负筋的区域，均设置温度收缩钢筋(双向Φ6.5@150)，温度收缩钢筋与结构钢筋的搭接长度≥300mm。
(4) 全部双向板底筋的短向筋放置在底层，长向筋放置在短向筋之上；板负筋直钩长度为板厚减15。
(5) 钢筋混凝土板上开洞，当圆洞直径d或垂直于板跨方向的边长b<300mm时，板的受力筋可绕过洞口不必加固；当300mm≤d(b)≤1000mm时，应沿周边加设附加钢筋，其截面面积不小于被孔洞切断的受力筋总面积，且每侧≥2Φ12，并布置在与被切断的主筋同一水平面，做法见(图八)。
(6) 现浇板内埋设机电暗管时，管外径不得大于板厚的1/3，交叉管线应妥善处理，并使管壁至板上下边缘净距不小于25。
(7) 上下水管道及设备孔洞必须按有关工种图纸或平面图示位置及大小预留，不得后凿。
(8) 凡雨毫及天面为反梁结构时，均需沿排水方向，按水施图所示位置及大小预留过水洞，不得后凿。
(9) 卫生间周边处吊板做法见(图九)。

六、砖砌体部分

1. 砌体材料

序号	标高(或层数)部位	材 料	备 注
1	±0.000以下部分	Mb7.5水泥砂浆砌筑MU7.5砼空心砌块(390mm×190mm×190mm)	容重为11.8KN/m³
2	±0.000以上部分	Mb7.5混合砂浆砌筑MU7.5砼空心砌块(390mm×190mm×190mm)	容重为11.8KN/m³
3	±0.000以上部分	Mb7.5混合砂浆砌筑MU7.5砼空心砌块(390mm×120mm×190mm)	容重为11.8KN/m³
4			
5			

上述混合砂浆是指用水泥、石灰配制的砂浆，不得掺用黄泥(粘土)。

2. 框架填充墙墙长>8米或2H(H为层高)时中间增设构造柱，框架填充墙墙净高>4.0m时中间增设拉梁。(见图十)
3. 框架柱(包括填充墙构造柱)与填充墙的连接，沿柱高每隔600在灰缝内配2Φ6.5钢筋与非承重墙拉结，每边伸入墙内不应小于墙长的1/5且不应小于1000mm。
4. 砖砌体的转角处，纵横墙交接处，应相互搭砌。交接处如不能搭砌时，则应设置拉结筋2Φ6.5(每600放一层)。(见图十一)
5. 墙长大于5m时，墙顶与梁(板)宜有钢筋拉结。(见图十二)
6. 楼梯间及人流通道的填充墙，尚应采用钢丝网砂浆面层加强。
7. 混凝土砌块孔洞填实部位：
(1) 底层室内地面以下的砌体，即基础梁以下部分。
(2) 门窗洞两边300范围内。
(3) 填实砌块孔洞所用混凝土强度等级应与砌块混凝土强度等级相同，但不低于C20。填实后，待混凝土强度达到设计强度的90%以上，才能进行砌筑。

七、过梁、构造柱：

1. 过梁　凡门、窗洞顶未设有结构梁时，均应增设过梁GL。
(1) 门、窗洞采用钢筋砼过梁，钢筋砼过梁按表1选用：

表1

门洞宽Lo	h	①号钢筋	②号钢筋	截面
≤1200	180	2Φ8	2Φ10	① Φ6.5@100 ② h 墙宽
1300~1500	180	2Φ8	2Φ12	
≥1600	240	2Φ8	2Φ14	
过梁的支座长度≥250，墙宽>240时②改3根钢筋				

(2) 将结构梁(或圈梁)结合考虑兼作过梁用和门洞宽Lo>1800时，做法见(图十三)。
(3) 当门窗洞一边为钢筋砼柱时，过梁纵筋应伸入钢筋砼柱内。
2. 构造柱GZ(框架部分)：
(1) 钢筋砼构造柱，位置见结构平面图同时执行第六点第3条，构造柱必须先砌墙后浇柱，砌墙时与构造柱连接处砌成马牙槎，并沿墙高每隔600设2Φ6.5钢筋，埋入墙内1000，并与柱连接。构造柱与梁连接处，构造柱的纵筋应穿过梁，保证构造柱纵筋上下贯通。
(2) 门窗洞口宽度≥2100mm时其两侧要设置构造柱(GZ)。

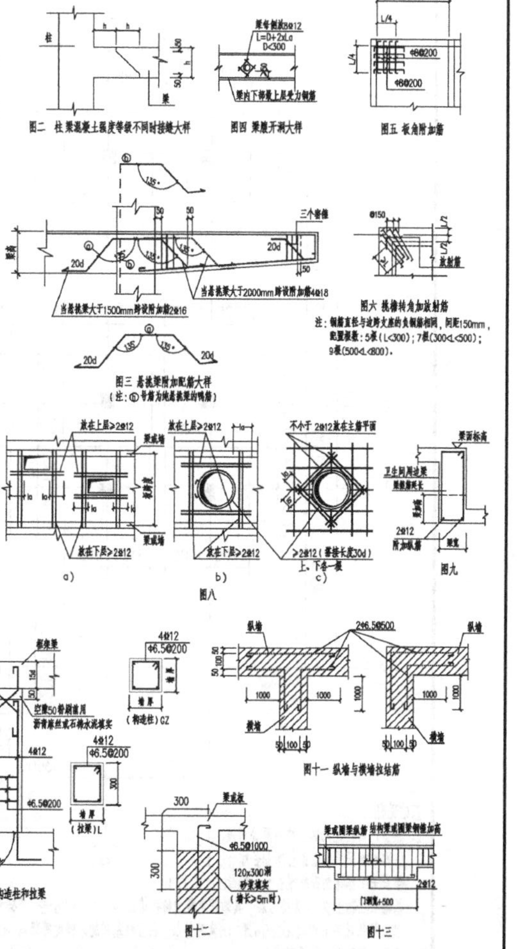

图二　柱、梁混凝土强度等级不同时接缝大样

图三　悬挑梁附加配筋大样（注：ⓐ号筋为悬挑梁的鸭筋）

图四　梁腹开洞大样

图五　板角附加筋

图六　挑檐转角加放射筋

注：钢筋直径与边跨支座的负钢筋相同，间距150mm，数量按：5根(L<300)；7根(300<L<500)；9根(500<L<800)。

图七

图八

图九

图十　构造柱和拉梁

图十一　纵墙与横墙拉结筋

图十二

图十三

设计证书编号：A2450048**	建设单位	**县卫生监督所	设 计		设计号	20111003
广西***建筑设计有限责任公司	项目名称	业务综合楼	校 核		图 别	结 施
			专业负责人		单 位	mm,m
			项目负责人		日 期	2012.03
	图 名	结构设计总说明	审 核		属 图	土 建
			审 定		图 号	结-01

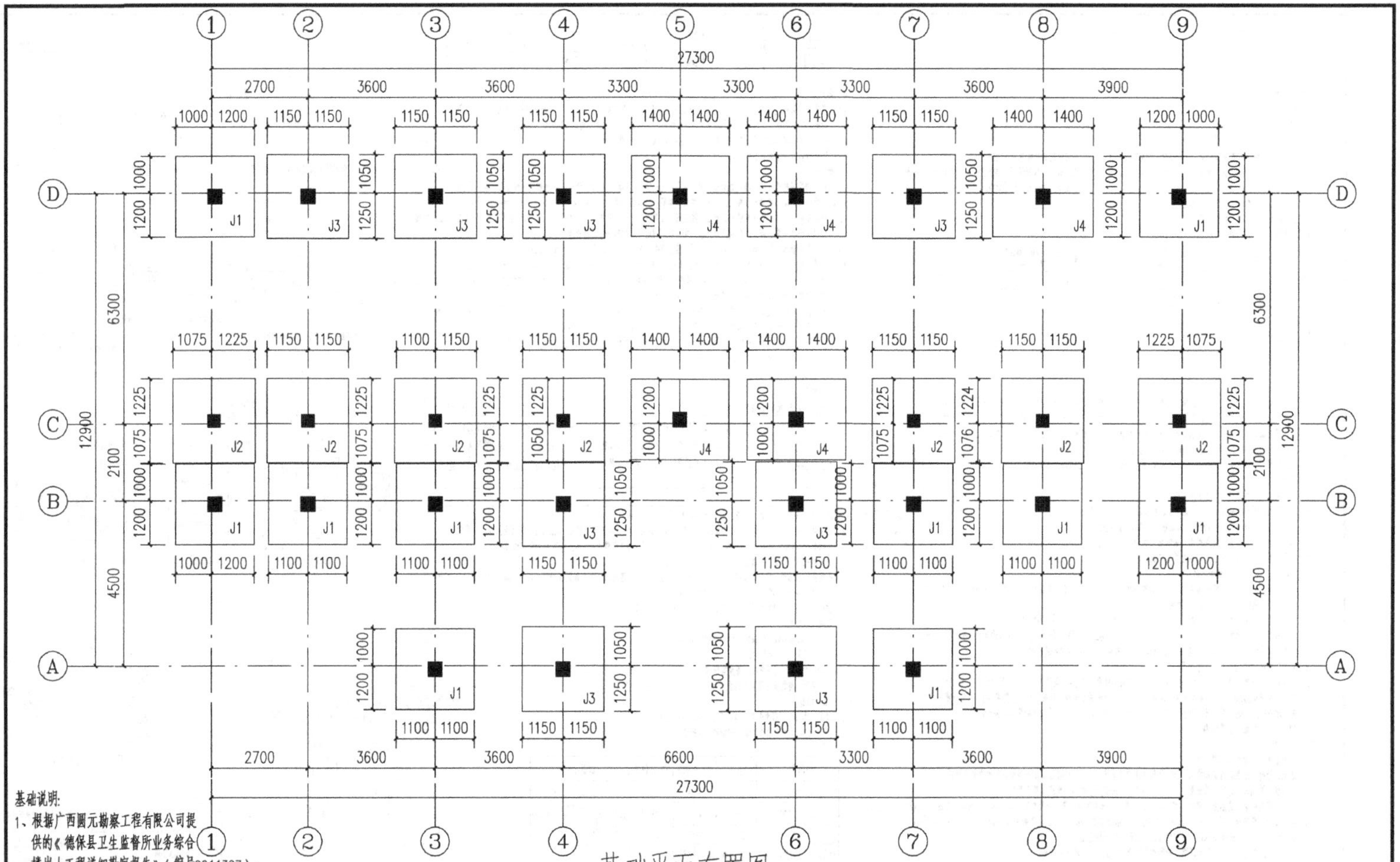

基础平面布置图

1:100

基础说明：

1、根据广西圆元勘察工程有限公司提供的《德保县卫生监督所业务综合楼岩土工程详细勘察报告》（编号2011307）；
基础以红粘土② 作为持力层，其地基承载力特征值按faK=160KPa进行基础设计，基础保证入持力层300mm。
2、独立柱基础底下均做100mm厚C15素砼垫层，独立柱基础的砼强度等级均为C30，
其底板钢筋保护层厚度为40。
3、当柱下独立基础底边长度A或B大于2.5米时，该方向的钢筋长度可缩短10%，并交错放置，
基础底板长边方向钢筋放下层。
4、当基础底标高相差较小时，应按附图①的1：2坡度放级；建议施工时，从低到高。
5、当基槽开挖发现地质与设计不符时，应通知有关人员另行处理后，方能继续施工。
6、本说明未详尽之处均参照《建筑地基基础设计规范》有关条文执行。

设计证书编号：A2450048**	建设单位	**县卫生监督所	设 计		设计号	20111003
广西***建筑设计有限责任公司	项目名称	业务综合楼	校 核		图 别	结 施
			专业负责人		单 位	mm,m
	图 名	基础平面布置图	项目负责人		日 期	2012.03
			审 核		属 图	土 建
			审 定		图 号	结-02

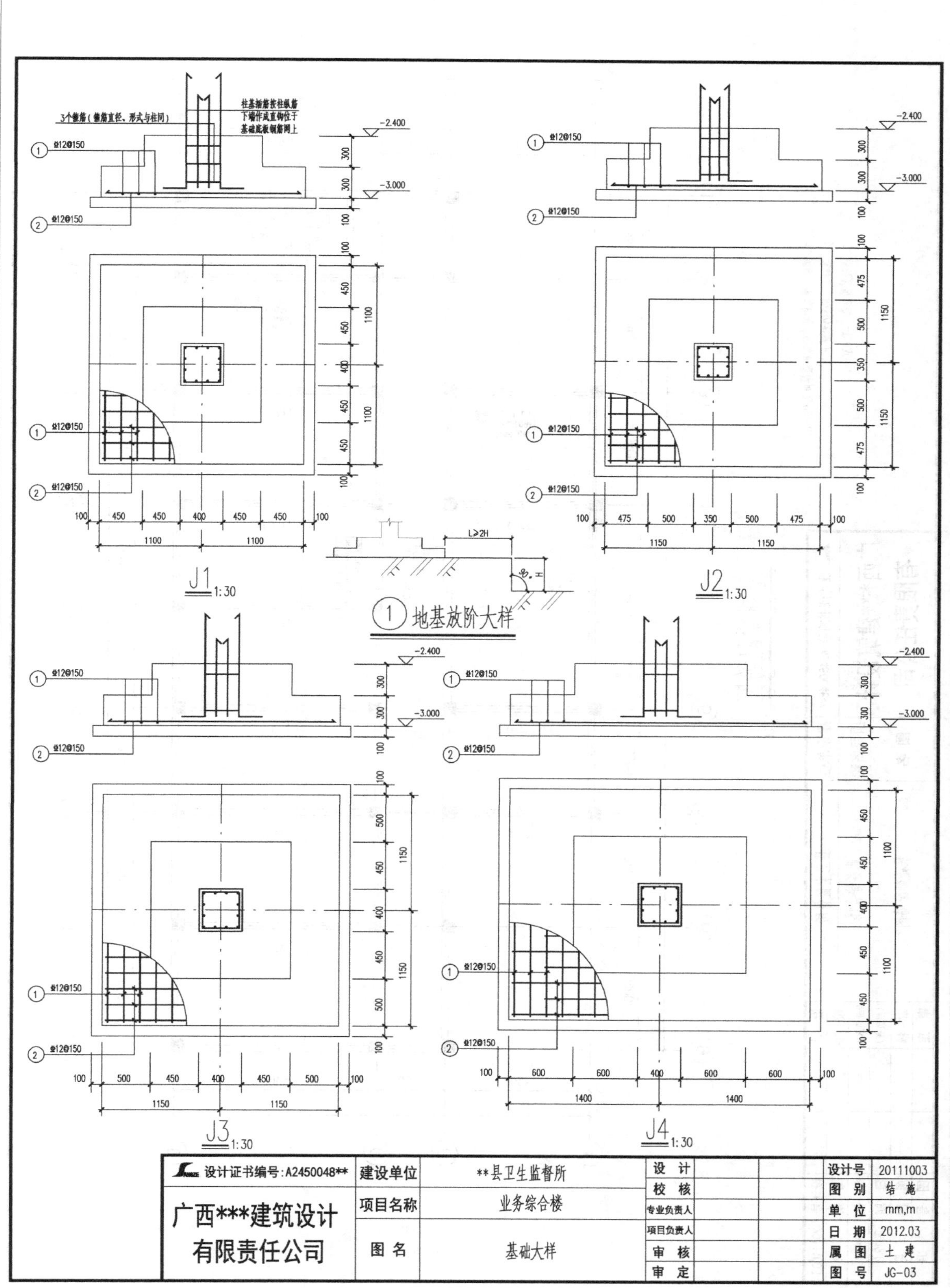
3个箍筋（箍筋直径、形式与柱同）
柱基插筋按柱纵筋
下端作成直钩位于
基础底板钢筋网上
① ⌀12@150
② ⌀12@150
-2.400
-3.000
300
300
100
450
400
1100
1150
475
500
350
1400
600
L≥2H
H
J1 1:30
J2 1:30
J3 1:30
J4 1:30
① 地基放阶大样
设计证书编号：A2450048**
广西***建筑设计有限责任公司
建设单位
**县卫生监督所
项目名称
业务综合楼
图名
基础大样
设计
校核
专业负责人
项目负责人
审核
审定
设计号
20111003
图别
结施
单位
mm,m
日期
2012.03
属图
土建
图号
JG-03

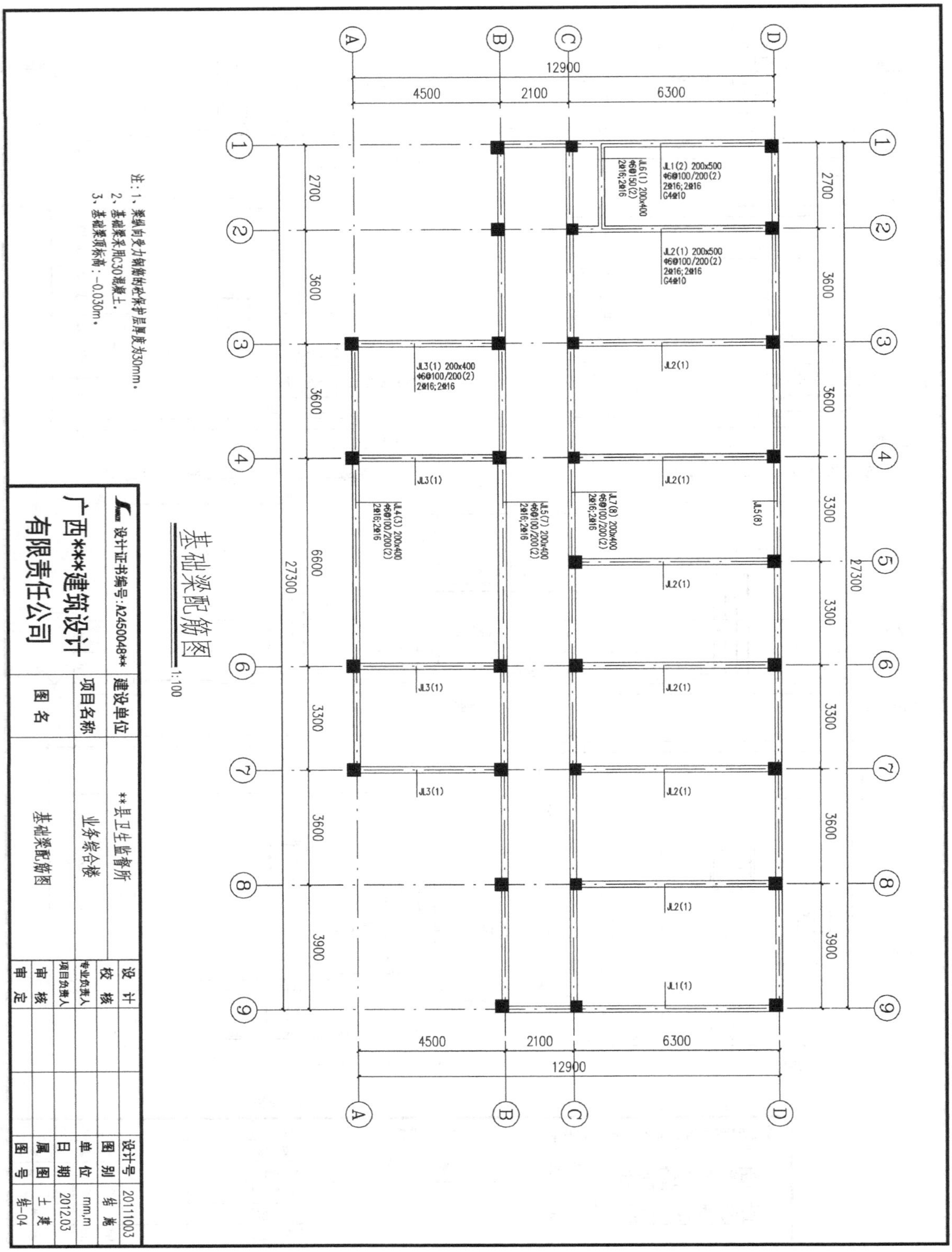

基础梁配筋图 1:100

A B C D
12900
4500 2100 6300
1 2 3 4 5 6 7 8 9
2700 3600 3600 6600 3300 3600 3900
2700 3600 3600 3300 3300 3300 3600 3900
27300

JL1(2) 200x500
Φ6@100/200(2)
2Φ16;2Φ16
G4Φ10

JL6(1) 200x400
Φ6@150(2)
2Φ16;2Φ16

JL2(1) 200x500
Φ6@100/200(2)
2Φ16;2Φ16
G4Φ10

JL3(1) 200x400
Φ6@100/200(2)
2Φ16;2Φ16

JL4(3) 200x400
Φ6@100/200(2)
2Φ16;2Φ16

JL5(7) 200x400
Φ6@100/200(2)
2Φ16;2Φ16

JL7(8) 200x400
Φ6@100/200(2)
2Φ16;2Φ16

JL5(8)

JL2(1) JL3(1) JL1(1)

注：1、梁纵向受力钢筋的砼保护层厚度为30mm。
2、基础梁采用C30混凝土。
3、基础梁顶标高：-0.030m。

设计证书编号:A2450048**	建设单位	**县卫生监督所	设计		设计号	2011003
广西***建筑设计有限责任公司	项目名称	业务综合楼	校核		图别	结施
			专业负责人		单位	mm,m
	图名	基础梁配筋图	项目负责人		日期	2012.03
			审核		属图	土建
			审定		图号	结-04

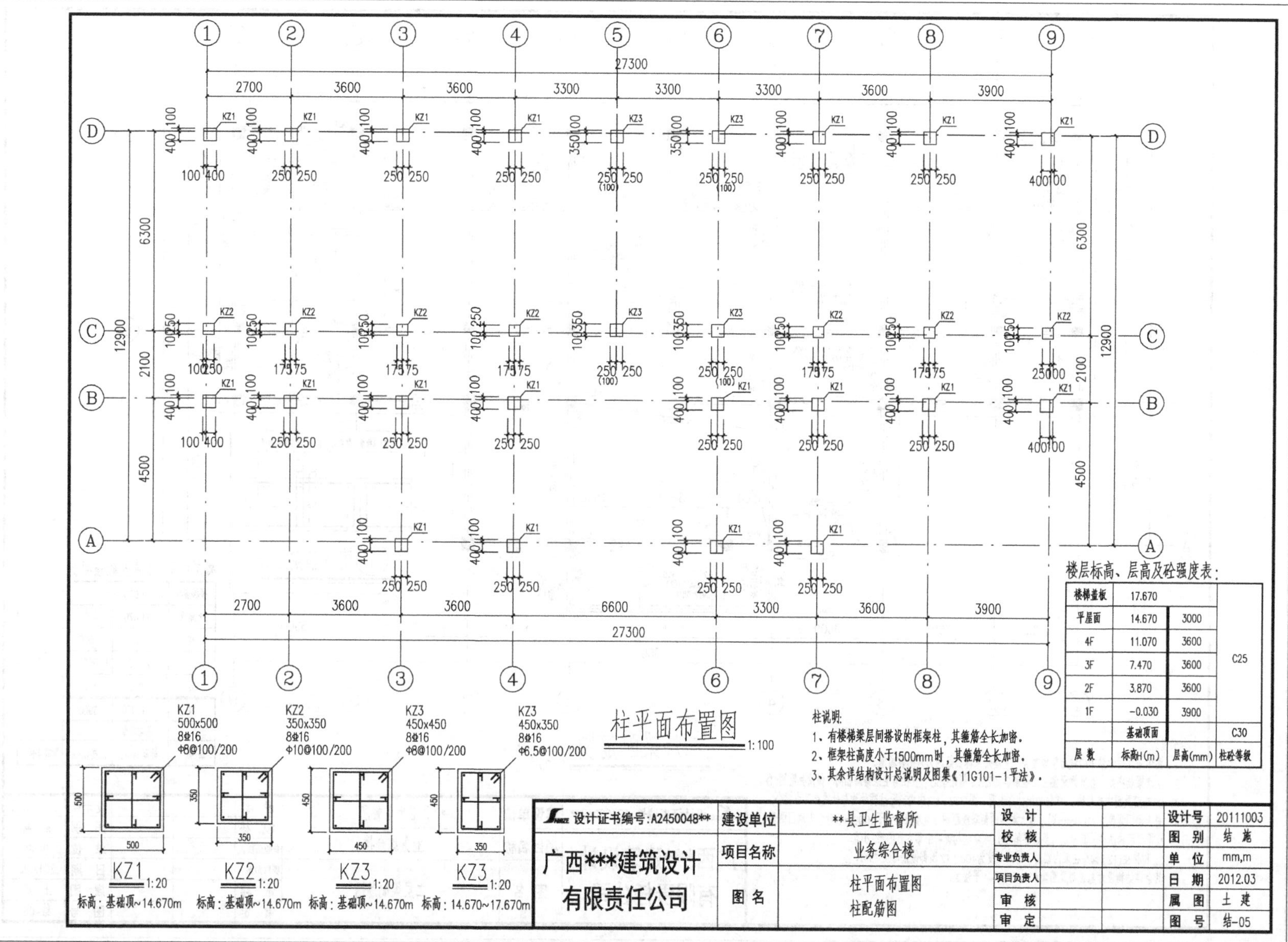

层数	标高H(m)	层高(mm)	柱砼等级
楼梯盖板	17.670		
平屋面	14.670	3000	C25
4F	11.070	3600	
3F	7.470	3600	
2F	3.870	3600	
1F	-0.030	3900	
	基础顶面		C30

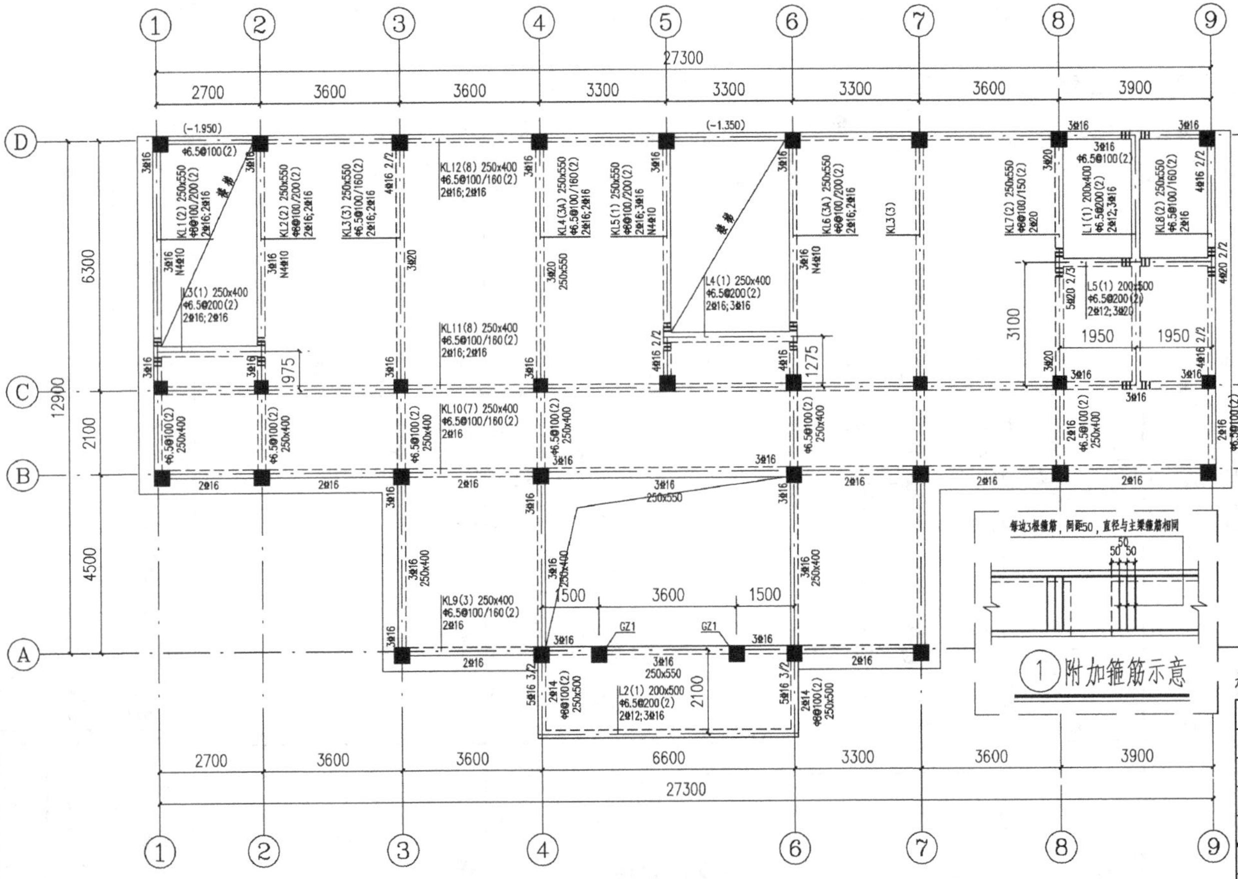

二层梁配筋图

1:100

①附加箍筋示意

每边3根箍筋，间距50，直径与主梁箍筋相同

楼层标高、层高及砼强度表：

层数	标高H(m)	层高(mm)	梁砼等级
楼梯盖板	17.670		C25
平屋面	14.670	3000	
4F	11.070	3600	
3F	7.470	3600	
2F	3.870	3600	
1F	-0.030	3900	
	基础顶面		

梁说明：

1. 图中未注明的梁中心线与轴线重合；支座处未标负筋则为只配贯通筋。
2. 主次梁相交处，在次梁两侧主梁箍筋各加密3个间距@50，直径与主梁箍筋相同，做法见附图①。
3. GZ插筋及图中未标明GZ详结构设计总说明，图中TZ、GZ中心点除注明外均与轴线交叉点重合。
4. 当大洞口宽度≥2100mm时，且大洞口两侧轴线距洞口边墙段长大于1000mm时，大洞口两侧还需再设构造柱；其做法与要求详结施01——结构说明中第六点的第2小点。
5. GZ和梯柱(TZ)钢筋在梁内锚固，锚固长度为40d；TZ顶部做法与GZ相同。
6. 其余详结构设计总说明及图集《11G101-1平法》。

设计证书编号：A2450048**	建设单位	**县卫生监督所	设计		设计号	20111003
广西***建筑设计有限责任公司	项目名称	业务综合楼	校核		图别	结施
			专业负责人		单位	mm,m
			项目负责人		日期	2012.03
	图名	二层梁配筋图	审核		属图	土建
			审定		图号	结-06

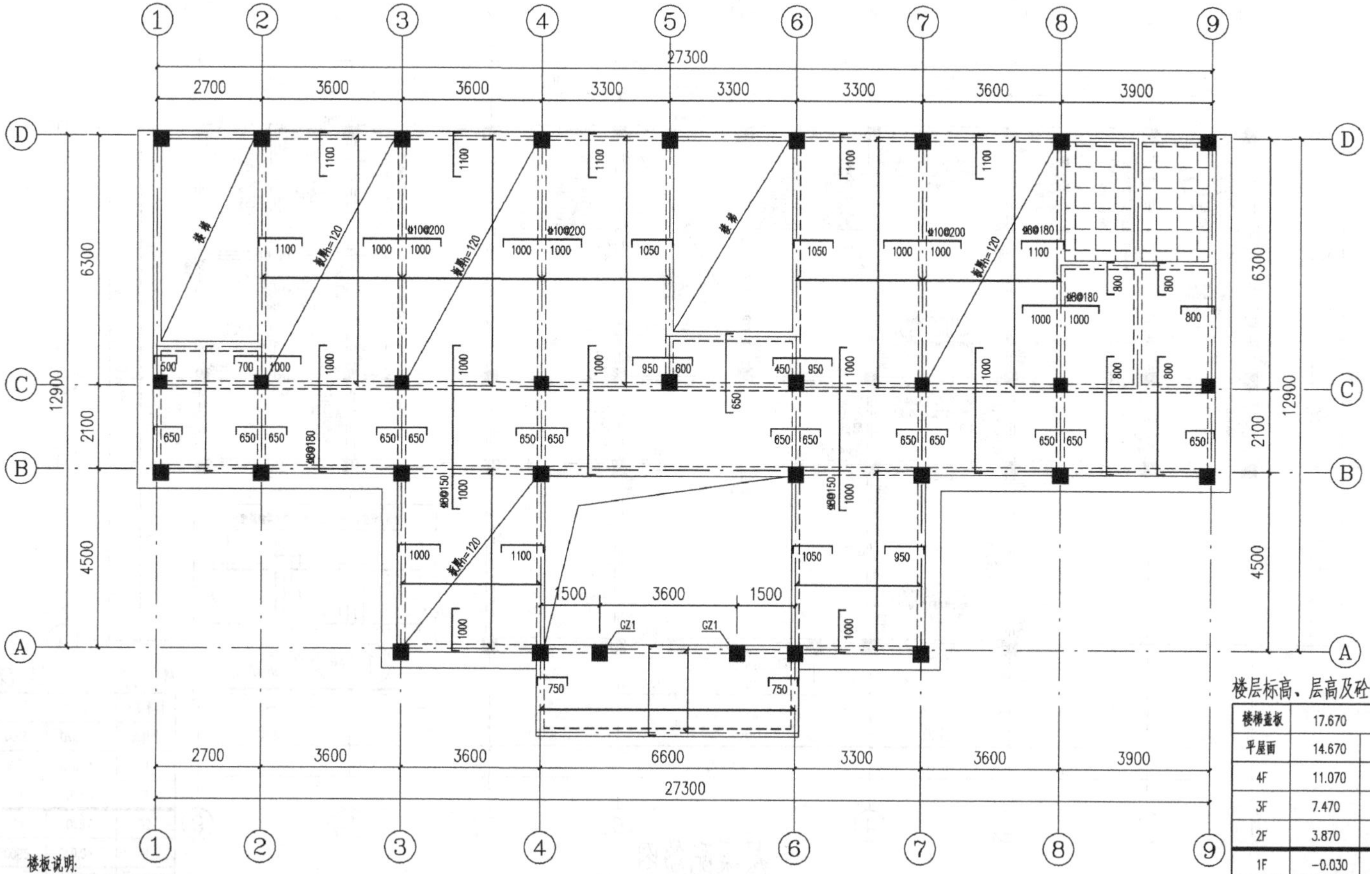

二层板配筋图

1:100

楼层标高、层高及砼强度表：

层数	标高H(m)	层高(mm)	板砼等级
楼梯盖板	17.670		C25
平屋面	14.670	3000	
4F	11.070	3600	
3F	7.470	3600	
2F	3.870	3600	
1F	−0.030	3900	
	基础顶面		

楼板说明：

1. 除注明外，楼板厚均为h=100mm。
2. 图中未标明的板底筋为双向⌀8@200；未标明的板负筋为⌀8@200。未表示的板分布筋均为⌀6.5@250。
3. 图中 [田] 表示卫生间板标高：H-0.400（H为楼面标高），板厚100mm；配双层双向⌀8@180钢筋。
4. 图中凡是在边缘梁支座上（包括有错层的楼板）的板支座负筋直钩长度=15d（d为板支座负筋直径）；其余板支座负筋直钩长度=板厚−15。
5. 图中未注明者板底筋长度=梁或墙中心线线距之长，但两端支承长度必须≥100。
6. 板面标高相差不超过20mm时其面筋可连通设置，但施工时需做成下图 1:6 。
7. 未详细说明的均按国家现行有关规范、规程及结构设计总说明执行。

设计证书编号：A2450048**	建设单位	**县卫生监督所	设　计		设计号	20111003
广西***建筑设计有限责任公司			校　核		图　别	结　施
	项目名称	业务综合楼	专业负责人		单　位	mm,m
			项目负责人		日　期	2012.03
	图　名	二层板配筋图	审　核		属　图	土　建
			审　定		图　号	结-07

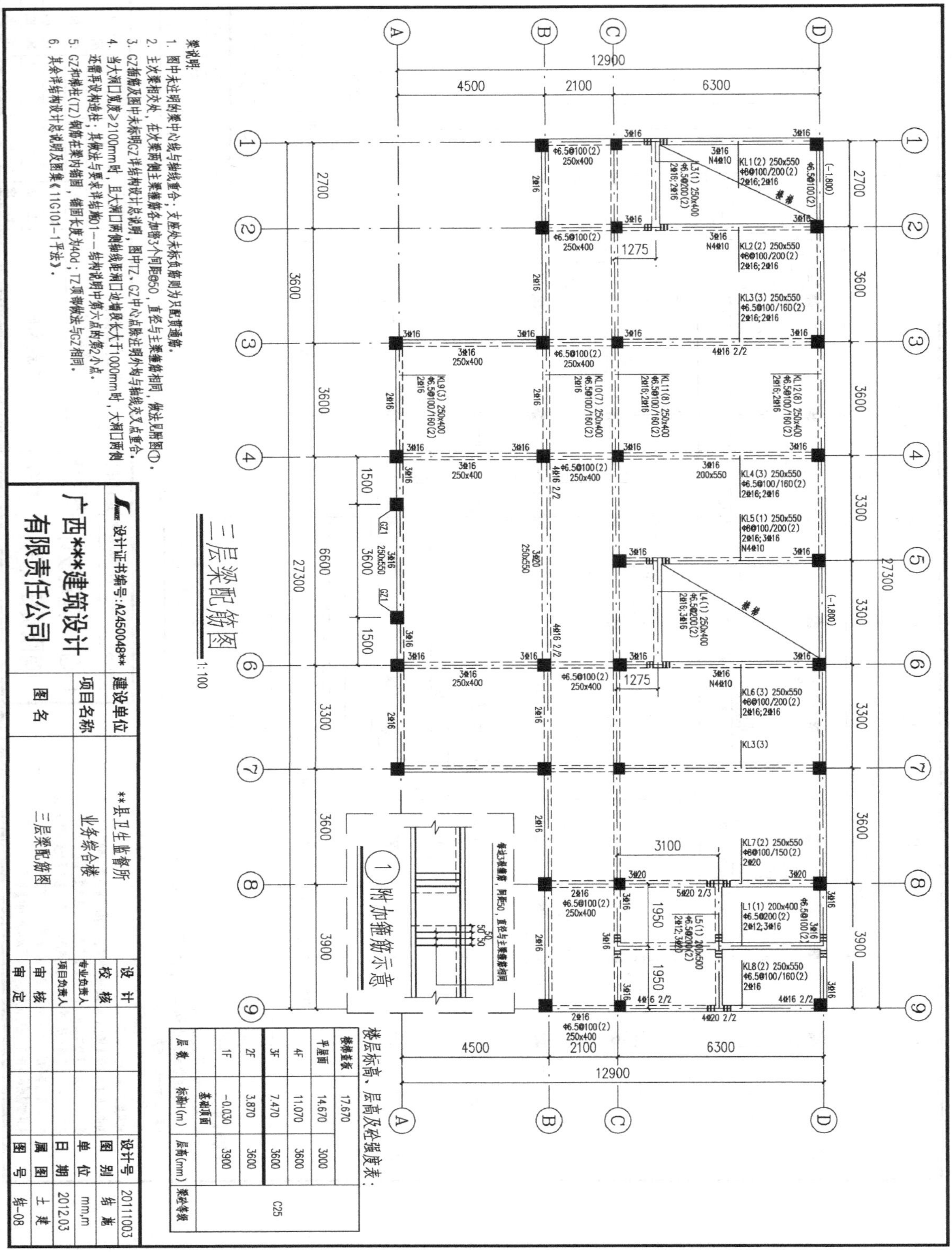

三层梁配筋图

1:100

① 附加箍筋示意

每边3根箍筋，间距50，直径与主梁箍筋相同

楼层标高、层高及砼强度表：

层数	标高H(m)	层高(mm)	梁砼等级
楼梯盖板	17.670		C25
平屋面	14.670	3000	
4F	11.070	3600	
3F	7.470	3600	
2F	3.870	3600	
1F	-0.030	3900	
	基础顶面		

梁说明：

1. 图中未注明的梁中心线与轴线重合；支座处未标负筋则为只配贯通筋。
2. 主次梁相交处，在次梁两侧主梁箍筋各加密3个间距@50，直径与主梁箍筋相同，做法见附图①。
3. GZ插筋及图中未标明GZ详结构设计总说明，图中TZ、GZ中心点除注明外均与轴线交叉点重合。
4. 当大洞口宽度≥2100mm时，且大洞口两侧轴线距洞口边墙段长大于1000mm时，大洞口两侧还需再设构造柱；其做法与要求详结施01——结构说明中第六点的第2小点。
5. GZ和梯柱(TZ)钢筋在梁内锚固，锚固长度为40d；TZ顶部做法与GZ相同。
6. 其余详结构设计总说明及图集《11G101-1平法》。

设计证书编号:A2450048**	建设单位	**县卫生监督所	设计		设计号	20111003
广西***建筑设计有限责任公司	项目名称	业务综合楼	校核		图别	结施
			专业负责人		单位	mm,m
			项目负责人		日期	2012.03
	图名	三层梁配筋图	审核		属图	土建
			审定		图号	结-08

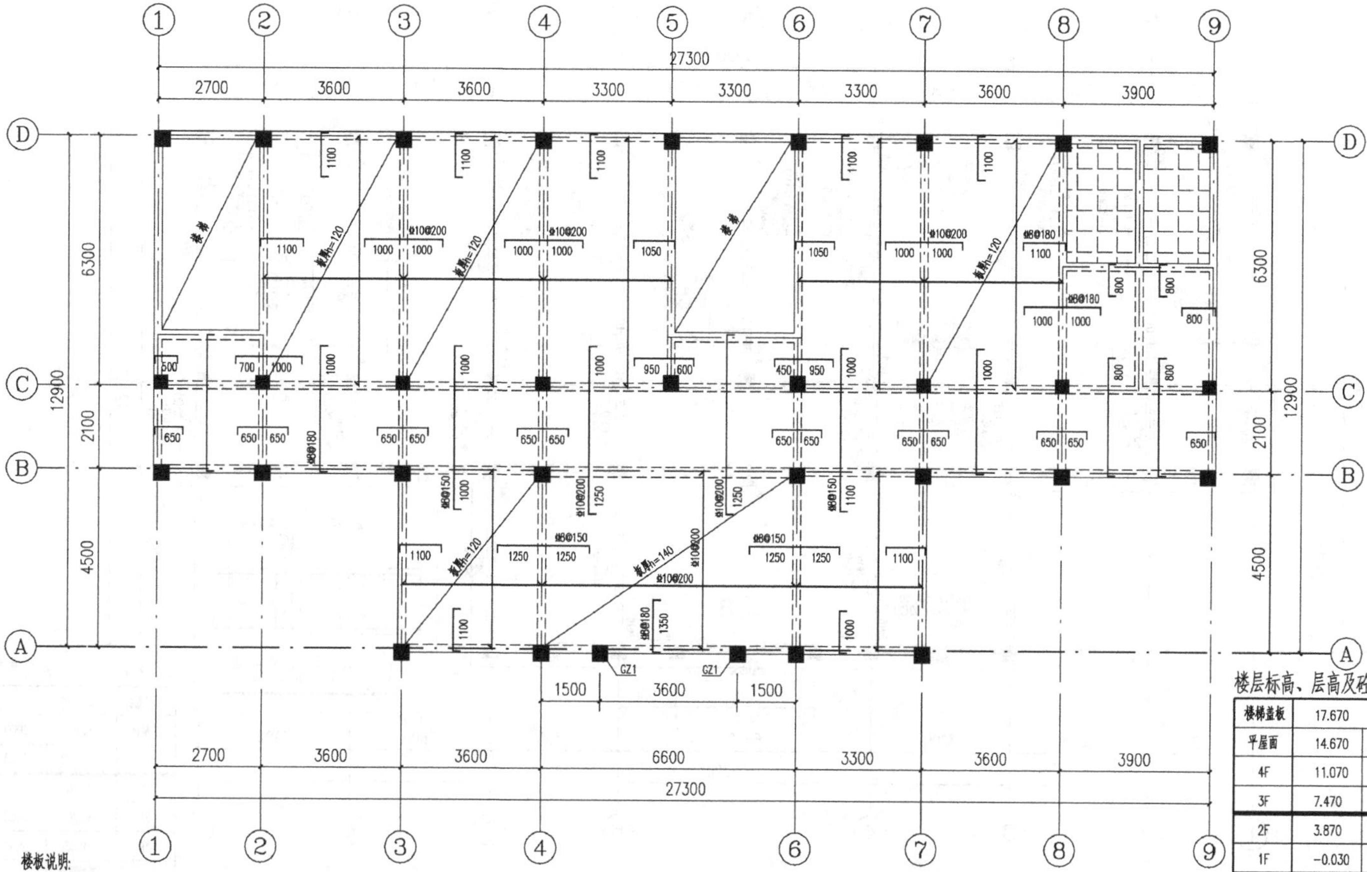

三层板配筋图

1:100

楼层标高、层高及砼强度表：

层数	标高H(m)	层高(mm)	板砼等级
楼梯盖板	17.670		C25
平屋面	14.670	3000	
4F	11.070	3600	
3F	7.470	3600	
2F	3.870	3600	
1F	-0.030	3900	
	基础顶面		

楼板说明：

1. 除注明外，楼板厚均为h=100mm。
2. 图中未标明的板底筋为双向⌀8@200；未标明的板负筋为⌀8@200。未表示的板分布筋均为⌀6.5@250。
3. 图中 ▦ 表示卫生间板标高：H-0.400（H为楼面标高），板厚100mm；配双层双向⌀8@180钢筋。
4. 图中凡是在边缘梁支座上（包括有错层的楼板）的板支座负筋直钩长度=15d（d为板支座负筋直径）；其余板支座负筋直钩长度=板厚-15。
5. 图中未注明者板底筋长度=梁或墙中心线线距之长，但两端支承长度必须≥100。
6. 板面标高相差不超过20mm时其面筋可连通设置，但施工时需做成下图 1:6 。
7. 未详细说明的均按国家现行有关规范、规程及结构设计总说明执行。

设计证书编号：A2450048**	建设单位	**县卫生监督所	设计		设计号	20111003
广西***建筑设计有限责任公司			校核		图别	结施
	项目名称	业务综合楼	专业负责人		单位	mm,m
			项目负责人		日期	2012.03
	图名	三层板配筋图	审核		属图	土建
			审定		图号	结-09

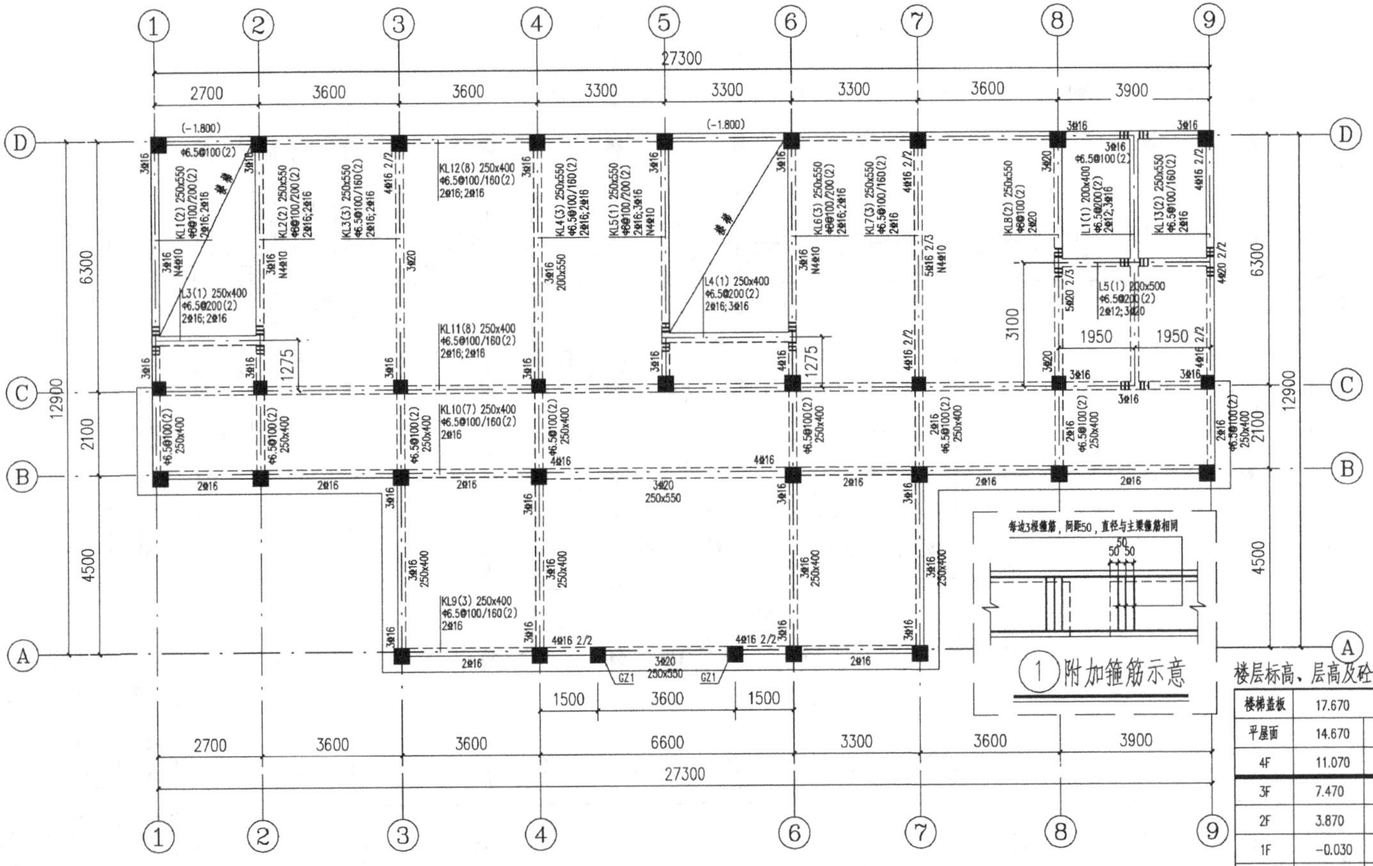

四层梁配筋图

1:100

①附加箍筋示意

每边3根箍筋，间距50，直径与主梁箍筋相同

梁说明：

1. 图中未注明的梁中心线与轴线重合；支座处未标负筋则为只配贯通筋。
2. 主次梁相交处，在次梁两侧主梁箍筋各加密3个间距@50，直径与主梁箍筋相同，做法见附图①。
3. GZ插筋及图中未标明GZ详结构设计总说明，图中TZ、GZ中心点除注明外均与轴线交叉点重合。
4. 当大洞口宽度≥2100mm时，且大洞口两侧轴线距洞口边墙段长大于1000mm时，大洞口两侧还需再设构造柱；其做法与要求详结施01——结构说明中第六点的第2小点。
5. GZ和梯柱(TZ)钢筋在梁内锚固，锚固长度为40d；TZ顶部做法与GZ相同。
6. 其余详结构设计总说明及图集《11G101-1平法》。

楼层标高、层高及砼强度表：

层数	标高H(m)	层高(mm)	梁砼等级
楼梯盖板	17.670		C25
平屋面	14.670	3000	
4F	11.070	3600	
3F	7.470	3600	
2F	3.870	3600	
1F	-0.030	3900	
	基础顶面		

设计证书编号:A2450048**	建设单位	**县卫生监督所	设计		设计号	20111003
广西***建筑设计有限责任公司	项目名称	业务综合楼	校核		图别	结施
			专业负责人		单位	mm,m
			项目负责人		日期	2012.03
	图名	四层梁配筋图	审核		属图	土建
			审定		图号	结-10

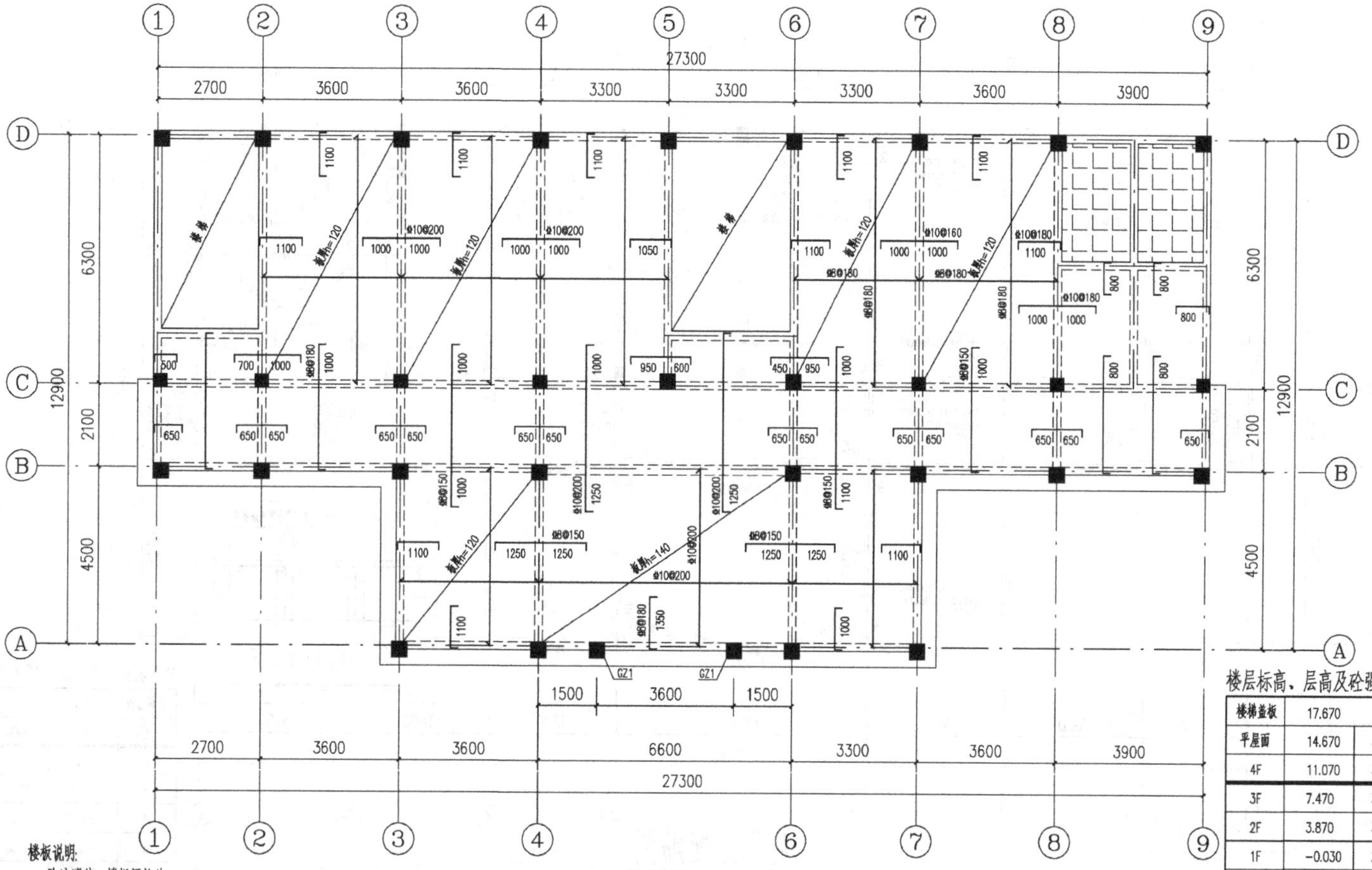

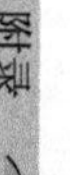

楼层标高、层高及砼强度表：

层数	标高H(m)	层高(mm)	板砼等级
楼梯盖板	17.670		C25
平屋面	14.670	3000	
4F	11.070	3600	
3F	7.470	3600	
2F	3.870	3600	
1F	−0.030	3900	
	基础顶面		

四层板配筋图

1:100

楼板说明：

1. 除注明外，楼板厚均为h=100mm。
2. 图中未标明的板底筋为双向⌀8@200；未标明的板负筋为⌀8@200。未表示的板分布筋均为⌀6.5@250。
3. 图中 [卫生间图例] 表示卫生间板标高：H−0.400（H为楼面标高），板厚100mm；配双层双向⌀8@180钢筋。
4. 图中凡是在边缘梁支座上（包括有错层的楼板）的板支座负筋直钩长度=15d（d为板支座负筋直径）；其余板支座负筋直钩长度=板厚−15。
5. 图中未注明者板底筋长度=梁或墙中心线线距之长，但两端支承长度必须≥100。
6. 板面标高相差不超过20mm时其面筋可连通设置，但施工时需做成下图 1:6
7. 未详细说明的均按国家现行有关规范、规程及结构设计总说明执行。

设计证书编号：A2450048**	建设单位	**县卫生监督所	设计		设计号	20111003
广西***建筑设计有限责任公司	项目名称	业务综合楼	校核		图别	结施
			专业负责人		单位	mm,m
			项目负责人		日期	2012.03
	图名	四层板配筋图	审核		属图	土建
			审定		图号	结−11

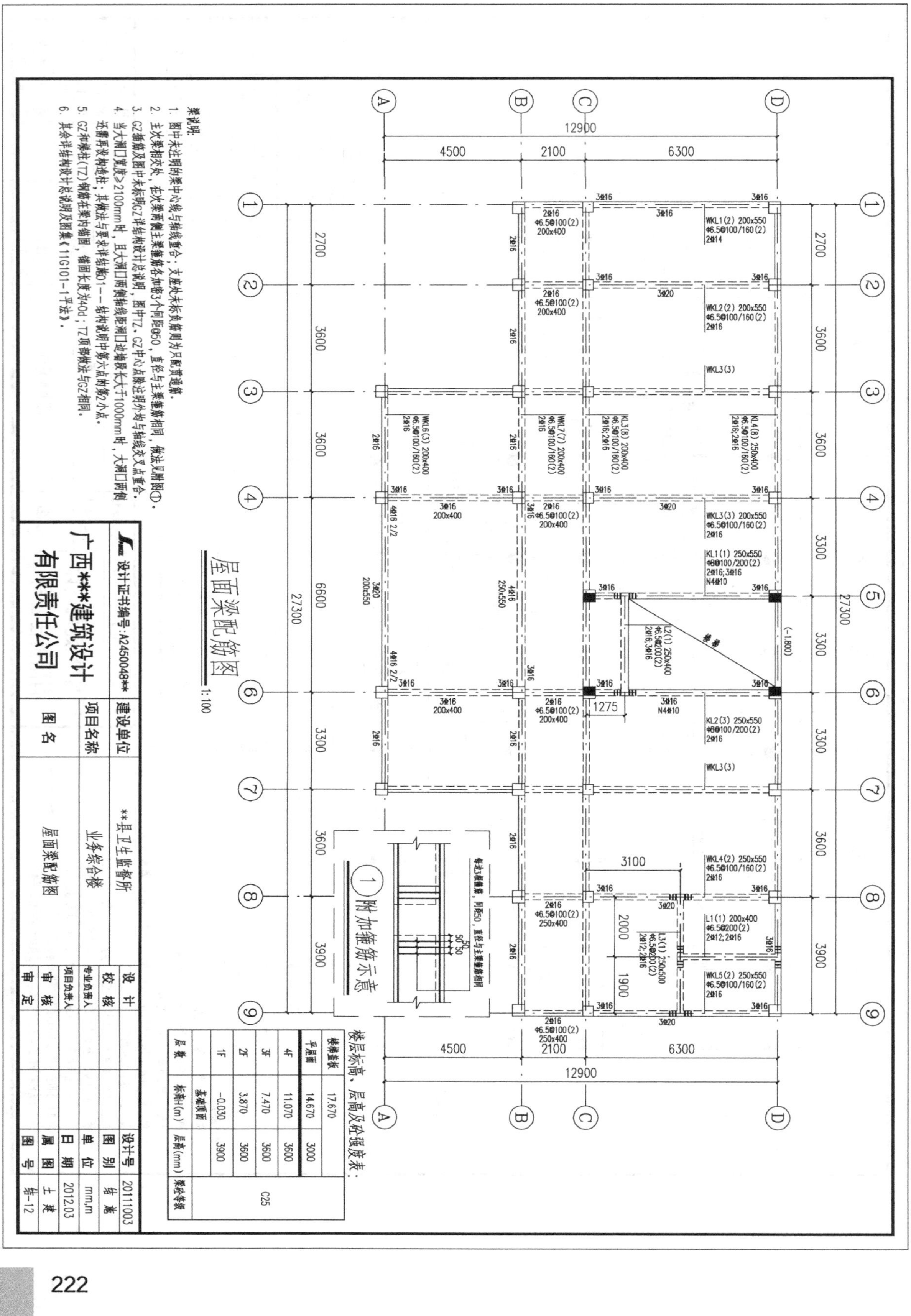

屋面梁配筋图

1:100

①附加箍筋示意

每边3根箍筋，间距50，直径与主梁箍筋相同

楼层标高、层高及砼强度表：

层数	标高H(m)	层高(mm)	梁砼等级
楼梯盖板	17.670		C25
平屋面	14.670	3000	
4F	11.070	3600	
3F	7.470	3600	
2F	3.870	3600	
1F	-0.030	3900	
	基础顶面		

梁说明：

1. 图中未注明的梁中心线与轴线重合；支座处未标负筋则为只配贯通筋。
2. 主次梁相交处，在次梁两侧主梁箍筋各加密3个间距@50，直径与主梁箍筋相同，做法见附图①。
3. GZ插筋及图中未标明GZ详结构设计总说明，图中TZ、GZ中心点除注明外均与轴线交叉点重合。
4. 当大洞口宽度≥2100mm时，且大洞口两侧轴线距洞口边墙段长大于1000mm时，大洞口两侧还需再设构造柱；其做法与要求详结施01——结构说明中第六点的第2小点。
5. GZ和梯柱(TZ)钢筋在梁内锚固，锚固长度为40d；TZ顶部做法与GZ相同。
6. 其余详结构设计总说明及图集《11G101-1平法》。

设计证书编号:A2450048**	建设单位	**县卫生监督所	设计		设计号	20111003
广西***建筑设计有限责任公司	项目名称	业务综合楼	校核		图别	结施
			专业负责人		单位	mm,m
			项目负责人		日期	2012.03
	图名	屋面梁配筋图	审核		属图	土建
			审定		图号	结-12

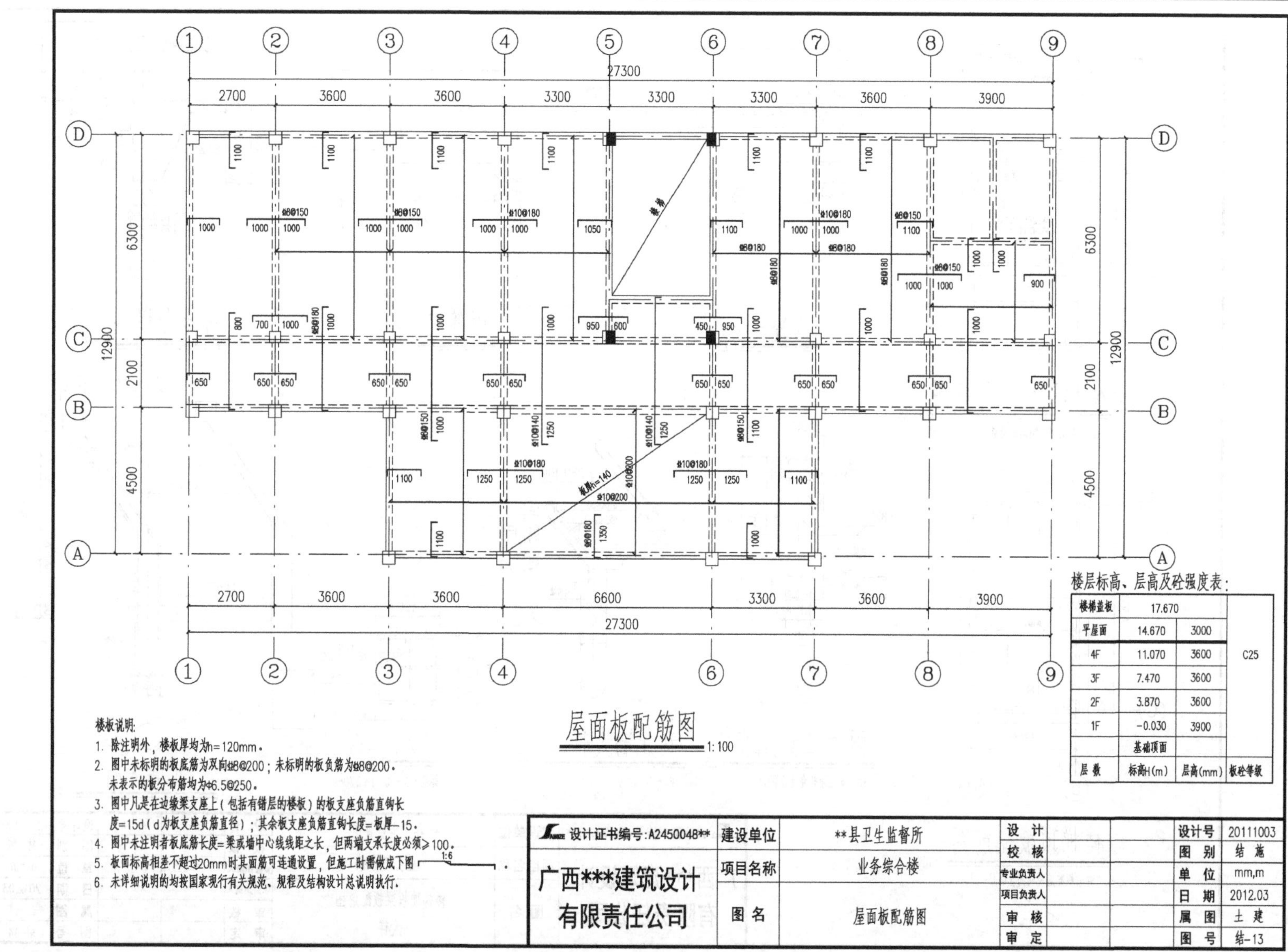

层数	标高H(m)	层高(mm)	板砼等级
楼梯盖板	17.670		C25
平屋面	14.670	3000	
4F	11.070	3600	
3F	7.470	3600	
2F	3.870	3600	
1F	−0.030	3900	
	基础顶面		

设计证书编号:A2450048**	建设单位	**县卫生监督所	设计		设计号	20111003
广西***建筑设计有限责任公司	项目名称	业务综合楼	校核		图别	结施
			专业负责人		单位	mm,m
			项目负责人		日期	2012.03
	图名	屋面板配筋图	审核		属图	土建
			审定		图号	结-13

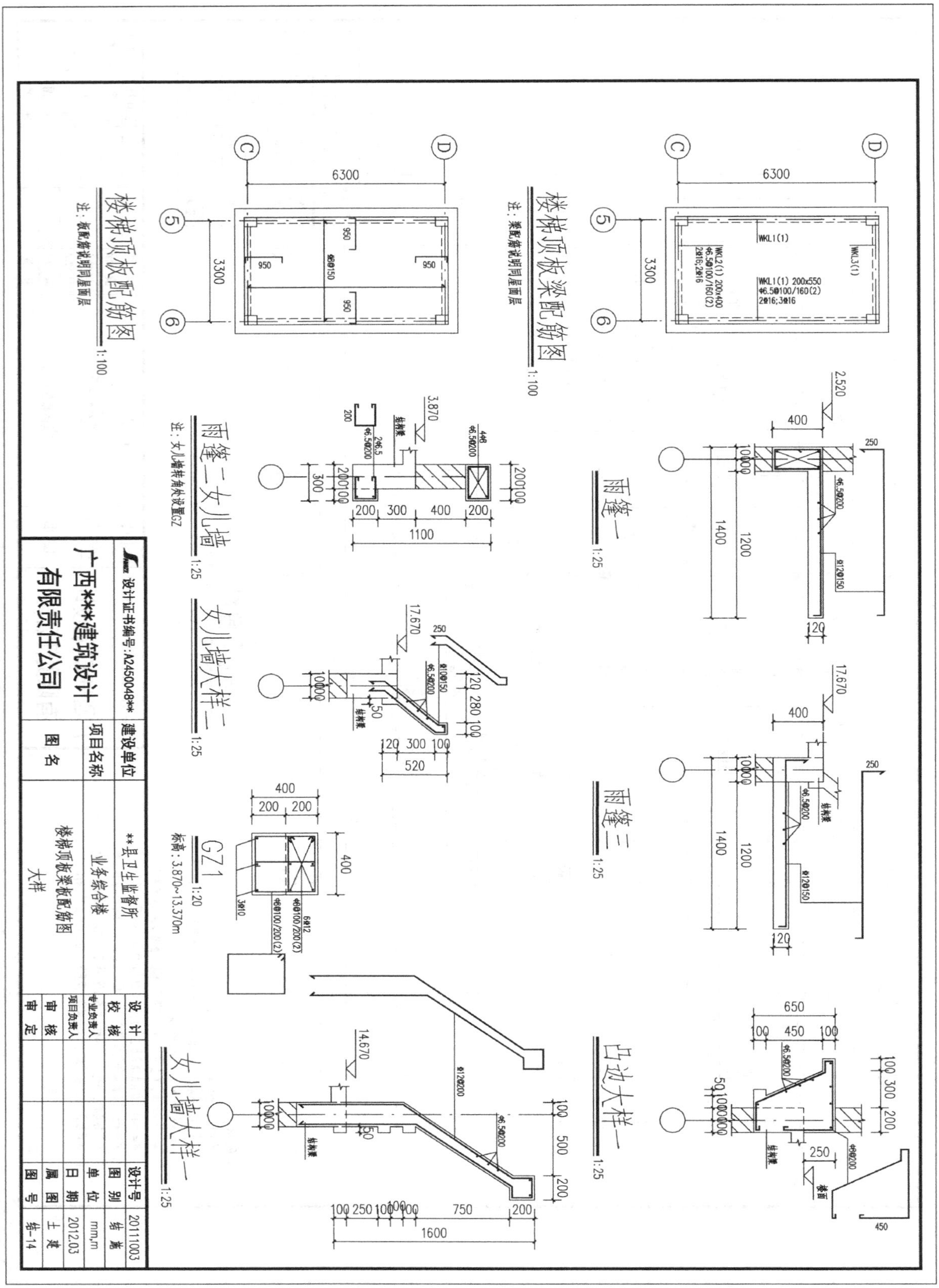

楼梯顶板梁配筋图 1:100

注：梁配筋说明同屋面层

WKL3(1)

WKL1(1)

WKL1(1) 200x550
Φ6.5@100/160(2)
2Φ16;3Φ16

WKL2(1) 200x400
Φ6.5@100/160(2)
2Φ16;2Φ16

雨篷一 1:25

雨篷三 1:25

凸边大样一 1:25

楼梯顶板配筋图 1:100

注：板配筋说明同屋面层

雨篷二女儿墙 1:25

注：女儿墙转角处设置GZ

女儿墙大样二 1:25

GZ1 1:20

标高：3.870~13.370m

女儿墙大样一 1:25

设计证书编号：A2450048**	建设单位	**县卫生监督所	设 计		设计号	20111003
广西***建筑设计有限责任公司	项目名称	业务综合楼	校 核		图 别	结 施
	图 名	楼梯顶板梁板配筋图大样	专业负责人		单 位	mm,m
			项目负责人		日 期	2012.03
			审 核		属 图	土 建
			审 定		图 号	结-14

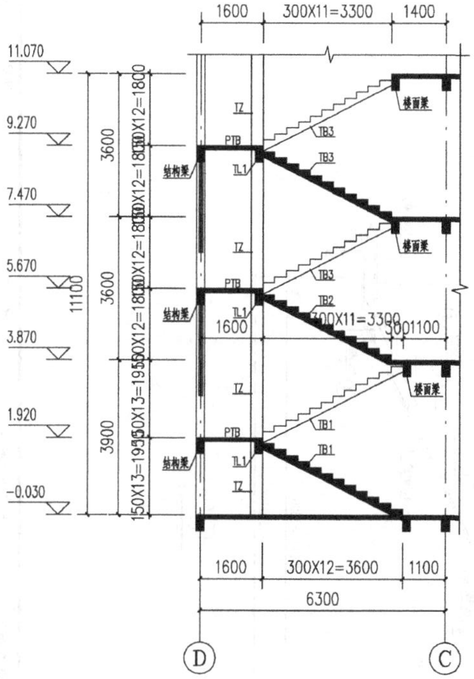

1#楼梯剖面图 1:100

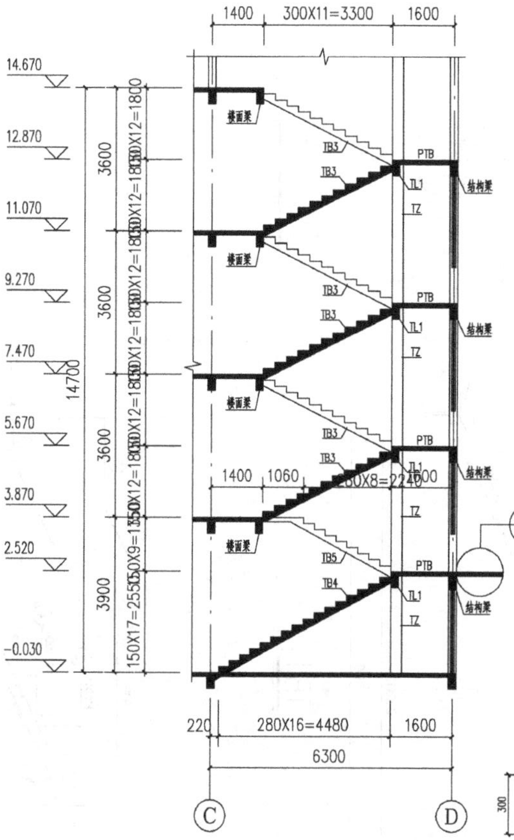

2#楼梯剖面图 1:100

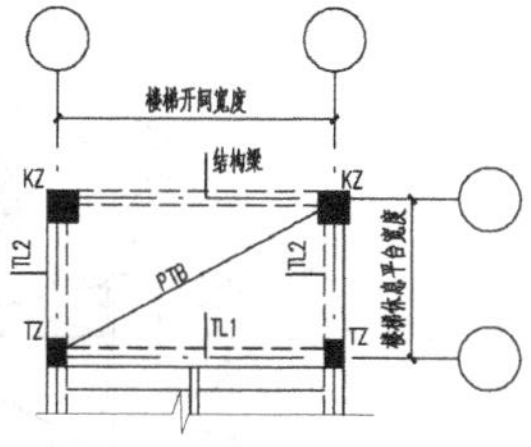

楼梯休息平台结构布置图

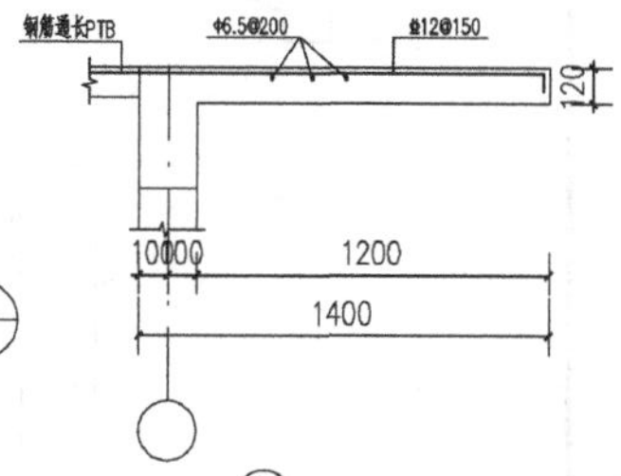

① 1:25

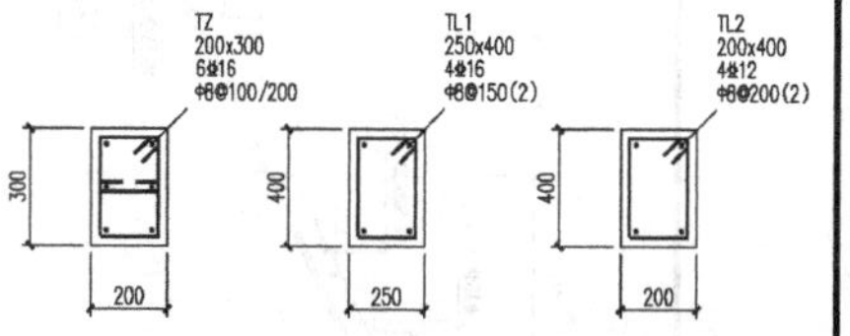

TZ 1:20 (TZ 200x300 6⌀16 ⌀8@100/200)

TL1 1:20 (TL1 250x400 4⌀16 ⌀8@150(2))

TL2 1:20 (TL2 200x400 4⌀12 ⌀8@200(2))

楼梯说明:

1. 楼梯钢筋的下料长度和锚固长度均应符合《楼梯平法11G101-2》和设计要求.
2. 楼梯的砼强度等级为C25，板钢筋保护层20mm，梁柱钢筋保护层25mm.
3. 楼梯梁两端支撑在框架柱或梯柱(TZ)上；梯柱的形心与轴线交叉点重合.
4. 梯柱钢筋在梁内锚固，锚固长度为40d.
5. 平台板(PTB)的板厚为100mm，其配筋为双层双向⌀8@200.
6. 图中未标明的钢筋下料长度按实际尺寸来取.
7. 配合建筑专业预埋栏杆预埋件.

设计证书编号:A2450048**	建设单位	**县卫生监督所	设 计		设计号	20111003
广西***建筑设计有限责任公司	项目名称	业务综合楼	校 核		图 别	结 施
			专业负责人		单 位	mm,m
			项目负责人		日 期	2012.03
	图 名	楼梯配筋图1	审 核		属 图	土 建
			审 定		图 号	结-15

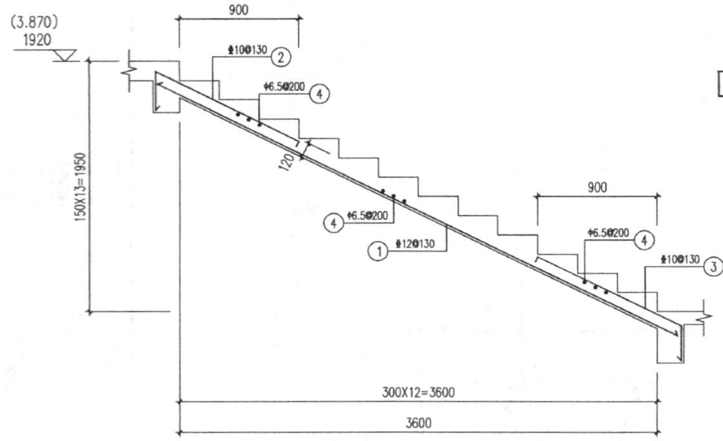

(3.870)
1920

900

⌀10@130 ②

Φ6.5@200 ④

150X13=1950

120

900

④ Φ6.5@200

① ⌀12@130

Φ6.5@200 ④

⌀10@130 ③

300X12=3600

3600

TB1 1:30

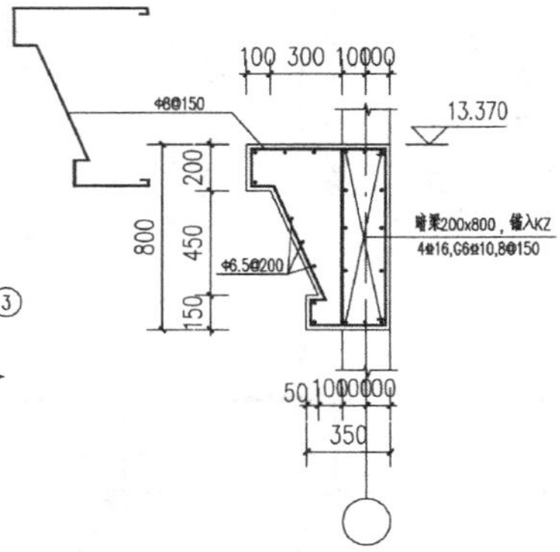

100 300 100 100

13.370

⌀8@150

800 200 450 150

Φ6.5@200

暗梁200x800，锚入KZ
4⌀16,G6⌀10,8@150

50 100 100 100

350

凸边大样二 1:25

900

5.670

⌀10@130 ②

Φ6.5@200 ④

⑤

150X12=1800

120

③

960

660

④ Φ6.5@200

⌀10@130 ③

① ⌀12@130

⌀12@130 ⑤

④ Φ6.5@200

300X11=3300

300

3600

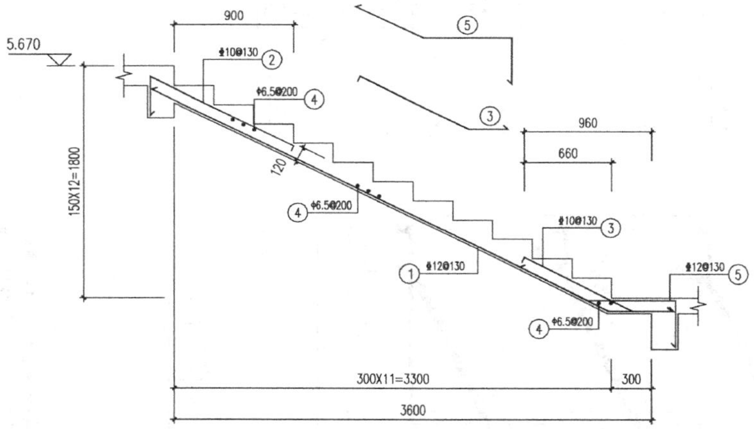

TB2 1:30

设计证书编号：A2450048**	建设单位	**县卫生监督所	设 计			设计号	20111003
广西***建筑设计有限责任公司			校 核			图 别	结 施
	项目名称	业务综合楼	专业负责人			单 位	mm,m
			项目负责人			日 期	2012.03
	图 名	楼梯配筋图2 凸边大样二	审 核			属 图	土 建
			审 定			图 号	结-16

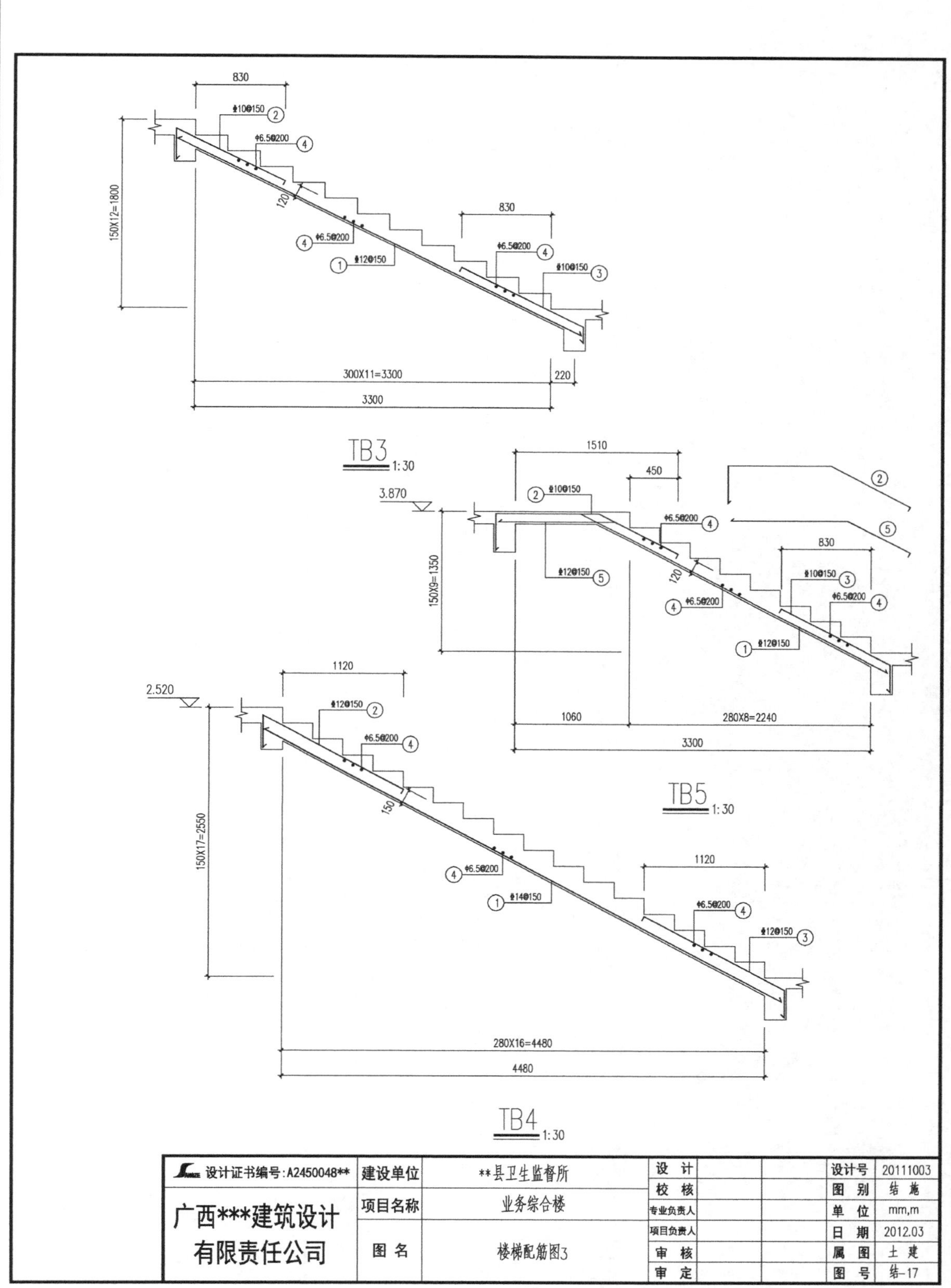

830
Φ10@150 ②
Φ6.5@200 ④
150X12=1800
120
830
Φ6.5@200 ④
① Φ12@150
Φ6.5@200 ④
Φ10@150 ③
300X11=3300
220
3300
TB3 1:30
1510
450
3.870
② Φ10@150
Φ6.5@200 ④
150X9=1350
Φ12@150 ⑤
120
830
Φ10@150 ③
Φ6.5@200 ④
④ Φ6.5@200
① Φ12@150
1060
280X8=2240
3300
TB5 1:30
1120
2.520
Φ12@150 ②
Φ6.5@200 ④
150
150X17=2550
④ Φ6.5@200
① Φ14@150
1120
Φ6.5@200 ④
Φ12@150 ③
280X16=4480
4480
TB4 1:30
设计证书编号:A2450048**
广西***建筑设计有限责任公司
建设单位
**县卫生监督所
项目名称
业务综合楼
图名
楼梯配筋图3
设计
校核
专业负责人
项目负责人
审核
审定
设计号 20111003
图别 结施
单位 mm,m
日期 2012.03
属图 土建
图号 结-17